Stephen Jay Gould:
Zufall Mensch
Das Wunder des Lebens als Spiel der Natur

Mit zahlreichen Schwarzweißabbildungen
Aus dem Amerikanischen von
Friedrich Griese

Deutscher
Taschenbuch
Verlag

Von Stephen Jay Gould
ist im Deutschen Taschenbuch Verlag erschienen:
Die Entdeckung der Tiefenzeit (30335)

Ungekürzte Ausgabe
Januar 1994
Deutscher Taschenbuch Verlag GmbH & Co. KG, München
© 1989 Stephen Jay Gould
Titel der amerikanischen Originalausgabe:
Wonderful Life. The Burgess Shale and the Nature of History
W. W. Norton, New York 1989
© der deutschsprachigen Ausgabe:
1991 Carl Hanser Verlag, München
ISBN 3-446-15951-7
Umschlaggestaltung: Helfried Hofmann
Umschlagfoto Rückseite: Norton & Co., New York (Paula M. Lerner)
Satz: Reinhard Amann, Fotosatz Aichstetten
Druck und Bindung: Friedrich Pustet, Regensburg
Printed in Germany · ISBN 3-423-30389-1

Das Buch

Beinahe hätte es uns Menschen gar nicht gegeben! Dies proklamiert der renommierte Harvard-Professor Stephen Jay Gould. Im Mittelpunkt seiner Arbeit steht der zumindest unter Geologen weltberühmte Burgess-Schiefer in den kanadischen Rocky Mountains, der vor rund 530 Millionen Jahren entstand und der als »Fenster« in die Frühzeit der Evolution der Tierwelt gilt. C.D. Walcott entdeckte 1909 die berühmten Fossilien und reihte sie konsequent in die damalige Systematik der lebenden Tiergruppen ein. Diese Systematisierung wurde in den siebziger und achtziger Jahren einer erneuten Prüfung unterzogen und einer Neudeutung zugeführt. Dadurch hat sich in aller Stille eine gewaltige Revolution in der Evolutionstheorie vollzogen: die Abkehr von der überkommenen Ansicht, daß sich die Geschichte des Lebens generell in Richtung auf wachsende Komplexität und Vielfalt bewege. Gould stellt heraus, daß immer wieder der Zufall entschieden habe. Irgendwann veränderten Katastrophen abrupt die Lebensbedingungen, und eine Vielzahl von Arten starb aus. Wer überlebte, verdankte dies nicht einer besseren Anpassung, denn »vorausschauende Anpassung« gibt es nicht. Es überlebte, wer zufällig mit den veränderten Bedingungen zurechtkam. Zu den Gewinnern dieser Lotterie gehörte auch die Gattung, aus der schließlich wir Menschen hervorgingen. – »Ein Meisterwerk der Wissenschaftspublizistik« (Jost Herbig in ›Bild der Wissenschaft‹), »gut verständlich für jedermann, spannend und eindringlich und sehr plastisch geschrieben« (Heinrich-Otto von Hagen in der ›Süddeutschen Zeitung‹).

Der Autor

Stephen Jay Gould, geboren 1941, lehrt seit 1967 an der Harvard-Universität in Boston Geologie, Paläontologie und Wissenschaftsgeschichte und zählt zu den bedeutendsten Evolutionsforschern. Aus seinem umfangreichen Werk ist auf deutsch erschienen: ›Der falsch vermessene Mensch‹ (1983), ›Darwin nach Darwin‹ (1984), ›Wie das Zebra zu seinen Streifen kommt‹ (1985), ›Der Daumen des Panda‹ (1987), ›Die Entdeckung der Tiefenzeit‹ (1990) und ›Das Lächeln des Flamingos‹ (1990).

Für Norman D. Newell
der, mit dem nobelsten Wort aller
menschlichen Sprachen, mein Lehrer
war und ist

Inhalt

Vorwort und Dank

Dieses Buch möchte eines der allgemeinsten Probleme anpacken, die sich die Wissenschaft überhaupt vornehmen kann. Das soll, um es mit Bildern aus der mir am wenigsten zusagenden Sportart auszudrücken, nicht in einem direkten Angriff auf den Mittelstürmer geschehen, sondern in einem alle Einzelheiten einer wirklich wunderbaren Fallstudie berücksichtigenden Dribbelspiel. Ich folge dabei der Strategie aller meiner Schriften, die von allgemeinerem Interesse sind. Die Einzelbeobachtung als solche führt nicht weit; bestenfalls kommt dabei, wenn man sie mit Poesie präsentiert – über die ich nicht verfüge – so etwas wie bewundernswerte »Naturschilderung« heraus. Zielt man aber direkt auf allgemeine Prinzipien ab, so landet man unweigerlich bei langweiligen oder tendenziösen Ausführungen. Die Schönheit der Natur steckt im Detail, die Botschaft im Allgemeinen. Zu einer wirklich gelungenen Darstellung gehört beides, und ich kenne keine bessere Methode, als aufregende allgemeine Prinzipien durch gut gewählte Einzelheiten zu belegen.

Mein spezielles Thema ist die wertvollste und wichtigste Fossilfundstätte der Welt, der Burgess Shale in Britisch-Kolumbien. Die fast achtzig Jahre umspannende Geschichte der Entdeckung und Interpretation dieser Funde ist wundervoll – buchstäblich im wahrsten Sinne dieses häufig mißbrauchten Wortes. Charles Doolittle Walcott, ein Paläontologe von hohem Rang und ein sehr einflußreicher Administrator der amerikanischen Wissenschaft, fand 1909 im Burgess Shale die älteste Fauna aus hervorragend erhaltenen Tieren ohne Hartteile, die der Einfachheit halber im folgenden als »Weichkörper-Tiere« oder »Weichkörper-Fauna« bezeichnet werden. Da er aber zutiefst traditionalistisch dachte, gelangte er fast zwangsläufig zu einer herkömmlichen Interpretation, die kein neues Licht auf die Geschichte des Lebens warf und diese einzigartigen Organismen der Aufmerksamkeit der Öffentlichkeit entzog (obwohl sie über die Geschichte des Lebens weit mehr Aufschluß zu geben vermögen als die Dinosaurier). Drei englische und irische Paläontologen, die, als sie an ihre Arbeit gingen, nicht ahnten, welche grundlegenden Möglichkeiten darin steckten, haben dann jedoch durch zwanzigjährige sorgfältige anatomische Beschreibung nicht nur Walcotts Interpretation dieser eigentümlichen Fossilien umgestoßen; sie haben auch unser traditionelles Bild von Fortschritt und Vorhersagbarkeit in der Geschichte des Lebens mit dem Phänomen der Kontingenz, der Herausforderung des Historikers, konfrontiert. Aus der Evolution, die man sich wie einen wohlgeordneten historischen Festzug vorstellte, wurde eine Ereignisfolge von phantastischer Unwahrscheinlichkeit, die sich zwar im Rückblick einigermaßen vernünftig ausnimmt und sich ganz genau erklären läßt, die letzten Endes jedoch unvorhersagbar und völlig unwiederholbar ist. Man spule das Band des Lebens bis in die Frühzeit des Burgess Shale zurück und lasse es noch einmal vom gleichen Ausgangspunkt ablaufen: die Chance, daß sich bei der Wiederholung so etwas wie menschliche Intelligenz als höchste Zierde ergeben könnte, ist dabei verschwindend gering.

Noch wunderbarer als alle menschlichen Bemühungen oder revidierten Interpretationen sind jedoch die Organismen des Burgess Shale selbst, besonders nachdem sie nochmals und nunmehr zutreffend in ihrer erstaunlichen Seltsamkeit rekonstruiert wurden: *Opabinia* mit seinen fünf Augen und dem frontalen »Rüssel«; *Anomalocaris*, das größte Tier seiner Zeit, ein gräßlicher Räuber mit einem kreisbogenförmigen Gebiß; *Hallucigenia* mit einer Anatomie, die dem Namen alle Ehre macht.

Der Untertitel dieses Buches drückt unser doppeltes Staunen aus: über die Schönheit der Organismen selbst und über die neue Sicht des Lebens, zu der sie uns inspiriert haben. *Opabinia* und Konsorten bildeten die fremdartige und wunderbare Lebenswelt einer fernen Vergangenheit; sie haben darüber hinaus einer Wissenschaft, die sich ungern mit solchen Vorstellungen abgab, das große Thema der Kontingenz in der Geschichte aufgezwungen. Um dieses Thema dreht sich die denkwürdigste Szene in Amerikas beliebtestem Film, in der Jimmy Stewarts Schutzengel das Band des Lebens noch einmal ohne ihn ablaufen läßt und beweist, daß scheinbar unbedeutende Dinge in der Geschichte von ungeheurem Einfluß sind. Während die Wissenschaft mit dem Begriff der Kontingenz kaum etwas anzufangen wußte, ist er in Film und Literatur stets als faszinierend empfunden worden. Der Film *It's a Wonderful Life* (deutscher Titel: *Ist das Leben nicht schön?*) ist sowohl ein Symbol als auch die beste mir bekannte Illustration für das Hauptthema dieses Buches, mit dem ich Clarence Odbody, George Bailey und Frank Capra die ihnen gebührende Ehre erweise.

Die Geschichte der Neuinterpretation der Burgess-Fossilien sowie der aus dieser Arbeit hervorgegangenen neuen Ideen ist komplex, schließt sie doch die gesamten Bemühungen zahlreicher Mitwirkender ein. Im Vordergrund stehen jedoch drei Anthropologen, die, was die anatomische Beschreibung und die taxonomische Einordnung betrifft, die Hauptarbeit geleistet haben: Harry Whittington von der Universität Cambridge, der weltweit anerkannte Fachmann für Trilobiten, und zwei Männer, die als Studenten bei ihm begannen und auf ihren Untersuchungen der Burgess-Fossilien eine glänzende Karriere aufbauten: Derek Briggs und Simon Conway Morris.

Ich habe monatelang hin und her überlegt, wie ich diese Arbeit darstellen könnte, und mich schließlich für die einzige Form entschieden, die Einheit und Geschlossenheit gewährleistet. Wenn die heutige Ordnung des Lebens so stark von der Geschichte geprägt ist, dann muß ich ihrem Einfluß auch in dem vergleichsweise begrenzten Bereich dieses Buches Respekt zollen. Das Werk von Whittington und seiner Kollegen bildet ebenfalls eine Geschichte, und das erste Ordnungskriterium im Bereich der Kontingenz ist – zwangsläufig – die Chronologie. Die Neuinterpretation des Burgess Shale stellt eine Geschichte dar, eine großartige und wunderbare Geschichte von höchster intellektueller Leistung, bei der niemand vernichtet, niemand verletzt wurde oder auch nur einen Kratzer davontrug, aber durch die sich eine neue Welt enthüllte. Was bleibt mir anderes übrig, als diese Geschichte in der richtigen zeitlichen Reihenfolge zu erzählen? Wie in dem Film *Rashomon* wird es keine zwei Beobachter oder Beteiligte geben, die eine so verwickelte Geschichte auf die gleiche Weise nacherzählen, doch zumindest chronologisch können wir einen soliden Unterbau schaffen. Ich sehe den zeitlichen Ablauf mittlerweile als ein spannendes Drama an – und habe mir sogar die Kühnheit erlaubt, es als ein Stück in fünf Akten darzustellen, und zwar innerhalb des 3. Kapitels.

Das 1. Kapitel beschreibt mit Hilfe des konventionellen Mittels der Ikonographie die traditionellen Einstellungen (beziehungsweise die kaum verhüllten Hoffnungen unserer Kultur), die jetzt durch den Burgess Shale in Frage gestellt werden. Das 2. Kapitel liefert die erforderlichen Hintergrundinformationen über die Frühgeschichte des Lebens, das Wesen der Fossildokumentation und die besonderen Gegebenheiten des Burgess Shale. Das 3. Kapitel belegt – in Gestalt eines Dramas und in chronologischer Folge – die tiefgreifende Revision unserer Vorstellungen von einem anfänglichen Leben. Im letzten Abschnitt dieses Kapitels wird dann versucht, diese Geschichte in den allgemeinen Zusammenhang einer Evolutionstheorie einzuordnen, die durch die hier erzählte Geschichte teilweise in Frage gestellt und korrigiert wird. Das 4. Kapitel sucht die Zeit und die innere Verfassung des Charles Doolittle Walcott zu ergründen, um zu begreifen, warum er das Wesen und die Bedeutung seiner größten Entdeckung so völlig mißverstanden hat. Daran anknüpfend, wird eine andere, gegensätzliche Auffassung entwickelt, die Geschichte als Kontingenz versteht. Diese Geschichtsauffassung wird dann im 5. Kapitel entfaltet, einerseits in allgemeinen Argumenten und andererseits in einer chronologischen Folge von Schlüsselepisoden, die bei nur geringfügig veränderten Anfangsbedingungen die Evolution auf vollkommen andere, aber nicht minder intelligible Bahnen gelenkt hätte, vernünftige Pfade, auf denen keine Spezies entstanden wäre, die fähig wäre, eine Chronik zu erstellen oder den Ablauf ihrer Vorgeschichte zu entziffern. Der Epilog bietet eine letzte Burgess-Überraschung: eine *vox clamantis in deserto*, allerdings eine zufriedene Stimme, der nicht daran gelegen ist, daß das Krumme gerade oder das, was uneben ist, zu einem ebenen Weg werde, denn das Verschlungene, Krumme der realen Wege, das nur auf etwas Interessantes hinauslaufen kann, bereitet ihr das größte Vergnügen.

Was meine Darstellungsweise betrifft, so bin ich eingezwängt zwischen den beiden herkömmlichen Formen. Ich bin kein Reporter oder »Wissenschaftsautor«, der unter Vorspiegelung passiver Unparteilichkeit Angehörige eines anderen Fachbereichs befragt. Ich bin selbst Paläontologe und als nächster Kollege mit allen Hauptakteuren dieses Dramas persönlich befreundet. An den grundlegenden Untersuchungen war ich jedoch nicht beteiligt, und es wäre mir auch nicht möglich gewesen, weil mir die dazu erforderliche räumliche Vorstellungsgabe abgeht. Dennoch ist die Welt von Whittington, Briggs und Conway Morris auch meine Welt. Ich kenne ihre Hoffnungen und Schwächen, ihren Jargon und ihre Techniken, aber ich teile auch ihre Selbsttäuschungen. Wenn dieses Buch sein Ziel erreicht, dann wohl deshalb, weil ich die Einstellung und das Wissen des Fachmanns mit der zur Beurteilung nötigen Distanz verbunden habe, und vielleicht habe ich meinen Traum verwirklicht, einen »Insiderbericht« aus der Geologie zu verfassen. Wenn es sein Ziel aber nicht erreicht, dann bin ich einfach das letzte Opfer in einer ganzen Reihe, und es gelten all solche Redensarten wie »weder Fisch noch Fleisch« oder »zwischen Baum und Borke«. (Meine Schwierigkeit, daß ich in dieser Welt lebe und zugleich über sie berichte, kommt am häufigsten in einem einfachen Problem zum Vorschein, für das ich keine Lösung gefunden habe. Heißen meine Helden Whittington, Briggs und Conway Morris, oder heißen sie Harry, Derek und Simon? Ich habe schließlich auf eine durchgängige Benennung verzichtet und beschlossen, daß beide richtig sind, je nach den Umständen –, und ich bin einfach meinem Instinkt und Gefühl gefolgt. Ich mußte mich für die eine oder andere Konvention entscheiden; bei der chronologischen Darstellung des Burgess-Dramas bin ich, um die Forschung über verschiedene Burgess-Fossilien einzuordnen, den Publikationsdaten gefolgt. Wie aber jeder Fachmann weiß, ist die zwischen Manuskript und Druck liegende Zeitspanne jeweils verschieden und vom Zufall bestimmt, und zwischen der Reihenfolge der Publikationen und dem Ablauf der tatsächlichen Arbeit braucht kaum ein Zusammenhang zu bestehen. Ich habe deshalb alle Hauptbeteiligten nach der Reihenfolge befragt und zu meinem Vergnügen und meiner Erleichterung erfahren, daß in diesem Fall die Chronologie der Publikationen ziemlich genau der Reihenfolge der Forschungen entspricht.)

Ich habe mich in all meinen sogenannten »populären« Schriften entschieden an eine eigene Regel gehalten. (Wörtlich verstanden, steckt in »populär« etwas Bewundernswertes, doch ist der Sinn des Wortes so verfälscht worden, daß man darunter etwas Vereinfachtes oder Verwässertes versteht, das sich leicht und ohne Anstrengung rezipieren läßt.) Ebenso wie Galilei, der seine beiden größten Werke als Dialoge auf Italienisch und nicht als didaktische Abhandlungen in lateinischer Sprache schrieb, wie Thomas Henry Huxley, der seine meisterhafte Prosa von jedem Fachjargon freihielt, und ebenso wie Darwin, der seine Bücher für ein breites Publikum veröffentlichte, bin ich überzeugt, daß man noch immer wissenschaftliche Bücher schreiben kann, die sowohl für Fachleute als auch für interessierte Laien geeignet und verständlich sind. Es ist möglich, die Konzepte der Wissenschaft in all ihrem Reichtum, in all ihrer Mehrdeutigkeit ohne jeden Kompromiß, ohne jede sinnentstellende Vereinfachung darzustellen, in einer Sprache, die allen intelligenten Menschen zugänglich ist. Natürlich muß man andere Worte wählen, und sei es auch nur, um einen Jargon und eine Phraseologie zu vermeiden, die jeden, der nicht zu der Priesterkaste gehört, vor Rätsel stellen; doch in ihrer gedanklichen Tiefe sollten sich Fachschriften und allgemein verständliche Darstellungen keineswegs unterscheiden. Man sollte dieses Buch überall mit Gewinn lesen können: im Seminar für fortgeschrittene Studenten ebenso wie – falls der Film langweilig ist und man keine Schlaftabletten hat – auf der Geschäftsreise nach Tokio.

Wenn diese hochgespannten Hoffnungen und Erwartungen in Erfüllung gehen sollen, müssen natürlich auch Sie etwas dafür tun. Die Schönheit der Burgess-Geschichte steckt in ihren Details, und das sind anatomische

Details. Gewiß würden Sie die allgemeine Botschaft auch dann mitbekommen, wenn Sie das Anatomische übersprängen (in meiner Begeisterung wiederhole ich es ja, weiß Gott, reichlich oft), aber tun Sie das bitte nicht, denn dann würden Sie weder das Schöne noch das Spannende am Burgess-Drama je verstehen. Ich habe getan, was ich konnte, um die beiden fachlichen Aspekte – Anatomie und Taxonomie – so verständlich und so kurz wie möglich darzustellen. Einschübe bieten eine Einführung in diese Gebiete, und die Fachterminologie ist auf ein absolutes Minimum reduziert (zum Glück kommt man fast ohne das ganze erdrückende Kauderwelsch aus, und das Wesentliche bei den Arthropoden läßt sich leicht verstehen, wenn man einige Tatsachen über das System und die Anordnung der Gliedmaßen weiß). Außerdem werden alle beschreibenden Textaussagen durch Illustrationen veranschaulicht.

Eine kurze Zeit habe ich erwogen (aber das war eine Einflüsterung des Teufels), mit Verweis auf ein paar hübsche Bilder und unter Berufung auf fachliche Autoritäten diesen ganzen dokumentarischen Teil fortzulassen. Aber ich konnte es nicht, und zwar nicht nur wegen der oben erwähnten allgemeinen Regel. Ich konnte es nicht, weil ein Verzicht auf anatomische Argumente, ein Ableiten der Darstellung aus sekundären Quellen statt aus primären Monographien ein Zeichen von Respektlosigkeit wäre gegenüber etwas wahrhaft Schönem: gegenüber einer der gelungensten technischen Leistungen in meinem Fach und gegenüber dem besonderen Zauber der Burgess-Tiere. Flehentliche Bitten sind würdelos, doch gestatten Sie mir eine einzige Zeile: Lassen Sie sich bitte auf die Einzelheiten ein; sie sind leicht verständlich, und sie öffnen das Tor zu einer neuen Welt.

Eine Arbeit wie diese wird zwangsläufig zu einer Art Kollektivunternehmen, und daher gilt es, vielen für Geduld, Großzügigkeit, Verständnis und gute Laune zu danken. Harry Whittington, Simon Conway Morris und Derek Briggs ertrugen stundenlange Gespräche, ausführliche Befragungen und die Lektüre von Manuskripten. Steven Suddes vom Yoho National Park organisierte freundlicherweise eine Wanderung zu den heiligen Gründen von Walcotts Grabungsstätte, denn ohne eine solche Pilgerfahrt hätte ich dieses Buch nicht schreiben können. Laszlo Meszoly fertigte Schaubilder und Diagramme mit der Geschicklichkeit an, die ich nun schon fast zwei Jahrzehnte bewundere und auf die ich angewiesen bin. Libby Glenn half mir, mich in den ausgedehnten Walcott-Archiven in Washington zurechtzufinden.

Nie zuvor habe ich ein Werk veröffentlicht, das so sehr von Illustrationen abhängt. Aber so muß es sein; Primaten sind vor allem optische Lebewesen, und besonders die anatomische Arbeit ist in gleichem Maße auf bildliche wie auf verbale Darstellung angewiesen. Gleich zu Beginn beschloß ich, mich überwiegend derjenigen Illustrationen zu bedienen, die Whittington und Kollegen ursprünglich in ihren grundlegenden Publikationen verwendet hatten – nicht nur wegen ihrer hervorragenden Qualität, sondern vor allem, weil ich sonst nicht wüßte, wie ich meinen ungeheuren Respekt vor ihrer Arbeit ausdrücken könnte. Insofern diene ich nur als getreuer Vermittler von primären Quellen, die in der Geschichte meines Faches entscheidende Bedeutung gewinnen werden. Mit der üblichen Beschränktheit des Unwissenden nahm ich an, die photographische Reproduktion von Abbildungen sei eine einfache Sache: klick, und schon ist der Abzug da. Doch ich habe eine Menge über die vorzüglichen Leistungen in anderen Berufen gelernt, als ich beobachtete, wie Al Colman und David Backus, mein Fotograf und mein wissenschaftlicher Assistent, drei Monate lang bemüht waren, Ergebnisse zu erzielen, die ich nicht einmal in den ursprünglichen Publikationen entdecken konnte. Meinen herzlichen Dank für ihre Hingabe und ihre Belehrung.

Diese Abbildungen – insgesamt etwa hundert – umfassen vornehmlich zwei Arten: Zeichnungen von tatsächlichen Fundstücken und schematische Rekonstruktionen ganzer Organismen. In den Zeichnungen von Fundstücken hätte ich die oft recht dichte Kennzeichnung von Einzelheiten fortlassen können, weil diese Beschriftungen mit den Argumenten in meinem Text nur in wenigen Fällen etwas zu tun haben und in den Fällen, wo es doch einmal vorkommt, vollständig in meinen Bildunterschriften erläutert werden. Ich wollte jedoch, daß der Leser diese Illustrationen genau so zu sehen bekommt, wie sie in den primären Quellen erscheinen. Bei den Rekonstruktionen sollte der Leser übrigens beachten, daß sie, einer Konvention bei wissenschaftlichen Illustrationen entsprechend, nur selten ein Tier so darstellen, wie es ein Beobachter vielleicht auf dem Grunde eines kambrischen Meeres erblickt hätte, und zwar aus zwei Gründen. Um mehr von der ganzen Anatomie sichtbar zu machen, werden einige Teile in der Regel transparent dargestellt, und aus dem gleichen Grund werden andere Teile (gewöhnlich solche, die sich auf der anderen Seite des Körpers wiederholen) fortgelassen.

Da die technischen Illustrationen einen Organismus nicht als ein wirklich lebendiges Geschöpf zeigen, hielt ich es für notwendig, eine Reihe von vollständigen Rekonstruktionen durch einen wissenschaftlich ausgebildeten Künstler in Auftrag zu geben. Die Illustrationen, die man normalerweise zu sehen bekommt, befriedigten mich nicht – sie sind entweder ungenau oder ästhetisch nicht ansprechend. Zum Glück zeigte Derek Briggs mir Marianne

Collins' Zeichnung von *Sanctacaris* (Abb. 3.55), und endlich sah ich einen Burgess-Organismus, in dessen Zeichnung sich gewissenhafte Beachtung der anatomischen Details mit einem ästhetischen Gespür verband, das mich an die Inschrift auf der Büste von Henry Fairfield Osborn im American Museum of Natural History erinnerte: »Für ihn wurden die dürren Knochen lebendig, und Riesenformen aus vergangenen Zeiten fügten sich wieder in das Gesamtbild des Lebendigen ein.« Es ist mir eine Freude, daß Marianne Collins vom Royal Ontario Museum in Toronto rund zwanzig Zeichnungen von Burgess-Tieren exklusiv für dieses Buch beisteuern konnte.

In diesem Gemeinschaftswerk sind verschiedene Generationen vereint. Ich sprach ausführlich mit Bill Schevill, der in den dreißiger Jahren dieses Jahrhunderts zusammen mit Percy Raymond Ausgrabungen machte, und mit G. Evelyn Hutchinson, der seine ersten bemerkenswerten Erkenntnisse über Burgess-Fossilien unmittelbar nach Walcotts Tod veröffentlichte. Nachdem ich beinah mit Walcott selbst in Berührung gekommen war, wandte ich mich der Gegenwart zu und sprach mit allen derzeit aktiven Forschern. Besonders dankbar bin ich Desmond Collins vom Royal Ontario Museum, der im Sommer 1988, als ich dieses Buch schrieb, in Walcotts ursprünglicher Grabungsstätte kampierte und an einem anderen, oberhalb von Raymonds Grabungsstätte gelegenen Standort neue Entdeckungen machte. Seine Arbeit wird mehrere Passagen meines Textes erweitern und revidieren – daß die Dinge, die man schreibt, immer wieder veralten, ist ein Schicksal, das man sich innig wünschen muß, wenn die Wissenschaft nicht stagnieren und verkümmern soll.

Der Burgess Shale war über ein Jahr lang meine Obsession, und ich habe unablässig über seine Probleme mit Kollegen und Studenten diskutiert. Viele ihrer Anregungen, aber auch ihrer Zweifel und Vorbehalte haben sehr zur Verbesserung dieses Buches beigetragen. Man spricht im Augenblick viel von Wissenschaftsbetrug und von einer verbreiteten Gehässigkeit unter wissenschaftlichen Konkurrenten. Das ist gewiß ein ernstes Phänomen, aber ich fürchte, daß Außenseiter einen falschen Eindruck davon gewinnen. Es wird so viel darüber berichtet, daß man fast meinen könnte, es handele sich bei einem gewöhnlichen Fall von Anstand und Ehrlichkeit nur um einen üblen Trick. Aber so ist es ganz und gar nicht. Nicht die Häufigkeit solcher Erscheinungen ist das Tragische, sondern die erdrückende Asymmetrie in der Berichterstattung, die es ermöglicht, daß eine Unfreundlichkeit, wenn sie denn einmal vorkommt, Tausende von kollegialen Gesten, von denen nie berichtet wird, weil wir sie für selbstverständlich halten, hinwegwischt oder zudeckt. Die Paläontologen sind eine angenehme Berufsgruppe. Ich behaupte nicht, daß wir uns alle mögen, und sicherlich stimmen wir in vielem nicht überein. Dennoch sind wir bestrebt, einander zu helfen und nicht kleinlich zu sein. Das ist eine großartige Tradition, die das Entstehen dieses Buches erleichtert hat, durch tausend freundliche Gesten, die ich nicht festgehalten habe, weil sie zum ganz normalen Verhalten anständiger Menschen gehören – und das sind, Gottseidank, in der Regel die meisten von uns. Ich bin froh, daß es diese Gemeinsamkeit gibt, unsere gemeinsame Begeisterung für die Erforschung der Geschichte unseres wunderbaren Lebens.

I. KAPITEL

Die Ikonographie einer Erwartung

Ein Prolog in Bildern

> Ich will euch Sehnen schaffen und euch
> Fleisch wachsen lassen und euch mit Haut
> überziehen und euch Geist einflößen, daß ihr
> lebendig werdet.
>
> *Ezechiel 37,6*

Seit der Zeit, da Gott selbst Ezechiel im Tal der verdorrten Gebeine sein Material zeigte, hatte keiner bei der Rekonstruktion von Tieren aus zergliederten Skeletten solche Anmut und solche Geschicklichkeit bewiesen. Charles R. Knight, der berühmteste aller Künstler in der Wiederbelebung von Fossilien, malte all die kanonischen Gestalten von Dinosaurieren, die bis zum heutigen Tag unsere Angst erregen und die Phantasie beflügeln. Knight entwarf im Februar 1942 für die Zeitschrift *National Geographic* eine chronologische Folge von Panoramabildern, welche die Geschichte des Lebens vom Auftreten mehrzelliger Tiere bis zum Triumph des *Homo sapiens* schildern. (Das ist das einzige Heft, das immer aufbewahrt wird und deshalb immer fehlt, wenn man auf den hinteren Regalen des Gemischtwarenladens in Bucolia, Maine, eine »vollständige« Sammlung dieser Zeitschrift entdeckt, die zum Heftpreis von 25 Cent angeboten wird.) Das erste Gemälde der Serie geht auf die Tiere des Burgess Shale zurück.

Auch eingedenk solcher paläontologischen Wunder wie der großen Dinosaurier und der afrikanischen Affenmenschen, erkläre ich ohne Zögern und unmißverständlich, daß die Wirbellosen aus dem Burgess Shale, die man oben in den kanadischen Rocky Mountains, im Yoho National Park an der östlichen Grenze von Britisch-Kolumbien, gefunden hat, die bedeutendsten tierischen Fossilien der Welt sind. Neuzeitliche vielzellige Tiere treten zweifelsfrei erstmals vor rund 570 Millionen Jahren im dokumentierten Fossilbestand auf – und zwar mit einem Urknall, nicht in einem lang hingezogenen Crescendo. Mit dieser »kambrischen Explosion« tauchen praktisch alle Hauptgruppen neuzeitlicher Tiere auf (zumindest für die direkte Beobachtung) – und alle in dem, geologisch gesehen, winzigen Zeitraum von wenigen Millionen Jahren. Der Burgess Shale repräsentiert eine Periode kurz nach dieser Explosion, eine Zeit, in der das ganze Spektrum ihrer Produkte unsere Meere bewohnte. Diese kanadischen Fossilien sind deshalb so kostbar, weil in ihnen dieweiche Anatomie von Organismen in feinsten Details erhalten ist, bis zum letzten Filament der Kiemen eines Trilobiten, bis hin zu den Bestandteilen der letzten Mahlzeit im Darm eines Wurms. Unsere Fossildokumentation stellt fast ausschließlich die Geschichte der harten Teile dar. Die meisten Tiere besitzen jedoch keine harten Teile, und wenn sie welche haben, verraten die äußeren Hüllen sehr wenig über ihre Anatomie (was kann man schon über eine Muschel erfahren, wenn man nur ihre Schale hat?). Die wenigen Weichkörper-Tiere der Fossildokumentation sind daher wertvolle Fenster, die uns einen Einblick in den wahren Umfang und die Vielfalt der frühen Lebensformen gewähren. Der Burgess Shale ist unser einziges größeres und gut dokumentiertes Fenster, das den Blick freigibt auf jenes entscheidende Ereignis in der Geschichte des tierischen Lebens, auf die erste Blüte der kambrischen Explosion.

Auch in menschlicher Hinsicht ist der Burgess Shale eine faszinierende Geschichte. Die Fauna wurde 1909 von Charles Doolittle Walcott entdeckt, dem größten Paläontologen und Wissenschaftsadministrator Amerikas, der als Sekretär der Smithsonian Institution (ihre Bezeichnung für den Chef) fungierte. Seiner konventionellen Lebensauffassung entsprach Walcotts allgemeine und völlig systematische Interpretation, mit der er die Fossilien durchgängig mißdeutete: Kurz gesagt, er ordnete noch das letzte Burgess-Tier einer neuzeitlichen Gruppe zu, denn er sah in der Fauna insgesamt eine Ansammlung von primitiven oder frühen Versionen späterer, verbesserter Formen. Über fünfzig Jahre lang wurde Walcotts Arbeit nicht konsequent in Frage gestellt. 1971 veröffentlichte Professor Harry Whittington von der Universität Cambridge die erste Monographie im Rahmen einer umfassenden Überprüfung, die von Walcotts Annahmen ausging und auf eine grundlegende Neuinterpretation nicht nur des Burgess Shale, sondern (implizit) der gesamten Geschichte des Lebens einschließlich unserer eigenen Evolution hinauslief.

Dieses Buch verfolgt drei Hauptziele. Es ist zu allererst eine Chronik des spannenden geistigen Dramas, das sich hinter der äußeren Gelassenheit dieser Neuinterpretation abspielt. Zweitens macht es – als unausweichliche, natürliche Folge – eine Aussage über das Wesen der Geschichte und die erschreckende Unwahrscheinlichkeit der Evolution des Menschen. Drittens schlage ich mich mit dem rätselhaften Sachverhalt herum, daß man ein derart fundamentales Forschungsprogramm so unbemerkt von der Öffentlichkeit durchziehen konnte. Warum ist *Opabinia*, der Name des Tieres, das für eine neue Auffassung vom Leben eine Schlüsselrolle spielt, nicht überall dort geläufig, wo man über die Geheimnisse der Existenz nachdenkt?

Kurz, Harry Whittington und seine Kollegen haben gezeigt, daß die meisten Burgess-Organismen nicht zu den uns vertrauten Gruppen gehören und daß die Geschöpfe aus dieser einen Grabungsstätte in Britisch-Kolumbien hinsichtlich ihrer anatomischen Vielfalt, wahrscheinlich das gesamte Spektrum des wirbellosen Lebens in den heutigen Ozeanen übertreffen. Fünfzehn bis zwanzig Burgess-Arten können mit keiner bekannten Gruppe in Verbindung gebracht werden und müssen wohl als eigene Stämme klassifiziert werden. Wenn man einige von ihnen, die in Wirklichkeit nur wenige Zentimeter messen, vergrößert, glaubt man, in einem Science-fiction-Film zu sein; ein besonders eindrucksvolles Geschöpf hat sogar als offizielle Bezeichnung den Namen *Hallucigenia* bekommen. Was die Arten angeht, die bekannten Stämmen zugeordnet werden können, sind die Burgess-Fossilien anatomisch weit vielfältiger als die neuzeitlichen Pendants. Der Burgess Shale enthält zum Beispiel frühe Vertreter aller vier Hauptgruppen der Arthropoden, des auf der heutigen Erde dominierenden Tierstammes: die Trilobiten (heute ausgestorben), die Crustacea (einschließlich Spinnentiere und Skorpione) und die Uniramia/Antennata (einschließlich der Insekten). Der Burgess Shale enthält aber darüber hinaus rund zwanzig bis dreißig Arten von Arthropoden, die keiner neuzeitlichen Gruppe zugeordnet werden können. Um sich von der Größenordnung dieser Differenz eine Vorstellung zu machen: Taxonomen haben annähernd eine Million Arten von Arthropoden beschrieben, und alle passen in die vier Hauptgruppen; und eine einzige Grabungsstätte in Britisch-Kolumbien, welche die erste Explosion des vielzelligen Lebens repräsentiert, enthüllt über zwanzig zusätzliche Arthropoden-Strukturen! Die Geschichte des Lebens ist eine Geschichte der massenhaften Beseitigung, gefolgt von einer Differenzierung innerhalb weniger überlebender Stämme, und eben nicht die altbekannte Erzählung von stetig zunehmender Leistung, Komplexität und Vielfalt.

Diese Neuinterpretation wird einem sofort klar, wenn man Charles R. Knights Nachbildung der Burgess-Fauna (Abb. 1.1), die sich ganz auf

1.1 Rekonstruktion der Burgess Shale-Fauna durch Charles E. Knight im Jahre 1940, wahrscheinlich das Modell für seine Restauration von 1942. Alle Tiere sind als Mitglieder moderner Gruppen gezeichnet. Oberhalb von *Sidneyia*, dem größten Tier der Szene, ist *Waptia* als Garnele rekonstruiert. Zwei Teile, die eigentlich zu dem einzigartigen Geschöpf *Anomalocaris* gehören, sind als eine normale Qualle (oben, links oder der Mitte) und als Hinterende eines zweiklappigen Arthropoden (das große Geschöpf Mitte rechts, das oberhalb der Trilibiten schwimmt) dargestellt.

Walcotts Klassifikation stützt, mit einer anderen vergleicht, die 1985 einem Artikel beigefügt wurde, der die entgegengesetzte Auffassung vertritt (Abb. 1.2).

  1. Den Mittelpunkt von Knights Rekonstruktion bildet ein Tier namens *Sydneyia*, der größte der Walcott bekannten Burgess-Arthropoden; nach seiner Ansicht stellt er eine Urform der Chelicerata dar. In der modernen Version ist *Sydneyia* in die untere rechte Ecke verbannt, und seinen Platz nimmt *Anomalocaris* ein, ein zwei Fuß langer Schrecken der kambrischen Meere und eines der »nichtklassifizierbaren« Burgess-Exemplare.

  2. Knight rekonstruiert jedes Tier als Mitglied einer wohlbekannten Gruppe, die im wesentlichen später florierte. *Marrella* wird als Trilobit, *Wap-*

tia als Ur-Garnele (siehe Abb. 1.1) hingestellt, doch heute zählen beide zu den nicht einstufbaren Arthropoden. In der neueren Darstellung werden die einmaligen Stämme hervorgehoben: das riesige *Anomalocaris*, *Opabinia*

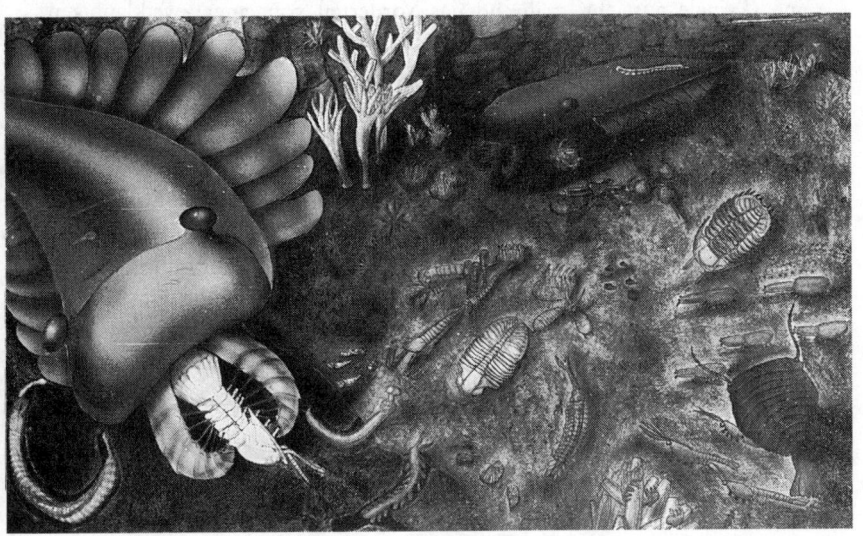

1.2 Eine moderne Rekonstruktion der Burgess Shale-Fauna, die einen Artikel von Briggs und Whittington über die Gattung *Anomalocaris* illustriert. Diese Zeichnung zeigt, anders als die von Knight, ausgefallene Lebewesen. *Sidneyia* wurde nach unten rechts verbannt; das Bild wird von zwei Exemplaren der riesigen *Anomalocaris* beherrscht. Drei Aysheaia weiden auf Schwämmen, am unteren Rand, links von *Sidneyia*. Eine *Opabinia* kriecht genau links von *Aysheaia* über den Boden. Zwei *Wiwaxia* weiden unterhalb der oberen *Anomalocaris* am Meeresboden.

mit seinen fünf Augen und dem frontalen »Rüssel« und *Wiwaxia* mit seinem Schuppenkleid und den zwei Reihen dorsaler Stacheln.

3. Knights Geschöpfe gehorchen der konventionellen Vorstellung »Reich des Friedens«. Sie sind in der scheinbaren Harmonie gegenseitiger Duldung zusammengepfercht, zwischen ihnen gibt es keine Wechselwirkung. Die moderne Darstellung behält zwar (aus Platzgründen) das unrealistische Gedränge bei, betont aber die ökologischen Beziehungen, die durch neuere Forschungen enthüllt wurden: Würmer, die zu den Priapuliden und den Polychaeten gehören, wühlen sich in den Schlamm; die geheimnisvolle *Aysheaia* weidet auf Schwämmen; *Anomalocaris* fährt seine Mundwerkzeuge aus und zermalmt einen Trilobiten.

25

4. Betrachten wir *Anomalocaris* als Prototyp für Whittingtons Revision. Knight hat zwei Tiere aufgenommen, die in der modernen Rekonstruktion fehlen: eine Qualle und einen sonderbaren Arthropoden, der von hinten wie eine Garnele aussieht, während das Vorderteil von einer zweiklappigen Schale bedeckt ist. Beides sind Fehler, in dem übereifrigen Bemühen begangen, Burgess-Tiere um jeden Preis in neuzeitliche Gruppen zu zwängen. Walcotts »Qualle« entpuppt sich als der Plattenring, der den Mund von *Anomalocaris* umgibt; das Hinterteil seiner »Garnele« ist ein Mundwerkzeug der nämlichen fleischfressenden Bestie. Walcotts Prototypen für zwei neuzeitliche Gruppen erweisen sich als Körperteile des größten Burgess-Sonderlings, des treffend benannten *Anomalocaris*.

Der komplexe Wandel der Vorstellungen findet also bündigen Ausdruck in der Veränderung der Bilder. Die Ikonographie ist ein vernachlässigter Schlüssel zu den sich wandelnden Ansichten, sowohl, was die Geschichte und den Sinn des Lebens im allgemeinen, als auch, was den Burgess Shale im besonderen betrifft.

Die Leiter und der Kegel:
Ikonographien des Fortschritts

In unseren Leitsätzen hat sich schon viel zu lange eine Vertrautheit breitgemacht, die alles erzeugt, von der Verachtung (Äsop entsprechend) bis hin zu Kindern (wie Mark Twain bemerkte). Shakespeares Polonius ermahnt Laertes im Zuge seiner redseligen Auslassungen, sich zuverlässige, aufrichtige Freunde zu suchen, und sie nach getroffener Wahl »mit ehernen Reifen« an sein Herz zu »schmieden«.

Doch wie der spätere Mörder des Polonius im berühmtesten Monolog aller Zeiten feststellte: Da liegt der Hase im Pfeffer. Diese ehernen Reifen sind nicht leicht zu lösen, und das behaglich Vertraute wird zu einem Gefängnis für das Denken.

Worte sind unser bevorzugtes Mittel, Konsens herzustellen; nichts vermag so sehr orthodoxes Denken und zielbewußte Einmütigkeit im Handeln zu bewirken wie eine raffinierte Losung, zum Beispiel: Ich kenne keine Parteien mehr, ich kenne nur noch Deutsche (Wilhelm II.).

Doch die junge Erfindung unserer Sprache kann ein älteres Erbe nicht gänzlich vergessen machen. Primaten sind ausgeprägt optische Lebewesen, und die Ikonographie der Überredung beeindruckt uns im Innersten unseres

Wesens noch stärker, als es Worte vermögen. Jeder Demagoge, jeder Humorist, jeder Werbeagent kennt und nutzt die Beschwörungsmacht eines gut gewählten Bildes.

Den Wissenschaftlern ist diese Erkenntnis irgendwann abhanden gekommen. Gewiß stützen wir uns stärker auf Bilder als die Vertreter der meisten anderen Disziplinen, mit Ausnahme der Kunsthistoriker. In den Vorträgen auf wissenschaftlichen Kongressen kommt der Satz »Das nächste Dia bitte« sogar noch häufiger vor als die Wendung »Mir scheint, daß...«. Wir betrachten unsere Bilder jedoch nur als illustrative Stütze unserer verbalen Ausführungen. Kaum ein Wissenschaftler erkennt, daß schon das Bild als solches ideologisch befrachtet ist. Bilder sind exakte Spiegelungen der Natur und sonst nichts.

Wenn es um Fotos von Objekten geht, kann ich diese Einstellung verstehen, obwohl es auch hier unzählige Gelegenheiten für subtile Manipulationen gibt. Aber viele unserer Bilder sind Verkörperungen von Ideen, die sich als neutrale Naturbeschreibungen ausgeben. Das sind die mächtigsten Werkzeuge, um Übereinstimmung herzustellen, denn Ideen, die als Beschreibungen daherkommen, verleiten uns dazu, das Hypothetische mit dem eindeutig Faktischen gleichzusetzen. Aus Anregungen zu systematischem Denken werden feststehende Strukturen in der Natur, aus Vermutungen und Ahnungen werden konkrete Dinge.

Die vertrauten Ikonographien der Evolution zielen – manchmal grobschlächtig, machmal feinsinnig – allesamt darauf ab, uns in der tröstlichen Auffassung zu bestärken, daß der Mensch das unvermeidliche und höchste Produkt der Evolution sei. Die unverblümteste Version, die Kette des Seins oder die Leiter des linearen Fortschritts, hat eine lange Geschichte, die noch vor die Entstehung der Evolutionstheorie zurückreicht (siehe A. O. Lovejoys Klassiker *The Great Chain of Being*, 1936 [deutsch: *Die große Kette der Wesen*]). Man nehme zum Beispiel den *Essay on Man* von Alexander Pope, der zu Beginn des 18. Jahrhunderts entstand:

So fern sich ungezählte Graden der Schöpfung erstrecken,
Steigen die Stufen der sinnlichen und der vernünftigen Kräfte:
Schau wie sie steigen, zum kaiserlichen Stamme des Menschen,
Von den grünen Myriaden des volkreichen Grases!

Auch am Ende jenes Jahrhunderts steht eine berühmte Version dieser Ikonographie (Abb. 1.3). Der britische Arzt Charles White preßte in seiner *Regular Gradation in Man* die ganze sich verzweigende Vielfalt der Wirbeltiere in

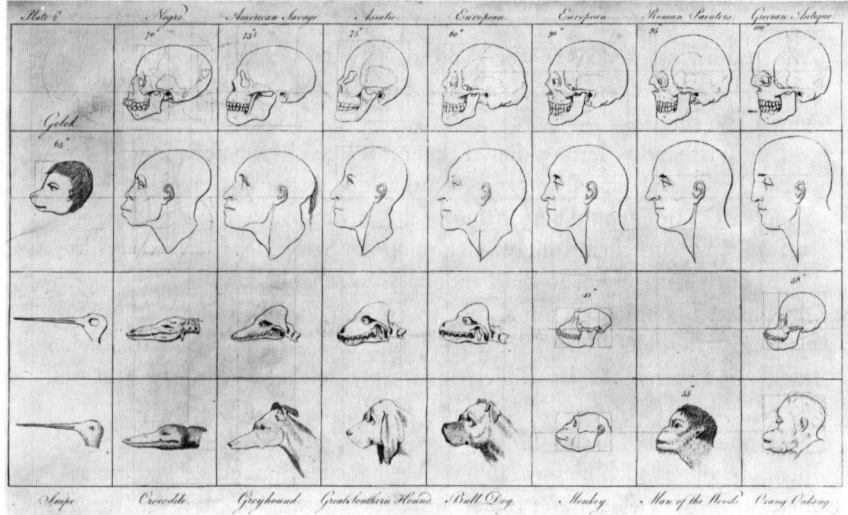

1.3   Die linearen Abstufungen der Lebenskette nach Charles White (1799). Eine buntscheckige Reihe erstreckt sich von den Vögeln zu den Krokodilen, Hunden und Affen
(die zwei unteren Reihen) und steigt dann über die traditionelle rassistische Stufenleiter
der menschlichen Gruppen (die zwei oberen Reihen) nach oben.

eine einzige buntscheckige Reihe, die bei den Vögeln beginnt und über Kro-
kodile, Hunde und Menschenaffen zu der gängigen rassistischen Rangfolge
der menschlichen Gruppen führt und in einem weißhäutigen Inbegriff vom
Menschen gipfelt, den White in der verschnörkelten Ausdrucksweise seines
ausgehenden Jahrhunderts folgendermaßen beschreibt:

»Wo, wenn nicht beim Europäer, werden wir diese edel gewölbte Stirn antreffen, die ein
so großes Gehirn enthält...? Wo das gerade Antlitz, die ausgeprägte Nase und das gerundete, vorspringende Kinn? Wo diese Mannigfaltigkeit der Züge und den Reichtum des
Ausdrucks,... diese rosigen Wangen und korallenroten Lippen?« (White, 1799).

Diese Tradition ist nie erloschen, auch nicht in unserer aufgeklärten Zeit.
1915 feierte Henry Fairfield Osborn das lineare Anwachsen des Denkver-
mögens in einer Abbildung, die voller aufschlußreicher Irrtümer steckt
(Abb. 1.4). Schimpansen sind nicht Ahnen, sondern moderne Vettern des
Menschen, und unter evolutionärem Aspekt trennt sie von dem unbekannten
Vorfahren der afrikanischen Menschenaffen und der Menschen die gleiche
Distanz. *Pithecanthropus* (heute *Homo erectus*) ist möglicherweise ein Ahne
und das einzige legitime Mitglied dieser Aufreihung. Besonders entlarvend
ist die Aufnahme von Piltdown. Inzwischen wissen wir, daß Piltdown ein

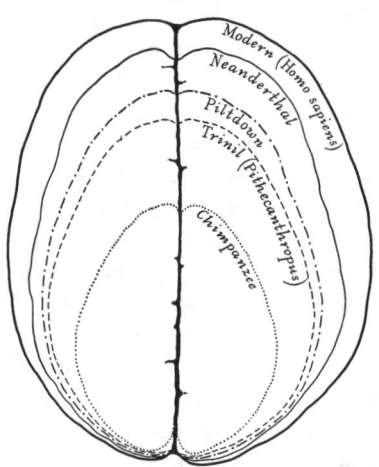

1.4 Fortschritt in der Evolution des menschlichen Gehirns nach einer Darstellung von Henry Fairfield Osborn aus dem Jahre 1915.

1.5 Diese Abbildung, die mir persönlich unangenehm ist, veranschaulicht unsere starke Bindung an die Ikonographie der fortschrittlichen Entwicklung. Es ist das Anliegen meiner Bücher, dieses Bild von der Evolution zu entlarven, aber bei Übersetzungen habe ich keinen Einfluß auf die Gestaltung des Schutzumschlags. Vier ausländische Ausgaben meiner Bücher haben für den Umschlag den »Marsch des menschlichen Fortschritts« als Motiv benutzt. Diese Abbildung stammt aus der niederländischen Übersetzung von *Ever Since Darwin*.

Schwindel war: Der Schädel eines neuzeitlichen Menschen wurde mit dem Kiefer eines Menschenaffen ausgestattet. Da die Schädelkapsel von einem Zeitgenossen stammte, besaß Piltdown ein Gehirn heutiger Größe; Osborns Kollegen waren jedoch dermaßen davon überzeugt, daß menschliche Fossilien mittlere Werte auf einer Leiter des Fortschritts aufweisen müßten, daß sie das Gehirn von Piltdown entsprechend ihren Erwartungen rekonstruierten. Was den Neandertaler angeht, so waren diese Geschöpfe vermutlich nahe Verwandte, die einer anderen Art angehörten, aber keine Vorfahren des Menschen. Jedenfalls war ihr Gehirn ebenso groß oder größer als das unsere, ungeachtet der Leiter Osborns.

Auch in unserer Generation haben wir diese Ikonographie noch nicht aufgegeben. Betrachten Sie die Abbildung 1.5, die aus der niederländischen Ausgabe eines meiner Bücher stammt! Anschaulicher kann man die fortschrittliche Entwicklung – im Gänsemarsch – nicht zeigen. Damit man nicht glaubt, nur die westliche Kultur fördere diese Vorstellung, lege ich einen Beleg für ihre Verbreitung (Abb. 1.6) vor; er wurde 1985 auf dem Bazar von Agra erworben.

1.6 Dieses Wissenschaftsmagazin für Kinder erstand ich in Indien, im Basar von Agra. Die falsche Ikonographie fortschrittlicher Entwicklung ist jetzt über die Grenzen unserer Kultur hinausgedrungen.

1.7 Ein Karikaturist macht sich das Bild von der Leiter zunutze. Dieses Beispiel von Larry Johnson erschien im *Boston Globe* vor einem Spiel der Patriots gegen die Raiders.

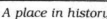

1.8 Der weltweite Terrorismus läßt sich per Fallschirm an dem ihm angemessenen Platz in der fortschrittlichen Entwicklung nieder. Von Szep im *Boston Globe*. .

A place in history

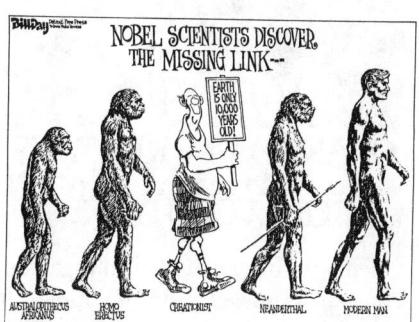

1.9 Ein »wissenschaftlicher Kreationist« nimmt die ihm zustehende Stelle in der fortschrittlichen Entwicklung ein. Von Bill Day in der *Detroit Free Press*.

Der Marsch des Fortschritts ist *die* kanonische Darstellung der Evolution – das Bild, das von allen sofort erfaßt und instinktiv verstanden wird. Seine häufige Verwendung in Karikatur und Werbung dürfte der schlagende Beweis dafür sein. Diese Berufszweige liefern uns den besten Test für die allgemeine Auffassung. Witze und Anzeigen müssen in dem flüchtigen Augenblick zünden, in dem wir ihnen Beachtung schenken. Sehen Sie sich Abbildung 1.7 an, eine Karikatur, die Larry Johnson vor einem Footballspiel zwischen den Patriots und den Raiders für den *Boston Globe* gezeichnet hat. Oder Abbildung 1.8 von dem Karikaturisten Szep, bei der es um den passen-

1.10 Das Bild der Leiter läuft und läuft. Von Mike Peters in den *Dayton Daily News*. (Abdruckerlaubnis von UFS, Inc.)

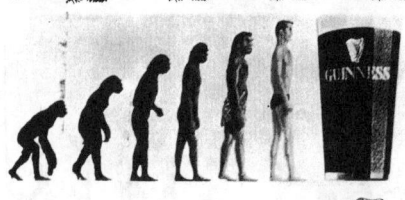

1.11 Die höchste Stufe des menschlichen Fortschritts auf einer englischen Reklame.

GRANADA TV RENTAL'S
THEORY
OF EVOLUTION.

1.12 Die fortschrittliche Entwicklung in einer anderen Werbung.

den Standort des Terrorismus geht. Oder Abbildung 1.9 von Bill Day über den »wissenschaftlichen Kreationismus«. Oder Abbildung 1.10 von meinem Freund Mike Peters über die gesellschaftlichen Möglichkeiten, die Männern und Frauen traditionell offenstehen. Was die Werbung angeht, schauen Sie sich die Evolution von Guinness-Bier (Abb. 1.11) und von Fernseh-Mietgeräten (Abb. 1.12)[1] an.

Die Zwangsjacke des linearen Fortschritts reicht über die Ikonographie hinaus bis in die Definition der Evolution. Das Wort selbst wird zu einem Synonym für *Fortschritt*. Einmal präsentierten die Hersteller der Doral-Zigaretten die im Laufe der Jahre »verbesserten« Produkte in einer linienförmigen Reihe unter der Überschrift: »Dorals Evolutionstheorie«.[2] (Möglicherweise sind sie über diese irreführende Behauptung heute nicht mehr so

1.13   Die landläufige Gleichsetzung von Evolution und Fortschritt. Andrews vierbeinige Fortbewegung wird als Rückentwicklung aufgefaßt. (Mit Genehmigung von M. G. N. 1989, Syndication International / North America Syndicate, Ind.)

glücklich, denn sie haben mir die Erlaubnis zum Abdruck der Anzeige verweigert.) Oder betrachten Sie eine Episode aus dem Comicstrip *Andy Capp* (Abb. 1.13). Flo hat keine Schwierigkeiten damit, die Evolution anzuerkennen, aber sie versteht sie als Fortschritt und sieht in dem Umstand, daß Andy auf allen Vieren nach Hause gekrochen kommt, das genaue Gegenteil.

Das Leben ist ein sich üppig verzweigender Busch, der durch den Sensenmann ständig beschnitten wird, und keine Leiter des vorhersagbaren Fortschritts. Den meisten ist das vielleicht als Redensart geläufig, aber nicht als ein Gedanke, den sie sich selbst zu eigen gemacht hätten. Deshalb begehen wir ständig Fehler, die darauf beruhen, daß wir unbewußt an der Leiter des Fortschritts festhalten, selbst wenn wir eine solche überholte Deutung des Lebens ausdrücklich in Abrede stellen. Zwei solcher Irrtümer möchte ich anführen, wovon der letztere einen Schlüssel zu unserer herkömmlichen Mißdeutung des Burgess Shale liefert.

Zunächst werden wir durch einen Irrtum, den ich den »kleinen Scherz des Lebens« nenne (Gould, 1987a), praktisch zu dem verblüffenden Fehler genötigt, erfolglose Abstammungslinien als klassische »Paradebeispiele« der »Evolution« zu bezeichnen. Wir tun das, weil wir bestrebt sind, aus der tatsächlichen Topologie der üppigen Verzweigung eine einzige Linie des Fortschritts herauszulesen. Dieses irregeleitete Bestreben führt uns unweigerlich zu Büschen, die so nahe am Rand der totalen Vernichtung stehen, daß von ihnen nur noch ein überlebendes Ästchen bleibt. In diesem Ästchen erblicken wir dann einen Gipfel der Aufwärtsentwicklung, statt ihn als den mutmaßlich letzten Atemzug reicherer Vorfahren zu begreifen.

Nehmen wir zum Beispiel das berühmte Schlachtroß der Tradition: die evolutionäre Leiter der Pferde selbst (Abb. 1.14). Gewiß verbindet ein

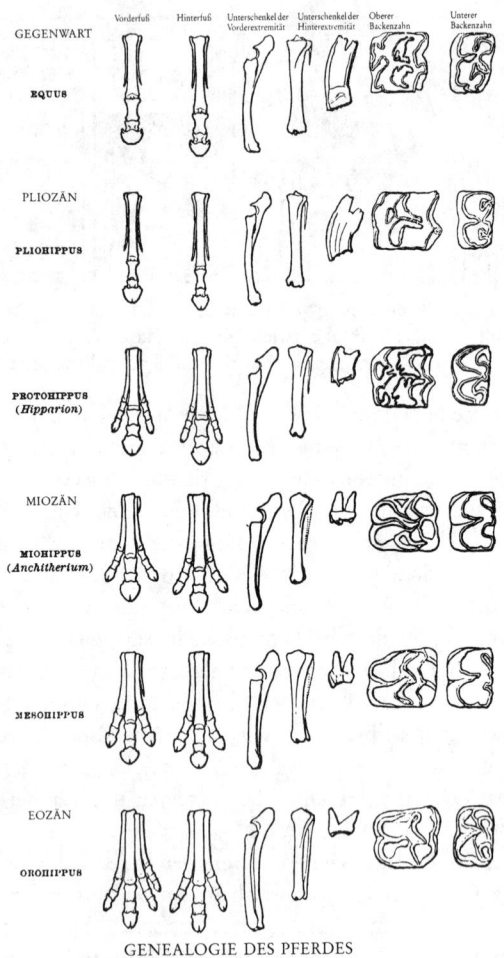

| | Vorderfuß | Hinterfuß | Unterschenkel der Vorderextremität | Unterschenkel der Hinterextremität | Oberer Backenzahn | Unterer Backenzahn |

GEGENWART

EQUUS

PLIOZÄN

PLIOHIPPUS

PROTOHIPPUS
(*Hipparion*)

MIOZÄN

MIOHIPPUS
(*Anchitherium*)

MESOHIPPUS

EOZÄN

OROHIPPUS

GENEALOGIE DES PFERDES

1.14 Die ursprüngliche Version der Fortschrittsleiter für Pferde, gezeichnet von dem amerikanischen Paläontologen O. C. Marsh für Thomas Henry Huxley, nachdem Marsh Huxley bei dessen einzigem Besuch in den Vereinigten Staaten seine kürzlich gesammelten westlichen Fossilien gezeigt hatte. Marsh überzeugte seinen englischen Besucher von dieser Abfolge und zwang Huxley dadurch, seinen 1876 in New York gehaltenen Vortrag über die Evolution der Pferde zu verändern. Man beachte, daß die Zahl der Zehen sich stetig verringert, während die Zähne länger werden. Da Marsh alle seine Expemplare in gleicher Größe darstellte, ist die andere klassische Entwicklung, das Größenwachstun, nicht zu erkennen.

ununterbrochener Evolutionszusammenhang *Hyracotherium* (früher als *Eohippus* bezeichnet) mit dem modernen *Equus*. Und es stimmt auch, daß moderne Pferde größer sind, eine kleinere Zehenzahl und höher ragende Zahnkronen haben. Dennoch stellt die Verbindung *Hyracotherium-Equus* keine Leiter, ja noch nicht einmal eine wesentliche Abstammungsreihe dar, sondern bloß einen von Tausenden labyrinthischer Pfade durch einen komplex wuchernden Busch. Dafür, daß gerade dieser Weg Bedeutung gewonnen hat, gibt es nur einen Grund, und der entbehrt nicht der Ironie: Alle anderen Zweige sind abgestorben. *Equus* ist der einzige Zweig, der übrigblieb, und bildet deshalb in unserer falschen Ikonographie die oberste Sprosse einer Leiter. Pferde sind zum klassischen Beispiel einer fortschreitenden Evolution geworden, weil ihr Busch so erfolglos war. Die wahren Erfolge der Säugetier-Evolution erhalten nie den ihnen gebührenden Beifall. Wann spricht man schon von der Evolution der Fledermäuse, der Antilopen oder der Nagetiere, die derzeit die Champions unter den Säugern sind? Solche Geschichten werden nicht erzählt, weil wir den überreichen Erfolg dieser Geschöpfe nicht zu der linearen Form unserer geliebten Leiter umdeuten können. Sie konfrontieren uns mit Tausenden von Zweigen auf einem lebenskräftigen Busch.

Muß ich daran erinnern, daß es zumindest noch eine Abstammungsreihe von Säugern gibt, die uns aus naheliegenden Gründen besonders am Herzen liegt und mit den Pferden zweierlei gemeinsam hat: die Topologie eines Busches, von dem nur ein Zweig überlebt, und die falsche Ikonographie eines Marsches in den Fortschritt?

Ein zweiter häufiger Irrtum besteht darin, daß wir zwar die Vorstellung von der Leiter aufgeben und anerkennen, daß die Evolutionslinien sich verzweigen, aber dennoch den Stammbaum des Lebens auf eine herkömmliche Weise zeichnen, die geeignet ist, uns in der Hoffnung auf vorhersagbaren Fortschritt zu bestärken.

Dem Stammbaum des Lebens sind, was seine Form betrifft, einige starke Beschränkungen auferlegt. Erstens muß er einen einzigen Grundstamm haben, da jede gutdefinierte taxonomische Gruppe nur auf einen einzigen gemeinsamen Vorfahren zurückgehen kann.[3] Zweitens gilt für alle Zweige, daß sie entweder absterben oder sich weiterverzweigen. Ist eine Trennung eingetreten, so ist sie unwiderruflich; getrennte Zweige kommen nicht wieder zusammen.[4]

Im Rahmen dieser Beschränkungen – der *Monophylie* und der *Divergenz* – können Stammbäume jedoch eine nahezu unbegrenzte Zahl von geometri-

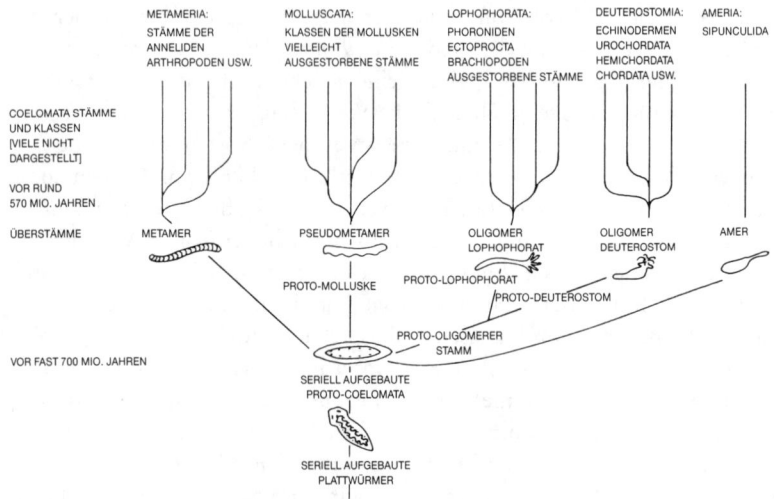

COELOMATA STÄMME
UND KLASSEN
[VIELE NICHT
DARGESTELLT]

VOR RUND
570 MIO. JAHREN

ÜBERSTÄMME   METAMER   PSEUDOMETAMER   OLIGOMER
LOPHOPHORAT   OLIGOMER
DEUTEROSTOM   AMER

PROTO-MOLLUSKE   PROTO-LOPHOPHORAT
PROTO-DEUTEROSTOM

PROTO-OLIGOMERER
STAMM

VOR FAST 700 MIO. JAHREN

SERIELL AUFGEBAUTE
PROTO-COELOMATA

SERIELL AUFGEBAUTE
PLATTWÜRMER

1.15   Eine neuere Ikonographie für die Evolution der Coelomaten, die der Konvention des Kegels wachsender Vielfalt entspricht (Valentine, 1977).

schen Formen annehmen. So kann sich ein Busch rasch zu maximaler Breite auswachsen und sich dann stetig nach oben wie ein Weihnachtsbaum verjüngen. Er kann sich aber auch rasch diversifizieren, dann aber seine volle Breite durch ein fortgesetztes Gleichgewicht von Innovation und Tod aufrechterhalten. Oder er kann sich, wie ein Amarant, in einem verworrenen Durcheinander von Formen und Größen kreuz und quer verzweigen.

Die traditionelle Ikonographie hat diese vielfältigen Möglichkeiten ignoriert und sich auf ein Urbild festgelegt, den »Kegel wachsender Vielfalt«, einen umgekehrten Weihnachtsbaum. Das Leben beginnt mit dem Beschränkten und Einfachen und schreitet dann ständig aufwärts zu einem Mehr und, als natürliche Folge, zum immer Besseren. Abbildung 1.15, die von der Evolution der Coelomata (Tiere mit einer Leibeshöhle, Gegenstand dieses Buches) handelt, zeigt, daß alles seinen ordnungsgemäßen Ursprung in einem einfachen Plattwurm hat. Der Stamm spaltet sich in einige Grundlinien auf, von denen keine ausstirbt und alle sich weiter diversifizieren zu einer kontinuierlich wachsenden Zahl von Untergruppen.

Abbildung 1.16 bietet eine Auswahl von Kegeln, die weitverbreiteten modernen Lehrbüchern entnommen sind: drei in abstrakter Form und drei mit Beispielen von Gruppen, die für die Argumentation dieses Buches

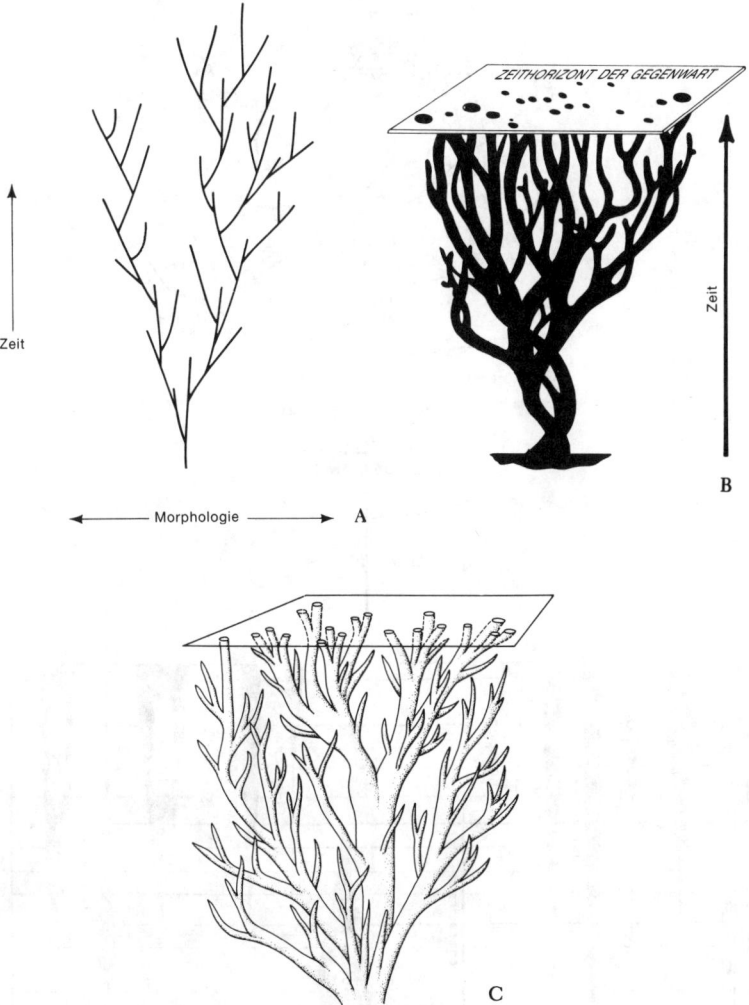

ZEITHORIZONT DER GEGENWART

Zeit

Zeit

Morphologie

A

B

C

1.16 Die Ikonographie des Kegels wachsender Vielfalt, gezeigt an sechs Lehrbuch-Bei-
spielen. Alle diese Diagramme werden als einfache, objektive Bilder der Evolution aufgeführt; keines zeigt ausdrücklich die Diversifikation im Unterschied zu einem anderen
Evolutionsvorgang. Drei abstrakten Beispielen (A-C) folgen drei konventionelle Darstellungen von Stammbäumen: der Wirbeltiere (D), der Arthropoden (E) und der Säugetiere (F, auf S. 39). Die Daten aus dem Burgess Shale widerlegen diese verbreitete Sicht der
Arthropoden-Evolution als einen stetigen Prozeß wachsender Diversifikation.

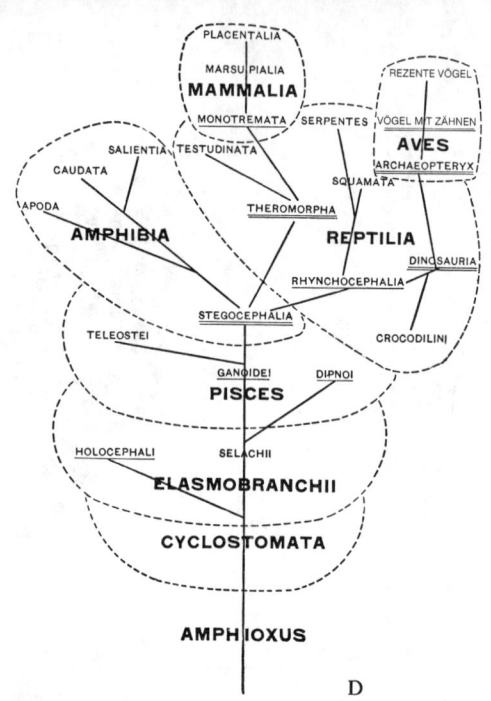

D

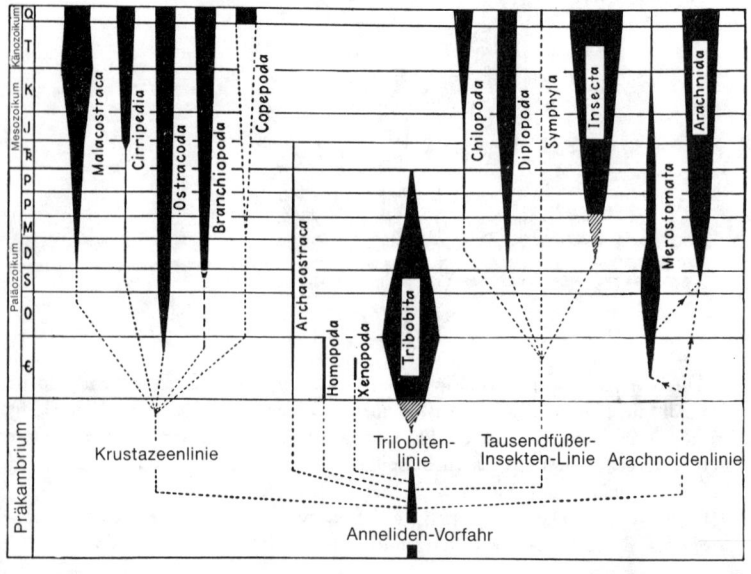

E

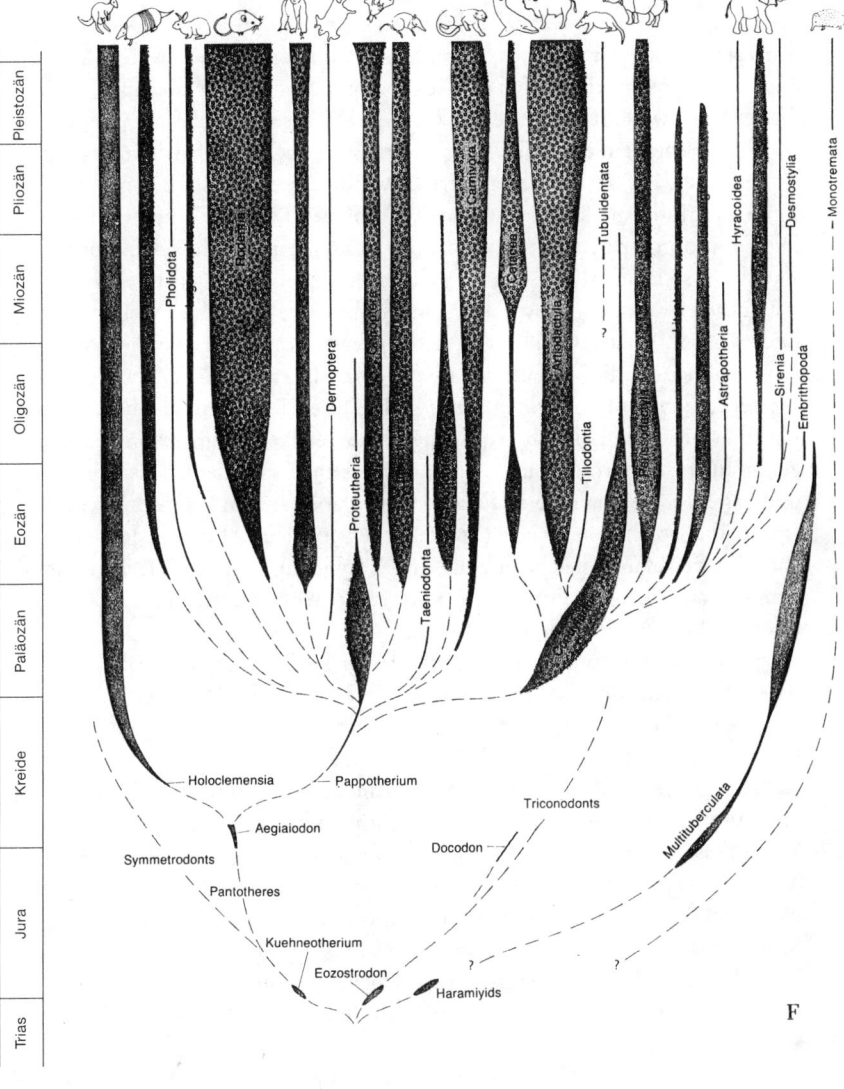

1.16 *(Fortsetzung)*. Konventionelle Darstellung des Stammbaums der Säugetiere.

bedeutsam sind. (Im 4. Kapitel diskutiere ich die Entstehung dieses Modells in den von Haeckel entworfenen Stammbäumen und deren Einfluß auf Walcott und seinen großen Irrtum bei der Rekonstruktion der Burgess-Fauna.) Alle diese Bäume weisen die gleiche Struktur auf: Die Zweige wachsen ständig aufwärts und nach außen, wobei sie sich von Zeit zu Zeit aufspalten. Sterben ältere Linien aus, so machen spätere Gewinne diese Verluste mehr als wett. Ein früher Tod kann lediglich kleine Zweige in der Nähe des Stammes ereilen. Die Evolution verläuft so, als wüchse der Baum in einem Trichter empor und als fülle er stets den ständig sich erweiternden Kegel der Möglichkeiten aus.

In der konventionellen Auslegung leistet der Kegel mit seiner Vielfalt einer interessanten Verschmelzung von Bedeutungen Vorschub. Die horizontale Dimension zeigt die Vielfalt an – Fische plus Insekten plus Schnecken plus Seesterne nehmen oben einen sehr viel breiteren Raum ein als die bloßen Plattwürmer unten. Doch wofür steht die vertikale Dimension? Genau genommen, sollte »oben« und »unten« nichts anderes bedeuten als »jünger« und »älter« in geologischen Zeiträumen: Organismen am Hals des Trichters sind frühe, solche am Rande rezente Lebensformen. Aber wir deuten die Aufwärtsbewegung gleichzeitig als eine Entwicklung vom Einfachen zum Komplexen, vom Primitiven zum Fortgeschrittenen. *Die zeitliche Einordnung verschmilzt mit einem Werturteil.*

In unserem Diskurs über Tiere folgen wir gewöhnlich dieser Ikonographie. Das Thema der Natur ist Vielfalt. Wir sind umgeben von gleichaltrigen Zweigen am Stammbaum des Lebens. In Darwins Welt haben alle (als Überlebende in einem rauhen Spiel) Anspruch auf den gleichen Status. Warum stellen wir dann in der Regel eine Rangordnung mit implizierter Bewertung auf (zum Beispiel nach der vermuteten Komplexität oder der relativen Nähe zum Menschen)? In der Rezension eines Buches über Werbungsverhalten im Tierreich beschreibt Jonathan Weiner (*New York Times Book Review,* 27. März 1988), wie der Verfasser seinen Stoff organisiert: »Sich in etwa am Evolutionsablauf orientierend, beginnt Mr. Walters mit den Schwertschwänzen, die sich seit 200 Millionen Jahren in zeitlicher Abstimmung mit den Gezeiten und dem Mond an nächtlichen Stränden treffen und paaren.« Spätere Kapitel vollziehen den »großen Evolutionssprung zum possierlichen Treiben der Zwergschimpansen«. Warum ist bei dieser Aufreihung von »Evolutionsablauf« die Rede? Die Schwertschwänze mit ihrer komplizierten Anatomie sind keine Vorläufer der Wirbeltiere; die beiden Stämme der Arthropoden und der Chordaten haben sich seit den allerersten Zeugnissen vielzelligen Lebens getrennt entwickelt.

Ein anderes aktuelles Beispiel zeigt, daß dieser Irrtum sich nicht nur bei Laien, sondern auch bei Fachleuten einschleicht. *Science*, die führende Wissenschaftszeitschrift Amerikas, stellt in einem Leitartikel eine Reihenfolge auf, die genauso buntscheckig und sinnlos ist wie die »gleichmäßige Stufenfolge« von White (siehe Abb. 1.3). Die Redakteure äußern sich über Tierarten, die häufig in der Laborforschung verwendet werden, und diskutieren den »mittleren Bereich« zwischen den einzelligen Lebewesen und – ja, Sie dürfen raten, wer an der Spitze steht: »Weiter oben auf der Leiter der Evolution«, so erfahren wir, »haben die Nematode, die Fliege und der Frosch gegenüber dem Einzeller den Vorzug der Komplexität, doch im Vergleich zu den Säugern stellen sie sehr viel einfachere Spezies dar« (10. Juni 1988).

Die törichte Vorstellung, daß in der unübersehbaren Vielfalt der neuzeitlichen Lebensformen eine einzige Ordnung herrsche, entspringt unseren herkömmlichen Ikonographien – der Stufenleiter des Lebens und dem Kegel der wachsenden Vielfalt – und den Vorurteilen, die ihnen Nahrung geben. Nach dem Bild von der Leiter gelten Schwertschwänze als einfach, nach dem Kegelbild als alt.[5] Und da, wie oben erörtert, die Bedeutungen miteinander verschmelzen, schließt eines das andere ein: »unten« auf der Leiter ist identisch mit »alt«, und »unten« im Kegel bedeutet gleichzeitig »einfach«.

Ich glaube nicht, daß es für unsere Anhänglichkeit an diese falschen Ikonographien von Leiter und Kegel besonders geheimnisvolle, unerklärliche oder ungemein subtile Gründe gibt. Wir halten an ihnen fest, weil sie uns in der Hoffnung bestärken, daß die Welt einen für uns Menschen erfaßbaren Sinn hat. Die Folgerung aus dem ehrlichen Bekenntnis des Omar Khaijám ist für uns einfach unerträglich:

Ich kam in diese Welt: warum, woher?
So rinnt das Wasser ohne seinen Willen;
so weht der Wind durch Wüsten heiß und leer.
Woher, wohin? – Das weiß nicht ich noch er.

Ein späterer Vierzeiler aus den *Rubaijat* schlägt eine Gegenstrategie vor, gesteht jedoch ein, daß darin eine vergebliche Hoffnung steckt:

Geliebte, könnten wir mit dem Geschicke
uns doch verschwören, um die Welt zu ändern!
Wir schlügen rasch der Dinge Lauf in Stücke
und schüfen neu ihn, dir und mir zum Glücke.

Die meisten Mythen und die ersten wissenschaftlichen Theorien der abendländischen Kultur huldigen überwiegend diesem Glücksverlangen. So schildert das erste Kapitel der Genesis eine Welt, die, nur ein paar tausend Jahre alt, seit dem sechsten Tag von Menschen bewohnt wird und mit Geschöpfen bevölkert ist, die zu unserem Nutzen geschaffen wurden und unseren Bedürfnissen unterworfen sind. Ein solcher geologischer Hintergrund konnte Alexander Pope in seinem *Essay on Man* den Glauben einflößen, die unmittelbaren Erscheinungen hätten einen tieferen Sinn:

Es ist die Natur eine Kunst, die dir doch nicht bekannt ist; es ist das Ungefähr eine Ordnung, die du nicht einsiehst; es ist der Übellaut eine Harmonie, die du nicht kennest; was im Einzelnen Übel ist, ist ein Gut in dem Ganzen.

Doch wie Sigmund Freud bemerkt hat, kann unser Verhältnis zur Wissenschaft nur ein widersprüchliches sein, weil wir für jeden größeren Gewinn an Erkenntnis und Macht einen fast unerträglichen Preis zu entrichten haben, nämlich die psychischen Kosten einer fortschreitenden Verdrängung aus dem Zentrum der Dinge und einer wachsenden Marginalisierung in einer Welt, die vom Menschen nichts wissen will. Physik und Astronomie verbannten unsere Erde in einen Winkel des Kosmos, und die Biologie beraubte uns der Stellung als Ebenbild Gottes und machte uns zu einem nackten, aufrecht gehenden Affen.

Zu dieser Neudefinition der Welt hat mein Fach seinen eigenen schockierenden Beitrag geliefert, das erschreckendste Faktum der Geologie, wie man sagen könnte. Gegen Ende des letzten Jahrhunderts erkannten wir, daß die Erde bereits seit Jahrmillionen bestand und daß die menschliche Existenz sich nur über die letzte geologische Millimikrosekunde dieser Geschichte erstreckte, über den letzten Zoll der kosmischen Meile oder die letzte Sekunde des geologischen Jahres, wie es in unseren gängigen pädagogischen Metaphern heißt.

Die Hauptfolgerung, die sich aus dieser schönen neuen Welt ergibt, ist für uns unerträglich. Wenn es stimmt, daß die Menschheit erst gestern als ein winziges Zweiglein aus dem einzigen Ast eines üppigen Baumes hervorging, dann kann das Leben eigentlich in keinerlei Hinsicht für uns oder unseretwegen existieren. Vielleicht sind wir bloß ein nachträglicher Einfall, so etwas wie ein kosmischer Zufall, nur eine nichtige Verzierung am Weihnachtsbaum der Evolution.

Welche Optionen bleiben uns angesichts des erschreckendsten Faktums der Geologie? Im Grunde nur zwei. Wir können, wie es dieses Buch empfiehlt, die Implikationen akzeptieren und lernen, den Sinn des menschlichen Lebens und damit verbunden die Quelle der Moral in anderen, geeigneteren

Bereichen zu suchen – sei es stoisch mit einem Gefühl des Verlustes, sei es mit Freude an der Herausforderung, wenn wir optimistisch veranlagt sind. Oder wir können weiterhin kosmischen Trost in der Natur suchen, indem wir die Geschichte des Lebens in einem verzerrten Licht sehen.

Entscheiden wir uns für die letztere Strategie, so ist unser Spielraum durch unsere geologische Geschichte stark eingeschränkt. Wenn es zuträfe, daß wir bis auf die ersten fünf Tage schon immer da waren, ließe sich die Geschichte des Lebens leicht in unserem Sinn erzählen. Wollen wir aber in einer Welt, die bis zum letzten Augenblick ohne uns funktionierte, die zentrale Stellung des Menschen behaupten, so müssen wir alles, was vorausging, als eine große Vorbereitung auf unsere schließliche Entstehung begreifen.

Den größten Trost würde uns die altehrwürdige Kette des Seins bieten, doch wissen wir heute, daß die »einfacheren« Geschöpfe in ihrer überwältigenden Mehrheit keine Vorläufer oder auch nur Prototypen des Menschen sind, sondern nichts anderes als benachbarte Zweige am Stammbaum des Lebens. Deshalb wird der Kegel des wachsenden Fortschritts und der zunehmenden Vielfalt zu unserer bevorzugten Ikonographie. Der Kegel impliziert eine vorhersagbare Entwicklung vom Einfachen zum Komplexen, von Weniger zum Mehr. *Homo sapiens* mag nur ein Zweiglein sein, doch wenn das Leben, und sei es auch sprunghaft, zu größerer Komplexität und höheren geistigen Fähigkeiten fortschreitet, dann könnte die letztendliche Entstehung einer selbstbewußten Intelligenz in allem Vorhergegangenen impliziert sein. Kurz, unser fortgesetztes Festhalten an den offenkundig falschen Ikonographien der Leiter und des Kegels ist für mich nur zu verstehen als ein verzweifelter Griff nach dem Schutzwall einer kosmisch begründeten Hoffnung und Anmaßung.

Das letzte Wort zu diesem Thema überlasse ich Mark Twain. Zu einer Zeit, als der Eiffelturm das höchste Gebäude der Welt war, erfaßte er auf sehr plastische Weise, was aus dem erschreckendsten Faktum der Geologie folgt:

Der Mensch existiert seit 32 000 Jahren. Daß es hundert Millionen Jahre dauerte, die Welt für ihn vorzubereiten[6], beweist, daß es deshalb geschah. Ich nehme das an. Ich weiß es nicht. Angenommen, der Eiffelturm würde das Alter der Welt repräsentieren, dann würde der Farbüberzug auf dem höchsten Knauf an seiner Spitze den Anteil des Menschen an diesem Alter repräsentieren; und jeder würde erkennen, daß es der Überzug ist, für den der Turm gebaut wurde. Ich vermute es jedenfalls, ich weiß es nicht.

Das entscheidende Experiment:
Das Band des Lebens wird nochmals abgespielt

Die Ikonographie des Kegels machte Walcotts ursprüngliche Interpretation der Burgess-Fauna unausweichlich. Tiere, die in einem engen zeitlichen Zusammenhang mit der Entstehung vielzelligen Lebens standen, hatten im engen Hals des Trichters zu liegen. Die Burgess-Tiere durften also einerseits nicht über eine eng begrenzte Vielfalt und andererseits nicht über eine elementare anatomische Einfachheit hinausgehen. Kurzum, sie waren entweder als primitive Formen in neuzeitliche Gruppen einzuordnen, oder sie waren als Vorläufer anzusehen, die sich mit wachsender Komplexität zu einer vertrauten Form der modernen Meere fortentwickelt hätten. Es nimmt also kaum wunder, daß Walcott jeden Organismus im Burgess Shale als primitives Mitglied eines späteren markanten Zweiges am Stammbaum des Lebens interpretierte.

Ich kenne nichts, was die Ikonographie des Kegels stärker in Frage stellte – und damit auch kein gewichtigeres Argument für eine fundamental revidierte Auffassung vom Leben – als die radikalen Rekonstruktionen der Burgess-Anatomie, die von Whittington und seinen Kollegen vorgelegt wurden. Sie haben unsere ehrwürdigste Metapher für Revolution buchstäblich befolgt: Sie stellten die traditionelle Interpretation auf den Kopf. Whittington und seine Kollegen stülpten den Kegel um, indem sie im Burgess Shale so viele einzigartige Anatomien erkannten und nachwiesen, daß uns vertraute taxonomische Gruppen damals mit Strukturen experimentierten, die weit über das hinausreichen, was wir von modernen Arten kennen. Unmittelbar nach der ersten Diversifizierung der vielzelligen Tiere erreichte die anatomische Vielfalt ein Maximum. Danach verlief die Geschichte des Lebens nicht im Sinne der Ausweitung, sondern der Ausmerzung. Selbst wenn es auf der Erde heute mehr Arten gibt als jemals zuvor, so sind doch die meisten nur Wiederholungen von einigen wenigen anatomischen Grundentwürfen. (Taxonomen haben über eine halbe Million Käferarten beschrieben, doch fast alle sind minimal abgewandelte Kopien eines einzigen Grundplans). Daß die Artenzahl im Laufe der Zeit zugenommen hat, unterstreicht im Grunde nur das Rätselhafte und Paradoxe. Verglichen mit den Burgess-Meeren, enthalten die heutigen Ozeane sehr viel mehr Arten; diese basieren aber auf einer weit geringeren Zahl von anatomischen Plänen.

Abbildung 1.17 zeigt eine revidierte Ikonographie, in der sich die Lehren

Der Kegel wachsender Vielfalt

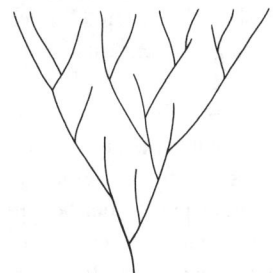

Dezimierung und Diversifikation

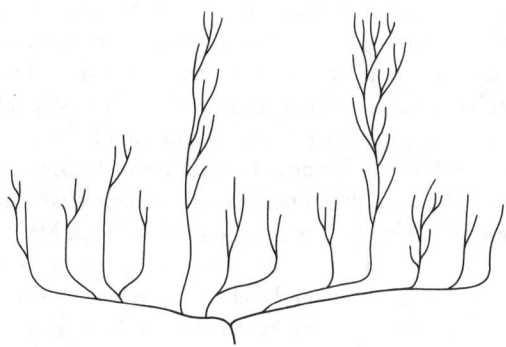

1.17 Die falsche, aber noch immer verbreitete Ikonographie des Kegels wachsender Vielfalt und das revidierte Modell von Diversifikation und Dezimierung, wie es die richtige Rekonstruktion des Burgess Shale nahelegt.

aus dem Burgess Shale niedergeschlagen haben. Der erste Schwung der Diversifikation erbringt das Maximum an anatomischen Möglichkeiten. Diese Vielfalt wird anschließend wieder eingeschränkt, denn die meisten dieser früheren Experimente gehen unter, und das Leben begibt sich daran, auf der Grundlage einiger überlebender Modelle endlose Varianten zu erzeugen.[7]

So reizvoll und radikal diese umgekehrte Ikonographie auch sein mag, sie bedeutet nicht unbedingt, daß auch die Ansicht von der Vorhersehbarkeit und Richtung der Evolution geändert werden müßte. Auch wenn wir den Kegel aufgeben und die umgekehrte Ikonographie akzeptieren, können wir gleichwohl uneingeschränkt an der Tradition festhalten, sofern wir die folgende Interpretation übernehmen: Bis auf einen kleinen Prozentsatz gingen sämtliche Burgess-Möglichkeiten unter, aber die Verlierer waren die Spreu, und ihr Untergang war vorhersehbar. Die Überlebenden haben mit Grund gesiegt, und zu den Gründen gehört ein entscheidender Vorsprung in anatomischer Komplexität und Wettbewerbsfähigkeit.

Nun legt uns aber das Burgess-Modell der Ausmerzung noch eine andere, wahrhaft radikale Alternative nahe, die uns die Ikonographie des Kegels verwehrt hat. Angenommen, es gab für das Überleben der Gewinner keinen Grund im üblichen Sinne. Vielleicht ist der Schnitter Tod, der die anatomischen Entwürfe hinwegrafft, kein anderer als die verkappte Fortuna. Vielleicht sind auch die tatsächlichen Gründe des Überlebens nicht identisch mit den traditionell angenommenen Gründen wie Komplexität, Verbesserung oder irgend etwas, das sich in Richtung Mensch bewegt. Vielleicht wirkt der Schnitter Tod in den kurzen Episoden einer Massenvernichtung durch unvorhersehbare Umweltkatastrophen (deren Anlaß vielfach die Einwirkung von außerirdischen Himmelskörpern ist). Es ist denkbar, daß die Gründe für das Überleben oder Aussterben bestimmter Gruppen nichts mit den Darwinschen Grundlagen des Erfolgs in normalen Zeiten zu tun haben. Fische mögen noch so vollkommen an das Leben im Wasser angepaßt sein – wenn die Seen austrocknen, kommen sie alle um. Doch Max, der unansehnliche Lungenfisch, den die Elite des Fischteichs früher immer verspottet hatte, könnte durchkommen – und nicht etwa, weil eine Entzündung auf der Flosse seines Urgroßvaters seine Vorfahren vor dem drohenden Einschlag eines Kometen gewarnt hat. Max und seinesgleichen könnten deshalb überdauern, weil ein Merkmal, das sich bei ihnen vor langer Zeit zu einem anderen Zweck entwickelt hat, bei einer plötzlichen, unvorhersehbaren Veränderung der Regeln zufällig das Überleben ermöglicht. Wie aber können wir, als die Nachkommen von Max und als Folge tausend weiterer, ähnlich glücklicher Zufälle, in unseren geistigen Fähigkeiten etwas Unausweichliches oder auch nur Wahrscheinliches sehen?

Wir leben, wie die Spaßvögel uns erklären, in einer Welt aus guten und schlechten Nachrichten. Die gute Nachricht ist, daß wir ein Experiment anführen können, wenn wir uns zwischen der konventionellen und der radikalen Interpretation des Aussiebens entscheiden und dadurch die wichtigste Frage klären, die wir im Hinblick auf die Geschichte des Lebens stellen können. Die schlechte Nachricht ist, daß wir das Experiment nicht durchführen können.

Ich nenne dieses Experiment »Das Band des Lebens wird nochmals abgespielt«. Sie sorgen dafür, daß alles, was wirklich geschehen ist, gründlich gelöscht wird, drücken dann auf die Rückspultaste und gehen zu irgendeinem Zeitpunkt und zu irgendeinem Ort in der Vergangenheit zurück – sagen wir, zu den Meeren des Burgess Shale. Nun lassen Sie das Band noch einmal ablaufen und prüfen, ob die Wiederholung überhaupt etwas mit dem Original zu tun hat. Wenn die Wiederholung in allen Fällen eine starke Ähnlichkeit mit dem tatsächlichen Gang des Lebens aufweist, kommen wir nicht an dem Schluß vorbei, daß das, was tatsächlich geschehen ist, auch in etwa so eintreten mußte. Doch angenommen, die einzelnen Versuche erbrächten allesamt vernünftige Resultate, die sich von der tatsächlichen Geschichte des Lebens deutlich abheben. Wie stünde es dann um die Vorhersagbarkeit von selbstbewußter Intelligenz oder von Säugetieren oder Wirbeltieren, von Landlebewesen oder auch nur von vielzelligem Leben, das 600 Millionen schwierige Jahre durchgehalten wird?

DIE UNTERSCHIEDLICHEN BEDEUTUNGEN VON VIELFALT UND VERSCHIEDENARTIGKEIT

Ich muß an dieser Stelle eine wichtige Unterscheidung treffen, um einer klassischen Verwechslung vorzubeugen. Der umgangssprachliche Ausdruck Vielfalt [diversity] hat bei den Biologen mehrere wissenschaftliche Bedeutungen. Er kann sich auf die Anzahl von Arten innerhalb einer Gruppe beziehen: Unter den Säugetieren weisen die Nagetiere mit über 1 500 Arten große Vielfalt auf, während die Vielfalt bei den Pferden gering ist, da es von Zebras, Eseln und echten Pferden weniger als zehn Arten gibt. Aber Biologen sprechen auch von » Vielfalt«, wenn sie unterschiedliche Baupläne meinen. Drei blinde Mäuse aus unterschiedlichen Arten bilden keine vielfältige Fauna, wohl aber ein Elefant, ein Baum und eine Ameise, obgleich in beiden Fällen genau drei Arten zusammengestellt wurden.

Die Revision des Burgess Shale beruht auf dessen Vielfalt in diesem letzteren Sinne der Verschiedenartigkeit [disparity] der anatomischen Baupläne. Was die Artenzahl betrifft, weist Burgess keine große Vielfalt auf. In dieser Tatsache steckt ein zentrales Paradoxon der Frühgeschichte des Lebens: Wie konnte sich angesichts einer offenkundig mangelnden Vielfalt hinsichtlich der Artenzahl eine so große Verschiedenartigkeit der Baupläne entwickeln? Wie aus Abbildung 1.16 hervorgeht, stellt die Ikonographie des Kegels ja einen mehr oder weniger engen Zusammenhang zwischen beidem her.

Wenn ich von Dezimierung spreche, meine ich die Verringerung der Anzahl der anatomischen Baupläne, nicht die der Artenzahl. Die meisten Paläontologen sind sich einig, daß die bloße Artenzahl im Laufe der Zeit zugenommen hat (Sepkoski et al., 1981), und diese Artenvermehrung muß sich daher innerhalb einer verringerten Anzahl von Bauplänen abgespielt haben.

Die meisten machen sich nicht richtig klar, wie stereotyp die heute lebenden Formen sind. Im gymnasialen Sekundarbereich lernen wir Listen von merkwürdigen Stämmen auswendig, bis uns Kinorhyncha, Priapulida, Gnathostomulida und Pogonophora glatt von der Zunge gehen (zumindest bis nach der Prüfung). Während wir uns vorwiegend mit ein paar Sonderlingen befassen, vergessen wir, wie unausgewogen das Leben sein kann. Fast 80 Prozent aller beschriebenen Tierarten sind Arthropoden (überwiegend Insekten). Was den Meeresboden betrifft, so bleiben, wenn man einmal die vielborstigen Würmer, die Seeigel, Krebse und Schnecken aufgezählt hat, nicht mehr viele wirbellose Coelomata übrig. Stereotypie oder, anders gesagt, das Hineinpressen der meisten Arten in einige wenige anatomische Pläne, ist ein Hauptcharakterzug des neuzeitlichen Lebens – und macht den größten Unterschied zur Welt der Burgess-Zeit aus.

Mehrere meiner Kollegen (Jaanusson, 1981; Runnegar, 1987) haben vorgeschlagen, der Verwirrung hinsichtlich des Begriffes Vielfalt dadurch ein Ende zu machen, daß wir diesen umgangssprachlichen Ausdruck ausschließlich in der ersten Bedeutung verwenden: Artenzahl. Die zweite Bedeutung – Unterschiede in den Bauplänen – müßte dann mit Verschiedenartigkeit umschrieben werden. Wenn wir uns dieser Terminologie bedienen, wird uns vielleicht eine zentrale und überraschende Tatsache aus der Geschichte des Lebens einsichtig: Zunächst nimmt die Verschiedenartigkeit deutlich ab, und dann kommt es unter den wenigen überlebenden Entwürfen zu einer auffälligen Vermehrung der Vielfalt.

Jetzt können wir ermessen, wie entscheidend wichtig die Burgess-Revision und ihre Ikonographie der Dezimierung sind. Das Problem, das mit dem wiederholten Abspielen des Lebensbandes verbunden ist, stellt sich bei Leiter und Kegel gar nicht erst. Die Leiter hat nur eine unterste Sprosse und eine Richtung. Sooft Sie das Band auch abspielen, stets wird *Eohippus* in die aufgehende Sonne hineingaloppieren und dabei seinen ständig größer werdenden Körper auf immer weniger Zehen stützen. Entsprechend ist beim Kegel der Hals eng und die Möglichkeit der Aufwärtsbewegung beschränkt. Wenn Sie hier das Band bis zum Zeitpunkt des Halses zurückspulen, werden

Sie stets die gleichen Prototypen erhalten, die gezwungenermaßen in die gleiche allgemeine Richtung emporwachsen.

Wenn aber das Bild des späteren Lebens, einschließlich der Chance unserer eigenen Entstehung, von der radikalen Dezimierung eines sehr viel breiteren Spektrums ursprünglicher Möglichkeiten bestimmt ist, dann prüfen Sie einmal, welche Alternativen es gibt. Angenommen, zehn von 100 Entwürfen überleben und diversifizieren sich. Falls man die zehn Überlebenden vorhersehen kann, weil sie eine überlegene Anatomie aufweisen (Interpretation I), dann werden sie jedes Mal gewinnen – und die Burgess-Ausmerzung stellt unsere tröstliche Auffassung vom Leben nicht in Frage. Falls aber die zehn Überlebenden Günstlinge der Fortuna oder glückliche Nutznießer von sonderbaren historischen Kontingenzen sind (Interpretation II), werden bei jedem erneuten Abspielen des Bandes andere Überlebende und eine radikal andere Geschichte herauskommen.

Und wenn Sie sich noch aus dem Algebra-Unterricht an die Berechnung von Permutationen und Kombinationen erinnern, werden Sie begreifen, daß es für die Kombination von zehn Gegenständen aus einer Gesamtheit von 100 insgesamt über 17 Billionen Möglichkeiten gibt. Ich will gern einräumen, daß es vielleicht einige Gruppen gab, die einen Vorteil besaßen (auch wenn wir nicht wissen, wie wir sie identifizieren oder definieren sollen), aber dennoch vermute ich, daß die zweite Interpretation Wesentliches über die Evolution erfaßt. Durch das Gedankenexperiment mit dem Band macht der Burgess Shale diese zweite Interpretation intelligibel, und damit fördert er eine radikal neue Sicht der Evolutionsverläufe und der Vorhersagbarkeit.

Wenn wir Leiter und Kegel verwerfen, heißt das nicht, daß wir uns dem vermeintlichen Gegenteil in die Arme werfen, dem reinen Zufall im Sinne des Münzenwerfens oder der Vorstellung, daß Gott mit der Welt würfelt. So wie Leiter und Kegel begrenzende Ikonographien für die Geschichte des Lebens sind, so schränkt auch die Idee der Dichotomie unser Denken massiv ein. Die Dichotomie besitzt ihre eigene leidige Ikonographie – eine einzige Linie, die alle möglichen Meinungen umfaßt, wobei die beiden Enden polare Gegensätze darstellen: in diesem Falle Determiniertheit und Zufälligkeit.

Eine alte, mindestens bis Aristoteles zurückreichende Tradition rät dem Klugen, eine Position in der Mitte der Linie zu beziehen – in der *aurea mediocritas* (der »goldenen Mitte«). In diesem Falle ist aber die Mitte der Linie kein so glücklicher Platz, und das Spiel der Dichotomie hat unser Nachdenken über die Geschichte des Lebens ernsthaft behindert. Wenn wir begreifen, daß der einstige Determinismus des vorhersagbaren Fortschritts, streng genommen, nicht zutreffen kann, sehen wir vielleicht unsere einzige Alternative in der Verzweiflung des reinen Zufalls. Das treibt uns aber wieder zurück zu der alten Anschauung, und so landen wir, voller Unbehagen, bei einer unklaren Vermengung beider Gegensätze.

Die Vorstellung, daß unsere Optionen auf einer Linie liegen und daß die einzige Alternative zu extremen Positionen irgendwo dazwischen liegt, lehne ich entschieden ab. Oft gelangen wir zu fruchtbareren Perspektiven, wenn wir die Linie verlassen und einen Standort außerhalb der Dichotomie einnehmen.

Ich schreibe dieses Buch, um eine dritte Alternative, und zwar außerhalb der Linie, zu empfehlen. Die rekonstruierte Burgess-Fauna, interpretiert mit Hilfe der Vorstellung, das Band des Lebens werde nochmals abgespielt, spricht nach meiner Überzeugung entschieden für diese abweichende Sicht des Lebens: jedes erneute Abspielen des Bandes würde einen Evolutionsablauf ergeben, der sich radikal von dem Weg unterscheidet, den sie tatsächlich eingeschlagen hat. Daß dabei etwas anderes herauskäme, bedeutet aber nicht, daß die Evolution sinnlos und ohne eine sinnvolle Struktur wäre; die abweichende Route, die beim nochmaligen Abspielen entstünde, wäre *anschließend* genauso interpretierbar und genauso erklärbar wie der tatsächlich eingeschlagene Weg. Allerdings beweist die Vielfalt der möglichen Abläufe, daß man zu Beginn nicht vorhersagen kann, was schließlich daraus entsteht. Obwohl jeder einzelne Schritt begründet ist, läßt sich doch zu Beginn kein Ende angeben, und kein Schritt wird ein zweites Mal genauso erfolgen, weil jeder Pfad Tausende von unwahrscheinlichen Etappen durchläuft. Es genügt, daß irgendein Vorgang zu Beginn ganz geringfügig verändert wird, ohne daß das zu diesem Zeitpunkt bedeutsam erschiene, und schon schlägt die Evolution einen völlig anderen Weg ein.

Diese dritte Alternative stellt nicht mehr und nicht weniger als das Wesen der Geschichte dar. Ihr Name ist Kontingenz, und Kontingenz ist eine Sache für sich und nicht etwa eine Mischung von Determinismus und Zufall. Die Wissenschaft hat lange gezögert, den andersartigen Erklärungsansatz der Geschichte in ihrem Bereich zuzulassen – und dieses Versäumnis hat unsere Interpretation ärmer werden lassen. Wenn die Wissenschaft zu einer Stellungnahme gezwungen war, tendierte sie auch dazu, die Geschichte zu verunglimpfen und jede Berufung auf die Kontingenz im Vergleich zu Erklärungen, die sich direkt auf zeitlose »Naturgesetze« stützen, als weniger angemessen, beziehungsweise weniger sinnvoll hinzustellen.

Es geht in diesem Buch um das Wesen der Geschichte und, unter den Gesichtspunkten der Kontingenz und der Metapher vom zurücklaufenden Band des Lebens, um die überwältigende Unwahrscheinlichkeit einer auf den Menschen ausgerichteten Evolution. Im Mittelpunkt steht die Neuinterpretation des Burgess Shale: als unser bester Beleg für die Rolle, welche die Kontingenz in unserem Bemühen, die Evolution des Lebens zu verstehen, einnimmt.

Ich gehe auf die Details des Burgess Shale ein, weil man wichtige Ideen nach meiner Überzeugung nicht abstrakt diskutieren sollte (sosehr ich diese Regel auch in diesem einführenden Kapitel mißachtet habe!). Als neugierige Primaten sind die Menschen versessen auf konkrete Objekte, die man sehen und anfassen kann. Gott steckt im Detail, nicht in der reinen Allgemeinheit. Wohl müssen wir die größeren, umfassenden Fragen unserer Welt in Angriff nehmen und lösen, doch am besten geschieht das auf dem Weg über die kleinen kuriosen Dinge, die unsere Aufmerksamkeit fesseln – all die hübschen Kieselsteine, die am Ufer des Wissens liegen. Über die Kiesel spült mit jeder Welle der Ozean der Wahrheit hinweg, und sie lassen dabei ein ganz wunderbares Klirren ertönen.

Wir können endlos über abstrakte Ideen streiten. Wir können zu imponieren und zu täuschen versuchen. Wir können für eine Generation befriedigende »Beweise« erbringen, nur um zum Gespött eines späteren Jahrhunderts zu werden (oder, schlimmer noch, gänzlich in Vergessenheit zu geraten). Vielleicht schaffen wir es sogar, einer Idee zur Geltung zu verhelfen, indem wir sie dauerhaft mit einem bestimmten Gegenstand der Natur verbinden – und auf diese Weise am legitimen Ziel eines großen menschlichen Abenteuers teilhaben, »Fortschritt des wissenschaftlichen Denkens« genannt.

Doch noch befriedigender sind die Tiere des Burgess Shale in ihrer unerbittlichen Faktizität. Wir werden ewig über den Sinn des Lebens streiten, doch *Opabinia* hatte entweder fünf Augen oder hatte sie nicht – und das läßt sich mit Sicherheit feststellen. Die Tiere des Burgess Shale sind auch die wichtigsten Fossilien der Welt, einmal, weil sie unsere Sicht des Lebens korrigiert haben, und dann, weil sie Objekte von so erlesener Schönheit sind. Ihre Schönheit liegt ebensosehr in der Spannweite der Ideen, die sie verkörpern, in der Größe unseres Bemühens, ihre Anatomie zu deuten, wie in der Eleganz ihrer Form und der Qualität ihres Erhaltungszustands.

Die Tiere des Burgess Shale sind heilige Objekte – in dem unkonventionellen Sinne, den dieses Wort in manchen Kulturen besitzt. Nicht, daß wir sie auf ein Podest stellten und von ferne anbeteten. Wir klettern auf Berge und sprengen die Hänge, um sie zu finden. Wir graben nach ihnen, spalten sie auf, schneiden sie zurecht, zeichnen sie und zerlegen sie in dem Bemühen, ihnen ihre Geheimnisse zu entreißen. Wir beschimpfen und verfluchen sie wegen ihrer gräßlichen Unzugänglichkeit. Sie sind schmuddelige kleine Geschöpfe von einem 530 Millionen Jahre alten Meeresboden, doch wir grüßen sie mit Ehrfurcht, weil sie die Alten sind und uns etwas zu sagen versuchen.

2. KAPITEL

Was man über den Burgess Shale wissen sollte

Leben vor dem Burgess:
Die kambrische Explosion und die Entstehung
von Tierarten

Vielleicht ist es die Erinnerung an die Multiplikationstabellen, was die Studenten verdrießlich stimmt, wenn sie sich Jahr für Jahr in Einführungskursen über die Geschichte des Lebens dem verhaßten Ritual unterziehen müssen, die geologische Zeiteinteilung auswendig zu lernen. Wir Professoren bestehen aber darauf, denn diese ehrwürdige Epochenfolge ist unser Abc. Es fällt schwer, sich die Stichworte zu merken: Kambrium, Ordovizium, Silur; sie beziehen sich auf so geheimnisvolle Dinge wie römische Namen für Wales und dreifache Schichtungen in Deutschland. Um die Studenten dennoch zum Mitmachen zu bewegen, benutzen wir kleine Tricks und Lockmittel. Ich habe die Studenten jahrelang in einem Wettbewerb nach dem besten Merkspruch suchen lassen, als Ersatz für die althergebrachte, langweilige Eselsbrücke »Campbell's *o*rdinary *s*oup *d*oes *m*ake *P*eter *p*ale...« [für die geologischen Formationen *C*ambrian, *O*rdovician, *S*ilurian, *D*evonian, *M*ississippian, *P*ennsylvanien, *P*ermian] und die unterderhand kursierenden, obszönen Versionen, die wiederzugeben mir noch jetzt die Schamröte ins Gesicht treiben würde. Während der politischen Unruhen der frühen siebziger Jahre lautete der preisgekrönte Merkspuch (für die Epochen des Tertiär siehe Abb. 2.1): »*P*roletarian *e*fforts *o*ff *m*any *p*ig *p*olice. *R*ight on!«[1]

Wenn solche sanften Tricks versagen, probiere ich es immer mit einem redlichen intellektuellen Argument: Wären diese Namen willkürliche Einteilungen eines fließenden Kontinuums von Ereignissen, die sich in der Zeit entfalten, dann hätte ich für die Abneigung der Studenten durchaus Verständnis. Dann könnten wir nämlich die Geschichte der modernen vielzelligen Lebewesen, die rund 600 Millionen Jahre umfaßt, in willkürlich festgelegte, gleiche Abschnitte von 50 Millionen Jahren unterteilen und diese mit den Bezeichnungen 1-12 oder A-L versehen, die sich leicht merken lassen.

Doch die Erde hat für unsere Vereinfachungen nur Hohn übrig, und das macht sie noch viel interessanter. Die Geschichte des Lebens besteht nicht in einer kontinuierlichen Entwicklung, sondern sie ist gekennzeichnet von kurzen, nach geologischen Zeitmaßstäben zum Teil sogar momenthaften Episoden des massenhaften Aussterbens und der anschließenden Diversifikation. Die geologische Zeiteinteilung ist eine karthographische Darstellung dieser Geschichte, denn unser Hauptkriterium für die Festlegung der zeitlichen Abfolge verschiedener Gesteinsarten sind die Fossilien. Die Einteilungen der Zeitskala richten sich nach diesen bedeutenden Episoden, denn das Aussterben und die rasche Diversifikation hinterlassen unmißverständliche Zeichen in Gestalt von Fossilien. Die Zeitskala ist daher keine List des Teufels, um Studenten zu quälen, sondern eine Chronik entscheidender Momente in der Geschichte des Lebens. Wenn ihr euch diese höllischen Namen einprägt, sage ich den Studenten, dann lernt ihr etwas über die wichtigen Ereignisse der irdischen Zeit. Daß dieses Wissen von zentraler Bedeutung ist, brauche ich nicht zu begründen.

Die geologische Zeitskala (Abb. 2.1) ist hierarchisch unterteilt in Zeitalter, Perioden und Epochen. Die bedeutendsten Ereignisse legen die Grenzen zwischen den größten Teilen, den Erdzeitaltern, fest. Zwei der drei Grenzen zwischen den Zeitaltern sind bestimmt von den berühmtesten Fällen des massenhaften Aussterbens. Einer dieser Fälle markiert am Ende der Kreidezeit, vor rund 65 Millionen Jahren, die Grenze zwischen Mesozoikum und Känozoikum. Er ist zwar im Hinblick auf die Ausdehnung des »großen Sterbens« nicht das größte Ereignis dieser Art, übertrifft aber alle anderen an Berühmtheit, weil in seinem Gefolge die Dinosaurier ausstarben und dadurch die Evolution der großen Säugetiere (darunter auch, sehr viel später, unsere eigene Evolution) ermöglicht wurde. Die zweite Grenze, die zwischen dem Paläozoikum und dem Mesozoikum (vor 225 Millionen Jahren) verläuft, bringt uns den »Großvater« aller späteren massenhaften Untergänge zur Kenntnis, denn mit der Ausrottung von fast 96 Prozent aller marinen Spezies im ausgehenden Perm wurde unwiderruflich der gesamte Verlauf der ganzen späteren Geschichte festgelegt.

Die dritte und früheste Grenze, zwischen Präkambrium und Paläozoikum (vor etwa 570 Millionen Jahren), ist von einem anderen, rätselhaften Vorgang geprägt. Möglicherweise kam es an dieser Grenze zu einem massenhaften Aussterben, aber wichtiger ist, daß das Paläozoikum mit einer massiven Diversifikation beginnt. Es ist dies die »kambrische Explosion«, beziehungsweise das erstmalige Vorkommen vielzelliger Tiere mit harten Teilen in der

		GEOLOGISCHE ZEITALTER	
Ära (Zeitalter)	Periode (Formation)	Epoche	Jahrmillionen vor der Gegenwart (ca.)
Känozoikum	Quartär	Holozän (rezent) Pleistozän	
	Tertiär	Pliozän Miozän Oligozän Eozän Paläozän	
Mesozoikum	Kreide Jura Trias		65
Paläozoikum	Perm Karbon (Pennsylvanian und Mississippian) Devon Silur Ordovizium Kambrium		225
Präkambrium			570

2.1. Die geologische Zeiteinteilung

Fossildokumentation. Der Burgess Shale ist deshalb so bedeutend, weil er mit diesem entscheidenden Moment in der Geschichte des Lebens zusammenhängt. Die Burgess-Fauna ist nicht Ausdruck dieser Explosion selbst, sondern kennzeichnet einen etwas späteren Zeitpunkt, der etwa 530 Millionen Jahre zurückliegt und die ganze Palette der Resultate zeigte, weil die unablässig wirkende Triebkraft der Auslöschung noch nicht viel angerichtet hatte. Der Burgess Shale ist die einzige größere Weichkörper-Fauna aus dieser Urzeit und deshalb der einzige Punkt, von dem aus wir einen Blick auf die Anfänge des neuzeitlichen Lebens in seiner ganzen Fülle werfen können.

Nun ist die kambrische Explosion zwar ein einigermaßen fernes Ereignis, doch die Erde ist immerhin 4,5 Milliarden Jahre alt, und das bedeutet, daß vielzellige Lebewesen mit modernem Bauplan nur etwas mehr als zehn Prozent der Zeit seit Entstehung der Erde einnehmen. Damit sind die beiden klassischen Rätsel der kambrischen Explosion beschrieben, die schon Darwin (1859, S. 306-310) gequält haben und bis heute wesentliche Probleme in der Geschichte des Lebens geblieben sind: (1) Warum ist das vielzellige Leben so spät aufgetreten? (2) Und warum haben diese anatomisch komplexen Lebewesen keine direkten, einfacheren Vorläufer in der Fossildokumentation der präkambrischen Zeit?

Angesichts der reichen Funde an präkambrischem Leben, die alle seit den fünfziger Jahren gemacht wurden, sind diese Fragen heutzutage noch schwierig genug. Aber als Charles Doolittle Walcott im Jahre 1909 den Burgess Shale fand, erschienen sie nahezu unlösbar. Die Tafel des präkambrischen Lebens war zu Walcotts Zeit vollkommen unbeschrieben. Aus der Zeit vor der kambrischen Explosion war nicht ein einziges gutdokumentiertes Fossil gefunden worden, und das früheste Zeugnis für vielzellige Lebewesen war zugleich das früheste Zeugnis für Leben überhaupt! Hin und wieder – mehr als einmal auch von Walcott selbst – wurde erklärt, man habe präkambrische Tiere gefunden, doch keine dieser Behauptungen hielt einer näheren Prüfung stand. Es stellte sich heraus, daß diese aus der Hoffnung geborenen Geschöpfe der Phantasie entweder Rippelmarken, anorganische Ausfällungen oder echte Fossilien waren, die aber aus späteren Epochen stammten und irrtümlich der Urzeit zugerechnet wurden.

Daß die Erdgeschichte in ihrer längsten Zeitspanne offenbar kein Leben aufwies und daß dann später plötzlich Leben in größter Komplexität zum Vorschein kam, stellte für Gegner der Evolutionstheorie kein Problem dar. Der große Geologe Roderick Impey Murchison, der als erster das frühe Leben dokumentierte, sah in der kambrischen Explosion einfach den göttlichen Schöpfungsaugenblick und deutete die Komplexität der ersten Tiere als ein Anzeichen dafür, daß Gott auf seine Urmodelle die entsprechende Sorgfalt verwandt hatte. Fünf Jahre vor Darwins *Entstehung der Arten* bezeichnete Murchison die kambrische Explosion ausdrücklich als eine Widerlegung der Evolution (er sprach von »Transmutation«) und pries das Facettenauge der ersten Trilobiten als ein Musterbild höchster Gestaltung:

Die frühesten Anzeichen von Lebewesen, die ja in der Tat von einer höchst komplexen Organisation zeugen, schließen die Hypothese einer Transmutation von niederen zu höheren Stufen des Seins völlig aus. Der erste Schöpfungsbefehl, der erging, sorgte unzweifelhaft für die vollkommene Anpassung der Tiere an die umgebenden Medien; und so erkennt der Geologe zwar einen Anfang, doch sieht er in den unzähligen Facetten des Auges der frühesten Krustazee die gleichen Beweise der Allwissenheit wie in der Vollendung der Wirbeltierform (1854, S. 459).

Darwin, der die Schwierigkeiten seiner Theorie stets ehrlich darlegte, gab zu, daß die kambrische Explosion ihm sehr zu schaffen machte, und widmete diesem Thema einen ganzen Abschnitt der *Entstehung der Arten*. Er erkannte die von vielen bedeutenden Geologen vertretene, antievolutionäre Interpretation an: »Verschiedene Geologen (R. Murchison an der Spitze) waren bis vor kurzem der Meinung, daß wir in den organischen Resten der untersten Silurschichten² die ältesten Lebensspuren vor uns hätten« (1859, S. 463). Er räumte ein, daß es, wenn seine Theorie stimmen sollte, im Präkambrium eine Fülle von Vorläufern der ersten komplexen Tiere gegeben haben mußte:

Wenn daher meine Theorie richtig ist, so müssen unbestreitbar vor der Ablagerung der untersten kambrischen Schichten lange Perioden verflossen sein, ebenso lange oder noch längere als der ganze Zeitraum von damals bis heute, und es muß ferner in dieser großen Periode auf der Erdoberfläche von Geschöpfen gewimmelt haben (1859, S. 462).

Um dieses leidige Problem zu lösen, berief sich Darwin auf sein übliches Argument: Die Fossildokumentation ist so unvollständig, daß wir für die meisten Vorgänge in der Geschichte des Lebens keinen Beleg haben. Ihm war jedoch selbst klar, daß seine bevorzugte Ausrede in diesem Fall etwas fadenscheinig war. Wenn bei einer einzigen Abstammungsreihe eine Etappe fehlte, mochte dieses Argument hinreichen; aber konnte der Faktor der Unvollständigkeit tatsächlich jeglichen Beweis für wirklich alle Geschöpfe in der längsten Phase der Geschichte des Lebens außer Kraft setzen? Darwin räumte ein: »Der Fall muß also vorerst ohne Erklärung bleiben; er kann in der Tat als berechtigter Einwand gegen die hier entwickelten Ansichten vorgebracht werden« (1859, S. 464).

Reichhaltige Funde aus dem Präkambrium, die alle in den letzten dreißig Jahren entdeckt wurden, haben Darwin recht gegeben. Das Material entsprach allerdings nicht der Vorhersage Darwins, daß die Komplexität der Lebewesen bis hin zum Kambrium stetig zunehmen müsse, und so stellt sich die Frage nach der kambrischen Explosion mit der gleichen Hartnäckigkeit wie zuvor, wenn nicht noch unabweisbarer, da unsere Verwirrung jetzt auf der Kenntnis und nicht mehr auf der Unkenntnis der Lebewesen des Präkambriums beruht.

Unsere präkambrische Dokumentation reicht jetzt bis zu den ältesten Gesteinen zurück, die Leben enthalten könnten. Die Erde ist 4,5 Milliarden Jahre alt, doch über ihre Frühgeschichte können wir nichts wissen, weil die Wärme, die durch auftreffende Himmelskörper (in der Zeit der Planetenentstehung) und durch den radioaktiven Zerfall kurzlebiger Isotope entstand, unseren Planeten zum Schmelzen brachte und alles veränderte. An den ältesten Sedimentgesteinen, der 3,75 Milliarden Jahre alten Isua-Serie aus Westgrönland, ist die Abkühlung und Stabilisierung der Erdkruste abzulesen. Diese Schichten sind zu stark metamorphisiert (durch Wärme und Druck verändert), als daß sich morphologische Spuren von Lebewesen hätten bewahren können, doch enthält, wie Schidlowski (1988) kürzlich behauptet hat, diese älteste potentielle Beweisquelle chemische Spuren organischer Aktivität. Von den beiden häufig vorkommenden Isotopen des Kohlenstoffs, ^{12}C und ^{13}C, bevorzugt die Photosynthese das leichtere ^{12}C; dadurch erhöht sich das Verhältnis der Isotope über die Werte hinaus, die man messen würde, wenn der sedimentäre Kohlenstoff insgesamt anorganischen Ursprungs wäre. Die Isua-Gesteine weisen die erhöhten ^{12}C-Werte auf, die durch organische Aktivität entstehen.[3]

So wie sich chemische Spuren des Lebens in den ersten Gesteinen finden, die diese enthalten können, gibt es auch morphologische Überreste von entsprechendem Alter. In den ältesten nicht metamorphisierten Sedimenten, die in Afrika und Australien vor 2,5 - 3,6 Milliarden Jahren entstanden sind, hat man sowohl Stromatolithe (Sedimente von organischer Substanz, die durch Bakterien und Blaualgen eingefangen und gebunden wurde) als auch regelrechte Zellen gefunden (Knoll und Barghoorn, 1977; Walter, 1983).

Ein so schlichter Beginn hätte Darwin gefallen; doch spricht die anschließende Geschichte des präkambrischen Lebens entschieden gegen seine Annahme eines langen, allmählichen Anstiegs der Komplexität bis hin zu den Produkten der kambrischen Explosion. Von den Isua-Sedimenten an gerechnet, bestanden sämtliche Organismen 2,4 Milliarden Jahre lang – das sind fast zwei Drittel der gesamten Geschichte des Lebens auf der Erde – aus einzelligen Lebewesen der einfachsten, prokaryotischen Bauart. (Prokaryotische Zellen haben keine Organellen – keinen Kern, keine paarigen Chromosomen, keine Mitochondrien, keine Chloroplasten. Die sehr viel größeren eukaryotischen Zellen anderer einzelliger Organismen und aller vielzelligen Lebewesen sind weitaus komplexer und könnten sich aus Kolonien von Prokaryonten entwickelt haben; zumindest weisen Mitochondrien und Chloroplasten eine bemerkenswerte Ähnlichkeit mit prokaryotischen Organismen auf, und sie besitzen auch noch in einem gewissen Umfang eine eigene DNA, vielleicht als Überrest ihrer früheren Unabhängigkeit. Bakterien sowie Blaualgen beziehungsweise Cyanophyten sind Prokaryonten. Alle übrigen Einzeller, darunter auch die *Amöbe* und das *Paramecium* aus dem Biologieunterricht, sind Eukaryonten.)

Mit den eukaryotischen Zellen, die nach der Fossildokumentation vor rund 1,4 Milliarden Jahren auftreten, macht die Komplexität des Lebens einen bedeutenden Fortschritt, doch treten damit die vielzelligen Tiere noch längst nicht ihren Siegeszug an. Die Zeit, die zwischen dem Auftreten der ersten eukaryotischen Zelle und dem ersten vielzelligen Tier vergeht, ist länger als die ganze Erfolgsgeschichte der Vielzeller seit der kambrischen Explosion.

Aus präkambrischer Zeit ist allerdings eine Fauna mit vielzelligen Tieren dokumentiert, die Ediacara-Fauna, benannt nach einem Ort in Australien, aber inzwischen in Gesteinen aus aller Welt nachgewiesen. Aber diese Fauna erfüllt nicht Darwins Erwartung, und zwar aus zwei Gründen. Erstens kann man die Ediacara nur mit knapper Not dem Präkambrium zurechnen. Man findet diese Tiere ausschließlich in Gesteinen, deren Bildung unmittelbar der Explosion voraufgeht; sie sind also wahrscheinlich nicht älter als 700 Millionen Jahre und möglicherweise auch jünger. Zweitens ist es denkbar, daß die Ediacara-Tiere einen fehlgeschlagenen eigenständigen Versuch mit vielzelligem Leben darstellen und nicht einfachere Ahnen späterer Geschöpfe mit harten Teilen sind. (Wesen und Stellung der Ediacara-Fauna diskutiere ich im 5. Kapitel.)

In einer Hinsicht wirft die Ediacara-Fauna, was Darwins Antwort auf die kambrische Explosion betrifft, mehr Probleme auf, als sie löst. Die »Unvollständigkeitstheorie« besagt in ihrer verheißungsvollsten Version, daß die kambrische Explosion nur das Vorkommen harter Teile in der Fossildokumentation markiert. Daß wir kein »Burgess Shale«, also keine Weichkörperfauna aus dem Präkambrium gefunden haben, läßt die Möglichkeit offen, daß vielzellige Lebewesen über lange Zeiträume hinweg allmählich an Komplexität gewonnen haben, ohne jedoch eine Spur in den Gesteinen zu hinterlassen. Dies ist ein überaus vernünftiges Argument, und ich bestreite nicht, daß es zur Lösung des kambrischen Rätsels beizutragen vermag. Nur kann es keine vollständige Erklärung liefern, wenn die Ediacara-Tiere keine Vorläufer der kambrischen Explosion sind. Tatsächlich sind ja die Ediacara-Geschöpfe Weichkörper ohne Hartteile, und sie sind nicht auf eine einzelne Enklave in einer besonderen australischen Umwelt beschränkt, sondern weltweit verbreitet. Wenn also die wahren Vorläufer der kambrischen Geschöpfe keine harten Teile hatten, warum haben wir sie dann nicht in den reichhaltigen Ablagerungen gefunden, welche die Weichkörper-Fauna von Ediacara enthalten?

Die Rätsel häufen sich, je näher wir die erstaunliche, 100 Millionen Jahre dauernde Periode zwischen der Ediacara-Fauna und der Konsolidierung neuzeitlicher Baupläne im Burgess Shale betrachten. Der Beginn des Kambriums ist nicht durch das Auftreten von Trilobiten und das ganze Spektrum moderner Anatomie gekennzeichnet – Phänomene, die mit der kambrischen Explosion identifiziert werden. Die erste Fauna mit harten Teilen, nach einem Ort in Rußland als Tommotian bezeichnet (aber ebenfalls weltweit verbreitet), enthält einige Geschöpfe mit erkennbar moderner Struktur, doch ihre meisten Mitglieder sind winzige Klingen, Hauben und Becher von unbestimmter Zugehörigkeit – wir Paläontologen nennen sie mit ehrenwerter Freimütigkeit und deutlicher Verlegenheit die »small shelly fauna«. Vielleicht hatte sich noch keine wirksame Kalzifizierung entwickelt, und die Tommotian-Geschöpfe sind Vorläufer, die noch kein vollständiges Skelett besaßen, sondern lediglich hier und da an ihrem Körper mineralisierte Stoffe eingelagert hatten. Vielleicht ist aber die Tommotian-Fauna auch ein weiteres mißlungenes Experiment, das später im letzten Aufflammen der kambrischen Explosion von den Trilobiten und ihresgleichen verdrängt wurde.

So könnten die 100 Millionen Jahre von Ediacara bis Burgess, statt des allmählichen Darwinschen Aufstiegs zu wachsender Komplexität, drei grundverschiedene Faunen erlebt haben: die großen, pfannkuchenflachen Weichkörper-Geschöpfe von Ediacara, die winzigen Becher und Hauben der Tommotian und schließlich die neuzeitliche Fauna, die in der maximalen anatomischen Bandbreite des Burgess kulminierte. Fast 2,5 Milliarden Jahre lang gab es nur prokaryotische Zellen und sonst nichts – zwei Drittel der Geschichte des Lebens stagnieren auf der untersten Ebene der dokumentierten Komplexität. Weitere 700 Millionen Jahre lang gab es dann die größeren und sehr viel komplizierteren eukaryotischen Zellen, aber eine Vereinigung zu vielzelligem tierischen Leben fand nicht statt. Dann, während des geologischen Augenblicks von 100 Millionen Jahren, drei auffallend verschiedene Faunen: von Ediacara über Tommotian bis Burgess. Seither sind über 500 Millionen Jahre vergangen, in denen sich wunderbare Geschichten, Triumphe und Tragödien zugetragen haben, in denen aber die komplette Burgess-Besetzung um keinen neuen Stamm, keinen grundlegenden anatomischen Bauplan bereichert wurde.

Wenn Sie ganz weit zurücktreten, so daß die Einzelheiten verschwimmen, sind Sie vielleicht versucht, diese Abfolge als eine Geschichte vorhersagbaren Fortschritts zu deuten: zunächst die Prokaryonten, dann die Eukaryonten, dann das vielzellige Leben. Wenn Sie jedoch genau auf die Einzelheiten achten, fällt die tröstliche Geschichte in sich zusammen. Wenn Komplexität tatsächlich solche Vorteile bietet, warum ist dann das Leben während zwei Dritteln seiner Geschichte auf der ersten Stufe stehengeblieben? Warum verlief die Entstehung vielzelligen Lebens nicht im Sinne eines langsamen und stetigen Zuwachses an Komplexität, sondern in Gestalt eines plötzlichen Vorstoßes in drei grundverschiedenen Faunen? Unendlich faszinierend, unendlich spannend, ist die Geschichte des Lebens doch kaum der Stoff, aus dem unsere üblichen Gedanken und Hoffnungen gemacht sind.

Leben nach dem Burgess:
Weichkörper-Faunen als Fenster in die Vergangenheit

Nach einem alten Witz, der unter Paläontologen kursiert, ist die Evolution der Säugetiere eine Geschichte, die von Zähnen erzählt wird, die sich paaren, um geringfügig veränderte Zahnabkömmlinge zu zeugen. Da Schmelz sehr viel haltbarer ist als gewöhnliche Knochen, können Zähne sich noch erhalten haben, wenn alles andere längst dem Spott und der Geißel geologischer Zeiten zum Opfer gefallen ist. Von den meisten fossilen Säugetieren wissen wir nur aufgrund ihrer Zähne.

Darwin verglich unsere unvollständige Fossildokumentation mit einem Buch, von dem nur einige Seiten erhalten geblieben sind, von diesen Seiten nur wenige Zeilen, von den Zeilen wiederum nur noch wenige Wörter und von diesen Wörtern nur wenige Buchstaben. Mit diesem Bild wollte Darwin die Erhaltungschancen für normale Hartteile veranschaulichen, selbst für die höchst haltbaren Zähne. Welche Hoffnung besteht da für Fleisch und Blut, den Pfeil' und Schleudern des wütenden Geschickes zu entgehen? Weichteile können sich nur durch einen Glücksfall in einem ungewöhnlichen geologischen Umfeld erhalten: Insekten in Bernstein, Faultierkot in ausgetrockneten Höhlen. Andernfalls erliegen sie rasch den tausend Angriffen, die des Fleisches Erbteil sind: Tod, Zerfall und Verwesung, um nur drei zu nennen.

Dabei besteht ohne den Beweis für eine weiche Anatomie keinerlei Aussicht, daß wir je etwas über den Körperbau oder die wahre Vielfalt der frühen

Tierwelt erfahren, aus zwei naheliegenden Gründen: Erstens haben die meisten Tiere keine harten Teile. Schopf untersuchte 1978, in welchem Ausmaß eine durchschnittliche moderne Meeresfauna der Gezeitenzone fossilisieren könnte. Er kam zu dem Ergebnis, daß nur 40 Prozent aller Gattungen als Fossilien überdauern könnten. Diese Chance hängt im übrigen stark von dem Habitat ab. Von den sessilen (unbeweglichen) Geschöpfen, die auf dem Meeresboden leben, könnten sich etwa zwei Drittel erhalten, von den sich eingrabenden Vertilgern von abgestorbenen Pflanzenteilen und den mobilen Fleischfressern dagegen nur ein Viertel. Zweitens gilt zwar für manche Geschöpfe – Wirbeltiere und Arthropoden zum Beispiel –, daß die harten Teile reich an Informationen sind und eine zuverlässige Rekonstruktion der grundlegenden Funktion und Anatomie des ganzen Tieres erlauben, aber bei anderen verraten die einfachen Dächer und Umhüllungen fast nichts über ihre Organisation. Eine Wurmröhre oder eine Schneckenschale sagt sehr wenig über den darin steckenden Organismus aus, und wenn keine Weichteile vorhanden sind, verwechseln Biologen oft eines mit dem anderen. Den Zustand der ersten vielzelligen Fauna mit harten Teilen, das Tommotian-Problem (im 5. Kapitel wird es erörtert), haben wir deshalb noch nicht geklärt, weil diese winzigen Hauben und Hüllen über die darunter verborgenen Geschöpfe so wenig Aufschluß geben.

Deshalb haben Paläontologen, seit es ihre Disziplin überhaupt gibt, Weichkörper-Faunen gesucht und gesammelt. Unter den fossilen Zeugnissen gibt es nichts, was sie höher schätzten. In Anerkennung der Pionierarbeit unserer deutschen Kollegen bezeichnen wir diese außergewöhnlich vollständigen und reichhaltigen Faunen als *Lagerstätten*. Lagerstätten sind selten, doch was sie zu unserem Wissen über die Geschichte des Lebens beitragen, steht in keinem Verhältnis zu ihrer Häufigkeit. Mein Kollege und ehemaliger Student Jack Sepkoski hat sich daran gemacht, die Geschichte aller Abstammungslinien zu katalogisieren, und festgestellt, daß 20 Prozent der Hauptgruppen ausschließlich dadurch bekannt sind, daß sie in den drei bedeutendsten paläozoischen Lagerstätten vorkommen: dem Burgess Shale, dem devonischen Hunsrückschiefer in Deutschland und dem aus dem Karbon stammenden Mazon Creek bei Chicago. (Von nun an werde ich die gängigen geologischen Epochenbezeichnungen ohne weitere Erklärung verwenden. Falls Sie, geehrter Leser, meine Ermahnung verschmähen, sich diese Anfangsgründe einzuprägen, so schauen Sie bitte in Abbildung 2.1 nach. Ich empfehle auch die Gedächtnishilfe am Anfang dieses Kapitels.)

Über die Entstehung und Interpretation von Lagerstätten ist ungeheuer viel geschrieben worden (siehe Whittington und Conway Morris, 1985). Nicht alle Fragen sind geklärt, und die genauen Einzelheiten sind unendlich faszinierend. Doch als Voraussetzung für die Erhaltung von Weichkörper-Faunen sind drei Faktoren (die nur selten zusammentreffen) von Bedeutung: Die Fossilien müssen rasch von einem ungestörten Sediment bedeckt werden; sie müssen in einer Umgebung lagern, die frei ist von den üblichen Kräften der alsbaldigen Zerstörung: vor allem Sauerstoff und andere Elemente, die die Verwesung fördern, aber auch das ganze Spektrum der Organismen, von den Bakterien bis zu den großen Aasfressern, die unter fast allen ökologischen Bedingungen der Erde die meisten Kadaver rasch in nichts verwandeln; und schließlich müssen sie weitestgehend von den späteren Verheerungen durch Wärme, Druck, Zerklüftung und Erosion verschont bleiben.

Zu den Übeltätern, die dafür sorgen, daß Lagerstätten so selten entstehen, gehört der Sauerstoff (siehe Allison, 1988, für eine abweichende Auffassung über die Bedeutung anoxischer Habitate). Sauerstofffreie Milieus sind für die Erhaltung von Weichteilen hervorragend: keine Oxydation, keine Zersetzung durch aerobe Bakterien. Auf der Erde kommen solche Bedingungen recht häufig vor, besonders in stehenden Gewässern. Aber gerade die Bedingungen, die der Erhaltung förderlich sind, bewirken zugleich, daß nur wenige Organismen, wenn überhaupt, an solchen Orten ihren natürlichen Aufenthalt wählen. Die besten Milieus enthalten deshalb nichts, was zu erhalten wäre. Der »Trick« bei der Entstehung von Lagerstätten – einschließlich des Burgess Shale, wie wir noch sehen werden – besteht in einer Reihe von besonderen Umständen, die bisweilen eine Fauna an einen solchen unwirtlichen Ort versetzen können. Lagerstätten verdanken ihre Existenz also seltenen Ereignissen.

Gäbe es den Burgess Shale nicht, könnten wir ihn nicht erfinden, aber sicher würden wir uns nach seiner Entdeckung sehnen. Der liebe Gott der irdischen Welt reagiert selten auf unsere Gebete, doch beim Burgess hat er uns erhört. Wäre Aladins Dschinn vor der Entdeckung des Burgess einem Paläontologen erschienen und hätte ihm knauserig nur einen Wunsch gewährt, so hätte der Begünstigte sicherlich ohne zu zögern gesagt: »Gib mir eine Weichkörper-Fauna unmittelbar nach der kambrischen Explosion; ich möchte sehen, was dieses große Ereignis wirklich hervorgebracht hat.« Der Burgess Shale, das Geschenk unseres Dschinn, erzählt eine wunderbare Geschichte, aber nicht genug, um ein Buch damit zu füllen. Zu einem Schlüssel für das Verständnis der Geschichte des Lebens wird diese Fauna, wenn wir sie mit dem deutlich abweichenden Muster der Verschiedenheit in anderen Lagerstätten vergleichen.

Das Seltene hat nur einen positiven Aspekt: Läßt man ihm genügend Zeit, dann wird daraus etwas ziemlich Häufiges. Auch durch Erkenntnisse aus dem Burgess beflügelt, hat man in den letzten zehn Jahren etliche Lagerstätten entdeckt und erforscht. Inzwischen gibt es eine ausreichend große Zahl von Lagerstätten, so daß man die zeitliche Entwicklung der anatomischen Verschiedenheit in den Grundzügen erkennen kann. Wären die Lagerstätten nicht einigermaßen gut verteilt, so wüßten wir fast nichts über das präkambrische Leben, denn alles, von den ersten prokaryotischen Zellen bis zur Ediacara-Fauna, ist eine Geschichte von Tieren ohne Hartteile.

Das Aufregendste am Burgess Shale ist, daß er uns einen verblüffenden Unterschied zwischen dem vergangenen und dem gegenwärtigen Leben enthüllt: Bei einer weit geringeren Artenzahl enthält der Burgess Shale – eine einzige Grabungsstätte in Britisch-Kolumbien, nicht länger als ein Häuserblock – eine Vielfalt an anatomischen Strukturen, die alles, was die ganze Welt von heute zu bieten vermag, bei weitem übertrifft!

Ist der Burgess im Hinblick auf das Leben kurz nach der kambrischen Explosion vielleicht gar kein Sonderfall, sondern typisch für die Vergangenheit? Weisen womöglich alle Faunen von so hervorragendem Erhaltungszustand eine ähnliche Breite der anatomischen Gestaltung auf? Wir können diese Frage nur klären, indem wir die zeitliche Struktur der Vielfältigkeit, wie sie sich in anderen Lagerstätten enthüllt, untersuchen.

Die Antwort ist im Grunde eindeutig: Die große anatomische Verschiedenheit des Burgess ist ausschließlich ein Merkmal der ersten Explosion vielzelligen Lebens. Was die Breite der Entwürfe für das Leben angeht, so reicht keine spätere Lagerstätte an den Burgess heran. Vom Burgess ausgehend, können wir vielmehr eine rasche Stabilisierung der dezimierten Überlebenden feststellen. Die hervorragend erhaltenen, dreidimensionalen Arthropoden aus dem oberen Kambrium Schwedens (Müller, 1983; Müller und Walossek, 1984) dürften sämtlich Mitglieder der Krustazeenlinie sein. (Aufgrund merkwürdiger Erhaltungsbedingungen wurden von dieser Fauna nur winzige Arthropoden, die weniger als zwei Millimeter lang sind, gefunden, so daß wir die Verschiedenheit der Organismen in diesen Ablagerungen im Grunde nicht mit den größeren Burgess-Formen vergleichen können.) Die aus dem unteren Silur stammende Brandon Bridge-Fauna aus Wisconsin, die von Mikulic, Briggs und Kluessendorf (1985a und 1985b) beschrieben wurde, enthält (wie der Burgess) alle vier Hauptgruppen von Arthropoden. Zusätzlich finden sich dort ein paar Sonderlinge: einige nicht klassifizierbare Arthropoden (darunter ein Geschöpf mit bizarren flügelartigen Auswüchsen an den Seiten) und vier wurmartige Tiere, aber keines ist so merkwürdig wie die großen Burgess-Rätsel *Opabinia*, *Anomalocaris* oder *Wiwaxia*.

Der berühmte Hunsrückschiefer aus dem Devon, der so wunderbar erhalten ist, daß auf Röntgenfotos von massivem Gestein feine Details zu erkennen sind (Stürmer und Bergström, 1976 und 1978), enthält ein oder zwei nicht klassifizierbare Arthropoden, darunter *Mimetaster*, einen mutmaßlichen Verwandten von *Marrella*, dem in Burgess am häufigsten vorkommenden Tier. Aber das Leben hatte sich bereits stabilisiert. Die reiche Mazon Creek-Fauna, verborgen in Konkretionen, die während der letzten Jahrzehnte von Legionen von Sammlern millionenfach aufgebrochen wurden, weist ein bizarres wurmartiges Tier auf, dem man den Namen Tully Monster verlieh (was ihm die offizielle, etwas holprig klingende lateinische Bezeichnung *Tullimonstrum* eintrug). Der Burgess-Motor der Erfindung war aber inzwischen abgestellt worden, und die herrlichen Fossilien vom Mazon Creek lassen sich fast alle bequem neuzeitlichen Stämmen zuordnen.

Wenn wir über das Aussterben in Perm und Trias hinweggehen und zu der berühmtesten aller Lagerstätten kommen, dem Jura-Kalkstein von Solnhofen, dann erhalten wir genügend Anhaltspunkte, um mit Überzeugung sagen zu können, daß das Burgess-Spiel wirklich vorbei ist. Es gibt keine Fauna auf Erden, die besser erforscht worden wäre. Seit über einem Jahrhundert werden diese Kalksteinblöcke von Steinbrucharbeitern und Amateursammlern aufgebrochen. (Die ebenmäßigen, feinkörnigen Steine sind die Grundlage der Lithographie und wurden, seit das Verfahren gegen Ende des 18. Jahrhunderts erfunden wurde, fast ausschließlich für alle feinen Drucke in diesem Medium benutzt.) Etliche der berühmtesten Fossilien der Welt stammen aus diesen Steinbrüchen, darunter alle sechs Exemplare von *Archaeopteryx*, dem ersten Vogel, der einschließlich der Federn bis hin zum letzten Härchen unversehrt erhalten ist. Solnhofen enthält jedoch nichts, nicht ein einziges Tier, das aus den wohlbekannten und gut dokumentierten taxonomischen Gruppen herausfiele.

Offensichtlich ist das Burgess-Muster der überwältigenden Vielfalt im anatomischen Aufbau nicht typisch für guterhaltene fossile Faunen im allgemeinen. Vielmehr gestattet uns die gute Erhaltung, einen speziellen und ungeheuer rätselhaften Aspekt der kambrischen Explosion und ihrer unmittelbaren Folgezeit zu erfassen. In einem geologischen Moment, zu Beginn des Kambriums, traten plötzlich fast alle neuzeitlichen Stämme erstmals in Erscheinung, neben einem noch größeren Spektrum anatomischer Experimente, die anschließend nicht lange überlebten. Die folgenden 500 Millionen

Jahre haben keine neuen Stämme, sondern nur Abwandlungen von bereits vorhandenen Entwürfen hervorgebracht, wenngleich es gewisse Variationen gibt, wie etwa das menschliche Bewußtsein, die es fertigbringen, die Welt auf bemerkenswerte Weise zu beeinflussen. Wie kam der Burgess-Motor zustande? Wodurch wurde er so rasch abgestellt? Wodurch wurde, falls davon überhaupt die Rede sein kann, die kleine Zahl überlebender Baupläne gegenüber anderen Möglichkeiten, die im Burgess Shale florierten, begünstigt? Was versucht uns dieses Bild von Dezimierung und Stabilisierung über Geschichte und Evolution zu vermitteln?

Die Umgebung des Burgess Shale

Wo

Am 11. Juli 1911 kam Helena, die Frau von C. D. Walcott, bei einem Zugunglück in Bridgeport, Connecticut, ums Leben. Einem Brauch seiner Zeit und seiner gesellschaftlichen Schicht folgend, behielt Charles seine Söhne bei sich zu Hause, während er seine trauernde Tochter Helen in Begleitung einer Anstandsdame mit dem unwahrscheinlichen Namen Anna Horsey auf eine Bildungsreise nach Europa schickte, die ihren Kummer lindern und ihr wieder zu einer normalen Gemütsverfassung verhelfen sollte. Mit dem Enthusiasmus der Jugend begeisterte sich Helen für die Monumente der westlichen Geschichte, doch fand sie nichts, was der Schönheit eines anderen Westens gleichgekommen wäre – der Umgebung des Burgess Shale, wohin sie ihren Vater während der Entdeckung von 1909 und dann auch in der ersten Sammelsaison von 1910 begleitet hatte. Aus Europa schrieb Helen im März 1912 an ihren Bruder Stuart:

Es gibt hier ganz faszinierende Schlösser und Burgen, die ganz oben auf den Berggipfeln thronen. Man kann sich richtig vorstellen wie der Feind immer höher kriecht, bis er auf einmal von oben mit Steinen und Pfeilen beworfen wird. Natürlich haben wir die Via Appia und die Reste der alten römischen Aquädukte gesehen – stell dir bloß vor, daß diese ruinenähnlichen Bögen vor fast zweitausend Jahren gebaut wurden! Dagegen wirkt Amerika ein bißchen funkelnagelneu, und doch würde ich Burgess Pass allem, was ich bis jetzt gesehen habe, vorziehen.

Die Legenden der Feldforschung wollen es, daß alle wichtigen Forschungsstätten tief in unzugänglichen, von grimmigen Bestien und umherschweifenden Eingeborenen bewohnten Urwäldern liegen, umgeben von Verwesungsdünsten und Schwärmen von Tsetsefliegen. (Nach anderen Vorstellungen liegt die Forschungsstätte hinter der hundertsten Düne, nachdem alle Kamele eingegangen sind, oder hinter der tausendsten Gletscherspalte nach dem Hinscheiden aller Schlittenhunde.) Tatsächlich werden aber, wie wir bald sehen werden, viele der schönsten Entdeckungen in Museumsschubladen gemacht. Zu einigen der bedeutendsten natürlichen Fundstätten gelangt man auf einem vergnüglichen Bummel oder bequem mit dem Auto; den Mazon Creek kann man von der Stadtmitte Chicagos aus fast zu Fuß erreichen.

Der Burgess Shale liegt in einer grandiosen Landschaft, wie ich sie anderswo kaum jemals angetroffen habe, hoch in den Rocky Mountains, an der Ostgrenze von Britisch-Kolumbien. Walcotts Grabungsstätte befindet sich auf einer Höhe von fast 2500 Metern am Westhang des Kammes, der den Mount Field mit dem Mount Wapta verbindet. Bevor ich sie im August 1987 aufsuchte, hatte ich viele Fotos von ihr gesehen; ich machte einige weitere Aufnahmen in der üblichen Himmelsrichtung (genau nach Osten, in die Grabungsstätte hinein, Abb. 2.2). Mir war jedoch nicht klar gewesen, welch gewaltige Schönheit sich den Augen bietet, wenn man sich nur einmal umdreht. Blickt man nach Westen, hat man eine der herrlichsten Aussichten unseres Kontinents: Unten liegt Emerald Lake, und dahinter erhebt sich der schneebedeckte President Range (Abb. 2.3), der am Spätnachmittag im Schein der untergehenden Sonne glänzt. Gewiß, Walcott hat am Burgess-Kamm einige wunderbare Fossilien gefunden, doch jetzt verstehe ich ganz und gar, warum er, bis er hoch in den Siebzigern war, Jahr für Jahr den Transkontinentalzug bestieg, um hier lange Sommerwochen im Zelt und auf dem Pferderücken zu verbringen. Ich kann mir auch vorstellen, welcher Reiz für Walcott in seiner wichtigsten Nebenbeschäftigung, der Landschaftsfotografie, lag, bei der er in der Technik der Weitwinkel-Panoramaaufnahmen Bahnbrechendes geleistet hat (Abb. 2.4).

Der Burgess Shale ist jedoch nicht in einer unzugänglichen Wildnis versteckt. Er liegt im Yoho National Park, in der Nähe der touristischen Zentren Banff und Lake Louise. Dank des Canadia Pacific Railway, dessen aus 100 Waggons zusammengesetzte Güterzüge noch immer fast ununterbrochen durch die Berge donnern, befindet sich der Burgess Shale am Rande der Zivilisation. Das an der Bahn gelegene Städtchen Field (etwa 3000 Einwohner und heute vermutlich kleiner als zu Walcotts Zeiten, besonders seit das Eisenbahnhotel niedergebrannt ist) ist nur einige Meilen von dem Standort entfernt, und die großen transkontinentalen Züge machen noch immer an dem winzigen Bahnhof Halt.

A

B

C

2.3 Die Aussicht von Walcotts Grabungsstätte. Im Vordergrund der Schutthalde
sucht ein Geologe nach Fossilien. Dahinter
Emerald Lake.

2.4 Diese Verkleinerung von einem der
berühmten Panoramafotos Walcotts vermittelt einen guten Eindruck von dem Verfahren, nicht aber von der Großartigkeit
des einige Fuß langen Originals. Walcott
machte diese Aufnahme 1913. Auf der
rechten Seite ist die Burgess-Grabungsstätte zu sehen, links von ihr der Mount
Wapta. Achten Sie auf die Sammler und
Sammelwerkzeuge in der Grabungsstätte.

2.2 Gegenüberliegende Seite: Drei Aufnahmen von Grabungsorten im Burgess Shale
bei meinem Besuch im August 1987. (A) Das nördliche Ende von Walcotts Grabungsstätte, im Hintergrund der Mount Wapta. In die Wand sind Löcher für Sprengladungen
gebohrt, der Boden ist mit Schutt übersät. (B) Eine ähnliche Ansicht der 1930 von Percy
Raymond eröffneten Grabungsstätte mit Ihrem ergebenen Verfasser und drei wißbegieri-
gen Geologen. Diese sehr viel kleinere Grabungsstätte liegt unmittelbar über Walcotts
ursprünglichem Fundort. (C) Mein Sohn Ethan auf dem Boden von Walcotts Grabungsstätte, in südlicher Richtung.

Heute fährt man mit dem Wagen zu dem Takakkaw Falls-Campingplatz in der Nähe des Whiskey Jack Hostel (das nicht nach einem betrunkenen Helden des alten Westens, sondern nach einem Vogel benannt ist) und steigt dann auf einem sechs Kilometer langen Pfad, der um die nordwestliche Flanke des Mount Wapta herumführt, die 900 Meter bis zum Burgess Ridge hinauf. Es gibt zwar einige steile Stellen, aber dennoch ist es kaum mehr als ein angenehmer Spaziergang, selbst für den Verfasser, der Übergewicht hat, nicht in Form ist und normalerweise in Meereshöhe lebt. Bei größeren Unternehmungen im Gelände kann man sich jetzt den Nachschub mit einem Hubschrauber hinaufbringen lassen (so geschah es bei den Expeditionen des Geological Survey of Canada in den sechziger und bei den Untersuchungen des Royal Ontario Museum in den siebziger und achtziger Jahren). Walcott war auf Packpferde angewiesen, aber man kann dennoch nicht sagen, daß es sich um ein besonders anstrengendes oder logistisch schwieriges Unternehmen handelte, wie es bei der Arbeit im Gelände sonst üblich ist. Walcott selbst hat von seinen Methoden während der ersten Geländekampagne im Jahre 1910 eine hübsche Beschreibung (1912) gegeben – ein verbaler Schnappschuß, der von einer verflossenen Technik und Sozialstruktur berichtet, von fleißigen Söhnen, die Stücke aus dem Hang herausbrachen, und einer pflichtbewußten Ehefrau, die unten im Lager die Fundstücke ordnete:

Begleitet von meinen beiden Söhnen Sidney und Stuart,... orteten wir schließlich das fossilienhaltige Band. Anschließend waren wir zwei Tage lang damit beschäftigt, den Schiefer zu brechen, den wir dann in Blöcken den Berghang hinuntergleiten ließen bis zu einem Pfad und dann auf Packpferden ins Lager brachten, wo der Schiefer mit Unterstützung von Mrs. Walcott zerspalten, geordnet und verpackt wurde, um anschließend zu der 900 Meter tiefer gelegenen Bahnstation Field befördert zu werden.

Ein Jahr vor der Entdeckung des Burgess Shale schilderte Walcott (1908) ein nicht minder reizvolles, schlichtes Verfahren, das dazu diente, Proben von dem berühmten Vorkommen des Trilobiten *Ogygopsis* am Mount Stephen zu sammeln, einer Fundstätte, die ungefähr so alt ist wie der Burgess und praktisch um die Ecke liegt:

Um eine Sammlung von dem »Fossilienbett« zu veranstalten, nimmt man am besten ein Pony, reitet damit den Pfad bis zu einer Höhe von etwa 600 Metern oberhalb der Bahnstation hinauf, sammelt die Proben, wickelt sie fest in Papier, bringt sie in einer Tasche unter, bindet die Tasche an den Sattel und führt das Pony den Berg hinunter. Auf einem langen Tagesausflug von sechs Uhr morgens bis sechs Uhr abends kann man eine ganze Menge bergen.

Die Romantik des Burgess hat sich zumindest in einer Hinsicht dauerhaft auf die ganze spätere Erforschung seiner Fossilien ausgewirkt, nämlich in ihrer eigentümlichen Namengebung. Manche der offiziellen griechisch-lateinischen Bezeichnungen der Organismen klingen feierlich oder melodisch, wie zum Beispiel mein Lieblingsname, der zu einer fossilen Schnecke gehört: *Pharkidonotus percarinatus* (sprechen Sie es, um es richtig hinzukriegen, ein paarmal aus). Die meisten Bezeichnungen sind jedoch trocken und prosaisch: Die gewöhnliche Ratte wird mit großer Übertreibung *Rattus rattus rattus* genannt; das zweigehörnte Nashorn heißt *Diceros*; das in küstennahen oder littoralen Gewässern siedelnde Immergrün *Littorina littorea*.

Burgess-Namen hören sich dagegen durchweg merkwürdig an. Eindeutig nicht lateinischen Ursprungs, klingen sie bisweilen melodiös, wie in *Opabinia*, dann aber auch wieder fast unaussprechbar wegen ihrer Häufung von Vokalen, wie in *Aysheaia, Odaraia* und *Naraoia*, oder wegen ihrer ungewöhnlichen Konsonanten, wie in *Wiwaxia, Takakkawia* und *Amiskwia*. Walcott, der die kanadischen Rockies liebte und dort ein Vierteljahrhundert lang den Sommer in Feldlagern verbrachte, gab seinen Fossilien die Namen von nahegelegenen Bergen und Seen,[4] die ihrerseits von indianischen Wörtern aus den Bereichen Wetter und Topographie stammten. *Odaray* bedeutet »kegelförmig«, *opabin* »felsig« und *wiwaxy* »windig«.

Warum: Wie sich die Fossilien erhielten

Walcott fand fast alle seine guten Exemplare in einer nur sieben oder acht Fuß mächtigen Schieferlinse, die er als das »Phyllopodenbett« bezeichnete. (»Phyllopoda«, aus der lateinischen Bezeichnung für »blattfüßig« abgeleitet, ist ein eingeführter Name für eine Gruppe von marinen Krustazeen, die an einem Ast ihrer Beine blattähnliche Reihen von Kiemen tragen. Walcott wählte diesen Namen, um *Marrella* zu ehren, den häufigsten Burgess-Organismus. Unter Hinweis auf die zahlreichen Reihen zarter Kiemen verlieh Walcott *Marrella* in seinen ersten Arbeitsnotizen die Bezeichnung »Spitzenkrebs« [nach der Klöppelspitze – d. Ü.]. Wie spätere Untersuchungen ergaben, ist *Marrella* weder ein Krebs noch ein Phyllopode, sondern einer der taxonomisch einzigartigen Arthropoden des Burgess Shale.)

In dieser Schicht kommen, über einen Aufschluß von weniger als 70 Metern der modernen Grabung verteilt, Fossilien vor. Seit Walcotts Zeit wurden in anderen stratigraphischen Schichten und an anderen Stellen in der

Gegend weitere Weichkörper-Fossilien gefunden. Aber nichts, was auch nur im mindesten an die Vielfalt des Phyllopodenbettes heranreichte; und die ursprünglich von Walcott aufgebrochene Schicht hat die große Mehrheit der Burgess-Arten geliefert. Etwas mehr als mannshoch und schmaler als ein Häuserblock! Wenn ich sage, daß eine einzige Grabungsstätte in Britisch-Kolumbien mehr anatomische Verschiedenheit birgt als alle heutigen Weltmeere zusammen, dann spreche ich von einer *kleinen* Grabungsstätte. Wie konnte sich eine solche Fülle an einem so begrenzten Ort anhäufen?

Neuere Untersuchungen haben die Geologie des komplexen Gebiets geklärt und ein plausibles Szenario für die Ablagerung der Burgess-Fauna geliefert (Aitken und McIlreath, 1984; und die allgemeinere Diskussion in Whittington, 1985b). Die Tiere des Burgess Shale lebten vermutlich auf Schlammbänken, die sich am Fuß einer massiven, fast senkrechten Wand, des sogenannten »Cathedral Escarpment«, bildeten, eines hauptsächlich aus Kalkalgen aufgebauten Riffs (riffbildende Korallen hatten sich noch nicht entwickelt). Solche Habitate in ziemlich flachem Wasser, das hinreichend belichtet und gut durchlüftet ist, beherbergen im allgemeinen typische marine Faunen von hoher Vielfalt. Im Burgess Shale findet sich die übliche Fauna von Habitaten, die in der Fossildokumentation ausreichend vertreten sind. Einer ökologischen Besonderheit können wir die außerordentliche Verschiedenheit der anatomischen Formen nicht zuschreiben.

Hier geraten wir nun in eine Sackgasse. Gerade das Typische der Burgess-Umwelt hätte eigentlich die Erhaltung einer Weichkörper-Fauna verhindern müssen. Gute Belichtung und Belüftung mögen zwar einer großen Vielfalt dienlich sein, sorgen aber unter normalen Umständen auch dafür, daß Kadaver rasch gefressen werden oder verwesen. Um sich als Weichkörper-Fossilien zu erhalten, müssen diese Tiere an einen anderen Ort transportiert worden sein. Möglicherweise sind die Schlammbänke, die an der Steilwand in die Höhe wuchsen, zähflüssig und instabil geworden. Vielleicht wurden durch schwache Erdstöße »Schlammströmungen« ausgelöst, die Wolken von Schlamm, welche die Burgess-Organismen enthielten, hangabwärts in angrenzende Becken trieben, wo das Wasser stagnierte und frei von Sauerstoff war. Falls die Schlammrutsche mit den Burgess-Organismen in diesen anoxischen Becken zur Ruhe kam, dann sind alle Faktoren beisammen, die aus der Sackgasse hinausführen: Eine Fauna wird aus einer Umwelt, in der sich eine weiche Anatomie nicht hätte erhalten können, in ein Gebiet gebracht, wo eine rasche Beerdigung in einer sauerstofffreien Umgebung erfolgen konnte. (Siehe Ludvigsen, 1986, für eine alternative Sicht, die an der zentralen Idee der Beerdigung in einem verhältnismäßig tiefen anoxischen Becken festhält, aber statt des Abrutschens von Sedimenten an einer Steilwand die Ablagerung am Fuß einer sanft geneigten Rampe annimmt.)

Die genaue Verteilung der Burgess-Fossilien spricht dafür, daß sie ihre Erhaltung einem lokalen Schlammrutsch verdanken. Zu der gleichen Schlußfolgerung führen auch andere Merkmale der Fossilien: Sehr wenige Objekte zeigen Anzeichen von Verwesung, was auf eine rasche Beerdigung schließen läßt. In den Burgess-Betten hat man keinerlei Spuren, Fährten oder sonstige Zeichen von organischer Aktivität gefunden, was darauf hindeutet, daß die Tiere starben und vom Schlamm überwältigt wurden, als sie ihre letzte Ruhestätte erreichten. Da sich die Natur normalerweise nicht um unsere Hoffnungen schert, sollten wir dankbar sein für diese seltene Verkettung von Umständen, die es uns ermöglicht hat, einer Fossildokumentation, die im allgemeinen nicht sehr entgegenkommend ist, ein großes Geheimnis zu entreißen.

Wer, wann: Die Geschichte der Entdeckung

Da dieses Buch von einer bedeutenden Untersuchung berichtet, die Walcotts konventionelle Interpretation der Burgess-Fossilien umstößt, finde ich es nicht nur rein theoretisch sehr passend, sondern auch im Sinne des Erzählvorgangs wunderbar ausgewogen, daß die überlieferte Schilderung dieser Entdeckung ebenfalls eine ehrwürdige Legende ist, die dringend der Revision bedarf.

Wir sind Geschichtenerzähler und ertragen es nicht, uns die Gewöhnlichkeit unseres Alltagslebens (und sogar der meisten Ereignisse, die uns im Rückblick als entscheidend für unser Schicksal oder unsere Geschichte erscheinen) einzugestehen. Deshalb erzählen wir uns das, was tatsächlich geschehen ist, noch einmal in Form von Geschichten mit moralischer Botschaft, die einige begrenzte Themen umfassen, welche die Erzähler zu allen Zeiten bearbeitet haben, weil sie uns zu faszinieren und zu belehren vermögen.

Die offizielle, kanonisierte Geschichte des Burgess Shale hat ihren besonderen Reiz darin, daß sie anmutig von der Spannung zur Auflösung fortschreitet und zugleich mit ihrer im Grunde einfachen Struktur zwei der bedeutendsten Motive konventionellen Erzählens entfaltet: den glücklichen Zufall und den Fleiß, der belohnt wird.[5] Jedem Paläontologen ist die

Geschichte aus Gesprächen am Lagerfeuer und als Anekdote aus Einführungsvorlesungen bekannt. Die überlieferte Version vermittelt am besten der Nachruf auf Walcott aus der Feder seines alten Freundes und einstigen wissenschaftlichen Assistenten, Charles Schuchert, heute Professor der Paläontologie in Yale:

Zu einer der bemerkenswertesten faunischen Entdeckungen Walcotts kam es gegen Ende der Feldkampagne von 1909, als das Pferd von Mrs. Walcott auf dem abwärts führenden Pfad ausrutschte und dabei eine Steinplatte nach oben drehte, die sogleich die Aufmerksamkeit ihres Mannes auf sich zog. Sie entpuppte sich als eine große Kostbarkeit – ganz merkwürdige Krustazeen aus dem mittleren Kambrium. Aber wo befand sich in dem Berg das Muttergestein, aus dem sich die Platte gelöst hatte? Gerade da fing es an zu schneien, und die Lösung des Rätsels mußte einer weiteren Kampagne überlassen bleiben, doch im Jahr darauf waren die Walcotts wieder auf dem Mount Wapta, und schließlich fanden sie heraus, daß die Platte aus einer Schieferschicht stammte, die man später als Burgess Shale bezeichnete und die neunhundert Meter oberhalb der Stadt Field lag (1928, S. 283-84).

Man beachte den urtümlichen Charakter dieser Erzählung: Da haben wir zunächst den glücklichen Zufall, für den das ausrutschende Pferd sorgt (Abb. 2.5), dann die großartige Entdeckung in der allerletzten Minute einer Feldkampagne (wobei das Dramatisch-Endgültige des Geschehens noch durch den beginnenden Schneefall und die einsetzende Dunkelheit gesteigert wird), ferner das ungeduldige Warten, einen ganzen ungemütlichen Winter lang, und da ist schließlich die triumphale Rückkehr und die sorgfältige, systematische Zurückverfolgung eines losen Steinblocks bis zu seinem Muttergestein. Schuchert spricht nicht davon, wie lange dieser letzte Akt der geduldigen Suche gedauert hat, doch nach den meisten Versionen hat Walcott eine Woche oder länger gebraucht, um die Quelle des Burgess Shale zu lokalisieren. Sein Sohn Sidney schrieb 60 Jahre später im Rückblick (1971, S. 28):
»In dem Bemühen, das Gesteinsbett zu finden, aus dem sich unser ursprünglicher Fund gelöst hatte, arbeiteten wir uns nach oben vor. Eine Woche später und etwa 220 Meter höher kamen wir zu dem Schluß, daß wir den Ort gefunden hatten.«

Eine hübsche Story, an der jedoch nichts stimmt. Walcott, ein großer konservativer Administrator (siehe 4. Kapitel), hinterließ den Historikern dank seiner Gewohnheit, akribisch und fleißig Tagebuch zu führen, ein kostbares Geschenk. Da er in seinem Tagebuch nicht einen Tag ausgelassen hat, können wir die Ereignisse von 1909 mit ziemlicher Genauigkeit rekonstruieren. Walcott fand die ersten Weichkörper-Fossilien am Burgess Ridge entweder am 30. oder am 31. August. Sein Eintrag für den 30. August lautet:

2.5 Walcott als Siebzigjähriger bei einer seiner letzten Sammelkampagnen im Westen. Neben seinem Pferd stehend, erinnert er uns an die Legende von der Entdeckung des Burgess Shale.

2.6 Der unwiderlegbare Beweis dafür, daß die kanonische Darstellung von der Entdeckung des Burgess Shale nicht stimmt. Am 31. August zeichnete Walcott drei Burgess-Gattungen, um dann eine Woche lang mit großem Erfolg weiter zu sammeln.

Den ganzen Tag draußen, um auf der Stephenformation [der größeren Einheit, die das umfaßt, was Walcott später den Burgess Shale nannte] zu sammeln. Fand viele interessante Fossilien am Westhang des Kammes zwischen Mount Field und Mount Wapta [Fundort des Burgess Shale]. Helena, Helen, Arthur und Stuart [seine Frau, seine Tochter, sein Assistent und sein Sohn] kamen mit der übrigen Ausrüstung um vier Uhr nachmittags herauf.

Anderntags hatten sie offenbar eine reiche Ansammlung von Weichkörper-Fossilien entdeckt. Walcotts rasch hingeworfene Skizzen (Abb. 2.6) sind so klar, daß ich die drei abgebildeten Gattungen identifizieren kann: *Marrella* (oben links), einen der nicht klassifizierbaren Arthropoden; *Waptia* (oben rechts) und den merkwürdigen Trilobiten, *Naraoia* (darunter links). Walcott schrieb: »Draußen mit Helena und Stuart, Fossilien von der Stephenformation gesammelt. Wir fanden eine bemerkenswerte Gruppe von phyllopodischen Krustazeen. Brachte eine große Zahl von schönen Exemplaren ins Lager.«

Wie war das eigentlich mit dem ausrutschenden Pferd und dem fallenden Schnee? Wenn es diesen Vorfall überhaupt gegeben hat, dann muß er sich am 30. August zugetragen haben, als seine Familie am Spätnachmittag zu ihm herauf kam. Beim abendlichen Abstieg könnten sie dann die Platte nach oben gedreht haben und bei der Rückkehr am nächsten Morgen die Objekte gefunden haben, die Walcott am 31. August skizzierte. Eine gewisse Bestätigung erhält diese Rekonstruktion durch einen Brief, den Walcott im Oktober 1909 an Marr schrieb (nach dem er den »Spitzenkrebs« später *Marrella* nannte):

Wir sammelten Objekte aus dem mittleren Kambrium und stießen auf eine lose Platte, die mit einem Schneerutsch heruntergekommen war und an einer Bruchkante einen prächtigen Blattfußkrebs zeigte. Mrs. W. und ich bearbeiteten diese Platte von acht Uhr morgens bis sechs Uhr abends und brachten die schönste Sammlung von Blattfußkrebsen mit, die ich je gesehen habe.

Veränderungen können ganz subtil sein. Aus einem vorangegangenen Schneerutsch wird ein gegenwärtiger Schneesturm, und aus dem Vorabend eines guten Tages im Gelände wird das erzwungene, hastige Ende einer ganzen Kampagne. Was aber noch viel wichtiger ist: Walcotts Feldkampagne endete gar nicht mit den Entdeckungen am 30. und 31. August. Die Gruppe blieb bis zum 7. September auf dem Burgess Ridge. Walcott war über seine Entdeckung begeistert und ging an jedem der folgenden Tage begierig sammeln. Außerdem ist in dem Tagebuch, in dem Walcott tagtäglich fleißig das Wetter notierte, mit keinem Sterbenswörtchen von Schnee die Rede. Seine vom Glück begünstigte Woche erbrachte nichts als Lob für Mutter Natur. Am 1. September schrieb er: »Schöne warme Tage.«

Schließlich habe ich die starke Vermutung, daß Walcott den Ursprung seiner losen Platte in jener letzten Woche des Jahres 1909 lokalisierte, zumindest die Grundfläche des Aufschlusses, wenn nicht sogar das Phyllopodenbett selbst. Am 1. September, einen Tag, nachdem er die drei Arthropoden skizziert hatte, schrieb Walcott: »Wir sammelten weiter. Fanden eine ganze Menge Schwämme am Hang (in situ) [das heißt unverändert und in ihrer ursprünglichen Position].« Schwämme, die einige harte Teile enthalten, kommen an diesem Fundort auch außerhalb der reichhaltigsten Schichten mit Weichkörper-Fossilien vor, aber die besten Objekte stammen aus dem Phyllopodenbett. An allen folgenden Tagen fand Walcott eine Fülle von Weichkörper-Objekten, und seine Schilderungen klingen nicht so, als wäre er hier und da zufällig auf einen einzelnen Block gestoßen. Am 2. September entdeckte er, daß die vermeintliche Schale eines Ostrakoden in Wahrheit den Körper eines Phyllopoden beherbergt hatte: »Arbeitete hoch oben am Hang, während Helena in der Nähe des Pfades sammelte. Fand heraus, daß die große sogenannte Leperditia-ähnliche Schale der Schild eines Phyllopoden ist.« Die Burgess-Grabung ist »hoch oben am Hang«, und von losen Blöcken würde man wohl erwarten, daß sie zum Pfad hinunterrutschen.

Am 3. September hatte Walcott noch mehr Erfolg: »Fand eine ganze Menge Phyllopoden-Krustazeen und brachte mehrere Gesteinsplatten mit, um sie im Lager aufzuspalten.« Auf jeden Fall sammelte er weiter und setzte für seinen letzten Versuch am 7. September einen ganzen Tag an: »Mit Stuart und Mr. Rutter hinauf zu den Fossilbetten. Von sieben Uhr morgens bis sechs Uhr dreißig abends draußen. Unser letzter Tag im Lager für 1909.«

Wenn ich mich hinsichtlich seiner Entdeckung des Hauptbettes im Jahre 1909 nicht täusche, dann muß auch der zweite Teil der kanonisierten Erzählung – das wochenlange geduldige Suchen nach der Quelle eines losen Blocks im Jahre 1910 – falsch sein. Walcotts Tagebuch aus dem Jahre 1910 stützt meine Interpretation. Am 10. Juli konnte er es kaum mehr erwarten und wanderte zum Burgess Pass-Lagerplatz hinauf, stellte jedoch fest, daß das Gebiet noch zu tief verschneit war, um Ausgrabungen machen zu können. Am 29. Juli notierte Walcott schließlich, daß seine Gruppe »auf dem Burgess Pass-Lagerplatz von 1909« ihre Zelte aufschlage. Am 30. Juli kletterten sie auf den benachbarten Mount Field und sammelten Fossilien. Walcott weist darauf hin, daß sie am 1. August ihren ersten Versuch machten, die Burgess-Betten karthographisch zu erfassen: »Alle draußen zum Sammeln der Burgess Formation bis vier Uhr nachmittags, als uns ein kalter Wind und Regen ins Lager zurücktrieben. Vermaßen den Aufschluß der Burgess-Formation: 130 Meter. Sidney bei mir. Stuart, seine Mutter und Helen machten sich im Lager zu schaffen.« »Den Aufschluß vermessen« ist geologischer Fachjargon und bedeutet, daß die vertikale Schichtenfolge sowie die Gesteinsarten und die Fossilien festgestellt werden. Wenn man den Wunsch hätte, die Herkunft eines losen Blocks festzustellen, der abgebrochen und heruntergestürzt ist, dann würde man den Aufschluß oberhalb vermessen und versuchen, die Schicht festzustellen, aus der der Block höchstwahrscheinlich stammt.

Ich denke, daß Charles und Sidney Walcott das Phyllopodenbett schon an diesem ersten Tag lokalisierten, denn die nächste Eintragung vom 2. August lautet: »Mit Helena, Stuart und Sidney hinaus zum Sammeln. Wir fanden eine ganze Menge von ›Spitzenkrebsen‹ und allerlei Kleinigkeiten.« »Spitzenkrebs« war Walcotts vorläufige Bezeichnung für *Marrella*, den häufigsten Bewohner des Phyllopodenbettes. Wenn wir einmal zugunsten der kanonischen Version annehmen wollen, daß diese »Spitzenkrebse« am 2. August aus abgesprengten Blöcken stammten, so können wir dennoch nicht gut eine ganze Woche angestrengter Bemühungen um die Lokalisierung des Muttergesteins unterstellen, schrieb Walcott doch genau zwei Tage später, am 4. August: »Helena förderte aus der ›Spitzenkrebs‹-Schicht eine ganze Menge von Phyllopoden-Krustazeen zutage.«

Die kanonische Version ist romantischer und anregender, doch die schlichten Tatsachen des Tagebuchs sind schlüssiger. Der Pfad liegt nur rund hundert Meter unterhalb der wichtigsten Burgess-Lagerstätten. Der Hang ist glatt und steil, und die Schichten liegen deutlich zutage. Die Herkunft eines losen Blockes festzustellen dürfte kein größeres Problem gewesen sein, denn Walcott war nicht nur ein tüchtiger, er war ein überragender Geologe. Vermutlich lokalisierte er die wichtigsten Betten sofort, im Jahre 1909, in der Woche nach der erstmaligen Entdeckung der Weichkörper-Fossilien. 1909 hatte er keine Gelegenheit zu graben, weil es ihm an Zeit fehlte, aber er fand viele schöne Fossilien und wohl auch die wesentlichen Betten selbst. Im Jahre 1910 wußte er schon von vornherein, wo er zu graben hatte, und sobald der Schnee geschmolzen war, ging er an die Arbeit.

Walcott machte seine Grabungsstätte im Phyllopodenbett des Burgess Shale auf und arbeitete dort von 1910 bis 1913 alljährlich einen Monat oder länger mit Hämmern, Meißeln, langen Eisenstangen und kleinen Sprengladungen. Im Jahre 1917 – er war inzwischen siebenundsechzig – kam er ein letztes Mal für fünfzig Tage zum Sammeln. Insgesamt brachte er rund achtzigtausend Proben nach Washington, D. C., zurück, wo sie noch immer, als Kleinod der größten Fossiliensammlung unseres Landes, im National Museum of Natural History der Smithsonion Institution ruhen.

Walcott sammelte mit Eifer und Gründlichkeit. Er liebte den Westen, und er brauchte seine alljährlichen Reisen, um den Zwängen der Administration in Washington zu entgehen und sich seine geistige Frische zu bewahren. Wenn er dann aber wieder an der Spitze seines ausgedehnten Verwaltungsimperiums stand, fand er nicht mehr die Zeit, um die Dinge zu prüfen, sich Gedanken zu machen, hin und her zu überlegen, nochmals nachzuschauen, zu bohren, von neuem zu erwägen und schließlich zu publizieren – und das alles gehört wesentlich (und unumgänglich) dazu, wenn man diese komplexen und kostbaren Fossilien richtig studieren will. (Die Bedeutung dieses Versäumnisses wird im 4. Kapitel behandelt.)

Allerdings hat Walcott mehrere Aufsätze mit Beschreibungen von Burgess-Fossilien veröffentlicht, die er als »vorläufig« bezeichnete; dabei ging es ihm zum großen Teil um die Ausübung des traditionellen Rechtes, seinen Entdeckungen offizielle taxonomische Bezeichnungen zu verleihen. Vier dieser Aufsätze erschienen in den Jahren 1911 und 1912 (siehe Bibliographie): der erste über Arthropoden, die er (fälschlich) als Verwandte der Schwertschwänze betrachtete, der zweite über Echinodermen und Quallen (die wahrscheinlich alle den falschen Stämmen zugeordnet sind), der dritte über Würmer und der vierte und längste über Arthropoden. Über Burgess-Metazoen hat er nie wieder eine größere Arbeit veröffentlicht. Ein Artikel aus dem Jahre 1918 über Trilobiten-Gliedmaßen stützt sich weitgehend auf Burgess-Materialien. Seine 1919 veröffentlichte Arbeit über Burgess-Algen und die 1920 erschienene Monographie über Burgess-Schwämme handeln von anderen taxonomischen Gruppen und behandeln nicht die zentrale Frage der Verschiedenheit des anatomischen Aufbaus von Coelomaten. Schwämme sind nicht mit anderen Tieren verwandt und vermutlich unabhängig aus einzelligen Vorläufern hervorgegangen. Das 1931 unter Walcotts Namen veröffentlichte Kompendium mit zusätzlichen Beschreibungen wurde nach seinem Tod von seinem Mitarbeiter Charles E. Resser aus Notizen zusammengestellt, zu deren Bearbeitung und Publikation Walcott nie die Zeit gefunden hatte.

Percy Raymond, Professor für Paläontologie in Harvard, ist 1930 zusammen mit drei Studenten zum Burgess-Fundort gereist und hat Walcotts alte Grabungsstätte wiedereröffnet. Außerdem erschloß er an einem neuen Fundort, knapp zwanzig Meter oberhalb der ursprünglichen von Walcott, eine sehr viel kleinere Grabung. Er fand nicht viele neue Arten, und doch brachte er eine schöne, wenn auch bescheidene Sammlung zusammen.

Diese Objekte, die in erster Linie von Walcott stammen und zu denen Raymond nur einen kleinen Beitrag beigesteuert hat, bildeten die einzige Basis für die gesamte Erforschung des Burgess Shale, bevor Whittington und Mitarbeiter in den späten sechziger Jahren mit ihrer Revision begannen. Angesichts der überragenden Bedeutung dieser Fossilien muß die geleistete Arbeit als relativ bescheiden bewertet werden; und keiner der Aufsätze enthält auch nur die Andeutung einer Interpretation, die grundlegend von der Auffassung Walcotts abwiche, daß die Burgess-Organismen insgesamt in den taxonomischen Grenzen erfolgreicher neuzeitlicher Stämme unterzubringen seien.

Ich erinnere mich gut an meine erste Begegnung mit dem Burgess Shale, Mitte der sechziger Jahre, als ich graduierter Student an der Columbia-Universität war. Ich erkannte, wie oberflächlich Walcott diese kostbaren Fossilien beschrieben hatte, und ich wußte, daß die meisten von ihnen keiner weiteren Untersuchung unterzogen worden waren. Bevor mir klar wurde, daß mir administrative Fähigkeiten völlig abgehen, träumte ich davon, ein internationales Komitee führender Taxonomie-Experten für sämtliche im Burgess vertretenen Stämme einzuberufen. *Amiskwia* hätte ich dann an den weltweit führenden Experten für Chaetognathen vergeben, *Aysheaia* an den maßgebenden Spezialisten für Onychophoren, *Eldonia* an Herrn Meergurke. Keine dieser taxonomischen Zuordnungen hat einer späteren Überprüfung standgehalten, doch mein Traum entsprach sicherlich der traditionellen Auffassung, die Walcott vertreten hatte und die nie in Zweifel gezogen worden war, daß nämlich alle Burgess-Merkwürdigkeiten in neuzeitlichen Gruppen unterzubringen seien.

Da man sich nicht vornehmen kann, das Unerwartete zu finden, entsprang die Arbeit, die schließlich zu unserer grundlegenden Korrektur führte, bescheidenen Vorsätzen. Im Rahmen eines größeren Forschungsprogramms war der Geological Survey of Canada in der Mitte der sechziger Jahre in den südlichen Rocky Mountains von Alberta und Britisch-Kolumbien tätig. Dieses umfassende Vorhaben legte fast unausweichlich den Gedanken nahe, sich noch einmal mit dem Burgess Shale, dem berühmtesten Fundort in der Region, zu befassen. Niemand erwartete jedoch, daß man dabei auf etwas Neues stoßen würde. Harry Whittington erhielt die Zustimmung als Chef-Paläontologe, weil er weltweit einer der führenden Experten für fossile Arthropoden war und jeder dachte, daß die meisten der Burgess-Merkwürdigkeiten diesem artenreichen Stamm angehörten.

Mein Freund Digby McLaren, damals Chef des Geological Survey und Hauptinitiator der nochmaligen Untersuchung des Burgess, erzählte mir im Februar 1988, er habe das Projekt hauptsächlich aus (durchaus berechtigten) chauvinistischen Gründen vorangetrieben – und nicht etwa in der klaren Voraussicht eines möglichen intellektuellen Ertrags. Walcott, ein Amerikaner, hatte die berühmtesten Fossilien Kanadas gefunden und die ganze Beute nach Washington gekarrt. Trotz ihres geologischen Erstgeburtsrechts besaßen viele kanadischen Museen nicht ein einziges Exemplar. McLaren sah darin eine »nationale Schande« und beschloß, wie er sagte, und das war nur zum teil spaßig gemeint, »den Burgess Shale zu repatriieren«.

Unter der Leitung von Harry Whittington und des Geologen J. D. Aitken, arbeitete eine Gruppe von zehn bis fünfzehn Wissenschaftlern in den Sommern 1966 und 1967 sechs Wochen lang in Walcotts und Raymonds Grabungen. Sie erweiterten Walcotts Grabung um etwa 15 Meter nach Norden und spalteten in Walcotts Grabung rund 700 und in Raymonds Grabung rund 1700 Kubikmeter Gestein. Diese modernen Expeditionen arbeiteten fast genauso wie Walcott, wenn man davon absieht, daß sie statt Pferden Hubschrauber benutzten und kleinere Sprengladungen verwendeten, um nicht fossilhaltige Blöcke allzu weit von ihrem Ursprungsort abzusprengen und dadurch stratigraphische Erkenntnisse zu verwischen. Die größte Erfindung seit Walcott ist laut Whittington (1985b, S. 20) der Filzschreiber – ein Geschenk des Himmels, kann man damit doch gleich beim Sammeln die Gesteinsproben beschriften.

1975 organisierte Des Collins vom Royal Ontario Museum eine Expedition, um unter den Trümmern in beiden Grabungsstätten und in ihrer Umgebung nach Fossilien zu suchen. Er durfte hier weder sprengen noch graben, und dennoch fand seine Gruppe viel wertvolles Material. (Der Burgess Shale ist so reichhaltig, daß man auch in den von Walcott hinterlassenen Abfallhaufen noch einige bemerkenswerte Neuheiten finden könnte.) 1981 und 1982 erforschte Collins die Umgebung und entdeckte über ein Dutzend neuer Fundorte von Weichkörper-Fossilien in Gesteinen von etwa gleichem Alter. Keiner reicht an den Burgess mit seiner Reichhaltigkeit heran, und dennoch hat Collins einige bemerkenswerte Entdeckungen gemacht, darunter *Sanctacaris*, den ersten fühlerlosen Arthropoden. Wenn Walcotts Phyllopodenbett durch einen Schlammrutsch entstand, dann müßte sich dies um etwa die gleiche Zeit in vielen weiteren Fällen ereignet haben, und es müßte eine Fülle von weiteren Lagerstätten geben. Während ich an diesem Buch schreibe – Sommer 1988 –, ist Des Collins in den kanadischen Rockies auf der Suche nach weiteren Fundstätten.

Die Paläontologie ist ein kleines und etwas inzestuöses Fach. Der Burgess Shale thront seit jeher wie ein Koloß über meiner Welt. Bill Schevill, der als einziger von Raymonds Expedition im Jahre 1930 noch am Leben ist und anschließend zu einem bedeutenden Experten für Wale wurde, kommt dann und wann zu einem kurzen Schwatz in meinem Büro vorbei. G. Evelyn Hutchinson, der 1931 die seltsame *Aysheaia* und die nicht minder rätselhafte *Opabinia* beschrieb (wobei er die eine im wesentlichen richtig und die andere gleichermaßen falsch bestimmte) und der später zum bedeutendsten Ökologen der Welt und zu meinem geistigen Guru wurde, hat mir köstliche Geschichten darüber erzählt, wie er sich als junger Zoologe in die seltsame Welt der Fossilien wagte. Percy Raymonds Sammlung liegt in zwei großen Schränken direkt vor meinem Amtszimmer. Als ich nach Harvard berufen wurde, war ich ein sehr unerfahrener Ersatz für Harry Whittington, der kurz zuvor den Lehrstuhl für Geologie im Cambridge übernommen hatte (von wo aus er dann während der folgenden 20 Jahre im transozeanischen Pendelverkehr den Burgess studierte). Ich bin kein Fachmann für ältere Gesteine und für die Anatomie von Arthropoden, und dennoch kann ich dem Burgess Shale nicht entrinnen. Er ist eine Ikone und ein Symbol meines Faches, und ich schreibe dieses Buch, um ihm meinen Respekt zu bezeugen und eine intellektuelle Schuld zu begleichen für die Begeisterung, die solche Geschöpfe einem Fach einzuflößen vermögen; es könnte die Klage Quasimodos umdeuten zu einer optimistischen Bitte um Freundschaft: Oh, warum wurde ich nicht aus Stein gemacht wie diese!

3. KAPITEL

Rekonstruktion des Burgess Shale:
Auf dem Weg zu einer neuen Sicht des Lebens

Eine stille Revolution

Es gibt offenkundige und grandiose Veränderungen und andere, die undramatisch im Stillen verlaufen, deren Ergebnis aber nicht minder bedeutsam ist. Karl Marx verglich seine soziale Revolution in einer berühmt gewordenen Äußerung mit einem alten Maulwurf, der emsig im Untergrund wühlt und lange unsichtbar bleibt, dabei aber die alte Ordnung so gründlich unterhöhlt, daß der Umsturz um so schneller eintritt, wenn er ans Tageslicht kommt. Geistige Veränderungen vollziehen sich oft unter der Oberfläche. Ganz allmählich sickern sie ins Bewußtsein der Wissenschaftler ein, und es kommt vor, daß Leute ihre Position wechseln, ohne jemals den Ruf zu den Waffen vernommen zu haben. Die Neuinterpretation des Burgess Shale gehört zu den Veränderungen, die sich aus zwei Gründen völlig unbemerkt vollzogen haben, und dennoch vermag sie wie keine andere paläontologische Entdeckung unser Verständnis vom Leben zu verändern.

Erstens ist die Burgess-Revision ein durch und durch intellektuelles Ereignis – und nicht eine prahlerische Geschichte von Entdeckungen im Gelände oder persönlichen Auseinandersetzungen zwischen Fachleuten, die sich wegen des Nobelpreises rhetorisch bis aufs Messer bekämpfen. Wie ein Rinnsal breitete sich die neue Auffassung aus, zunächst zögernd, dann aber mit wachsendem Selbstvertrauen, und zwar in einer Serie von langen, hochtheoretischen Abhandlungen zur Taxonomie und Anatomie. Diese erschienen überwiegend in den *Philosophical Transactions of the Royal Society, London,* der ältesten (auf die 1660er Jahre zurückgehenden) wissenschaftlichen Zeitschrift in englischer Sprache. Aber man wird sie wohl kaum beim Zeitschriftenhändler um die Ecke oder auch nur in der örtlichen Bücherei finden. Sie zählt auch nicht zu den Publikationen, die von den Journalisten ausgewertet werden, die der Öffentlichkeit einen winzigen Ausschnitt aus dem wissenschaftlichen Geschehen zugänglich machen.

Zweitens verstieß die Revision des Burgess Shale gegen alle gängigen Vorstellungen von einer wissenschaftlichen Entdeckung. All die romantischen Legenden über die Feldforschung, all die technokratischen Mythen, nach denen Neues sich nur noch mit großem apparativen Aufwand entdecken läßt, wurden durchbrochen oder einfach umgangen.

Nach dem Mythos der Feldforschung sind es zum Beispiel neue, ursprüngliche Entdeckungen, die zu bedeutenden geistigen Umwälzungen führen. Am Ende eines langen Weges, nach Wochen voller Mühsal, Blut, Schweiß und Tränen bricht der unerschrockene Wissenschaftler an dem unzugänglichsten Ort, den man auf der ganzen Weltkarte findet, einen Stein heraus und ruft »Heureka!«, wenn er das Fossil erspäht, das die Welt erschüttern wird. Die Tatsache, daß der Burgess-Revision zwei volle Forschungskampagnen in den Jahre 1966 und 1967 vorausgingen, wird die meisten zu der Annahme verleiten, daß die Neuinterpretation auf die Entdeckungen dieser Expedition zurückging. Gewiß haben Whittington und seine Mitarbeiter etliche wunderbare Objekte und einige neue Arten gefunden. Aber der alte Walcott, ein besessener Sammler, war als erster da gewesen und hatte fünf ganze Jahre dort gearbeitet. Daher fand er die meisten Prachtexemplare. In der Tat haben die Expeditionen von 1966 und 1967 Whittington dazu angeregt, etwas zu tun, doch die größten Entdeckungen wurden in Museumsschubladen in Washington gemacht, durch nochmaliges Studium der wohlgeordneten Objekte Walcotts. Das bedeutendste Stück »Feldforschung« vollzog sich, wie man noch sehen wird, im Frühjahr 1973 in Washington, als Whittingtons brillanter, eklektisch verfahrender Student, Simon Conway Morris, *sämtliche* Schubladen mit Walcotts Objekten systematisch durchforschte und dabei ganz bewußt nach Merkwürdigkeiten Ausschau hielt, weil er sich der entscheidenden Erkenntnis über die Verschiedenheit der Burgess-Organismen bereits ansatzweise genähert hatte.

Auf derselben falschen Auffassung, daß nur erstmalige Entdeckungen zu neuen Ideen führen können, beruht der Mythos vom Laboratorium, nur daß die Entdeckungen dabei ins Haus verlegt werden. Nach dieser »Pioniermentalität« gibt es nur Fortschritte, wenn man »das Ungesehene sieht«, wenn man neue Verfahren entwickelt, mit denen Dinge, die zuvor grundsätzlich nicht wahrnehmbar waren, beobachtet werden können. Um Fortschritte zu machen, muß man also immer mehr komplizierte und kostspielige Apparaturen einsetzen. Neue Erkenntnisse werden in einen unauflöslichen Zusammenhang gebracht mit kilometerlangen Anordnungen von Gefäßen und Geräten, Tischen voller Computer, endlosen Zahlenreihen, rasenden Zentrifugen und vielköpfigen, kostspieligen Forschungsteams. Wir haben uns vielleicht weit entfernt von jenen wunderbaren Jugendstilinterieurs der alten Gruselfilme, in denen Baron Frankenstein die Macht des Blitzes nutzte, um seine Monster zum Leben zu erwecken, aber die flackernden Lichter, die Reihen von Schaltknöpfen und die wirbelnden Skalen, mit denen er zu tun hatte, machten einen Mythos sinnfällig, der sich seither nur verstärkt hat.

Tatsächlich erforderte die Burgess-Revision ganz bestimmte hochspezialisierte Methoden, doch der dazu notwendige technische Aufwand übersteigt keineswegs gewöhnliche Lichtmikroskope, Kameras und zahnärztliche Bohrgeräte. Walcott sind einige wichtige Beobachtungen entgangen, weil er diese Methoden nicht angewendet hat; aber er hätte sich alle Verfahren Whittingtons zunutze machen können, wenn er jemals die Zeit gefunden hätte, darüber nachzudenken und ihre Bedeutung zu erkennen. Alles, was Whittington tat, um weiter und besser zu sehen, war auch schon zu Walcotts Zeiten möglich.

Was sich tatsächlich um den Burgess herum abgespielt hat, mag durchaus der wissenschaftlichen Normalität entsprechen, doch macht diese schlichte Wahrheit meine Aufgabe nicht einfacher. Wenn man die Geschichte nacherzählen will, kann die Mythologie wirklich eine sehr nützliche Hilfe sein. Ich habe viele Möglichkeiten der Darstellung erwogen und bin dann doch zu dem Schluß gelangt, daß für mich nur eine in Frage kommt. Die Revision des Burgess Shale ist, wenn auch ohne äußerliches Gepränge, ein Drama, und Dramen sind Geschichten, die man am besten in chronologischer Reihenfolge erzählt. Deshalb verfährt dieses Kapitel, das den Mittelteil des Buches darstellt, nach Art einer Erzählung in der richtigen zeitlichen Reihenfolge (allerdings schicke ich ihr eine Einführung über Forschungsmethoden voraus, und im Anschluß diskutiere ich die weitergehenden Implikationen).

Aber wie stellt man die chronologische Abfolge her? Die nächstliegende Methode, die Hauptakteure einfach nach ihren Erinnerungen zu befragen, genügt nicht. O, ich habe in dieser Hinsicht meine Pflicht getan. Ich habe sie alle aufgesucht, mit Notizblock und Stift in der Hand. Ich bin mir dabei ziemlich albern vorgekommen, denn ich kenne diese Männer gut, und wir haben seit fast zwanzig Jahren bei Bier und Kaffee über den Burgess Shale diskutiert.

Es kommt hinzu, daß der Harry Whittington von 1988 die denkbar schlechteste Auskunftsquelle für das ist, was Harry Whittington 1971 dachte, als er seine erste Monographie über *Marrella* veröffentlichte. Man kann ja nicht das ganze Gebäude seiner späteren Ideen abtragen, um zu einer ursprünglichen geistigen Verfassung vorzustoßen, die von den tagtäglichen intellektuellen Auseinandersetzungen, die man fast zwanzig Jahre lang zu bestehen hatte, unberührt ist. Im Rückblick geraten die Ereignisse zeitlich durcheinander, denn wir bringen unsere Gedanken in eine logische oder psychologische Ordnung, die für uns einen Sinn ergibt, und nicht in eine chronologische.[1]

Ich nenne dies das »Mein Gott, bist du gewachsen«-Phänomen. Es gibt keine Äußerung von Verwandten, die von Kindern mehr verabscheut wird. Dabei haben die Verwandten recht; sie waren lange nicht da und erinnern sich genau, wie es beim letzten Besuch vor langer Zeit war, während das Kind durch all die Dinge, die sich inzwischen ereignet haben, seine eigene Vergangenheit nur verschwommen sieht. Freud hat die menschliche Seele einmal mit einem psychischen Rom verglichen, das gegen das physikalische Gesetz verstößt, demzufolge zwei Objekte nicht gleichzeitig denselben Raum einnehmen können. Ohne daß Gebäude zerstört würden, treten in einem verwirrenden Durcheinander Bauten aus der Zeit von Romulus und Remus neben die restaurierte Sixtinische Kapelle, und das römische Bad wird gleichzeitig von der nahe gelegenen Trattoria überlagert. Wenn man die chronologische Reihenfolge wiederherstellen will, ist man auf Zeitdokumente angewiesen.

Deshalb habe ich mich hauptsächlich an der publizierten Dokumentation orientiert. Es war die einfachste Sache der Welt. Ich habe in streng chronologischer Reihenfolge einschlägige Monographien gelesen und mich dabei fast ausschließlich auf primäre anatomische Beschreibungen konzentriert und die kleinere Anzahl von Artikeln, in denen diese nachträglich interpretiert wurden, außer acht gelassen. Vielleicht bin ich ein lausiger Reporter, doch zumindest kann ich in einer Weise vorgehen, die keinem Journalisten oder »Wissenschaftsautor« zugänglich ist. Die Männer, die die Revision des Burgess Shale bewirkt haben, sind meine Kollegen und nicht Leute, über die ich berichte. Ihre Schriften sind Bestandteil meiner Fachliteratur und nicht fremde Dokumente einer anderen Welt. Ich habe über 1000 Seiten anatomischer Beschreibungen gelesen, dabei jeden Satz – oder doch fast jeden – ausgekostet und aus eigener Erfahrung genau gewußt, wie die Arbeit vor sich gegangen war. Ich habe mit Whittingtons erster Monographie über *Marrella* (1971) angefangen und erst aufgehört, als ich die Lektüre über *Anomalocaris* (Whittington und Briggs, 1985), *Wiwaxia* (Conway Morris, 1985) und *Sanctacaris* (Briggs und Collins, 1988) beendet hatte. Ich wüßte nicht, wann ich jemals mehr Vergnügen gehabt und größere Hochachtung vor ausgezeichneter Arbeit und hervorragender Leistung empfunden hätte als während der zwei Monate, in denen ich mich dieser Übung unterzog.

Wird die Darstellung der Wissenschaft durch ein solches Vorgehen nicht verzerrt oder eingeengt? Selbstverständlich. Das meiste, was in der Wissenschaft geschieht – besonders die Irrtümer und Fehlstarts –, wird bekanntlich nicht in Publikationen erwähnt, und die Konventionen der wissenschaftlichen Prosa würden ein falsches Bild vom wirklichen Geschehen vermitteln, wenn wir so töricht wären, fachliche Aufsätze als Chroniken aus der wissenschaftlichen Praxis zu verstehen. Eingedenk dieser Selbstverständlichkeit werde ich mich im folgenden auf die unterschiedlichsten Quellen berufen. Am liebsten stütze ich mich allerdings auf Monographien, und zwar aus einem besonderen, weitgehend persönlichen Grund.

Die Psychologie von Entdeckungen ist unendlich faszinierend, und ich werde dieses Thema nicht übergehen. Die Logik des Arguments, wie sie sich in Publikationen entfaltet, hat jedoch auch ihren eigenen, legitimen Reiz. Man kann ein Argument in seine sozialen, psychologischen und empirischen Elemente zerlegen, man kann es aber auch insgesamt als ein in sich geschlossenes Kunstwerk würdigen. Ich habe vor der ersteren Strategie, die in der Wissenschaft überwiegend gepflegt wird, großen Respekt, praktiziere aber gerne auch die letztere (so zum Beispiel in meinem Buch *Time's Arrow, Time's Cycle* [deutsch: *Die Entdeckung der Tiefenzeit*], wo ich untersuche, welche Logik drei Werken zugrunde liegt, die für die Entdeckung der Zeit in der Geologie von entscheidender Bedeutung waren). Es zeugt vor allem von geistiger Entwicklung, wenn sich in der chronologischen Folge von Argumenten, deren jedes zu seiner Zeit schlüssig ist, etwas ändert.

An der Revision des Burgess Shale waren Hunderte von Menschen beteiligt, angefangen bei den Hubschrauberpiloten, die das Burgess-Basislager mit Nachschub versorgten, über die Zeichner und Künstler, die Zeichnungen für die Publikation anfertigten, bis hin zu einer internationalen Gruppe von Paläontologen, die mit Rat und Kritik halfen. Die eigentliche Forschung, auf der die Revision beruht, war jedoch Sache eines kleinen Teams. Drei Leute haben dabei eine entscheidende Rolle gespielt: der Urheber des Projekts und insgesamt die leitende Kraft, Harry Whittington, Professor der Geologie an der Universität Cambridge (was in Großbritannien bedeutet, daß er zugleich Leiter eines Departments ist), und zwei Männer, die als graduierte Studenten in den frühen siebziger Jahren bei ihm begannen und seither auf ihren Forschungen im Burgess Shale eine brillante Karriere aufgebaut haben: Simon Conway Morris (jetzt ebenfalls in Cambridge) und Derek Briggs (jetzt an der Universität Bristol). Whittington arbeitete außerdem mit zwei jüngeren Kollegen zusammen, vor allem bevor seine graduierten Studenten, Chris Hughes und David Bruton, dazu kamen.

Im Verhältnis dieser Leute zueinander, besonders in der Interaktion zwischen Whittington und Conway Morris, liegt der Keim zu einem konventionellen Drama; aber das ist nicht die Geschichte, die ich erzählen will. Whittington ist gewissenhaft und vorsichtig, ein Mann, der auf dem paläontologischen Pfad der Tugend wandelt, der die Spekulation meidet und sich an die Gesteine hält – genau das Gegenteil von dem, was sich jeder unter einem Wissenschaftler vorstellt, der einen geistigen Wandel herbeiführt. Conway Morris war vor der unausweichlichen ontogenetischen Reifung ein hitziger Rebell, der in den siebziger Jahren für radikale gesellschaftliche Veränderungen eintrat. Seinem Temperament nach ist er ein Mann der Ideen, doch besitzt er zum Glück die nötige Geduld und das Sitzfleisch, um stundenlang verschwommene Erscheinungen auf Gesteinen anzustarren. Nach der Legende würde die Neuinterpretation des Burgess aus der spannungsgeladenen Zusammenarbeit dieser Männer hervorgehen: auf der einen Seite Harry, der Instruktionen erteilt, für Vorsicht plädiert und darauf dringt, daß es vor allem um die Gesteine geht, auf der anderen Seite Simon, der die intellektuelle Freiheit anmahnt und seinem zögernden alten Mentor den Anstoß zu neuer Erkenntnis gibt. Man kann sich alles vorstellen: die Diskussionen, die ausufernden Streitigkeiten, die Drohungen, die Fast-Zerwürfnisse, den Bruch, die Heimkehr des verlorenen Sohnes und die Versöhnung.

Ich glaube aber nicht, daß sich etwas derartiges abgespielt hat, zumindest nicht nach außen hin. Und wer das britische Hochschulsystem kennt, begreift auch sofort, warum. Doktoranden sind dort in ihren Untersuchungen nahezu vollkommen unabhängig. Sie belegen keine Kurse, sondern arbeiten nur an ihrer Dissertation. Nachdem sie mit ihrem Doktorvater ein Thema vereinbart haben, gehen sie an die Arbeit. Wenn sie Glück haben, besprechen sie sich etwa einmal im Monat mit ihrem Berater, doch wahrscheinlicher ist ein Treffen einmal im Jahr. Harry Whittington, ein ruhiger, konservativer und ungemein fleißiger Mann, hatte nicht vor, von dieser Tradition abzuweichen. Simon erzählte mir, daß »Harry sich nicht gern stören ließ«, weil es »ihm um jeden Moment leid tat, den er sich nicht mit seinen Forschungen befassen konnte«. Es war jedoch, wie Simon betont, »ein hervorragender Berater, denn er ließ uns in Ruhe und sorgte dafür, daß wir Unterstützung bekamen«.

Ich habe Harry, Simon und Derek viele Male befragt, weil ich es anfangs nicht glauben wollte. Sie berichten übereinstimmend, daß sie sich nie als ein Team mit einem gemeinsamen Ziel oder einer gemeinsamen Einstellung verstanden haben. Sie haben sich nicht besonders darum bemüht, eine gemeinsame Interpretation zu entwickeln. Sie kamen nicht regelmäßig zusammen, genaugenommen haben sie sich niemals als Gruppe getroffen, wie sie betonen. Sie trafen sich nicht einmal bei einer bestimmten Veranstaltung, die zu den festen Einrichtungen jedes britischen Hochschuldepartments gehört, bei dem praktisch unausweichlichen täglichen Ritual des Morgenkaffees, Simon, der Sozialrebell, hatte nämlich in seinem Arbeitszimmer eine eigene Gruppe gebildet und erschien nie, während Harry, der hinter den Äußerlichkeiten stets das Wesentliche sah (worauf es schließlich auch bei der Entzifferung der Burgess-Organismen ankam), auf Anpassung, in welcher Form auch immer, keinen Wert legte. Sicherlich haben sie sich alle auf verschlungenen Wegen gegenseitig befruchtet, aber vermutlich ebenso durch die wechselseitige Lektüre ihrer Aufsätze wie durch plan- oder regelmäßige Diskussionen. Das Höchste, was ich einem aus dem Trio abringen konnte, war das Eingeständnis von Derek Briggs, daß sie »eine gewisse gemeinsame Wahrnehmung entwickelten, wenn auch nicht durch tägliche Zusammenarbeit«.

Das Drama, von dem ich zu berichten habe, ist ein intensives geistiges Drama, das über die kurzlebigen Themen des Individuellen und Allzumenschlichen weit hinausgeht. Der Sieg, um den es geht, ist größer und viel abstrakter als jede materielle Belohnung – eine neue Interpretation der Geschichte des Lebens. Mit der Erreichung dieses Zieles ist kein besonderer konkreter Vorteil verbunden. Es gibt keinen Nobelpreis für Paläontologie, aber wenn es ihn gäbe, würde ich den ersten ohne Zögern dem Trio Whittington, Briggs und Conway Morris verleihen. Außerdem kann man sich für die neue Sicht des Lebens, wie man zu sagen pflegt, keine Brötchen kaufen, es sei denn, man hat das nötige Kleingeld dafür. (Ich glaube, man bekommt dafür nicht einmal einen Vielflieger-Rabatt, obwohl man den ansonsten für fast alles bekommt.) Was man dafür erhält, ist die Dankbarkeit der paläontologischen Kollegen, und es ist wohl auch den beruflichen Aussichten nicht abträglich. Aber der eigentliche Lohn muß in der Befriedigung liegen, in dem Privileg, an einem aufregenden Thema zu arbeiten, in dem inneren Frieden nach geleisteter Arbeit, in dem seltenen Vergnügen zu wissen, daß man im Leben etwas bewirkt hat. Was kann ein Mensch mehr verlangen, als aus der Quelle, die er als absolut und unvergänglich verehrt, die Bestätigung zu vernehmen, daß sein Leben zu etwa nütze war: »Wohlgetan, du guter und treuer Diener«?

Eine Methodologie der Forschung

Einem verbreiteten Mißverständnis zufolge haben sich Weichkörper-Fossilien in der Regel als hauchdünne Kohlenstoffschichten auf der Oberfläche von Gesteinen erhalten. Selbstverständlich sind die Burgess-Organismen stark zusammengedrückt. Man kann nicht erwarten, daß von der dreidimensionalen Struktur viel erhalten bleibt, wenn sich über einem verschütteten Körper, der keine harten Teile hat, Wasser und Sedimente auftürmen. Die Burgess-Fossilien sind aber nicht durchweg vollkommen platt, und diese Entdeckung lieferte Whittington die Basis für eine Methode zur Enthüllung ihrer Struktur. (Die Weichteile der Burgess-Organismen haben sich übrigens nicht in Gestalt von Kohlenstoff erhalten. Durch einen bisher ungeklärten chemischen Vorgang wurde der ursprüngliche Kohlenstoff durch Aluminium- und Kalziumsilikate ersetzt, die ein dunkel reflektierende Schicht bilden. Der Austauschvorgang hat den hervorragenden Erhaltungszustand der anatomischen Einzelheiten nicht beeinträchtigt.)

Walcott hat nicht erkannt – oder nur verschwommen wahrgenommen –, daß von dem dreidimensionalen Aufbau etwas erhalten geblieben war. Er behandelte die Burgess-Fossilien als dünne Schichten und durchforschte deshalb seine Fundstücke nach solchen, die in der aufschlußreichsten (oder am wenigsten verwirrenden) Orientierung erhalten waren – zumeist nach solchen, die wegen der bilateralen Symmetrie der Tiere gerade und flach ausgebreitet waren (wie die Abb. 3.1, eine typische Walcott-Illustration). Objekte, die eine angewinkelte oder frontale Orientierung aufwiesen, ignorierte er, weil er dachte, daß die Teile, die er auf diese Weise zu sehen bekäme, zu einer einzigen, nicht zu deutenden Schicht auf der Einbettungsebene zusammengepreßt seien. Dabei ist es gerade die Draufsicht, die eine maximale Auflösung der einzelnen Merkmale bieten würde.

Walcott hat zur Darstellung seiner Objekte Fotos benutzt, die er oft außerordentlich stark retuschierte. Auch Whittingtons Gruppe machte ausgiebig von der Fotografie Gebrauch, aber überwiegend für Publikationszwecke und nicht im Sinne eines primären Forschungsinstruments. Die Burgess-Objekte lassen sich nicht gut fotografieren (Abb. 3.2 ist eine glänzende

3.1 Eine Tafel mit reizvollen Burgess-Fotos aus Walcotts Arthropoden-Monographie von 1912. Die Fotos sind sehr stark retuschiert. *Canadaspis* ist oben links, *Leanchoilia* unten zu sehen.

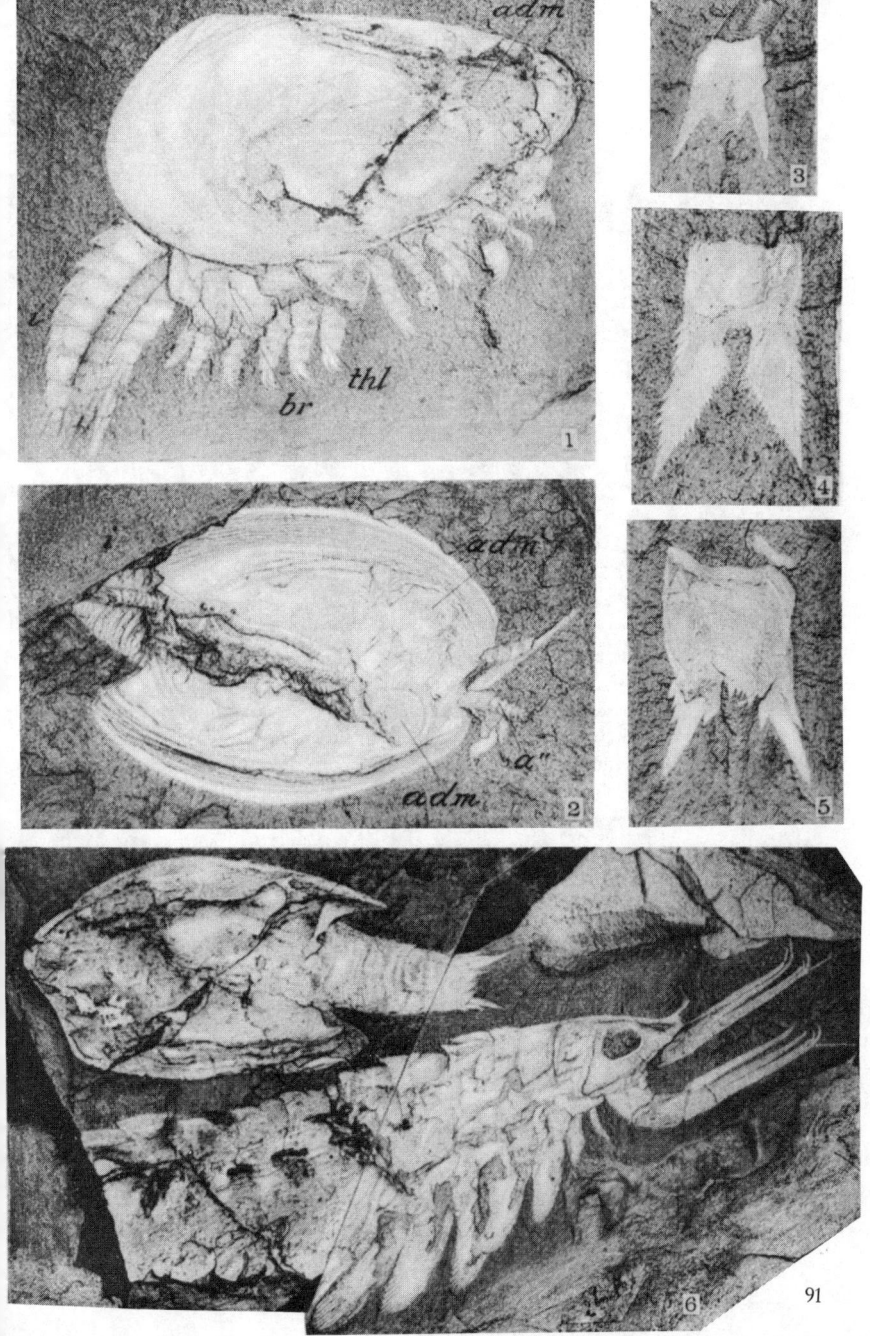

91

3.2 Das beste unretuschierte Foto, das je von einem Burgess Shale-Organismus aufgenommen wurde. Des Collins machte diese Aufnahme von einer *Naraoia*, die in Seitenansicht erhalten ist. Dieses Exemplar stammt nicht aus Walcotts Grabungsstätte, sondern aus einer der zwölf weiteren Stellen in diesem Gebiet, an denen Collins Weichkörper-Fossilien gefunden hat. So gut lassen sich die Exemplare aus Walcotts Grabungsstätte nicht fotografieren.

Ausnahme); und auch wenn man statt der realen Objekte Abzüge benutzt, gewinnt man nicht viel, sosehr man sie auch vergrößert oder filtert. Da die Aluminiumsilikat-Oberflächen das Licht je nach Einfallswinkel unterschiedlich reflektieren, hat man eine gewisse Auflösung dadurch erreicht, daß man die matten Bilder, die bei einem steilen Einfallswinkel entstehen, mit den bei flachem Einfallswinkel entstehenden starken Reflexionen verglich.

Deshalb verwendete Whittington das älteste aller Darstellungsverfahren, das geduldige und detailgenaue Abzeichnen der Objekte. Das wichtigste technische Hilfsmittel heute, die Camera lucida (Zeichenprisma), unterscheidet sich nicht von dem Modell, das Walcott benutzte, und seit seiner Erfindung durch den Mineralogen W. H. Wollaston, im Jahre 1807, hat es keine großen Verbesserungen erfahren. Das Zeichenprisma besteht im wesentlichen aus einer Reihe von Spiegeln, die das Bild eines Objekts auf eine ebene Fläche projizieren können. Verbindet man es mit einem Mikroskop, so kann man das Bild des Objekts unter der Linse auf ein Blatt Papier werfen. Durch gleichzeitiges Betrachten des Objekts und seines Abbildes auf dem Papier kann man das Tier zeichnen, ohne vom Okular aufzublicken. Whittington und seine Mitarbeiter wählten dieses Verfahren, um von allen untersuchten Arten und allen Proben unter sehr starker Vergrößerung Zeichnungen anzufertigen. Eine Reihe von Zeichnungen kann man sehr wohl gemeinsam studieren, während es nicht leicht ist, gleichzeitig zahlreiche winzige Proben, die alle vergrößert werden müssen, zu beobachten.

Whittington wandte sein Zeichenprisma und sein zeichnerisches Geschick bei verschiedenen Methoden an, die alle mit seiner zentralen Erkenntnis zusammenhingen, daß die Burgess-Fossilien sich eine gewisse dreidimensionale Struktur bewahrt hatten und nicht bloß aus dünnen Schichten bestanden, die sich auf der Einbettungsebene abdrückten. Was diese einfachen Verfahren zu leisten vermögen, möchte ich anhand der Untersuchung des größten Burgess-Arthropoden zeigen, jener Spezies, die Walcott *Sidneyia inexpectans* nannte, seinem Sohn zu Ehren, der das erste Exemplar gefunden hatte. (Ich wähle *Sidneyia*, weil David Brutons 1981 veröffentlichte Monographie über diese Gattung nach meiner Meinung von allen Publikationen Whittingtons und seiner Mitarbeiter die fachlich gelungenste und reizvollste ist.) Wenden wir uns also den drei wesentlichen Operationen zu:

1. *Ausgrabung und Anschnitt.* Hätte Walcott recht gehabt, dann wären sämtliche anatomischen Strukturen zu einem einzigen dünnen Film zusammengepreßt, und die Aufgabe der Rekonstruktion wäre vergleichbar mit der Wiederbelebung einer Zeichentrickfigur, die von einer Dampfwalze plattgedrückt wurde. Doch was bei Kater Tom in einer Phantasiewelt funktioniert, läßt sich bei einer Schieferplatte nicht wiederholen.

Zum Glück liegen aber die meisten Burgess-Fossilien nicht auf einer einzigen Einbettungsebene. Vom Schlamm mitgerissen, der sie begrub, ließen sich die Tiere mit unterschiedlichen Orientierungen in ihren Gräbern nieder. Vielfach drang der Schlamm in sie ein und verteilte ihre Körperteile auf verschiedene, durch dünne Schleier von Sediment voneinander getrennte Mikroschichten, so daß der Rückenschild über den Kiemen und die Kiemen über den Beinen zu liegen kommen. Dadurch hat sich eine gewisse dreidimensionale Struktur auch dann erhalten, wenn die Schlammassen sich später verdichteten.

Mit kleinen Meißeln oder einem sehr feinen Vibrationsbohrer, wie Sie ihn

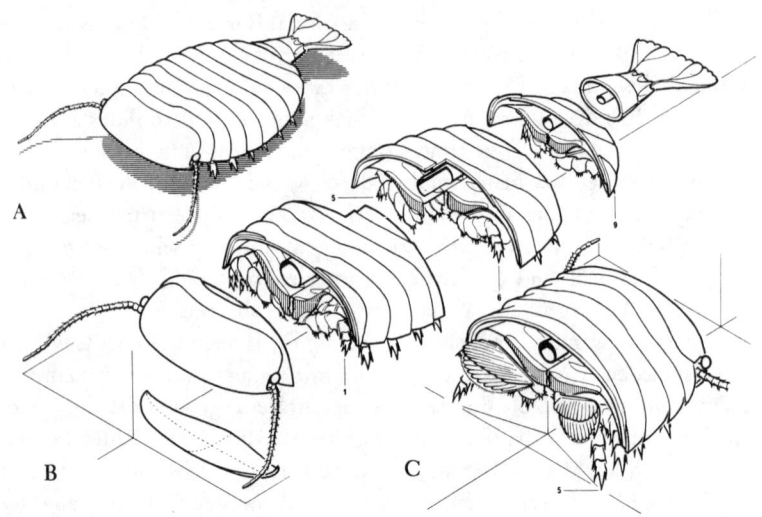

3.3 Rekonstruktion von *Sidneyia* eines dreidimensionalen Modells, das Bruton aus mehreren Abschnitten zusammensetzte. (A) Das ganze Tier. (B) Das Modell in sechs Segmenten, von links unten beginnend: der Kopf mit der ventralen Deckplatte darunter, dann drei Rumpfabschnitte und das Schwanzstück. (C) Der Kopf, hier rechts im Hintergrund, und der vordere Rumpfteil zusammengefügt. Man beachte die zweiästigen Gliedmaßen mit den Laufbeinen unten und den Kiemenästen oben.

ganz ähnlich aus der Praxis Ihres Zahnarztes kennen, können die oberen Schichten vorsichtig entfernt werden, so daß die inneren Teile darunter sichtbar werden. (Da diese Schichten oft nur wenige Tausendstel Millimeter dick sind, wird diese kniffrige Arbeit auch per Hand ausgeführt, mit Nadeln, die Korn für Korn oder Schicht um Schicht abheben.)

Während manche Arthropoden ziemlich flach sind, besaß *Sidneyia*, wie die Rekonstruktion zeigt (Abb. 3.3), eine recht gewölbte Form; sein Carapax, die äußere Schale, bildete über den Weichteilen einen Halbzylinder.[2] Bei manchen Exemplaren ragen die tiefer gelegenen Kiemen und Beine durch einen zerbrochenen Carapax hindurch, weil die Objekte vielfach durch natürliche Kräfte zusammengepreßt und zerbrochen wurden. Aber Bruton fand, daß er selbst hinausgehen müsse, um ein anatomisch intaktes Exemplar auszugraben. Die Gliedmaßen vieler mariner Arthropoden bestehen aus zwei Ästen (siehe den Einschub über die Anatomie der Arthropoden auf S. 110), einem Außenast, auf dem die Kiemen sitzen, und einem Innenast,

94

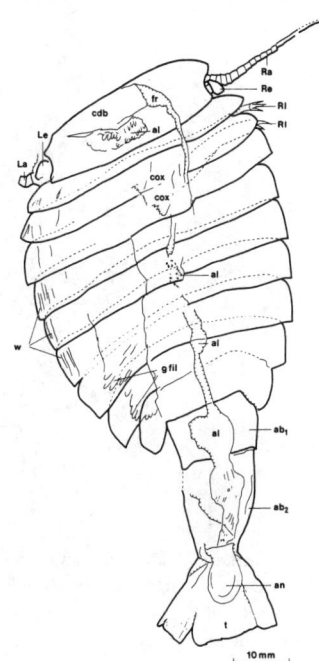

3.4 Camera lucida-Zeichnung eines vollständigen Exemplars von *Sidneyia* mit in-
takter äußerer Hülle.

dem sogenannten Schreitbein, das oft auch der Nahrungsaufnahme dient.
Wenn man also in Körpermitte einen Schnitt durch die äußere Hülle führt,
stößt man zunächst auf die Außenäste und dann auf die Innenäste. Bruton
beschloß, zunächst eine vollständige äußere Hülle darzustellen (Abb. 3.4),
um dann den Schnitt weiterzuführen, so daß eine Kiemenschicht (Abb. 3.5)
sichtbar wurde, nach denen einige Schreitbeine kamen (Abb. 3.6). (Diese
Zeichnungen wurden alle direkt nach den Fossilien angefertigt, mit Hilfe
eines an einem Binokularmikroskop befestigten Zeichenprismas.) Bruton
schilderte seine Methode in der üblichen leidenschaftslosen Tonlage fachwissenschaftlicher Monographien:

Die Aufbereitung der Objekte zeigt, daß Merkmale... in aufeinanderfolgenden Schichten innerhalb des Gesteins vorkommen und aufgedeckt werden können, indem man die
einzelnen Schichten sorgfältig voneinander abhebt, beziehungsweise die dünne Sedimentschicht entfernt, die zwischen ihnen liegt... Das Vorgehen bestand darin, nacheinan-
der zunächst das dorsale Außenskelett zu entfernen..., um die Filamente der Kiemen
freizulegen, und diese dann abzuheben, um das Bein aufzudecken. In der Nähe der Mittellinie, wo die Extremität befestigt ist, liegen alle drei aufeinanderfolgenden Schichten,

3.5   Camera lucida-Zeichnung eines Exemplars von *Sidneyia*, die vor allem die Kiemenäste der Extremitäten unter der Schale zeigt. Der unvollständige Rest des Darms (Mitte)
ist durch Schrägstriche angedeutet. Die Kiemenäste sind die zarten, fingerartigen Strukturen, die mit g bezeichnet sind (die folgende Ziffer bezeichnet das Rumpfsegment).

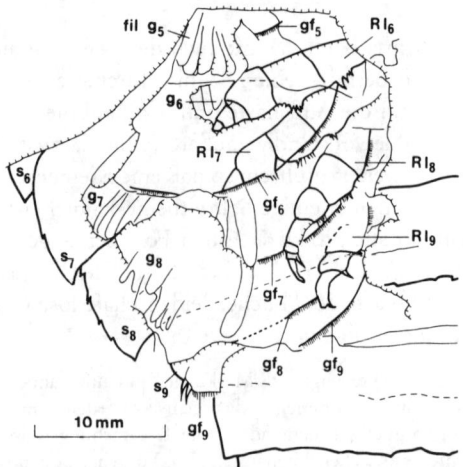

3.6   Unter den Kiemenästen werden die Laufbeine sichtbar. In dieser Camera lucida-
Zeichnung sind die Beine mit *Rl* bezeichnet, das heißt »rechtes Bein« (die folgende Ziffer
bezeichnet das Rumpfsegment).

das dorsale Außenskelett, die Kiemen und das Bein, direkt übereinander, und es geht darum, mit Hilfe eines Vibrationsmeißels eine unendlich dünne Materialschicht zu entfernen (1981, S. 623 f.).

Unter der äußeren Hülle finden sich weitere Belohnungen. Unmittelbar unter dem Carapax verläuft parallel zur Mittellinie der Verdauungskanal. Er enthielt bei einem ausgegrabenen Exemplar (Abb. 3.7) kurz vor dem hinteren Ende einen winzigen Trilobiten – den Rest von *Sidneyias* letzter Mahlzeit vor dem großen Schlammrutsch.

2. *Unübliche Orientierungen.* Das Phyllopodenbett entstand aus mehreren fossilisierten Schlammrutschen, und so zeigen die dort begrabenen Tiere unterschiedliche Orientierungen. Die meisten wurden in ihrer stabilsten hydrodynamischen Stellung beerdigt, denn der Schlamm setzte sich allmählich, und die Tiere sanken langsam zu Boden. Manche blieben aber schließlich auf einer Seite liegen oder nahmen irgendeine verwinkelte Schräglage ein. In seiner Monographie über die rätselhafte … Aysheaia zeigte Whittington

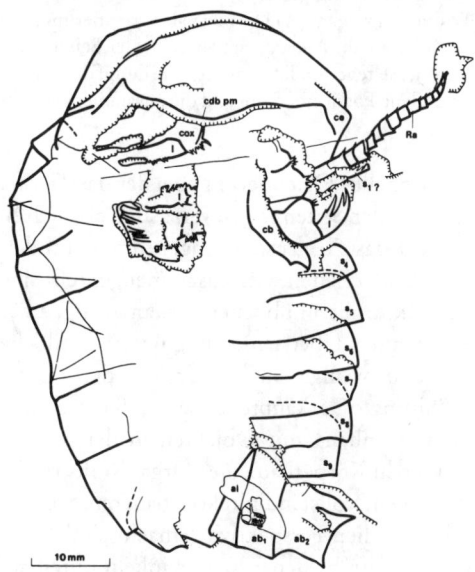

3.7   Dieses Exemplar von *Sidneyia* verrät seine letzte Mahlzeit, einen winzigen Trilobiten, der sich im hinteren Teil des Verdauungstraktes erhalten hat. Der Trilobit befindet sich in dem kleinen freigelegten Teil des Darms (mit *al* bezeichnet), unmittelbar vor dem ersten Hinterleibssegment (*ab$_1$*).

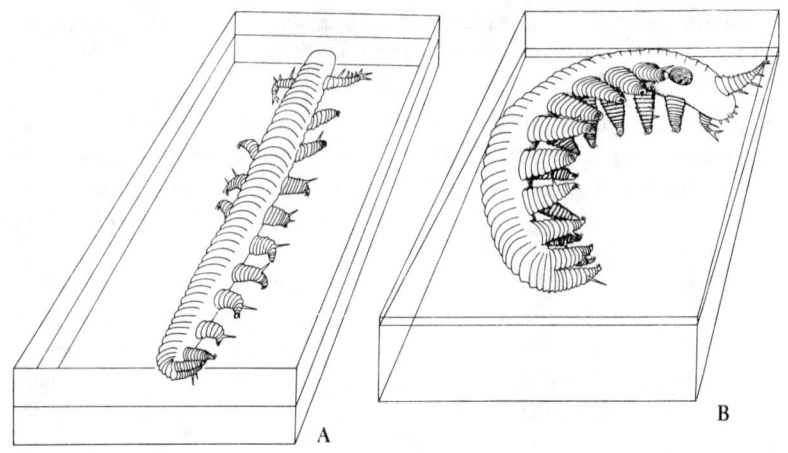

3.8   Zwei Abbildungen aus Whittington (1978), welche die Erhaltung von Aysheaia in unterschiedlichen Positionen zeigen. (A) Die normale Orientierung: Wir blicken auf die Rücken- oder Oberseite herab; die Anhänge sind nach beiden Seiten abgespreizt. (B) Eine Orientierung, die man viel seltener findet: Das Tier wurde auf der Seite liegend begraben, und so zeigt das entstandene Fossil eine Seite und die zusammengepreßten Anhänge beider Seiten.

sowohl die »konventionelle« Orientierung, bei der das Tier flach liegt, während die Gliedmaßen zu den Seiten abgespreizt sind, als auch eine der selteneren Positionen, bei der das Tier zusammengekrümmt auf der Seite liegt, so daß die Gliedmaßen beider Seiten wirr zusammengepreßt sind (Abb. 3.8).

Walcott fand Objekte mit unüblicher Orientierung, überging sie aber gern, weil er sie wegen der Überschneidung unterschiedlicher Flächen auf einer einzigen Ebene für weniger aufschlußreich oder sogar für nicht interpretierbar hielt. Whittington erkannte jedoch, daß diese unüblichen Orientierungen, im Zusammenhang mit Objekten in der »üblichen« Position, unerläßlich sind, um den Körperbau eines Organismus restlos aufzuklären. Man kann ein Haus nicht vollständig rekonstruieren, wenn man nur Fotos hat, die alle aus der gleichen Perspektive gemacht sind. So muß man auch »Schnappschüsse« aus verschiedenen Blickwinkeln miteinander kombinieren, um einen Burgess-Organismus zu rekonstruieren. Conway Morris hat mir erzählt, wie es ihm gelang, die merkwürdige *Wiwaxia* zu rekonstruieren, ein Tier, das keine neuzeitlichen Verwandten hat, so daß man auch keinen Prototyp kennt, den man als Modell benutzen könnte. Nachdem er Exemplare, die mit unterschiedlicher Orientierung entdeckt worden waren, gezeichnet hatte, verbrachte er endlose Stunden damit, »das verdammte Ding in meinem Kopf« zu drehen, nämlich aus der Position, die es auf der einen Zeichnung einnahm, in die veränderte Lage, die es auf einer anderen hatte, bis er schließlich jedes Exemplar widerspruchsfrei aus einer Position in die andere bringen konnte. Da erst wußte er, daß nichts Wesentliches fehlte oder überflüssig war.

Die meisten Exemplare von *Sidneyia* sind vollständig erhalten, in flachgedrückter Form, so als würden wir von oben auf sie hinabsehen (wie in Abb. 3.5). Diese Orientierung zeigt besser als jede andere die ursprünglichen Maße der Körperteile, läßt aber zwangsläufig mehrere Fragen offen, besonders die, die den Grad der Wölbung oder Rundung des Körpers betreffen. Man kann bei dieser Orientierung nicht entscheiden, ob *Sidneyia* pfannkuchen- oder röhrenförmig war. Um die Grundgestalt zu rekonstruieren und einige wichtige Aspekte der Anatomie zu klären, die »von oben« nicht gut zu sehen sind – besonders die Form der Beine –, braucht man Frontalansichten.

Abbildung 3.9, eine Ansicht von vorn, zeigt die gerundete Form des Kopfes, die Ansatzpunkte für das einzige Fühlerpaar und die Augen. Abbildung 3.10, eine Vorderansicht von einem etwas weiter nach hinten versetzten Schnitt, zeigt sowohl die gewölbte Körperform als auch eine Reihe von Beinen, die mit ihren zahlreichen borstigen Segmenten alle gut erhalten sind. Zu erkennen ist auch die Größe der zentralen Nahrungsrinne, beiderseits eingerahmt von den Stämmen, den ersten Gliedern der Beine. Die Kauladen, die

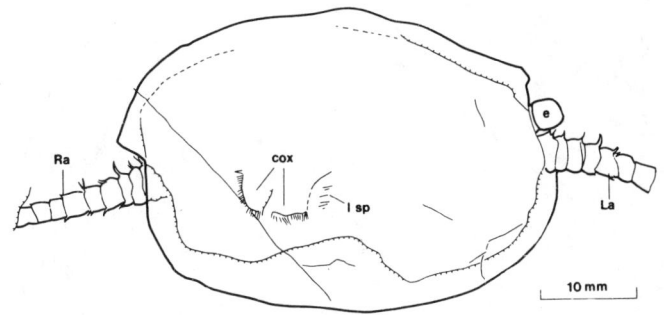

3.9 Camera lucida-Zeichnung eines Exemplars von *Sidneyia*, das in einer ungewöhnlichen Orientierung erhalten ist. Wir blicken von vorn auf das Vorderende und können daher, was bei der üblichen Orientierung nicht möglich ist, die runde Form des Körpers erkennen. Man beachte besonders die Ansatzpunkte der Antennen (bezeichnet mit *Ra* und *La*) und die Lage des Auges (*e*).

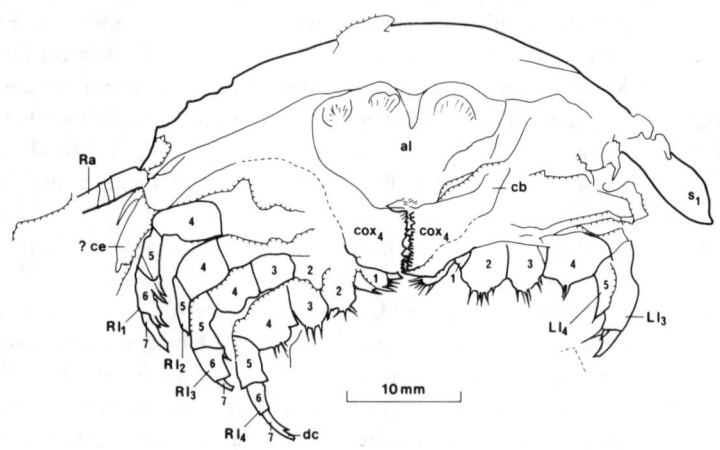

3.10   Ein Exemplar von *Sidneyia* in einer unüblichen Orientierung, die die Anordnung der Beine erkennen läßt. Wir blicken direkt auf einen Querschnitt durch das vordere Rumpfende, unmittelbar hinter dem Kopf, und erkennen die zusammengepreßten ersten vier Beine des Tieres auf der rechten Körperseite (bezeichnet mit ... Rl_1 - Rl_4). Der Verdauungskanal (*al*) ist ebenfalls in der Mitte des Körpers zu erkennen.

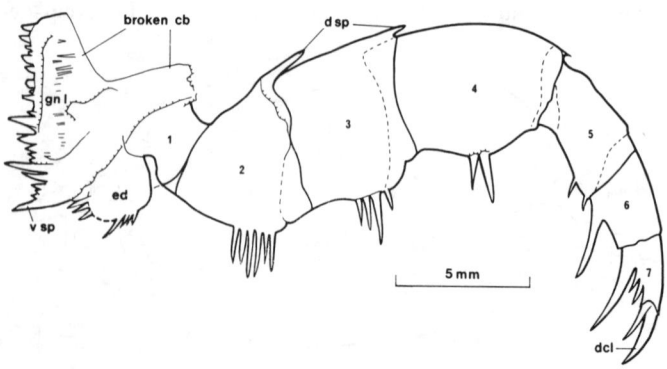

3.11   Camera lucida-Zeichnung eines Laufbeins von *Sidneyia*. Man beachte die starken Zähne am ersten Glied des Beines. Diese Zahnreihe am Rande der Nahrungsrinne deutet darauf hin, daß das Tier räuberisch lebte. Das Bein ist so gut erhalten, daß wir die Segmente zählen und ihre wirkliche Orientierung am lebenden Tier erschließen können.

gezähnten Kanten der Stämme, grenzen an die Nahrungsrinne und deuten darauf hin, daß dieser größte Burgess-Arthropode wahrscheinlich als Räuber oder Aasfresser lebte. Wir müssen annehmen, daß dem Mund dieses Geschöpfes große Nahrungsstücke zugeführt wurden und nicht ein dünnes Filtrat. Abbildung 3.11 zeigt, ebenfalls in Vorderansicht, ein vergrößertes Schreitbein.

3. *Druck – Gegendruck.* Wenn man ein Gestein spaltet und ein Fossil findet, erhält man zwei zum Preis von einem – das Fossil selbst (Druck genannt) und den Abdruck des Organismus in den darüber liegenden Schichten (Gegendruck genannt) – Daumen und Daumenabdruck, wenn Sie so wollen. Wissenschaftler und Sammler haben stets den Druck, der ja das eigentliche Fossil ist, bevorzugt, während der Gegendruck, der ja bloß in einem Abdruck besteht, nach traditioneller Bewertung weniger zu bieten hat. Walcott hat fast ausschließlich mit Drucken gearbeitet und sich häufig um die Aufbewahrung der Gegendrucke gar nicht gekümmert. (Als er dann tatsächlich Gegendrucke sammelte, hat er sie vielfach nicht zusammen mit den dazu passenden Drucken katalogisiert. Sie landeten in anderen Schubladen oder auf dem Abfallhaufen des weniger interessanten Materials. Einige hat er sogar an andere Museen verschachert.)

Bei herkömmlichen Fossilien, die aus einem durchgehenden Teil bestehen, etwa der Schale einer Muschel oder Schnecke, liegt der Unterschied zwischen Druck und Gegendruck auf der Hand. Das Fundobjekt ist der Druck, der Abdruck auf der darüber liegenden Oberfläche der Gegendruck. Für Walcott, der die Burgess-Organismen als bloße Schichten sah, ist der Unterschied ebenso klar – die Schicht selbst ist der Druck, der Abdruck der weniger interessante Gegendruck.

Als Whittington dann jedoch den dreidimensionalen Charakter der Burgess-Fossilien enthüllte, war es mit dieser einfachen Unterscheidung und der entsprechenden Bewertung vorbei. Ein Arthropode besteht aus Hunderten von zusammenhängenden Teilen; da sich diese in mehreren benachbarten Schichten des Burgess Shale erhalten haben, kann das Zerlegen eines Steins in einer Ebene keine klare Unterscheidung ergeben, bei der der gesamte Organismus (der Druck) auf der einen und nur der Abdruck (der Gegendruck) auf der anderen Oberfläche liegt. Bei jeder Zerlegung werden gewisse Teile des Organismus auf der einen Seite und andere Teile auf der entgegengesetzten Seite des Blocks bleiben. Letzten Endes versagt die Unterscheidung zwischen Druck und Gegendruck bei den Burgess-Fossilien. Man kann lediglich sagen, daß die anatomischen Teile auf der einen Oberfläche interessanter sind als auf der anderen. (Schließlich haben sich die Burgess-Forscher darauf verständigt, die Draufsicht auf den Organismus als den Druck und die Sicht von unten als den Gegendruck zu bezeichnen. Diesem Schema entsprechend, sind bei einem Tier wie *Sidneyia* die Augen, die Fühler und andere Teile der äußeren Hülle oft auf dem Gegendruck erhalten, die Beine und die innere Anatomie auf dem Druck.)

Ab 1966 haben sich alle Expeditionen streng daran gehalten, sowohl Druck als auch Gegendruck (soweit erhalten) zu sammeln, zusammenzuhalten und zusammen zu katalogisieren. An der Smithsonian Institution wurden einige der bedeutsamsten Burgess-Entdeckungen der letzten zwanzig Jahre gemacht, als ein Walcott-Gegendruck, der bisweilen nicht katalogisiert, bisweilen sogar einem anderen Stamm zugeordnet war, erkannt und wieder mit seinem Druck vereint wurde. Ist das nicht eine unvergleichliche, herzbewegende Geschichte, noch befriedigender (weil unwahrscheinlicher) als die Wiederbegegnung von Conny Froboess mit Peter Kraus? 1930 fand die Raymond-Expedition ein Exemplar von *Branchiocaris pretiosa*, einen überaus seltenen Arthropoden, von dem weniger als zehn Exemplare bekannt sind. 1975 (Derek Briggs hatte seine Monographie über diese Spezies bereits zur Veröffentlichung eingereicht) fand die Expedition des Royal Ontario Museum den Gegendruck zu diesem Exemplar, der noch immer auf der Schutthalde in Britisch-Kolumbien lag, wo Raymond und seine Gruppe ihn fünfundvierzig Jahre zuvor achtlos liegengelassen hatten!

Selbstverständlich müssen, wenn Druck und Gegendruck wichtige Teile der Anatomie enthalten, beide zusammen studiert werden, will man eine einigermaßen vollständige Rekonstruktion erreichen. (Whittington und Mitarbeiter sind in ihren Zeichnungen der Konventionen gefolgt, in ein und dieselbe Abbildung Informationen sowohl vom Druck als auch vom Gegendruck einzubeziehen.) Die Wiederzusammenführung von Druck und Gegendruck hat im Falle *Sidneyia* ein Rätsel gelöst. Walcott hatte anhand eines vereinzelten Exemplars im Hinblick auf die Kiemen eine sonderbare Rekonstruktion vorgeschlagen. Bruton untersuchte jedoch sowohl Walcotts Druck als auch den »Gegendruck, den Dr. D. E. G. Briggs unter nicht katalogisiertem Material in der Walcott Collection aufstöberte« (Bruton, 1981, S. 640) und entdeckte, daß die vermeintlichen Kiemen gar nicht zu *Sidneyia* gehörten. Conway Morris identifizierte dieses Fossil später als ein zerfallenes und zusammengefaltetes Exemplar des Priapulidenwurms *Ottoia prolifica*.

Diese drei Verfahren – Ausgrabung, unübliche Orientierungen und

Druck-Gegendruck – führen zu der dreidimensionalen Wiederauferstehung von zermalmten und entstellten Fossilien. Sie verraten uns nicht viel über andere Aspekte des Lebens der Burgess-Organismen, etwa darüber, wie sie sich fortbewegten, wie sie fraßen oder sich fortpflanzten. Als eine Ansammlung von Organismen, die aus ihrer eigentlichen Lebenswelt fortgerissen und in einer Schlammwolke begraben wurden, enthält der Burgess Shale – trotz aller seiner Vorzüge, was die Erhaltung der Anatomie betrifft – leider keine darüber hinausgehenden Informationen, die man in konventionelleren Faunen oft findet. Wir haben keine Spuren oder Fährten, keine Gänge, keine Organismen, die gerade im Begriff sind, einen Mitbewohner zu verspeisen, kurz, kaum Anzeichen einer lebendigen organischen Aktivität. Es ist höchst bedauerlich, daß der Burgess Shale aus irgendeinem noch ungeklärten Grund fast keine Organismen im juvenilen Stadium enthält.

Über die schon genannten Verfahren hinaus gibt es noch einige, die in bestimmten Fällen von Nutzen waren; auf sie werden wir eingehen, wenn die entsprechenden Organismen an der Reihe sind. Ich habe bereits den Darminhalt von *Sidneyia* erwähnt. Andere Organismen sind aufgrund einer Untersuchung ihres Verdauungstrakts ebenfalls als Karnivoren identifiziert worden. Conway Morris fand zum Beispiel im Darm eines Priapulidenwurms kleinere Mitglieder derselben Spezies – der erste Fall von Kannibalismus – sowie zahlreiche Hyolithiden. Anhand unterschiedlicher Grade der Verwesung erklärte er außerdem die Anatomie des Priapulidenwurms *Ottoia prolifica*. Bruton und Briggs haben aus Bestandteilen ihrer Zeichnungen und aus Fotos dreidimensionale Modelle geschaffen, der eine für *Sidneyia*, *Leanchoilia* und *Emeraldella*, der andere für *Odaraia*. Conway Morris hat anhand von Verletzungen und Wachstumsmustern die Lebensgewohnheiten der rätselhaften *Wiwaxia* zu erfassen versucht. Er behauptet (1985), im Burgess finde sich ein einzigartiger Beleg für den Wachstumsvorgang: in Gestalt eines Exemplars, das begraben wurde, während es sich gerade häutete, also ein altes Gewand abwarf, um eine völlig neue äußere Hülle aus Platten und Stacheln anzulegen.

Die Chronologie einer Transformation

Was fangen Wissenschaftler mit einem solchen Phänomen wie dem Burgess Shale an, nachdem sie das Glück hatten, eine so herausragende Entdeckung zu machen? Zunächst müssen sie einige grundlegende Aufgaben erledigen, um den Kontext zu bestimmen; dazu gehören der geologische Rahmen (Alter, Umwelt, Geographie), die Art der Erhaltung und eine Bestandsaufnahme des Inhalts. Nach diesen Vorarbeiten werden, da Vielfalt das Hauptthema der Natur ist, die anatomische Beschreibung und die taxonomische Einordnung zu Hauptaufgaben der Paläontologie. Die Evolution bringt eine weitverzweigte Schar hervor, die wie ein Stammbaum organisiert ist, und unsere Klassifikationen entsprechen dieser genealogischen Ordnung. Die Taxonomie ist daher der Ausdruck der evolutionären Gruppierung. Die Arbeit auf diesem Gebiet schlägt sich üblicherweise in einer Monographie nieder, in einer deskriptiven Abhandlung, die Fotos, Zeichnungen und eine formelle taxonomische Bezeichnung umfaßt. Monographien sind fast durchweg zu lang, um in herkömmlichen Zeitschriften publiziert zu werden; deshalb wurden von Museen, Universitäten und wissenschaftlichen Gesellschaften spezielle Reihen geschaffen. (Wie schon vermerkt, erschienen die meisten Burgess-Beschreibungen in Monographien, die von der Royal Society of London in deren *Philosophical Transactions* veröffentlicht wurden, einer Serie, die eigens für solche langen Abhandlungen vorgesehen ist.) Die Erstellung solcher Monographien ist kostspielig, und die kleinen Auflagen sind vorwiegend für Bibliotheken bestimmt.

Bei vielen Wissenschaftlern anderer Disziplinen hat diese Situation leider eine herablassende Haltung gegenüber Monographien und ihren Verfassern gezeitigt. Man tut diese Arbeiten als »bloße Beschreibungen« ab, als eine Art von Katalogisierung, die auch von Angestellten und Nichtstuern erledigt werden könnte. Bestenfalls spendet man der Sorgfalt und der Detailgenauigkeit eine gewisse Anerkennung, doch als Musterbeispiele für kreative neue Ansätze gelten Monographien nicht.

Natürlich gibt es langweilige Monographien – zum Beispiel wird die Beschreibung eines oder zweier neuer Brachiopoden aus einer gut erforschten Formation, die sich in der besten Phase dieser Gruppe bildete, kaum jemanden vom Stuhl reißen –, aber schließlich ist ein Großteil dessen, was tagtäglich in der Physik und Chemie entsteht, auch nichts anderes als ein Hantieren mit schon bekannten Tatsachen, die nur in anderer Form dargestellt werden. Die besten Monographien sind Werke von genialer Schöpferkraft, die unsere Ansichten über Gegenstände, die unser leidenschaftliches Interesse wecken, zu verändern vermögen. Was wüßten wir über Lucy, über den »Affenmenschen von Java«, über unsere Vettern, die Neandertaler, über den alten Menschen von Cro-Magnon oder sonstige menschliche Fossilien, die unsere Phantasie ebenso erregen wie die Apollo-Landung auf dem Mond, wenn wir keine taxonomischen Monographien hätten? (In diesen Fällen von anerkannter »Nachrichtenwürdigkeit« werden natürlich lange vor jeder fachwissenschaftlichen Publikation lautstark angepriesene Vorabberichte veröffentlicht, die zumeist großes Aufsehen erregen, aber wenig Informationen enthalten.)

DIE TAXONOMIE UND DER STATUS DER STÄMME

> *The world is so full of a number of things,*
> *I'm sure we should all be as happy as kings*
> Robert Louis Stevenson

In diesem berühmten Vers aus A Child's Garden of Verses *kommt die königliche Freude über unsere natürliche Umwelt und das Hauptergebnis der Evolution zum Ausdruck – unglaubliche, irreduzible Mannigfaltigkeit. Da der menschliche Geist (zumindest in seiner erwachsenen Ausgabe) nach Ordnung verlangt, versuchen wir uns von dieser Mannigfaltigkeit durch systematische Klassifikation ein Bild zu machen. Die Taxonomie (die Lehre von der Klassifikation) wird oft unterbewertet als eine bessere Art von Registratur, mit einer eigenen Mappe für jede Spezies, so wie für die Briefmarke ein bestimmter Platz im Album vorgesehen ist. Die Taxonomie ist aber eine grundlegende, dynamische Wissenschaft, welche die Ursachen der Zusammenhänge und Ähnlichkeiten zwischen Organismen erforscht. Klassifikationen sind Theorien über die Grundlage der natürlichen Ordnung und keine öden Kataloge, die man nur zusammenstellt, um ein Chaos zu vermeiden.*

Da die Evolution die Quelle der Ordnung und des Zusammenhangs zwischen Organismen ist, sollen unsere Klassifikationen auch die Ursache, die sie nötig macht, einschließen. Hierarchische Klassifikationen dienen diesem Ziel sehr gut, denn man kann das primäre Bild des Stammbaums – Zweige vereinigen sich zu Ästen, Äste zu Hauptästen und Hauptäste zum Stamm, wenn wir die Abstammung der Arten auf immer frühere gemeinsame Vorfahren zurückverfolgen – *durch ein System von immer umfassenderen Kategorien ausdrücken. (Die Menschen werden mit den Menschen- und den Tieraffen zu Primaten zusammengefaßt; die Primaten mit den Hunden zu Säugetieren; die Säugetiere mit den Reptilien zu den Wirbeltieren; die Wirbeltiere mit den Insekten zu den Tieren, usw. Da Linné und andere schon vor Darwin ebenfalls hierarchische Systeme benutzten, ist die Evolution nicht die einzige mögliche Quelle der auf diese Weise ausgedrückten Ordnung. Aber die Evolution setzt durch Diversifikation eine sich verzweigende Abstammung von gemeinsamen Vorfahren voraus, und eine solche Topologie wird am besten durch eine hierarchische Klassifikation wiedergegeben.)*

Die moderne Systematik kennt sieben Grundkategorien von wachsender Allgemeinheit, angefangen mit den Arten (sie gelten als fundamentale, irreduzible Einheiten der Evolution) bis hin zu den Reichen (den umfassendsten Gruppierungen von allen): Arten, Gattungen, Familien, Ordnungen, Klassen, Stämme und Reiche.

Auf der höchsten Ebene, der des Reiches, ist die vertraute alte Einteilung in Pflanzen und Tiere ebenso wie das aus der Schule noch bekannte System der Pflanzen, Tiere und einzelligen Protisten weitgehend verdrängt worden durch ein angemesseneres und genaueres Fünf-Reiche-System: Plantae, Animalia und Fungi für die vielzelligen Organismen; Protista (oder Protoctista) für einzellige Organismen mit komplexen Zellen und Monera für einzellige Organismen (Bakterien und Cyanophyzeen) mit einfachen Zellen, die ohne Kern, Mitochondrien und sonstige Organellen sind.

Die nächste Ebene, der Stamm, ist die Grundeinheit der Differenzierung innerhalb der Reiche. Stämme repräsentieren die grundlegenden anatomischen Baupläne. So werden bei den Tieren die umfassendsten Gruppierungen als Stämme bezeichnet: Schwämme, »Korallen« (einschließlich Polypen und Quallen), Anneliden (Regenwürmer, Egel und marine Polychaeten), Arthropoden (Insekten, Spinnentiere, Hummer und dergleichen), Mollusken (Muscheln, Schnecken, Tintenfische), Echinodermen (Seesterne, Seeigel und Sanddollars) und Chordaten (Wirbeltiere und deren Verwandte). Stämme repräsentieren, anders gesagt, die großen Stammbäume des Lebens.

Dieses Buch handelt von der Frühgeschichte des Tierreichs. Indem wir nach der Entstehung der Stämme und ihrer Anzahl und Differenzierung in der Frühzeit fragen, stellen wir die grundlegendste Frage hinsichtlich der Organisation des Tierreichs.

Die Frage, wie viele Tierstämme unsere heutige Erde enthält, wird unterschiedlich beantwortet, da sie auch subjektive Elemente enthält (ein Zweig-

ende ist etwas Objektives, und Gattungen sind reale Einheiten in der Natur, aber wann ist ein Zweig groß genug, um als Ast bezeichnet zu werden?). Dennoch gibt es eine gewisse Übereinstimmung in dem Sinne, daß Stämme umfangreich und von ausgeprägter Eigenart sind. Die meisten Lehrbücher kennen zwanzig bis dreißig Tierstämme. Unser bestes modernes Kompendium, ein Buch, das sich ausdrücklich der Benennung und Beschreibung von Stämmen widmet (Margulis und Schwartz, 1982), führt zweiunddreißig Tierstämme an – eine im Vergleich zu den meisten anderen großzügige Schätzung. Außer den schon erwähnten bekannten sieben Gruppen nennt es als Tierstämme die Ctenophora (Rippenquallen), Plathelmintes (Plattwürmer, darunter die aus dem Labor bekannte Planaria), Brachiopoda (zweiklappige Wirbellose, bekannt als Fossilien aus dem Paläozoikum, heute jedoch seltener) und Nematoda (unsegmentierte Rundwürmer, in der Regel winzig und ungeheuer zahlreich im Boden und als Parasiten).

Nach einer so langen Vorrede läßt sich sehr kurz sagen, worauf es bei dieser Exegese im Hinblick auf den Burgess Shale ankommt: Der Burgess Shale, ein einziger kleiner Steinbruch in Britisch-Kolumbien, enthält die Überreste von rund fünfzehn bis zwanzig Organismen, die so verschieden voneinander und so anders sind als alles, was heute lebt, daß jeder als ein eigener Stamm eingestuft werden sollte. Wir zögern, einzelnen Arten eine so »hochrangige« Bezeichnung zu verleihen, weil unsere Tradition verlangt, daß die Stämme ihre jeweilige Kennzeichnung durch Hunderte von Spezifikationsvorgängen erlangen, von denen jeder ein Stückchen zur Differenzierung beiträgt. Erst wenn durch wiederholte Spezifikation ein großes Maß an Vielfalt erreicht ist, wird eine Gruppe als anatomisch so eigenständig betrachtet, daß sie als ein eigener Stamm eingestuft wird. Nach dieser konventionellen Auffassung, die, wie der Burgess zeigt, offenkundig falsch oder unvollständig ist, können Abstammungslinien von einer oder einigen Arten gar nicht so weit divergieren, um als eigene Stämme gelten zu können. Aber was tun? Die fünfzehn bis zwanzig einmaligen Burgess-Baupläne sind Stämme kraft ihrer anatomischen Einmaligkeit. Diese bemerkenswerte Tatsache muß mit all ihren Implikationen anerkannt werden, gleichgültig, wie wir später hinsichtlich der offiziellen Benennung verfahren.

Die negative Bewertung monographischer Arbeiten als »lediglich deskriptiv« zeugt von ungeheurer Borniertheit. Man setzt wissenschaftliche Begabung mit einer merkwürdig begrenzten Teilmenge geistiger Tätigkeiten gleich, vor allem mit analytischen Fähigkeiten und dem geschickten Umgang mit Zahlen, so als könnte jedermann ein Fossil beschreiben, während das Gesetz vom umgekehrten Quadrat nur von den allergrößten Geistern erdacht werden kann. Ich frage mich, ob wir die schlimmste Hinterlassenschaft der IQ-Theorie mit ihrer linearen und vererbungstheoretischen Interpretation jemals überwinden werden, nämlich die Vorstellung, Intelligenz ließe sich in einer einzigen Zahl ausdrücken, und man könne die Menschen in eine schlichte Rangordnung bringen, die vom Idioten bis zu Einstein reicht.

Begabung hat ebenso viele Komponenten wie der Geist selbst. Die Rekonstruktion eines Burgess-Organismus ist von »einfacher« oder »bloßer« Beschreibung ungefähr so weit entfernt wie Caruso vom singenden Hänschen Gernegroß unter der Dusche. Es ist doch nicht so, daß man bloß einen verschwommenen Fleck auf einer Platte Burgess-Schiefer gedankenlos abzuzeichnen braucht, so als übertrüge man eine Zahlenreihe aus einer Registrierkasse in ein Geschäftsbuch, und schon wird darauf ein komplexer, funktionsfähiger Arthropode. Ich kann mir keine Tätigkeit vorstellen, die mit bloßer Beschreibung weniger zu tun hätte, als die Wiederbelebung eines Burgess-Organismus. Am Anfang hat man ein plattgedrücktes, ungeheuer verzerrtes Durcheinander vor sich, und daraus wird am Ende die vielfältig gegliederte Gestalt eines möglichen lebendigen Organismus.

Diese Arbeit erfordert eine ganz ungewöhnliche visuelle oder räumliche Auffassungsgabe. Ich weiß, wie diese Arbeit vor sich geht, aber ich könnte sie niemals selbst tun – und deshalb bin ich darauf verwiesen, über den Burgess Shale zu *schreiben*. Die Fähigkeit, aus einer plattgedrückten Masse eine dreidimensionale Form zu rekonstruieren, eine Vielzahl von Exemplaren mit unterschiedlicher Orientierung zu einem einzigen Ganzen zusammenzufügen, disparate Teile auf Drucken und gegendrucken zu einer funktionalen Einheit zu verschmelzen – das sind seltene und kostbare Fertigkeiten. Warum setzen wir diese integrative und qualitative Fähigkeit herab, während wir analytische und mathematische Leistungen in den Himmel heben? Ist denn das eine besser, verläßlicher, wichtiger als das andere?

Wissenschaftler kennen ihre Grenzen und wissen, wann sie auf Zusammenarbeit angewiesen sind. Wir besitzen nicht alle die Fähigkeit, aus einzelnen Teilen ein Ganzes zusammenzufügen. Ich verbrachte einmal eine Woche mit Richard Leakey im Gelände, und ich spürte, wie es ihn einerseits frustrierte und andererseits mit Stolz erfüllte, daß seine Frau Meave und ihr Mitarbeiter Alan Walker imstande waren, wie bei einem dreidimensionalen

Puzzle winzige Knochenfragmente zu einem Schädel zusammenzusetzen, was ihm selbst nur sehr unvollkommen gelang (während ich bloß Fragmente in einer Kiste sah). Meave und Alan hatten schon von Kindheit an diese Geschicklichkeit bewiesen, hauptsächlich durch ihre Leidenschaft für Puzzlespiele (merkwürdigerweise drehten beide als Kinder die Puzzleteile gerne um und richteten sich nur nach der Form, ohne sich von dem Bild leiten zu lassen).

Auch bei Harry Whittington, der ebenfalls diese seltene visuelle Begabung besitzt, äußerte sich das Talent schon in jungen Jahren. Harry begann, ohne durch Herkunft oder Erziehung besonders begünstigt zu sein. Er wuchs in Birmingham auf, als Sohn eines Büchsenmachers (der starb, als Harry erst zwei Jahre alt war) und als Enkel eines Schneiders (der ihn dann großzog). Ein Geographielehrer der Abiturklasse weckte bei ihm das Interesse an der Geologie. Harry hatte aber schon immer seine Fähigkeit zu dreidimensionalen Veranschaulichungen gekannt und genutzt. Als Kind baute er gern Modelle, überwiegend von Autos und Flugzeugen, und sein Lieblingsspielzeug war sein Meccano-Baukasten. In den geologischen Anfängerkursen glänzte er in der Interpretation von Landkarten und besonders im Zeichnen von Blockdiagrammen. Das durchgängige Motiv ist unverkennbar: ein Talent für die Herstellung dreidimensionaler Strukturen aus zweidimensionalen Elementen und umgekehrt für die Abbildung massiver Objekte in der Fläche. Diese Fähigkeit, von zwei zu drei Dimensionen überzugehen und umgekehrt, war entscheidend für die Rekonstruktion des Burgess Shale.

Harry Whittington war eindeutig der geeignetste Mann für das Burgess-Projekt. Er war nicht nur der weltweit führende Experte für fossile Trilobiten (die häufigste Arthropodenart der Fossildokumentation), sondern hatte auch ganz exzellente Arbeiten (zum Beispiel Whittington und Evitt, 1953) über seltene, dreidimensionale Objekte geliefert, die sich in Silizium erhalten hatten. Bei diesen Fossilien war das ursprüngliche Kalziumkarbonat durch Silizium ersetzt worden, während das umgebende Kalkgestein seine Karbonatbasis beibehielt. Da Karbonate sich in Salzsäure lösen, Silikate dagegen nicht, konnte man die Matrix auflösen und die dreidimensionalen Strukturen vollkommen getrennt von dem umgebenden Gestein erhalten – ein seltener Vorteil. Whittington besaß also, ohne es zu wissen, eine ideale Vorbereitung für das viele Jahre später folgende Burgess Shale-Projekt. Er hatte dreidimensionale Strukturen in Gesteinen studiert und war dann in der Lage gewesen, sich über seine Vermutungen und Hypothesen ein Urteil zu bilden, indem er die Matrix auflöste und die Fossilien unversehrt barg. Er war also, um ein beliebtes Wort aus dem Jargon der Evolutionsbiologen zu benutzen, für seine Entdeckung und die Nutzung der dreidimensionalen Struktur bei den Burgess Shale-Fossilien »präadaptiert«.

KLASSIFIKATION UND ANATOMIE DER ARTHROPODEN

Akzeptieren Sie nicht die chauvinistische Tradition, die unsere Ära als Zeitalter der Säugetiere bezeichnet. Dies ist das Zeitalter der Arthropoden. Sie sind uns mit jedem Kriterium überlegen – mit der Zahl der Arten, der Zahl der Individuen und den Aussichten auf evolutionäre Fortentwicklung. Rund achtzig Prozent aller benannten Tierarten sind Arthropoden, die überwältigende Mehrheit sind Insekten.

Das macht die systematische Gliederung der Arthropoden auf höherer Ebene zu einer wichtigen Angelegenheit. Dazu wurden viele Vorschläge unterbreitet, die noch immer umstritten sind. Dennoch läßt sich über Zahl und Zusammensetzung der wichtigsten Untergruppen innerhalb des Stammes fast einhellige Übereinstimmung herstellen. (Die stammesgeschichtlichen Zusammenhänge zwischen den Untergruppen sind problematischer, aber das soll in diesem Buch keine größere Rolle spielen.)

Die Einteilung, der ich hier folge, ist konservativ und traditionell und stellt das Maximum an erreichbarem Konsens dar. Ich erkenne vier Hauptgruppen, drei noch lebende und eine ausschließlich fossile (Abb. 1), und ich mache keine Aussage über stammesgeschichtliche Zusammenhänge zwischen ihnen.

1. Uniramia: umfassen Insekten, Tausendfüßer, Hundertfüßer und möglicherweise auch die Stummelfüßer (eine kleine und ungewöhnliche, aber besonders faszinierende Gruppe, darüber weiter unten noch sehr viel mehr, weil der Burgess Shale ein mutmaßliches Mitglied enthält).

2. Chelicerata: umfassen Spinnentiere, Milben, Skorpione, Schwertschwänze und die ausgestorbenen Eurypteriden.

3. Crustacea: überwiegend marin (die terrestrische Rollassel, ein Isopode, macht eine Ausnahme), umfassen mehrere Gruppen von kleinen zweiklappigen Formen, die Nichtfachleuten kaum bekannt, aber von phantastischer Vielfalt und in den Meeren verbreitet sind (Copepoda und Ostracoda zum Beispiel), die Entenmuscheln und die Dekapoda (Krebse, Hummer und Garnelen), die wir mit Genuß verzehren, während wir die mit ihnen verwandten Insekten als ekelerregend und ungenießbar betrachten.

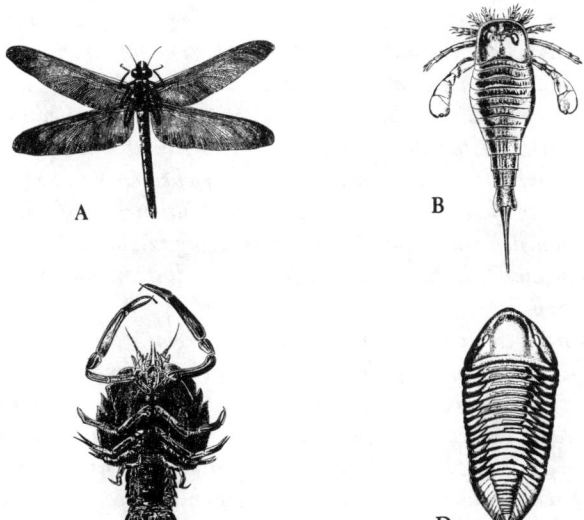

1. Repräsentative fossile Exemplare der vier großen Arthropoden-Gruppen aus dem verbreitetsten Lehrbuch zur Geschichte der Paläontologie, dem Ende des 19. Jahrhunderts erschienenen Werk von Zittel. (A) Eine Riesenlibelle aus dem Karbon als Vertreterin der Uniramia. (B) Ein fossiler Eurypterid, die Chelicerata vertretend. Das erste Paar Kopfanhänge ist klein und unter der Schale verborgen, die anderen fünf sind in dieser Abbildung sichtbar. (C) Eine fossile Krabbe als Vertreterin der Crustacea. (D) Ein Trilobit.

4. Trilobita: jedermanns beliebtestes wirbelloses Fossil, seit 225 Millionen Jahren ausgestorben, aber häufig in paläozoischen Gesteinen.

Da es für die Klärung der Burgess Shale-Fauna entscheidend darauf ankommt, die ungeheure Vielfalt und Verschiedenartigkeit der Arthropoden zu verstehen, müssen wir ein wenig näher auf die Anatomie der Arthropoden eingehen. Falls diese Ankündigung Sie erschreckt, lassen Sie mich Ihnen versichern, daß ich das Fachchinesisch auf ein absolutes und vollkommen verständliches Minimum beschränken werde – auf etwa zwanzig Begriffe von über tausend. (Ich führe diese Begriffe jetzt nicht an, sondern definiere sie im Laufe der Diskussion. Alle Schlüsselbegriffe sind bei erstmaliger Verwendung unterstrichen.)

Das Grundprinzip des Arthropoden-Bauplans ist die Metamerie, der Aufbau des Körpers aus einer Reihe von sich wiederholenden Segmenten. Der

Schlüssel zur Diversifikation der Arthropoden liegt in der Erkenntnis, daß eine ursprüngliche Form, aus zahlreichen, nahezu identischen Segmenten bestehend, durch Reduktion und Verschmelzung von Segmenten sowie durch Spezialisierung von anfänglich ähnlichen Teilen auf unterschiedlichen Segmenten zu dem breiten Spektrum divergierender Anatomien evoluieren kann, die man bei fortgeschrittenen Arthropoden beobachtet. Um die komplizierten Aspekte dieses für die Arthropoden-Evolution zentralen Themas zu erfassen, brauchen wir zum Glück nur zwei Dinge zu betrachten: die Verschmelzung und Differenzierung der Segmente selbst und die Spezialisierung der Gliedmaßen.

Die zahlreichen separaten und gleichartigen Segmente urtümlicher Arthropoden (Abb. 2) sind im Laufe der Evolution zu einer geringeren Zahl von spezialisierten Gruppen verwachsen. Die verbreitetste Anordnung ist eine Dreiteilung in Kopf, Mittel- und Hinterteil (die Bezeichnungen variieren; bei Trilobiten heißen sie Cephalon, Thorax und Pygidium, bei Insekten und Krustazeen Kopf, Thorax und Hinterleib). Die meisten Chelicerata weisen eine Zweiteilung auf, mit einem Prosoma, gefolgt von einem Opisthosoma. Der bei vielen Krustazeen zu einer Einheit verschmolzene Schwanzfächer heißt Telson.

Arthropoden haben ein Außenskelett, auch Ektoskelett genannt (das steif, aber bei den meisten Gruppen nicht mineralisiert ist, womit sich erklärt, daß man von vielen Arthropoden kaum Fossilien findet). Bei der Verschmelzung

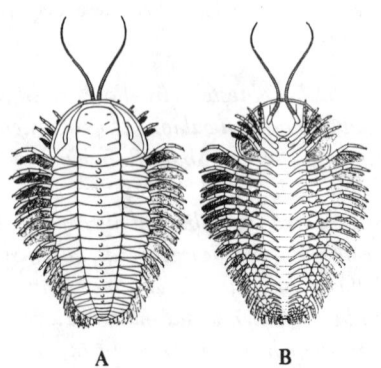

A   **B**

2.   Die zahlreichen gleichartigen Segmente eines primitiven Arthropoden, am Beispiel des Trilobiten *Triarthrus*. Mit Ausnahme der frontalen Antennen sind alle übrigen Paare von Anhängen gleichartig und zweiästig, und jedes Körpersegment trägt ein einziges Paar. (A) Draufsicht. (B) Unterseite. Aus Zittel.

von Segmenten wuchsen die entsprechenden Teile des Ektoskeletts zu getrennten Skeletteinheiten zusammen, den Tagma. Diesen Verschmelzungsvorgang nennt man Tagmatisierung. Unterschiedliche Formen der skelettalen Tagmatisierung liefern ein erstes Kriterium zur Identifizierung fossiler Arthropoden.

Ebenso bedeutsam und ebenso entscheidend für die Burgess-Geschichte ist die Spezialisierung und Differenzierung der Gliedmaßen. Beim ursprünglichen, unspezialisierten und aus vielen Segmenten zusammengesetzten Arthropoden trug jedes Segment ein paar Gliedmaßen, je eine auf beiden Seiten des Körpers. Jede Gliedmaße bestand aus zwei Ästen oder Rami (Singular Ramus). Diese Äste werden entsprechend ihrer Position als Innenast und Außenast oder entsprechend ihrer gewöhnlichen Funktion bezeichnet. Da der Außenast oft Kiemen trägt, die der Atmung oder der schwimmenden Fortbewegung (oder beidem) dienen, wird er vielfach als Kiemenast bezeichnet. Der Innenast dient gewöhnlich der Fortbewegung und wird als Beinast, Schreitast oder Schreitbein bezeichnet. (Der übliche Ausdruck »Schreitbein« wird dem Leser vielleicht als eine amüsante Verdoppelung erscheinen, doch ist »Bein« hier ein anatomischer und nicht ein funktionaler Begriff, und nicht alle Arthropoden benutzen ihre Beine zum Schreiten; die Mundgliedmaßen von Insekten sind beispielsweise leicht modifizierte Beine.)

Man spricht bei diesem ursprünglichen Aufbau (Abb. 3) von einer biramen (wörtlich »zweiästigen«) Gliedmaße. (Auch wenn Sie sich aus dieser

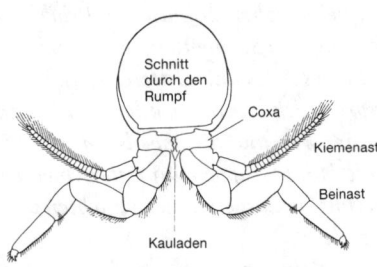

3.   Querschnitt durch ein Rumpfsegment eines Arthropoden, mit einem Paar der typischen zweiästigen Gliedmaßen. Zeichnung von Laszlo Meszoly.

Diskussion sonst keinen Begriff merken, sollte sich doch die Definition einer zweiästigen Gliedmaße Ihrem Langzeitgedächtnis einprägen. Es ist der wichtigste Aspekt der Arthropoden-Anatomie in unserer Burgess-Diskussion.) Spezialisierte Arthropoden verlieren vielfach einen der beiden Äste und behalten den anderen als eine unirame (»einästige«) Gliedmaße zurück. (Bitte bringen Sie »uniram« neben »biram« in Ihr Langzeitgedächtnis.) Die höheren systematischen Einteilungen der Arthropoden richten sich nach den unterschiedlichen Verhältnissen zwischen uniramen und biramen Gliedmaßen an verschiedenen Teilen des Körpers.

Die Schreitbeine der meisten marinen Arthropoden üben eine zusätzliche Funktion aus, die aus unserer wirbeltierzentrierten Perspektive merkwürdig erscheint. Einige marine Arthropoden ernähren sich wie wir, indem sie Nahrungsgegenstände vor ihrem Kopf ergreifen und sie direkt dem Mund zuführen. Die meisten benutzen jedoch ihre Schreitbeine, um Nahrungspartikel zu erfassen und sie durch eine Nahrungsrinne, die in der ventralen (unteren) Mittellinie zwischen den Beinen verläuft, vorwärts zum Mund zu befördern. (Die Oberseite eines Tieres bezeichnet man als dorsal.) Arthropode bedeutet »Gliederfüßer«, und die Gliedmaßen setzen sich aus mehreren Abschnitten zusammen. Die körpernahen Abschnitte nennt man proximal, die zu den Enden der Gliedmaßen hin gelegenen nennt man distal. Die körpernächste Gliederung des Schreitbeins nennt man Coxa (Hüfte). Der an die Nahrungsrinne grenzende Kamm der Hüfte ist oft mit Zähnen bewehrt, mit deren Hilfe die Nahrung festgehalten und vorwärts befördert wird (siehe Abb. 3); diesen Kamm bezeichnet man als Kaulade oder Gnathobase (wörtlich »Kiefergrundlage«).

Wir bilden die höheren systematischen Einheiten der Arthropoden durch Zusammenfügen der beiden oben diskutierten Prinzipien: Formen der Tagmose, der Verschmelzung von Segmenten, und Spezialisierung von Gliedmaßen durch Verlust eines Astes und Differenzierung des anderen. Ausgehend von einem ursprünglichen Arthropoden, der aus zahlreichen unverschmolzenen Segmenten bestand, die jeweils ein Paar biramer Gliedmaßen trugen, haben sich die Hauptgruppen auf unterschiedlichen Wegen der Tagmose und Spezialisierung herausgebildet. Betrachten wir die vier wichtigsten Formen von Arthropoden:

1. Uniramia. Wie der Name besagt, haben die Insekten und ihre Verwandten durchgängig den Kiemenast der ursprünglich biramen Gliedmaße verloren; ihre Gliedmaßen (Antennen, Beine, Mundgliedmaßen) bestehen ausschließlich aus Beinästen. (Insekten atmen durch Einstülpungen der Körperoberfläche, Tracheen genannt.)

2. Chelicerata. *Die meisten modernen Chelicerata haben sechs unirame Gliedmaßen auf dem Prosoma. Das erste Paar, die Cheliceren, sind am distalen Ende scherenförmig und dienen dem Ergreifen der Nahrung. (Antennen hat diese Gruppe nicht.) Das zweite Paar, die Pedipalpen, dienen gewöhnlich als Tastorgane. Die letzten vier Paare sind in der Regel Laufbeine (deshalb haben die Spinnen acht Beine). All diese vorderen Gliedmaßen haben sich aus Beinästen entwickelt. Umgekehrt ist die Situation am hinteren Abschnitt. Die Gliedmaßen des Opisthosoma sind ebenfalls uniram, sind aber ausschließlich aus Kiemenästen hervorgegangen. (Die »Lungen« oder Atmungsorgane der Spinnen liegen im Hinterleib.)*

3. Crustacea. *Trotz einer ungeheuren Formenvielfalt, die von den Entenmuscheln bis zu den Hummern reicht, zeichnen sich sämtliche Krustazeen durch das stereotype Bild von fünf Paar Gliedmaßen am Kopf aus (was darauf schließen läßt, daß der Kopf durch Tagmose von mindestens fünf Segmenten gebildet wurde). Die beiden ersten Paare, gewöhnlich als erste und zweite Antennen bezeichnet, sind uniram; sie liegen in einer präoralen Position, vor dem Mund, und haben sensorische Funktionen. Die drei letzten liegen in einer postoralen Position, hinter dem Mund, und dienen gewöhnlich als Mundgliedmaßen der Nahrungsaufnahme. Bei den Gliedmaßen des Rumpfes ist oft die ursprüngliche birame Form erhalten.*

4. Trilobita. *Der Trilobitenkopf trägt ein präorales Gliedmaßenpaar (Antennen) und drei postorale Paare. Jedes Körpersegment trägt gewöhnlich ein Paar biramer Gliedmaßen, die gegenüber der mutmaßlichen Urform sehr geringfügig modifiziert sind.*

Was bei den modernen Arthropoden wohl am stärksten auffällt, ist die stereotype Wiederholung dieser Muster. Von annähernd einer Million beschriebener Insektenarten hat keine eine birame Gliedmaße, und fast alle haben genau drei Extremitätenpaare auf dem Thorax. Die marinen Krustazeen weisen eine unglaubliche Formenvielfalt auf, doch alle zeigen am Kopf das gleiche Muster der Tagmose: zwei präorale und drei postorale Gliedmaßenpaare. Offenbar hat sich die Evolution auf nur wenige Themen oder Grundpläne für Arthropoden festgelegt und ist dann im Verlauf der stärksten Diversifikation im gesamten Tierreich dabei geblieben.

Was die Geschichte des Burgess Shale zur vielleicht erstaunlichsten in der ganzen Geschichte des Lebens macht, ist vor allem dieses Phänomen der späteren Beschränkung der Arthropoden-Grundpläne, denn außer vier frühern Vertretern aller vier späteren Gruppen enthält der Burgess Shale, ein einziger Steinbruch in Britisch-Kolumbien, Fossilien von über zwanzig weiteren grundlegenden Arthropoden-Bauplänen. Wie konnte so rasch eine solche Verschiedenartigkeit entstehen? Warum haben nur vier Grundpläne überlebt? Diese Fragen sind das Hauptthema dieses Buches.

Hätte Harry Whittington von Anfang an gewußt, was die nochmalige Erforschung des Burgess Shale an Zeit und Engagement erfordern würde, hätte er wahrscheinlich gar nicht erst damit begonnen. Bei der ersten Feldkampagne im Jahre 1966 war er fünfzig Jahre alt, und er hatte bereits genügend Verpflichtungen, die für ein ganzes Leben ausreichen. Obendrein hatte er als Professor der Geologie in Cambridge drückende administrative Aufgaben, die er nicht delegieren konnte.

Doch der Burgess war eine so schöne und verlockende Frucht, daß Whittington nicht widerstehen konnte. Obendrein war allgemein bekannt, daß die dortigen Arthropoden, über die er vor allem arbeiten sollte, keine größeren taxonomischen Probleme aufwarfen. Harry erzählte mir, er habe, als er beschloß, über den Burgess zu arbeiten, »damit gerechnet, ein bis zwei Jahre auf die Beschreibung einiger Arthropoden zu verwenden – Punkt«. Mit dem »Punkt« wollte er das Ende nicht nur des Satzes, sondern auch des Projekts andeuten.

Es sollte anders kommen. Allein auf seine erste Monographie über die Gattung *Marrella* verwendete er viereinhalb Jahre. Es gab eine Überraschung nach der anderen; sie setzten zunächst mit Zweifeln an der Identität bestimmter Arthropoden ein und häuften sich dann, bis schließlich Mitte der siebziger Jahre eine neue Interpretation Gestalt annahm. In dem Maße, wie sich diese neue Sicht herauskristallisierte, lenkte sie die gesamte weitere Arbeit in Richtung auf eine neue Konzeption für die Frühgeschichte des Lebens. Als ich die taxonomischen Monographien in chronologischer Reihenfolge las, kam ich zu der Ansicht, daß diese Geschichte ein klassisches Drama in fünf Akten darstellt. Es wurde niemand getötet, und die meisten waren nicht einmal verärgert. Doch so wie Darwin seine Theorie zwischen Formulierung und Veröffentlichung einundzwanzig Jahre lang – Jahre, in denen im Grunde nichts geschah – in sich reifen ließ, so vollzog sich auch bei der Neubewertung des Burgess Shale, die etwa genauso lange dauerte, hinter dem äußeren Anschein der Ruhe ein geistiges Drama höchsten Ranges.

Das Burgess-Drama

1. Akt
Marrella und *Yohoia*:
Entstehung und Verfestigung eines Verdachts, 1971 - 1974

Die von Whittington vorgefundene Begriffswelt

Harry Whittington ist von Natur aus ein vorsichtiger und konservativer Mann. Obwohl er bei einer bedeutenden theoretischen Umwälzung Hebammendienste geleistet hat, sieht er sich bis heute als Empiriker, dem besonders die akribische Beschreibung von fossilen Arthropoden liegt. Sein bevorzugter Wahlspruch ist eine Mahnung an seine jüngeren Kollegen, die Tatsachen und ihre Beschreibung der Theorie voranzustellen, denn »man sollte nicht laufen, bevor man gehen kann«.

Wie jeder Paläontologe es tun würde, der davon überzeugt ist, daß man langsam und überlegt an eine Sache herangehen muß, begann Whittington mit der Gattung *Marrella*, dem häufigsten Organismus im Burgess Shale. *Marrella splendens* erdrückt durch bloße Masse alles andere in Burgess. Walcott sammelte über 12 000 Exemplare. Whittingtons Gruppe sammelte nochmals 800, und ich bin der Hüter von weiteren 200, die Percy Raymond 1930 sammelte. Etliche Burgess-Arten kennen wir von weniger als zehn Exemplaren, einige nur von einem einzigen. Wenn aber fast 13 000 Exemplare zur Ansicht zu Verfügung stehen, braucht man kaum die Sorge zu haben, man könnte durch die Sektion ein einmaliges Beweisstück zerstören oder finde kein Exemplar, das die entscheidende Orientierung aufweist.

Marrella splendens ist der ersten Burgess-Organismus, den Walcott fand und zeichnete – er ist praktisch das Kennzeichen des Burgess Shale. Als Walcott im Jahre 1912 *Marrella* methodisch beschrieb, erkannte er, daß sein »Spitzenkrebs« kein herkömmlicher Trilobit war. Dennoch ordnete er *Marrella* in die Klasse der Trilobita ein, eine bis dahin unbekannte Zuordnung. Seinem Bedürfnis entsprechend, die Burgess-Organismen als primitive Mitglieder späterer erfolgreicher Gruppen aufzufassen, schrieb er: »In *Marrella* ist der Trilobit angedeutet« (1912, S. 163).

Nicht alle Kollegen Walcotts waren überzeugt. In den Smithsonian-Archiven fand ich einen interessanten Briefwechsel mit Charles Schuchert, dem berühmten Yale-Paläontologen, der die offizielle Legende von Walcotts Entdeckung des Burgess Shale kodifizierte. Nachdem er Walcotts Abhandlung über die Burgess-Arthropoden gelesen hatte, schrieb Schuchert seinem Freund am 26. März 1912:

> Ihnen persönlich möchte ich sagen, daß es mir, seit ich *Marrella* zum ersten Mal sah, und nun angesichts Ihrer vielen hervorragenden Bilder dieses Tieres, nicht in den Kopf will, daß dies ein Trilobit sein soll... Ich vermag nicht zu erkennen, wie das ein Trilobit sein könnte. Solche Kiemen kennt man, glaube ich, von keinem Trilobiten. Ich trage diese unsystematischen Gedanken jedoch nicht vor, um Sie davon zu überzeugen, daß *Marrella* kein Trilobit ist, ich möchte sie Ihnen nur zu bedenken geben.

Schuchert hielt allerdings genau wie Walcott an der allgemeinen Vorstellung fest, daß alle Burgess-Geschöpfe bekannten Gruppen angehörten. Deshalb dachte er keinen Augenblick daran, daß *Marrella* etwas Einmaliges sein könnte, sondern deutete lediglich an, daß sie unter den bekannten Arthropoden anders eingeordnet werden müsse.

Um dem Leser eine Vorstellung davon zu geben, vor welchen begrifflichen Schwierigkeiten Whittington stand, als er sich daran machte, die Arthropoden des Burgess Shale nochmals zu beschreiben, muß ich jetzt an einem Beispiel erläutern, was ich unter »Walcotts Schublade« verstehe, eine Formel, die ich in diesem Band wiederholt verwende und mit der seine Entscheidung gemeint ist, sämtliche Burgess-Gattungen in altbekannten Großgruppen einzuordnen. Es wird ratsam sein, zu den folgenden Ausführungen die Einschübe über die Taxonomie und über die Anatomie der Arthropoden (Seiten 105 und 110) heranzuziehen. Ich bitte die Leser, die in der Biologie der Wirbellosen nicht sonderlich bewandert sind, hier etwas Zeit und Mühe aufzuwenden. Es dürfte allerdings nicht schwerfallen, der Darstellung zu folgen; der intellektuelle Gewinn ist groß, und ich werde mich nach Kräften bemühen, die notwendigen Erläuterungen und Anleitungen zu geben. Gedankliche Schwierigkeiten bietet der Stoff nicht, und die Einzelheiten sind gleichermaßen schön und faszinierend. Außerdem können Sie den Gang der Argumentation leicht verfolgen, ohne sich völlig auf die komplizierten Fragen der Klassifikation einzulassen – wenn Sie sich bewußt machen, daß Walcott und sämtliche Burgess-Forscher vor Whittington diese Organismen konventionellen Gruppen zuordneten und daß Whittington sich nach und

TABELLE 3.1. *Walcotts Klassifikation der Burgess-Arthropoden von 1912*

Klasse   Crustacea

1. Unterklasse   Branchiopoda

   Ordnung   Anostraca

   Opabinia
   Leanchoilia
   Yohoia
   Bidentia

   Ordnung   Notostraca

   Naraoia
   Burgessia
   Anomalocaris
   Waptia

2. Unterklasse   Malacostraca

   Hymenocaris [Canadaspis]
   Hurdia
   Tuzoia
   Odaraia
   Fieldia
   Carnarvonia

3. Unterklasse   Trilobita

   Marrella
   Nathorstia [Olenoides serratus]
   Mollisonia
   Tontoia

4. Unterklasse   Merostomata

   Molaria
   Habelia
   Emeraldella
   Sidneyia

nach von dieser Tradition löste, um sich einer radikalen Auffassung hinsichtlich der frühen Diversifikation des Lebens zuzuwenden.

Walcott präsentierte seine vollständige Klassifikation der Burgess-Arthropoden (hier als Tab. 3.1 wiedergegeben) auf Seite 154 seiner Abhandlung von

1912. Er verteilte seine Burgess-Gattungen auf vier Unterklassen, die er sämtlich der Klasse Crustacea, wie er sie verstand, zuordnete. Walcott definierte die Krustazeen sehr viel weiter, als wir es heute tun. Er faßte darunter praktisch alle marinen und Süßwasser-Arthropoden – Organismen, die sich nach heutigem Verständnis über den ganzen Stamm der Arthropoden verteilen. Von seinen vier Unterklassen sind die modernen Branchiopoden (1) eine Gruppe von überwiegend in Süßwasser lebenden Krustazeen, darunter der Salinenkrebs und die Cladocera oder Wasserflöhe; die Malacostraca (2) bilden die große Gruppe der marinen Krustazeen, darunter Krabben, Garnelen und Hummer; die Trilobiten (3) sind natürlich die berühmtesten fossilen Arthropoden; und die Merostomata (4), darunter die fossilen Eurypteriden und die modernen Schwertschwänze, sind eng mit den terrestrischen Skorpionen, Milben und Spinnen verwandt.

Das Schicksal der Walcottschen Tabelle aus dem Jahre 1912 wirft ein Schlaglicht auf die gesamte Burgess-Geschichte. Von seinen zweiundzwanzig Gattungen sind nur zwei legitime Mitglieder ihrer Gruppen. *Nathorstia* (heute *Olenoides serratus* genannt) ist unbestritten ein Trilobit (Whittington, 1975b); *Hymenocaris* (heute *Canadaspis* genannt) ist eine echte Krustazee der Malacostraca-Linie (siehe 3. Akt). Drei Gattungen (*Hurdia, Tuzoia* und *Carnavonia*) sind zweiklappige Arthropoden-Schalen, von denen keine weichen Teile erhalten sind; im Grunde kann man sie keiner Arthropoden-Gruppe richtig zuordnen, und sie sind bis heute unklassifiziert. Drei weitere Namen gehören nicht in die Geschichte der Burgess-Arthropoden: *Tontoia*, ein noch immer ungeklärter Punkt und möglicherweise anorganischen Ursprungs, stammt aus dem Grand Canyon und nicht aus dem Burgess Shale; *Bidentia* ist eine unbegründete Bezeichnung, und die Objekte gehören zur Gattung *Leanchoilia; Fieldia*, von Walcott falsch identifiziert, ist ein Priapulidenwurm und kein Arthropode.

Von den verbleibenden vierzehn Gattungen sind zwei (*Opabinia* und *Anomalocaris*) nachträglich anderen, eigenen Stämmen zugeordnet worden, die in keiner erkennbaren Beziehung zu neuzeitlichen Gruppen stehen; sie und mindestens ein Dutzend weitere von ähnlichem Status (die von Walcott überwiegend als Annelidenwürmer klassifiziert wurden) stehen im Mittelpunkt meiner Erzählung. Weitere elf wurden von den bekannten, komfortablen Plätzen, die Walcott ihnen zuwies, entfernt und nachträglich als Arthropoden mit einer einzigartigen Anatomie klassifiziert, wie sie in keiner neuzeitlichen oder fossilen Gruppe zu finden ist.

Einzig *Naraoia*, die Walcott als Krustazee der Unterklasse Branchiopoda klassifizierte, gehört zu einer bekannten Gruppe; allerdings wählte Walcott die falsche, denn tatsächlich ist *Naraoia* ein ganz eigentümlicher Trilobit (Whittington, 1977).

Wenn ich sage, daß Walcotts Schublade von niemandem in Frage gestellt wurde, bevor Whittington und Kollegen den Burgess Shale nochmals beschrieben, heißt das nicht, daß Walcotts spezifische Zuordnungen von allen Paläontologen akzeptiert wurden. In den sechzig Jahren zwischen Walcotts Beschreibungen und Whittingtons erster Monographie gab es – besonders in Anbetracht der von allen Paläontologen anerkannten Bedeutung dieser Fauna[3] – kaum Artikel über Burgess-Organismen, doch wurden in den wenigen Beiträgen mehrere Vorschläge zur systematischen Klassifikation unterbreitet, die stark von der Walcotts abwichen.

Allerdings hielten sich diese Alternativen, bei aller Verschiedenheit, streng an Walcotts allgemeine Voraussetzungen – die gemeinsame und fast immer unausgesprochene Ansicht der Paläontologen, daß Fossilien einer begrenzten Zahl von wohlbekannten Großgruppen zuzuordnen seien und daß die Geschichte des Lebens sich generell in Richtung auf wachsende Komplexität und Vielfalt bewege.

Leif Størmer übernahm die Aufgabe, für das Gemeinschaftswerk *Treatise on Invertebrate Paleontology* die Mehrzahl der Burgess Shale-Arthropoden zu beschreiben, und veröffentlichte seine Ergebnisse (Størmer, 1959) in einem umfangreichen Band, der vornehmlich den Trilobiten gewidmet war. Størmers Lösung war der von Walcott diametral entgegengesetzt. Statt die Burgess-Arthropoden breit über verschiedene Gruppen des gesamten Stammes zu verteilen, brachte er die meisten von ihnen mit den Trilobiten in Verbindung. Er konnte natürlich nicht behaupten, daß alle diese verschiedenen und keineswegs trilobitenartigen Tiere *wirklich* zur eigentlichen Klasse der Trilobita gehörten. Dennoch löste er das Problem der Arthopoden-Vielfalt im Burgess auf elegante (wenn auch verkehrte) Weise, indem er alle größeren Gattungen einer vermeintlich geschlossenen stammesgeschichtlichen Gruppe zuordnete, die den Trilobita sehr nahe kam. Er nannte diese Gruppe Trilobitoidea (wörtlich »trilobitenartig«).

Man mag diese Lösung allzu glatt oder willkürlich finden, um ihr zu folgen. Doch Størmer hatte eine vernünftige Erklärung (die freilich, wie man noch sehen wird, durch spätere Fortschritte in der taxonomischen Theorie außer Kraft gesetzt wurde). Selbstverständlich erkannte er die große Formenvielfalt unter den Burgess-Arthropoden, aber dennoch schuf er eine taxonomische Einheit, weil alle Tiere, wie er argumentierte, die gleiche Art

TABELLE 3.2. *Størmers Klassifikation der Trilobitoidea von 1959*

Unterstamm   Trilobitomorpha

  Klasse   Trilobita

  Klasse   Trilobitoidea

    1. Unterklasse   Marrellomorpha

     Marrella

    2. Unterklasse   Merostomoidea

     Sidneyia
     Amiella
     Emeraldella
     Naraoia
     Molaria
     Habelia
     Leanchoilia

    3. Unterklasse   Pseudonotostraca

     Burgessia
     Waptia

    4. Unterklasse   Ungewiß

     Opabinia
     Cheloniellon
     Yohoia
     Helmetia
     Mollisonia
     Tontoia

von »primitiven« Gliedmaßen auf den hinter dem Kopf liegenden Körpersegmenten besäßen: eine birame oder zweiästige Form mit einem Kiemenast oberhalb eines Beinastes (siehe Einschub S. 113). Da die Trilobiten ebenfalls derartige Gliedmaßen hätten, könne man, so meinte er, die eigentlichen Trilobita und die Trilobitoidea (die heterogenen Burgess-Sonderlinge) zu einem größeren Taxon, den Trilobitomorpha zusammenfassen. Størmer gab dafür die folgende Begründung:

Was die Trilobitomorpha miteinander verbindet, ist die anscheinend gemeinsame Grundstruktur ihrer Gliedmaßen. Da die Trilobitengliedmaßen eine charakteristische und konservative Struktur zu sein scheint, kann ihr Vorkommen bei fossilen Arthropoden als Beweis für eine enge Verwandtschaft zwischen den vielen verschiedenen Formen, die sie besitzen, interpretiert werden (1959, S. 27).

Størmers Klassifizierung der Trilobitoidea wird in Tabelle 3.2 dargestellt. Bis auf zwei der sechzehn Gattungen kommen alle ausschließlich im Burgess Shale vor (*Tontoia* kommt, wie schon erwähnt, aus dem Grand Canyon; *Cheloniellon* aus der devonischen Lagerstätte des Hunsrückschiefers). Størmer unterteilte die Burgess-Gattungen in drei Gruppen: (1) *Marrella* für sich; (2) die Gruppe, die Walcott den Merostomata oder Schwertschwänzen zugeordnet hatte, eine äußerliche Übereinstimmung, die Størmer in seiner Bezeichnung Merostomoidea (»merostomaartig«) anerkannte; (3) jene Gattungen, die Walcott zu den Notostraca gerechnet hatte, einer Gruppe von Branchiopoden-Krustazeen (eine äußerliche Ähnlichkeit, die Størmer mit dem von ihm gewählten Namen Pseudonostraca honorierte). Doch beim besten Willen gelang es Størmer nicht, alle Burgess-Formen umstandslos bei seinen Trilobitoidea unterzubringen. Bei vier Gattungen wußte er sich keinen Rat und hängte sie ans Ende seiner Klassifikation als »Unterklasse Ungewiß« – eine Lösung, die weder elegant noch lateinisch ist.

Ich habe diese detaillierte Gegenüberstellung von Størmers System und Walcotts ursprünglichem Schema aus zwei Gründen hier angeführt. Erstens läßt sich die Macht des Schubladendenkens durch den Nachweis veranschaulichen, daß alle taxonomischen Lösungen, mögen sie auch in einer Fülle von Details voneinander abweichen, auf diesem unbezweifelten Postulat aufbauen. Sowohl Walcott, der die Gattungen auf eine größere Reihe von bekannten Gruppen verteilte, als auch Størmer, der sie zu den Trilobitoidea zusammenfaßte, hielten getreulich an der Regel des Schubladendenkens fest, daß alle Burgess-Gattungen zu bekannten Gruppen gehören. Zweitens war Størmers Interpretation, die in dem bedeutenden, von internationalen Fachleuchten verfaßten Kompendium erschien, die aktuellste Standardklassifikation der Burgess-Arthropoden, als Whittington sein Projekt begann. Størmers Trilobitoidea bildeten für ihn den Kontext, als er mit seiner Monographie über *Marrella* anfing.

Marrella: Erste Zweifel

Harry Whittingtons erste Monographie über *Marrella* (1971) wirkt auf den ersten Blick nicht gerade wie der Stoff, aus dem Revolutionen gemacht sind. Sie beginnt mit einer Einführung von Y. O. Fortier, dem Direktor des Geological Survey of Canada. Die traditionellen Annahmen des Walcottschen Schubladendenkens und des Kegels der wachsenden Vielfalt nachplappernd, leitete Fortier das ganze Unternehmen mit dem folgenden Absatz ein:

Der Burgess Shale im Yoho National Park, Britisch-Kolumbien, ist weltberühmt und einzigartig. Aus diesen kambrischen fossilen Lagerstätten stammte eine bemerkenswerte und mannigfaltige Gruppe von Fossilien, die Charles D. Walcott... sammelte und anschließend beschrieb..., von Fossilien, welche die *primitiven Ahnen von fast allen Klassen von Arthropoden* sowie auch von mehreren weiteren Tierstämmen darstellen [Hervorhebung von mir].

Whittingtons Titel enthält keinerlei Hinweis auf das, was sich da anbahnte. Er hielt sich an die übliche Form und nannte Taxon, Ort und Zeit. Mein früherer Student Warren Allmon umschreibt dies als »*x* aus dem *y*-ikum von *z*-Land«. Er übernahm sogar – wenn auch nur dies eine Mal, was er später sehr bereute – Størmers Bezeichnung Trilobitoidea: »Neubeschreibung von *Marrella splendens* (Trilobitoidea) aus dem Burgess Shale, mittleres Kambrium, Britisch-Kolumbien«.

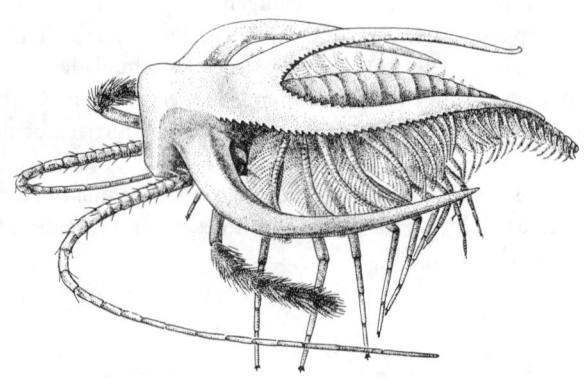

3.12   Seitenansicht von *Marrella.* Zeichnung von Marianne Collins.

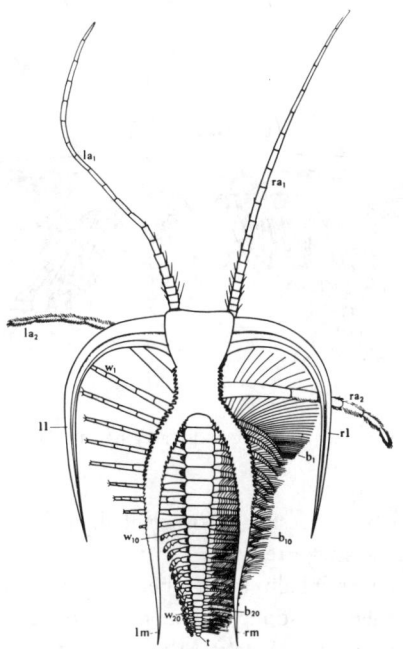

3.13   Rekonstruktion von *Marrella* durch Whittington (1971), Draufsicht. Man beachte die zwei Paar Anhänge und die zwei Paar Dornen am Kopfschild. Das zweite, nach hinten geschweifte Dornenpaar überdeckt den ganzen Rumpf. Der Übersichtlichkeit halber sind links die Kiemenäste, rechts die Beinäste fortgelassen. Das ist bei wissenschaftlichen Darstellungen üblich, kann aber Verwirrung stiften, wenn man diese Tradition nicht kennt.

Marrella ist ein kleines elegantes Tier (Abb. 3.12), das den Namen, den Walcott ihm verlieh, voll verdient – *marrella splendens*. Die Fundstücke sind 2,5 bis 19 mm lang. Aus dem schmalen Kopfschild ragen zwei Paar nach hinten gerichteter Stacheln hervor (Abb.en 3.13 und 3.14). Hinter dem Kopf folgen vierundzwanzig bis sechsundzwanzig Körpersegmente, die jeweils ein Paar biramer (zweiästiger) Gliedmaßen tragen (Abb. 3.15), bestehend aus einem unteren Laufbein und einem oberen Zweig, der lange zarte Kiemen trägt (der Grund für Walcotts inoffizielle Bezeichnung [»Spitzenkrebs«]. Ein winziger Knopf, ein sogenanntes Telson, schließt das hintere Ende ab. Bei einigen Exemplaren sind Spuren des Darms erhalten. Die unmittelbar an das Fossil angrenzende Gesteinsfläche zeigt oft einen charakteristischen dunklen

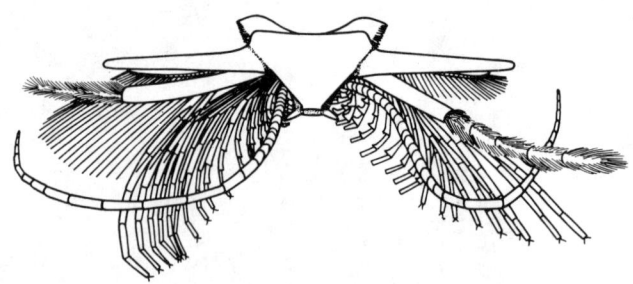

3.14 Vorderansicht von *Marrella*, dargestellt, als ginge das Tier direkt auf den Leser zu (Whittington, 1971).

Fleck, vermutlich ein Überrest von Körperinhalten, die nach dem Tod durch das Außensklett heraussickerten.

Harry arbeitete viereinhalb Jahre über *Marrella*, und er präparierte, sezierte und zeichnete persönlich Unmengen von Exemplaren in unterschiedlichen Orientierungen. Solche Arbeiten werden oft Assistenten überlassen, doch Whittington wußte, daß er diese elementare Arbeit selbst ausführen mußte, wieder und wieder, wenn er ein richtiges »Gespür« für die Burgess-Erhaltung und ihre Probleme gewinnen wollte. So ermüdend und monoton diese Mühe bisweilen war, bot sie ihm doch mehr als genug Anregung, um ihn zum Weitermachen anzuspornen. Harry berichtete mir von seinem Entschluß, die ganze Arbeit selbst zu machen, womit er sich für mehrere kostbare Forschungsjahre festlegte:

Ich denke, es war unbedingt notwendig. Es hat natürlich endlose Zeit gekostet, aber man sah alles selbst, und verschiedene Dinge prägten sich allmählich ein. Das Präparieren [paläontologischer Fachausdruck für das Reinigen und Freilegen von Objekten in Gesteinen] macht mir Spaß. Es ist so aufregend, diese versteckten Dinger zu finden. Es ist ein unvergleichliches Erlebnis, eine im Gestein verborgene Struktur aufzudecken.

Die Burgess-Studien von Whittington und seinen Mitarbeitern sind überwiegend Revisionen, nicht Erstbeschreibungen von neu entdeckten Arten. Sie stehen deshalb in Zusammenhang mit früheren Interpretationen und stellen Bewertungen der bisherigen Forschungsarbeit dar. Walcott hatte *marrella* als Trilobiten oder zumindest als so engen Verwandten bezeichnet, daß er sie

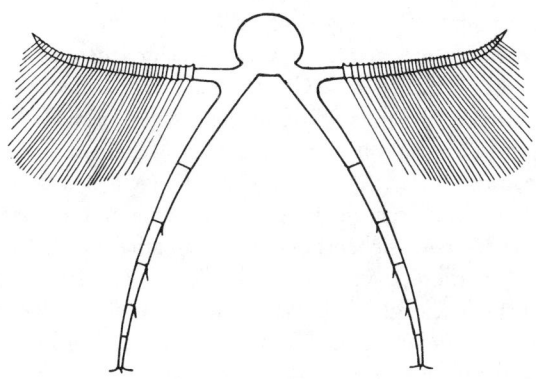

3.15 Ein Paar zweiästiger Gliedmaßen von *Marrella*, rechts und links oben die Kiemenäste, unten die Beinäste (Whittington, 1971).

anatomisch dieser Gruppe zurechnen konnte. Størmer hatte aus *Marrella* das Flaggschiff seiner Trilobitoidea gemacht, die in seiner umfassenderen Klasse der Trilobitomorpha als Schwestergruppe neben den Trilobiten standen. Whittington ging daher in seiner Untersuchung davon aus, daß *Marrella* mit den Trilobiten über die er sich in langen Jahren fundierte Kenntnisse erworben hatte, verwandt sei.

Whittington versicherte, daß *Marrellas* Körperform mit der Gesamterscheinung der Trilobiten wenig Ähnlichkeit habe. Der nur den Kopf bedeckende Schild mit den beiden auffälligen Stachelpaaren, der sich daran anschließende Rumpf, der so viele gleichförmige Segmente von allmählich abnehmender Größe enthielt, und der winzige Knopf am hinteren Ende – das alles erinnerte nicht gerade an den »üblichen« Trilobiten, dessen Außenskelett gewöhnlich die Form eines breiten Ovals hat und in drei Hauptabschnitte unterteilt ist: Cephalon, Thorax und Pygidium (Kopf, Rumpf und Schwanz für diejenigen, die etwas gegen den Fachjargon haben).

Aber schließlich hatte noch keiner *Marrellas* Verwandtschaft mit den Trilobiten mit der Gesamterscheinung erklärt. Størmer hatte sich, um sein Konzept der Trilobitoidea zu begründen, auf eine starke Ähnlichkeit bei den biramen Gliedmaßen des Rumpfes berufen. Als Whittington nun Hunderte von Exemplaren untersuchte, entdeckte er jedoch nach und nach durchgängige und vermutlich fundamentale Unterschiede zwischen den Gliedmaßen von *Marrella* und denen aller bekannten Trilobiten. Eine Ähnlichkeit in der

Grundstruktur räumte Whittington natürlich ein. Diese globale Ähnlichkeit war nie angezweifelt worden, und um das zu unterstreichen, zitierte Whittington Størmer wortwörtlich: »Diese Gliedmaßen sind ›mehr oder weniger trilobitenartig‹ (Størmer, 1959, S. 26) in dem allgemeinen Sinne, daß ein segmentiertes Schreitbein und ein Filamente tragender Kiemenast vorhanden sind« (Whittington, 1971, S. 21). Aber noch mehr drängten sich Whittington die Unterschiede auf. Das sechsgliedrige und am Ende mit Krallen versehene Schreitbein von *Marrella* (siehe Abbildung 3.15) enthält ein oder zwei Glieder weniger, als es bei Trilobiten in der Regel der Fall ist. Whittington kam zu dem Schluß: »Keiner der Äste gleicht dem irgendeines bekannten Trilobiten, denn das Schreitbein hat ein (oder zwei?) Segmente weniger, als man es von Trilobiten kennt, und der Filamente tragende Ast ist anders konstruiert« (1971, S. 7).

Walcotts Interpretation des Kopfschildes und seiner Gliedmaßen (1912 und 1931) hatte das stärkste Argument für die Einstufung von *Marrella* als Trilobit geliefert. Die Gliedmaßen am Cephalon oder Kopfschild sind bei den Trilobiten (siehe Einschub S. 115) auf charakteristische, beinahe stereotype Weise angeordnet – ein Paar (Antennen genannt) vor dem Mund und drei Paare hinter dem Mund (ältere Studien sprechen sich für vier postorale Segmente aus, doch nach neueren Untersuchungen, besonders nach Whittingtons Monographie über Burgess-Trilobiten von 1975, sind drei wahrscheinlicher). Walcott rekonstruierte den Kopf von *Marrella* in völliger Übereinstimmung mit dem Trilobitenbauplan – zunächst ein Paar Antennen und dann drei Paare, die er als Mandibeln, Maxillulae und Maxillen bezeichnete (1931, S. 31). Walcott veröffentlichte sogar Fotos (1931, Tafel 22), auf denen diese Anordnung angeblich in klaren und komplexen Details zu sehen war. Diese Rekonstruktion war ein überzeugender Grund, um *Marrella* den Trilobiten zuzuordnen.

Doch Whittington bekam bald Zweifel, die sich, während er mehrere hundert Exemplare studierte, nach und nach zu einem Gegenbeweis verdichteten. Spätere Autoren hatten sich Walcotts Darstellung nicht zu eigen gemacht. (Størmer, der die Zugehörigkeit von *Marrella* zu den Trilobiten bejahte, lehnte zum Beispiel Walcotts Rekonstruktion des Kopfes ab und stützte sich auf Ähnlichkeiten bei den Körpergliedmaßen.) Whittington fand vor allem heraus, daß Walcotts Illustrationen keine genauen Abbilder von Strukturen in Gesteinen waren, sondern Kunstprodukte des Retuscheurs. Auf Seite 13 erklärt Whittington, warum seine Zeichnungen von Walcotts Exemplaren so anders aussehen als Walcotts Fotos von 1931: »An den Originalen erkennt man, daß seine Illustrationen erheblich retuschiert wurden.«

Auf Seite 20 weicht diese maßvolle Beurteilung einer der wenigen scharfen Bemerkungen, die man überhaupt in den Schriften Whittingtons findet: »Mehrere sind massiv retuschiert worden, sogar bis hin zur Verfälschung bestimmter Einzelheiten, insbesondere die Darstellung der angeblichen Mandibel, Maxille und Maxillula.«

Whittington fand am Kopfschild von *Marrella* nur zwei Gliedmaßenpaare, *beide* präoral (vor dem Mund): die langen, vielgliedrigen ersten Antennen (die Walcotts »Antenne« entsprachen und von allen in diesem Sinne interpretiert wurden) und ein Paar kürzerer, kräftigerer zweiter Antennen (Walcotts »Mandibel«), bestehend aus sechs Segmenten, von denen mehrere mit Setae, d. h. Haaren, bedeckt waren. Von Walcotts Maxilla oder Maxillulae fand Whittington nicht eine Spur, und er kam zu dem Schluß, daß Walcott einige zerdrückte und abgetrennte Beine von den ersten Körpersegmenten mit Strukturen des Kopfschildes verwechselt haben mußte. Walcott selbst hatte zugegeben, daß er diese vermeintlichen Gliedmaßen bei den meisten Exemplaren nicht feststellen konnte: »die Maxillulae und Maxillae waren so schwach, daß sie meistens fehlen, weil sie abgetrennt oder zwischen den starken Mandibeln [Whittingtons zweiten Antennen] und den Thoraxgliedmaßen zerdrückt wurden« (Walcott, 1931, S. 31 f.).

Doch mit der Erkenntnis, daß der Kopfschild von *Marrella* zwei präorale (erste und zweite Antennen) und keine postoralen Gliedmaßen trägt, ist die anatomische Frage noch nicht vollständig beantwortet, denn diese beiden Gliedmaßen könnten auf vielfältige Weise miteinander zusammenhängen, und die Entscheidung über die systematische Zuordnung hängt davon ab, wie sie geklärt wird. Whittington stand vor drei Alternativen, die, mit jeweils anderen Implikationen, schon früher vorgeschlagen worden waren. Erstens konnten die beiden Antennen die äußeren und inneren Äste einer einzigen ursprünglichen Gliedmaße darstellen, wobei sich die erste Antenne aus dem äußeren Kiemenast entwickelt hätte (die Filamente wären verloren gegangen, und der zarte, aus zahlreichen Segmenten bestehende Schaft hätte sich erhalten), während die kräftige zweite Antenne sich aus dem inneren Beinast entwickelt hätte. Zweitens konnten die beiden Antennen in Wirklichkeit getrennten Ursprungs sein, entstanden als evolutionäre Modifikationen von zwei Paar Gliedmaßen auf zwei ursprünglichen Segmenten. Drittens konnte die zweite Antenne, die einem Schreitbein so sehr ähnelt, in Wahrheit zum ersten Körpersegment hinter dem Kopf gehören und gar nicht am Kopfschild befestigt sein. In diesem Fall würde der Kopf nur ein Paar Gliedmaßen tragen, die ersten Antennen.

Es war vor allem diese Frage, die Whittington bei der Klärung der Anatomie von *Marrella* zu schaffen machte. Er stand vor einem technischen Problem, weil der entscheidende Verbindungspunkt zwischen den Kopfgliedmaßen und dem Schild selbst allenfalls nur bei wenigen Exemplaren zu erkennen ist. (Das dem Befestigungspunkt am Körper entgegengesetzte Ende der Gliedmaße – in der Fachsprache das distale oder fernste Ende – ist gewöhnlich gut erhalten und leicht erkennbar, weil es weit über die Mittelachse des Körpers hinausragt. Das dem Körper anliegende Ende, als proximales oder nächstes Ende bezeichnet, ist dagegen selten auflösbar, weil es unter der Asche liegt und zusammen mit den anderen anatomischen Teilen in dieser zentralen Körperregion ein unauflösliches Durcheinander bildet.)

Whittington mußte alle seine analytischen Kunstgriffe aufbieten, um diese Frage zu klären: einen Schnitt durch den Kopfschild führen, um darunter nach den Gliedmaßenbefestigungen zu suchen, und nach unüblichen Orientierungen forschen, die vielleicht die proximalen Enden der Gliedmaßen zeigen würden. Abbildung 3.16 zeigt das entscheidende Exemplar, das Whittington schließlich zu der zweiten Interpretation neigen ließ: Die beiden Antennen sind getrennte Gliedmaßen, die beide am Kopfschild befestigt sind. Es ist dies das einzige Exemplar, das die proximalen Enden beider Antennen deutlich erkennen läßt, die getrennt an der Unterseite des Kopfschildes befestigt sind.

Man stelle sich nun das Dilemma vor, in dem Whittington steckte, als er daran ging, seine Monographie über *Marrella* zu schreiben. Die bisherige Auffassung, daß die Fossilien den bekannten Gruppen angehören und daß die Geschichte des Lebens zu wachsender Komplexität und Differenzierung fortschreitet, war eine Selbstverständlichkeit für ihn. Doch *Marrella* schien nirgendwo hinzugehören. Die Beine der Körpersegmente waren, wie Whittington festgestellt hatte, nicht hinreichend trilobitenartig, um eine Zuordnung zu dieser Gruppe zu rechtfertigen. Die von ihm geklärte Anordnung der Kopfgliedmaßen – zwei präorale und keine postoralen – wich nicht nur von der Anordnung bei den Trilobiten (eine präorale und drei postorale Gliedmaßen) ab, sondern war außerdem bei sämtlichen Arthropoden völlig unbekannt. Was sollte er mit *Marrella* tun?

Heute würde diese Situation kein Problem mehr aufwerfen. Harry würde einfach lächelnd sagen: Aha, wieder ein Arthropode, der aus dem Rahmen der neuzeitlichen Gruppen herausfällt, wieder ein Anzeichen dafür, daß die Verschiedenartigkeit anfangs am größten war und die anschließende Geschichte des Lebens eine Geschichte der Dezimierung, nicht der wachsen-

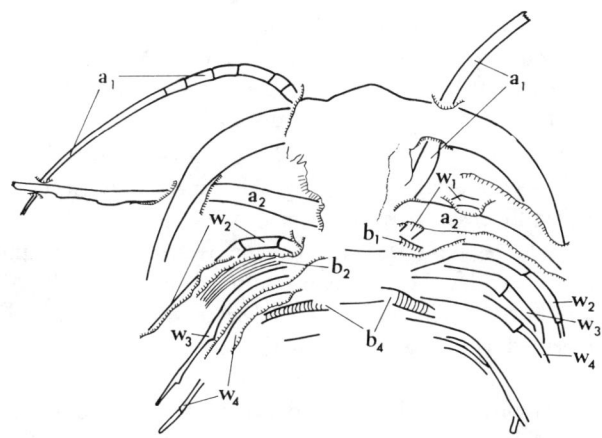

3.16 Camera lucida-Zeichnung des einen entscheidenden Exemplars von *Marrella*, dank dessen das größte Problem bei der Rekonstruktion der Kopfanatomie geklärt wurde. Nur dieses eine Exemplar zeigt die zwei Paar Anhänge (bezeichnet mit a_1 und a_2), die getrennt vom Kopfschild ausgehen.

den Vielfalt der Baupläne ist. Doch diese Interpretation stand ihm 1971 nicht zu Gebote. Er hätte erkennen müssen, daß das Pferd von hinten aufgezäumt war, und das war ihm damals noch nicht möglich.

1971 war Harry noch in der Vorstellung befangen, die Burgess-Fossilien müßten, weil alt, primitiv sein – entweder generalisierte Mitglieder größerer Gruppen, aus denen sich später stärker spezialisierte Formen entwickelten, oder sogar noch fernere Vorläufer, die Merkmale mehrerer Gruppen in sich vereinten und als gemeinsame Ahnen aller interpretiert werden konnten. Deshalb liebäugelte er mit dem Gedanken, *Marrella* könne so etwas wie ein Vorläufer sowohl der Trilobiten als auch der Krustazeen sein – der Trilobiten wegen der vagen Ähnlichkeit im Beinaufbau, der Krustazeen wegen der charakteristischen zwei Paare präoraler Gliedmaßen auf dem Kopfschild. (Eine schwache Beweisführung auch hinsichtlich der eigenen inneren Logik, denn Whittington hatte gezeigt, daß zwischen den Beinen von *Marrella* und denen der Trilobiten im Detail große Unterschiede bestehen, und außerdem haben Krustazeen auf dem Kopfschild auch drei postorale Gliedmaßen, *Marrella* dagegen keine.) Dennoch konnte Whittington sich nicht von der konventionellen Vorstellung von Primitivität befreien, und damit kam er bei *Marrella* nicht weiter. Er schrieb: »*Marrella* ist eines der Fossilien, die auf die Existenz einer frühen Arthropodenfauna schließen lassen, die gekennzeichnet ist durch seriell gleichförmige, im großen und ganzen trilobitenartige Gliedmaßen... und durch das Fehlen von Kauwerkzeugen, Merkmale, die mit der Ernährung durch Teilchen und abgestorbenes Pflanzenmaterial zusammenhängen« (1971, S. 21).

Aber trotzdem mußte Whittington *Marrella* klassifizieren. Wieder eine Schwierigkeit, weil *Marrella* einzigartige Merkmale aufweist, die sich mit den wichtigsten Eigenschaften aller Arthropodengruppen nicht in Einklang bringen lassen. Harry, der kurz vor einer bahnbrechenden Erkenntnis stand, entschied sich diesmal für Vorsicht und Tradition – und reihte *Marrella* unter Størmers Trilobitoidea ein, wie es der Titel seiner Monographie verkündet. Er hatte dabei jedoch das bedrückende Gefühl, wider bessere Einsicht zu handeln. »Ich mußte etwas oben drüber schreiben«, erklärte er mir, »also schrieb ich ›Trilobitoidea‹.« Doch in der Zeit zwischen der Einreichung seines Manuskripts und dem Eingang der Druckfahnen wurde Whittington klar, daß er sich von der Trilobitoidea würde verabschieden müssen, denn sie waren eine künstliche Gruppe, ein »Papierkorb«, in dem sich die interessanteste Geschichte der Arthropodenevolution verbarg. Er sagte mir: »Als ich *Marrella* gedruckt sah, und oben drüber stand ›Trilobitoidea‹, wußte ich, daß es ein Reinfall war.« Tatsächlich war *Marrella* jedoch der Anfang eines ungeheuren Aufschwungs gewesen – und die Dokumentation dieser anatomischen Explosion sollte bald unsere Auffassung vom Leben verändern.

Yohoia: Ein Verdacht verstärkt sich

Bei seiner behutsamen Erkundung der Burgess-Arthropoden gedachte Whittington entsprechend ihrer Häufigkeit vorzugehen. Als nächstes war *Canadaspis* an der Reihe, doch Harry wollte die ganze Gruppe der Arthropoden mit zweiklappigem Carapax von einem Forschungsstudenten bearbeiten lassen (Derek Briggs sollte sich, wie man im dritten Akt sehen wird, dieser Aufgabe mit glänzenden Ergebnissen entledigen). Anschließend kamen, nach Maßgabe der Häufigkeit, *Burgessia* und *Waptia*, die beiden Gattungen, die Størmer zu seiner Unterklasse Pseudonotostraca zusammengefaßt hatte. Diese Gattungen hatte Whittington jedoch seinem Kollegen Chris Hughes übertragen (der eine Untersuchung über *Burgessia* im Jahre 1975 veröffentlichte, während seine Arbeit über *Waptia* noch nicht abgeschlossen ist). So nahm sich Whittington den Arthropoden mit der nächstgrößten Häufigkeit (etwa vierhundert Exemplare) vor, die interessante Gattung *Yohoia*, benannt nach dem Nationalpark, in dem der Burgess Shale liegt.

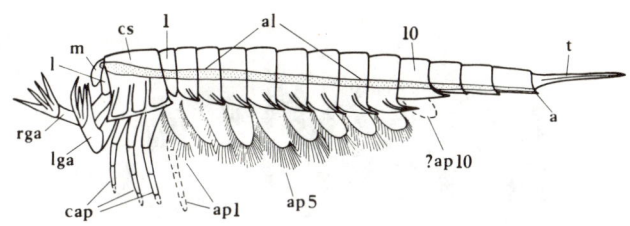

3.17 Rekonstruktion von *Yohoia* durch Whittington (1974). Man beachte die einzige, vom Kopf ausgehende große Gliedmaße (bezeichnet mit *rga* und *lga*).

Whittingtons zweite Monographie, seine 1974 erschienene Studie über *Yohoia*, läßt einen geringfügigen, aber dennoch interessanten Auffassungswandel erkennen, der für den anstehenden großen Umschwung eine notwendige Voraussetzung bildete. Er hatte sich mit *Marrella* abgemüht und war zu der richtigen empirischen Schlußfolgerung gelangt, daß diese häufigste Burgess-Gattung in keine der bekannten Arthropoden-Gruppen hineinpasse. In dem vorgegebenen theoretischen Rahmen konnte er die Burgess-Organismen jedoch nur als primitive Lebensformen, beziehungsweise als Vorläufer auffassen; und ganz gewiß stand ihm der Sinn nicht danach, nur für einen einzigen Fall, der unter Umständen nicht einmal typisch war, einen neuen Wegweiser zu errichten. Aber während ein einmaliges Vorkommen eine Ausnahme bildet, kann man bei einem weiteren Fall bereits von einer potentiellen Regel sprechen. Mit *Yohoia* machte Whittington seinen ersten deutlichen Schritt in Richtung auf eine neue Sicht des Lebens.

Yohoia ist ein ganz eigenartiges Tier. Auf den ersten Blick wirkt es »primitiv« und unkompliziert (Abb. 3.17): Der Körper ist gestreckt, der Kopfschild einfach, ohne sonderbare Stacheln oder Auswüchse. Walcott hatte *Yohoia* zu den Branchiopoden gerechnet, Størmer stellte das Tier als eine unbestimmte Gattung ans Ende seiner Trilobitoidea. Doch je weiter Whittington seine Untersuchung fortführte, um so rätselhafter wurde die Sache für ihn. Nichts an *Yohoia* paßte zu irgendeiner der bekannten Gruppen.

Der Erhaltungszustand von *Yohoia* ließ, gemesen an den übrigen Burgess-Organismen, viel zu wünschen übrig; und gerade die Klärung von Reihenfolge und Anordnung der Extremitäten, auf die es bei der systematischen Zuordnung von Arthropoden ankommt, machte Whittington zu schaffen. Am Ende kam er zu dem Schluß, daß der Kopf wahrscheinlich drei Paar einästige Schreitbeine trägt – was in diesem Fall nichts Ungewöhnliches ist,

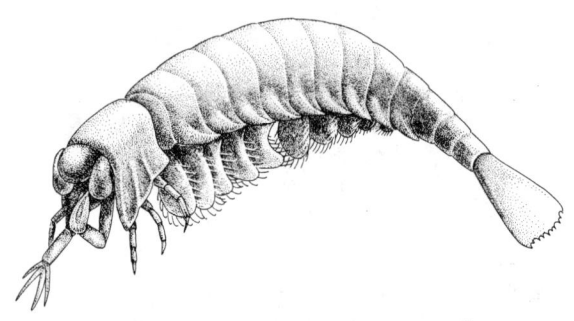

3.18 *Yohoia*. Zeichnung von Marianne Collins.

denn das ist das übliche Schema bei den Trilobiten, und es stand im Einklang mit Størmers Zuordnung zu den Trilobitoidea. Doch die merkwürdigste Anomalie befindet sich ganz vorn – ein Paar großer Greifwerkzeuge, die an der Basis aus zwei kräftigen Gliedern bestehen und an der Spitze vier Krallen tragen. Dieses Gebilde ist bei Arthropoden einmalig, und Whittington fand in dem breit gefächerten Fachjargon keine Bezeichnung dafür. Er entschied sich mit vornehmer Einfachheit für die Umgangssprache und nannte dieses Gebilde die »große Gliedmaße«.[4]

Yohoia trägt sonst keine Gliedmaßen am Kopfschild – keine Antennen,[5] keine der Nahrungsaufnahme dienenden Strukturen (die sogenannten Kiefer- und Mundgliedmaßen von Insekten und anderen Arthropoden sind modifizierte Beine – der Hauptgrund, warum wir uns bei vergrößerten Filmaufnahmen von fressenden Insekten seltsam oder unbehaglich fühlen). Die ersten zehn Rumpfsegmente hinter dem Kopf tragen lappige Fortsätze, die mit Setae, haarähnlichen Auswüchsen, besetzt sind (Abb. 3.18; siehe auch Abb. 3.17). Die Gliedmaße auf dem ersten Segment könnte zweiästig gewesen sein und war möglicherweise auch ein Schreitbein, doch das konnte Whittington wegen des schlechten Erhaltungszustandes nicht zufriedenstellend klären. Die Segmente 11 - 13 sind zylindrisch und tragen keine Gliedmaßen, und das letzte, das 14. Segment besteht in einem abgeflachten Telson oder Schwanz. Auch diese Anordnung der Segmente und Gliedmaßen weicht stark von dem bei Trilobiten üblichen Schema der zweiästigen Gliedmaßen auf jedem Körpersegment ab. Mit seiner großen Gliedmaße vorn und der merkwürdigen Anordnung der Gliedmaßen hinten war *Yohoia* ein Waisenkind unter den Arthropoden.

In einem Interview äußert Whittington (8. April 1988), daß seine Untersu-

SYSTEMATIC DESCRIPTIONS
Class TRILOBITOIDEA Størmer, 1959?
Family YOHOIIDAE Henriksen, 1928
Genus *Yohoia* Walcott, 1912

3.19 Der schicksalshafte erste Ausdruck eines Zweifels. Whittington (1974, S. 4) ordnete *Yohoia* noch immer den Trilobitoidea zu, äußerte aber seinen Zweifel an der Stellung von Størmers Gruppe.

chung von *Yohoia* einen Wendepunkt in seinem Denken bedeutete. *Marrella* hatte er trotz ihrer Einzigartigkeit unter den beiden vorherrschenden Gesichtspunkten – »primitiv« und »Vorläufer« – eingestuft. Yohoia zwang ihn jedoch zu einer anderen Erkenntnis. Dieses im Grunde einfache, längliche Tier mit seinen zahlreichen Segmenten wirkte in mancher Hinsicht tatsächlich primitiv. »Dieses Tier«, schrieb er, »ähnelt Snodgrass' hypothetischem primitiven Arthropoden insofern, als der Nahrungskanal sich über die ganze Länge des Körpers erstreckt« (1974, S. 1). Dennoch schob Whittington das Einzigartige, besonders die Form der großen Gliedmaße, nicht beiseite. In dem Bemühen, die Lebensweise von *Yohoia* zu rekonstruieren, hatte er gezeigt, daß die lappigen Körperfortsätze mit ihrem Haarbesatz zum Schwimmen, zum Atmen (als Kiemen) und zum Transport von Nahrungspartikeln gedient haben könnten, während es möglicherweise der Zweck der großen Gliedmaße war, mit den Krallen Beute zu fangen und diese direkt dem Mund zuzuführen.

Das alles waren einzigartige anatomische Spezialisierungen, dank derer *Yohoia* vermutlich in ihrer wohlangepaßten Lebensweise gut zurechtkam. Dieses Tier war kein Vorläufer mit einigen merkwürdigen Besonderheiten, sondern ein eigenständiges Wesen, bei dem sich primitive und abgeleitete Merkmale fanden. »Im Außenskelett und in den Extremitäten«, schrieb Whittington, »ist *Yohoia tenuis* eindeutig spezialisiert« (1974, S. 1).

Als das entscheidende Jahr 1975 anbrach, hatte Whittington also Monographien über zwei Burgess-Arthropoden mit dem gleichen sonderbaren Ergebnis abgeschlossen. *Marrella* und *Yohoia* paßten nirgendwo hin. Es waren spezialisierte Tiere, die mit ihren einzigartigen Merkmalen offenbar gut leben konnten, und keine einfachen, generalisierten Geschöpfe der Frühzeit, die reif dafür waren, von komplexeren und lebensfähigeren Nachkömmlingen abgelöst zu werden.

Whittington war noch immer zu vorsichtig, um diese Verdachtsgründe in eine klare systematische Ordnung umzusetzen. Noch zählte er – ein letztes Mal – *Yohoia* zu den Trilobitoidea, aber er machte zwei wichtige Unterschiede. Im Titel seiner Monographie benutzte er Størmers Kategorie nicht, und er fügte in der formellen taxonomischen Darstellung (1974, S. 4) hinter der Bezeichnung ein vielsagendes Fragezeichen ein – das erste offene Anzeichen der Infragestellung der alten Ordnung (Abb. 3.19). Whittington schrieb: »Ich habe Zweifel, ob *Yohoia* zu den Trilobitoidea gezählt werden sollte« (1974, S. 2). Die theoretische Bedeutung eines Fragezeichens sollten Sie nie in Zweifel ziehen.

2. Akt
Eine neue Auffassung gewinnt an Boden: Huldigung an *Opabinia*, 1975

Harry Whittington leitete seine 1975 erschienene Monographie über *Opabinia* mit einer Äußerung ein, die als eine der bemerkenswertesten in der Geschichte der Wissenschaft in Erinnerung bleiben sollte: »Als auf einer Versammlung der Paläontologischen Vereinigung in Oxford eine ältere Version von Abbildung 82 [hier abgedruckt als Abb. 3.20] gezeigt wurde, wurde sie mit lautem Gelächter aufgenommen, vermutlich ein Tribut an die Seltsamkeit dieses Tieres« (1975a, S. 1). Sie sind verblüfft über meine Behauptung? Was ist an diesem harmlosen Satz, der nicht einmal das in wissenschaftlichen Texten gebräuchliche Passiv verläßt, so ungewöhnlich? Um das zu ermessen, müßten Sie Harry Whittington kennen, und Sie müßten mit den stilistischen Gepflogenheiten fachwissenschaftlicher Monographien vertraut sein. Harry ist, wie ich mehrfach erklärt habe, ein konservativer Mann.[6] Ich bezweifle, daß er in den mehreren tausend Seiten, die er veröffentlicht hat, jemals eine persönliche Äußerung tat, ganz zu schweigen von einer Anekdote über ein flüchtiges Ereignis. (Selbst hier konnte er sich nur dazu durchringen, es im Passiv zu tun.) Was also mochte Harry Whittington dazu bewogen haben, eine fachwissenschaftliche Monographie in den *Philosophical Transactions of the Royal Society, London* mit einer persönlichen Geschichte zu eröffnen, die

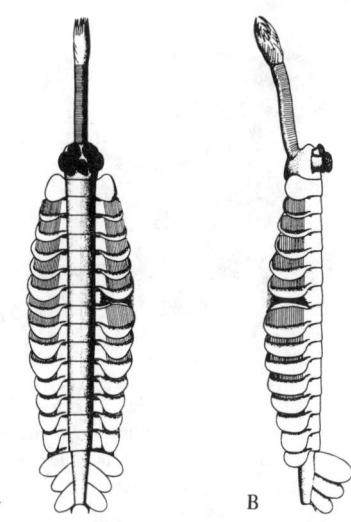

3.20 Rekonstruktion von *Opabinia* durch Whittington (1975). (A) Draufsicht, bei der die fünf Augen auf der Oberseite des Kopfes zu erkennen sind. (B) Seitenansicht: Man beachte die Orientierung der Schwanzflossen im Verhältnis zum Körper; die Rückenseite ist rechts.

in dieser Umgebung ungefähr so passend wirkt wie John Wayne in einer Wagneroper? Da kündigte sich etwas wirklich Ungewöhnliches an.

Walcott hatte *Opabinia* im Jahre 1912 als eine weitere Branchiopoden-Krustazee beschrieben. Ihre merkwürdige Gestalt, besonders der bizarre frontale Rüssel (Abb. 3.21), hatte *Opabinia* zu einer Attraktion des Burgess gemacht. Es hatte viele unterschiedliche Rekonstruktionsversuche gegeben, doch immer hatten die Autoren für *Opabinia* einen Platz in einer der Großgruppen der Arthropoden gefunden. Nach zwei Monographien über häufige Gattungen (*Marrella* und *Yohoia*) und einer weiteren über die Struktur der Trilobiten-Gliedmaßen (1975b) war *Opabinia* der rätselhafteste aller Burgess-Arthropoden, für Harry Whittington eine Herausforderung und der logische nächste Schritt.

Als Whittington mit seiner Untersuchung der *Opabinia* begann, stand für ihn zweifelsfrei fest, daß sie zu den Arthropoden zählte. Bald darauf erlebte er die größte Überraschung seines Lebens, obwohl die kleineren Merkwürdigkeiten von *Marrella* und *Yohoia* ihn schon auf Erstaunliches aus dem Burgess vorbereitet hatten. Seine erste Rekonstruktion von *Opabinia* trug Whit-

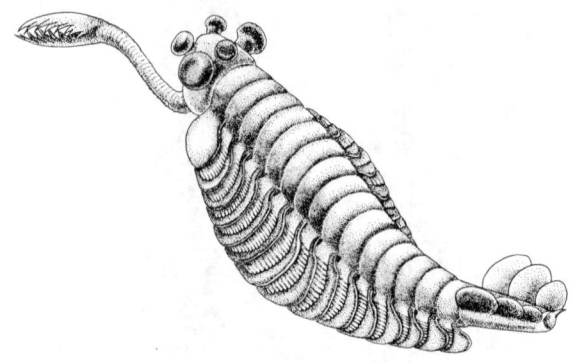

3.21 Darstellung von *Opabinia*. Zu erkennen sind: der frontale Rüssel mit der Schere am Ende, die fünf Augen auf dem Kopf, die Rumpfsegmente mit den obenliegenden Kiemen und das aus drei Segmenten gebildete Schwanzstück. Zeichnung von Marianne Collins.

tington auf der Jahrestagung der Paleontological Association[7] im Jahre 1972 in Oxford vor.

Lachen ist die zwiespältigste aller menschlichen Ausdrucksweisen, denn es kann zwei gegensätzliche Bedeutungen haben. Harry nahm das Gelächter seiner Kollegen in Oxford nicht als Ausdruck von Spott, sondern als Zeichen der Ratlosigkeit wahr, aber es verunsicherte ihn trotzdem. Simon Conway Morris und Derek Briggs, seine beiden hervorragenden Studenten, sind sich darin einig, daß diese Oxforder Reaktion in Harrys Arbeit über den Burgess Shale einen Wendepunkt darstellte. Er mußte dieses unerwartete, verständnislose Gelächter einfach auflösen und verjagen. Er mußte seine Kollegen mit einer so unanfechtbaren Rekonstruktion von *Opabinia* schlagen, daß deren Eigentümlichkeiten alle in den Bereich reiner Faktizität übergehen konnten.

Obwohl *Opabinia* ein seltenes Tier ist, von dem nur zehn brauchbare Exemplare vorliegen (Walcott fand neun, und der Geological Survey of Canada fügte in den sechziger Jahren ein weiteres bei), stand für Walcott fest, daß sie für die Interpretation der Burgess-Fauna von zentraler Bedeutung sei. Er räumte *Opabinia* einen Ehrenplatz ein und beschrieb diese Gattung als erste unter den Burgess-Arthropoden (siehe Tab. 3.1). Walcott setzte *Opabinia* an die Spitze seiner Klassifikation, weil der gestreckte Körper, der aus zahlreichen Segmenten bestand und keine hervorstechenden und komplexen Anhänge aufwies, nach seiner Meinung »sehr stark auf einen Anneliden-Ahnen hindeutet« (1912, S. 163). Da die Anneliden oder Ringelwürmer (zu denen die terrestrischen Regenwürmer und die marinen Polychaeten zählen) die mutmaßliche Schwestergruppe der Arthropoden bilden, könnte ein Tier, das Merkmale beider Stämme in sich vereint, dem gemeinsamen Ahnen beider nahestehen und ein Bindeglied zwischen diesen großen Gruppen von Wirbellosen sein. Walcott sah in *Opabinia* den primitivsten Burgess-Arthropoden, das genaueste Urbild eines echten Vorläufers aller späteren Gruppen.

Doch welche Arthropoden-Merkmale hatte Walcott an *Opabinia* ausgemacht? Was den Kopf anging, hatte er wenig zu bieten, denn Anhänge konnte er nicht finden. Der frontale »Rüssel« ließe sich als ein Paar verschmolzener Antennen interpretieren, und die Augen stimmten mit dem Arthropoden-Bauplan überein (Walcott bemerkte nur zwei Augen, doch Whittington fand fünf, zwei paarige und ein zentrales). Walcott räumte ein, daß »keiner der Köpfe… Spuren von Antennulae, Antennen, Mandibeln oder Maxillen aufweist. Wenn diese Anhänge groß waren, sind sie abgebrochen; wenn sie klein waren, könnten sie unter dem zerquetschten und abgeplatteten großen hinteren Teil des Kopfes verborgen sein« (1912, S. 168). Ich sehe in dieser Aussage ein hübsches Beispiel für eine offenbar unbewußte Voreingenommenheit in der Wissenschaft. Da Walcott »wußte«, daß *Opabinia* ein Arthropode war, mußte das Tier Anhänge am Kopf haben. Weil er aber keine fand, lieferte er Erklärungen für ihr Fehlen: Entweder waren sie so groß, daß sie stets abbrachen, oder sie waren so klein, daß sie unter dem Kopf verschwanden. Die naheliegende dritte Alternative – daß man sie nicht sieht, weil sie nicht da waren – erwähnte er nicht.

(Walcott beging übrigens noch einen weiteren Fehler – siehe den nächsten Abschnitt –, der vielleicht bloß amüsant oder nebensächlich erscheint, aber das ernste Problem unterstreicht, daß wir bei unseren Beobachtungen von vorgefaßten Kategorien ausgehen und oft nicht »sehen« können, was uns geradezu ins Auge springt. Anfangs mögen es nur ein paar empirische Anomalien gewesen sein, die Whittington und Kollegen dazu bewogen, die Interpretation des Burgess Shale zu revidieren, doch dann entstand mit dem theoretischen Rahmen der neuen Auffassung, die sich zwischen 1975 und 1978 herausschälte, ein neuer Kontext, der weitere Beobachtungen ermöglichte. Ich predige keinen Relativismus; die Burgess-Tiere sind, was sie sind. Theoretische Scheuklappen können jedoch eine Beobachtung unmöglich machen, und während genauere Konzepte zwar nicht garantieren, daß konkrete Anatomien richtig gedeutet werden, können sie doch die Wahrnehmung so lenken, daß mehr dabei herauskommt.)

Unserem ursprünglichen Hang zum Geschlechtlichen folgend, fand Walcott zwei Exemplare, denen der frontale Rüssel zu fehlen schien. (Walcott glaubte wirklich, daß die Rüssel bei diesen Exemplaren fehlten, doch Whittington sezierte eines der Objekte, fand den gezackten Rand der Bruchstelle und bewies dadurch, daß die Rüssel abgebrochen waren.) Bei einem Exemplar fand Walcott an der Stelle, an der der Rüssel saß, ein schlankes gegabeltes Gebilde. (Wie sich herausstellte, handelte es sich dabei um das Fragment eines Wurms, der mit dem Objekt selbst nichts zu tun hatte, doch Walcott deutete es als einen genuinen Bestandteil von *Opabinia*, der sich an der gleichen Stelle befand wie bei anderen Exemplaren der Rüssel.) Walcott folgerte daraus, er habe bei *Opabinia* Sexualdimorphismus entdeckt, und der starke, stämmige Rüssel gehöre (natürlich) zu dem Männchen und das schlanke Gebilde zu dem zarteren Weibchen. Über diese vermeintlichen Weibchen schrieb er: »Sie unterscheiden sich von dem Männchen… dadurch, daß sie anstelle des starken Anhangs des Männchens einen schlanken, gespaltenen frontalen Anhang besitzen.« Diesen fiktiven Unterscheidungen fügte er sogar noch die stereotypen Vorstellungen über Aktivität und Passivität der Geschlechter hinzu, denn er meinte, daß der Rüssel »wahrscheinlich von dem Männchen dazu benutzt wurde, das Weibchen zu packen« (1912, S. 169).

Der Hauptgrund, *Opabinia* als einen Arthropoden aufzufassen, lag in Walcotts Interpretation der paarigen Körpersegmente. Er deutete diese Anhänge als die Kiemenäste von ursprünglich zweiästigen Anhängen. Er glaubte, an der Basis dieser Anhänge zwei oder drei »recht starke, kurze Glieder« (1912, S. 168) beobachtet zu haben, gefolgt von dem breiten Lappen, der die Kiemen trägt. Er hoffte, auch die inneren Beinäste zu finden, konnte sich aber nie restlos davon überzeugen und gelangte zu dem Schluß, daß die Schreitbeine vermutlich in einer »bedeutungslosen oder rudimentären« Form existierten (1912, S. 163).

Offenkundig machte es Walcott zu schaffen, daß *Opabinia* keinen unwiderlegbaren Beweis der Arthropoden-Verwandtschaft bewahrt hatte. In dem Bemühen, die Bedingungen der Burgess-Fossilisation zu simulieren, nahm er sogar einige moderne schalenlose Krebse und zerquetschte sie zwischen Glasplatten. Diese mutwillige Zerstörung spendete ihm einen gewissen Trost, weil von den zarten Anhängen nach einer solchen Behandlung oft nichts übrig blieb. Er schrieb: »Nachdem ich Exemplare von *Brachinecta* und *Branchipus* zwischen Glasplatten zerdrückt und untersucht habe, bin ich sehr erstaunt, daß bei den Fossilien überhaupt einzelne Merkmale der Anhänge in erkennbarem Zustand erhalten sind« (1912, S. 169). Walcott

hatte die entscheidende Fähigkeit bewiesen, auf die es in der von ihm ausge-
übten Verwaltungstätigkeit ankam: Er hatte das, was ihm nicht in den Kram
paßte, einfach ignoriert. *Opabinia* sollte ein Arthropode bleiben.

Dabei war Walcott geradezu behutsam, verglichen mit späteren Rekonstruktionen, die immer bedenkenloser immer mehr Arthropoden-Merkmale
hinzufügten. Fasziniert von der Frage, wie es geschehen konnte, daß die
schalenlosen Krebse (Anostraca) ihre bevorzugte Lebenswelt aus dem kambrischen Ozean in moderne Süßwasserteiche verlegt hatten, und dadurch auf
das Gebiet der Paläontologie geraten, unternahm der große Ökologe G. Evelyn Hutchinson 1931 eine Rekonstruktion, bei der *Opabinia* die übliche
Rückenlage eines schwimmenden Anostraca einnimmt (Abb. 3.22). Aus den
seitlichen Lappen machte er lange, schaufelartige Anhänge, die säuberlich an
der Seite eines Arthropoden-Schildes befestigt waren.

Ihren Höhepunkt erreichte diese phantasievolle Tradition mit der ästhetisch ansprechenden, aber wirklichkeitsfremden Rekonstruktion von Simonetta (1970).[8] *Opabinia* ist zu einem idealen Arthropoden geworden
(Abb. 3.23). Der frontale Rüssel weist eine (ganz und gar erfundene) Längs-
naht auf, die andeuten soll, daß er aus einem nunmehr verschmolzenen
Antennenpaar hervorgangen ist. Simonetta »fand« zwei zusätzliche Paare
kurzer Arthropoden-Anhänge am Kopf, von denen das eine von einem
Augenpaar ausgeht, das andere von einem Höcker auf dem Schild. Die einzelnen Körpersegmente versah Simonetta mit einem ausgeprägten, eindeutig
zweiästigen Anhang – einem schaufelartigen Kiemenast über einem kleinen,
aber eindeutigen Beinast. Mit dieser unangefochtenen Tradition sah sich
Whittington konfrontiert, als er mit seiner Arbeit an den zehn kostbaren
Exemplaren von *Opabinia* begann.

Ich komme jetzt zu dem Angelpunkt dieses Buches. Ich hätte nicht übel
Lust, auf den nächsten ein oder zwei Seiten zu Großbuchstaben oder zu
irgendeiner ausgefallenen Drucktype oder zu roten Buchstaben überzuge-

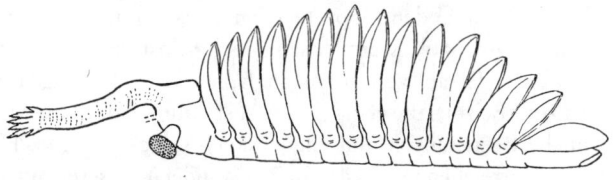

3.22 Hutchinsons Rekonstruktion von *Opabinia* als Anostraka, in moderner Rückenlage schwimmend (1931).

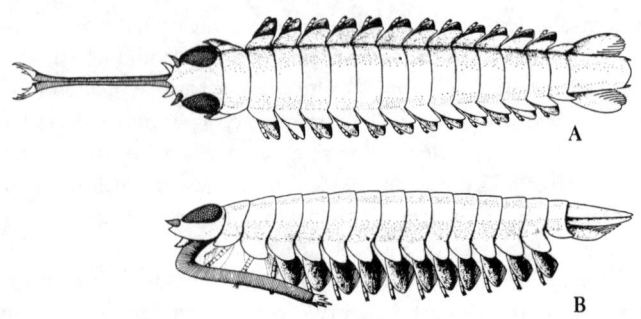

3.23   Reizvolle, aber falsche Rekonstruktion von *Opabinia* als Arthropode durch Simonetta (1970). (A) Draufsicht. (B) Seitenansicht. Simonetta meinte, der frontale Rüssel sei durch Verschmelzung von Antennen entstanden, und er versah jedes der vermeintlichen Rumpfsegmente mit zweiästigen Anhängen.

hen, nehme aber aus Respekt vor den ästhetischen Gepflogenheiten des Büchermachens davon Abstand. Ich verzichte außerdem darauf, weil ich nicht der Legende zum Opfer fallen möchte (nachdem ich gerade eine zerstreut habe, was die Entdeckung des Burgess Shale angeht). Meine Gefühle und Wünsche sind zwiespältig. Ich bin im Begriff, den entscheidenden Moment dieses Dramas zu beschreiben, fühle mich aber zugleich dem historischen Grundsatz verbunden, daß es solche Momente nicht gibt, jedenfalls nicht in der Form, wie es unsere Legenden verkünden.

Entscheidende Augenblicke sind Kindermärchen. Ist es denn möglich, daß eine Geschichte wie diese, an der so viele Menschen beteiligt sind, die sich mit komplexen intellektuellen Problemen auseinandersetzen, irgendeinen Moment zum einzigen Brennpunkt des ganzen Geschehens oder auch nur zum wichtigsten Augenblick erklärt? Kann ich denn, nachdem ich mich derart bemüht habe, all die Details zu erkunden und sie richtig anzuordnen, das alles fahren lassen zugunsten des Heureka-Mythos? Einen einzelnen Gegenstand, zum Beispiel den Hope-Diamanten, kann man vermutlich in einem bestimmten Augenblick entdecken; doch selbst ein so urtümliches Ereignis ist an eine Vielzahl von unumgänglichen Vorbedingungen gebunden, zu denen zum Beispiel die geologische Ausbildung, politische Maßnahmen, persönliche Beziehungen und einfach auch Glück gehören. Hier ist aber von einem weitreichenden theoretischen Wandel in unserer Auffassung vom Leben und vom Sinn der Geschichte die Rede. Wie kann man bei einem derart komplexen Wandlungsprozeß von einem Vorher und einem Nachher sprechen? Läßt sich die endgültige Fassung der Selektionstheorie, der liberalen Wirtschaftstheorie, des Strukturalismus, der Lehre von der unbefleckten Empfängnis Mariens oder jeder anderen komplizierten moralischen oder theoretischen Position einer einzigen Person, einem einzigen Ort oder Tag zuschreiben?[9]

Dennoch gilt, was Orwell über das in seiner Farm versinnbildlichte Rußland sagte: Einige Tiere sind gleicher als andere. Wir brauchen herausragende Dinge und Momente, auf die sich unsere Aufmerksamkeit heftet: den Apfel, der Newton auf den Kopf fiel, und die Gegenstände, die Galilei nicht vom Schiefen Turm herunterfallen ließ. Wenn die Musik auch unaufhörlich weiterspielt, so können wir doch Höhepunkte in der Kontinuität ausmachen.

Ich glaube, daß der Wandlungsprozeß im Falle des Burgess Shale einen Rubikon oder so etwas Ähnliches hatte, zumindest symbolisch, eine entscheidende Entdeckung, die es erlaubt, von einem Vorher und einem Nachher zu sprechen.

Damit sind wir wieder bei Harry Whittington, der sich, was *Opabinia* betrifft, einer einheitlichen Meinung gegenübersah. Alle hatten dieses Tier stets als Arthropoden identifiziert, doch den unwiderlegbaren Beweis, die für diese Gruppe charakteristischen segmentierten Anhänge, hatte keiner gefunden. Aber schließlich hatte auch keiner vor Whittington über die entsprechenden Verfahren verfügt, um kleine Anhänge, die sich unter einem äußeren Schild verbargen, ausfindig zu machen. Einige Jahre zuvor hatte Harry die entscheidende methodologische Entdeckung gemacht, daß die Burgess Shale-Fossilien, mochten sie auch noch so sehr zusammengepreßt sein, dreidimensionale Objekte sind, deren oberste Schichten man entfernen konnte, um die darunter liegenden Strukturen aufzudecken. Mit dieser Methode hatte Harry bereits *Marrella, Yohoia* und die Burgess-Trilobiten analysiert.

Opabinia schrie geradezu nach dem entscheidenden Experiment mit den neuen Techniken: daß man einen Schnitt durch den Rückenschild führte, um die Körperanhänge und deren Befestigungen zu finden, und einen Schnitt durch den Kopfschild, um zu den frontalen Anhängen zu gelangen. Also brachte Harry seine Schnitte an, in der festen Überzeugung, die gegliederten Anhänge eines Arthropoden zu finden. Er schnitt – *und fand nichts unter dem Carapax.*

Opabinia war kein Arthropode. Und auch sonst verkörperte sie mit Sicherheit nichts, was man hätte bestimmen können. Bei näherer Prüfung schien nichts aus dem Burgess Shale in irgendeine moderne Gruppe zu passen. *Marrella* und *Yohoia* waren zumindest Arthropoden, auch wenn sie sich innerhalb dieses riesigen Stammes wie Waisenkinder ausnahmen. Doch was war *Opabinia*? Whittingtons Schlußfolgerung wirkte vielleicht verwirrend, aber sie war auch befreiend. *Opabinia* brauchte nicht mehr den an einen Arthropoden oder an sonst einen anatomischen Bauplan gestellten Anforderungen zu genügen. So weit wie es einem Paläontologen je möglich war, konnte Whittington sich dem unerreichbaren Ideal des Parzival annähern, des reinen Toren, der keinerlei vorgefaßte Meinung hat. Er konnte einfach beschreiben, was er sah, mochte es auch noch so seltsam sein.

Opabinia ist in der Tat sonderbar, aber nicht unerforschlich. Sie ist wie die meisten anderen Tiere beschaffen. *Opabinia* ist bilateral symmetrisch. Sie hat einen Kopf und einen Schwanz, Augen und einen Darm, der von vorn nach hinten verläuft. Für einen eifrigen Forscher ist sie das ideale Geschöpf – nicht so verrückt, daß man gar nichts mit ihr anfangen könnte, aber doch sonderbar genug, um einen neugierigen Menschen zu faszinieren.

Zu Beginn seiner Monographie tadelte Whittington seine Vorgänger, weil sie fraglos an dem Arthropodenmodell festgehalten und sich dementsprechend mehr auf das verlassen hatten, was nach diesem Modell zu erwarten war, als auf die Beobachtung der vorliegenden Exemplare: »Mit dem stetigen Interesse an *Opabinia* ging keine kritische Untersuchung der Exemplare einher, und so wurde die Phantasie nicht durch Tatsachen gehemmt. Die vorliegende Arbeit möchte eine verläßlichere Grundlage schaffen, auf der man dann spekulieren kann« (1975a, S. 3). Mit typischem Understatement (wobei seine persönliche Neigung das Charakteristikum der Briten noch verstärkte) schrieb Whittington: »Meine Schlußfolgerungen bezüglich der Morphologie laufen auf eine Rekonstruktion hinaus, die sich in vielen bedeutsamen Aspekten von allen früheren unterscheidet« (1975a, S. 3).

Diese »vielen bedeutsamen Aspekte« ergaben ein Tier, das einem Sciencefiction-Film zur Zierde gereichen würde, wenn man es über seine tatsächliche Länge von 43-70 mm hinaus stark vergrößern würde. Schauen wir uns die wichtigsten Merkmale von Whittingtons Rekonstruktion an:

1. *Obapinia* hat nicht zwei Augen, sondern sage und schreibe fünf! Vier davon sitzen paarweise auf kurzen Stielen, während ein fünftes Auge, das vermutlich ungestielt ist, sich auf der Mittellinie befindet (siehe Abb. 3.20).

2. Der frontale Rüssel ist kein einziehbarer Rüssel und auch nicht das Ergebnis der Verschmelzung von Antennen (die beiden bevorzugten Interpretationen, die sich mit einem Arthropoden-Bauplan in Einklang bringen lassen). Von der unteren Vorderkante des Kopfes ausgehend, erstreckt er sich

nach vorn. Er ist ein biegsames Organ, das aus einem gestreiften zylindrischen Rohr besteht – genau wie der Schlauch eines Staubsaugers und vermutlich nach den gleichen Prinzipien krümmbar. Am Ende teilt er sich in zwei Längshälften, die mit langen, einwärts und vorwärts gerichteten Dornen versehen sind. In dem Rohr könnte sich ein mit Flüssigkeit gefüllter Kanal befunden haben: ein hervorragendes Mittel, um die erforderliche Steifheit mit hinreichender Biegsamkeit zu verbinden.

3. Der Darm besteht in einer einzigen Röhre, die sich fast über die gesamte Körperlänge mitten durch das Tier zieht (siehe Abb. 3.24). Am Kopf zeigt der Darm jedoch eine U-förmige Krümmung und geht in einen nach hinten gerichteten Mund über. Interessanterweise besitzt der frontale Rüssel genau die richtige Länge und die entsprechende Flexibilität, um sich zurückbiegen und dem Mund Nahrung zuführen zu können. Whittington vermutet, daß *Opabinia* sich hauptsächlich in der Weise ernährte, daß sie mit der »Zange«, welche die dornigen Teile am Vorderende des Rüssels bildeten, Nahrung einfing und dann den Rüssel zum Mund zurückbeugte.

4. Der Hauptteil des Rumpfes besteht aus fünfzehn Segmenten, von denen jedes ein Paar dünner Lappen trägt, die beiderseits der Mittelachse an der Seite angebracht sind. Diese Lappen überdecken sich zum Teil und sind abwärts und auswärts gerichtet (siehe Abb. 3.20).

5. Jeder Lappen außer dem ersten trägt auf der Rückenfläche eine paddelförmige Kieme, die nahe der Basis des Lappens befestigt ist. Die Unterseite des Kiemens ist flach, während die Oberseite aus einer Reihe von dünnen Lamellen besteht, die sich wie gefächerte Spielkarten überlappen.

6. Die letzten drei Segmente des Rumpfes bilden einen »Schwanz«, bestehend aus drei Paaren dünner, lappenartiger Schaufelblätter, die nach oben und außen gerichtet sind (siehe Abb. 3.20).

Whittington mußte alles aufbieten, was ihm an speziellen Methoden zur Verfügung stand – Präparieren, Vergleich zwischen unterschiedlichen Orientierungen, Gegenüberstellung von Druck und Gegendruck –, um die Morphologie eines so merkwürdigen Tieres zu erschließen. Er entdeckte außerdem, daß ein schwerwiegendes Argument für das Arthropodenmodell auf die Tatsache zurückging, daß diese Methoden mißachtet wurden. Bei einem wichtigen Exemplar hatte Walcott Druck und Gegendruck miteinander verwechselt. Während er glaubte, die Unterseite des Tieres zu sehen, schaute er in Wahrheit auf die Oberseite herab. Raymond hatte sich diese auf den Kopf gestellte Interpretation zu eigen gemacht und die durchaus vernünftige Behauptung aufgestellt, die Kiemen von *Opabinia* lägen *unter* dem äußeren

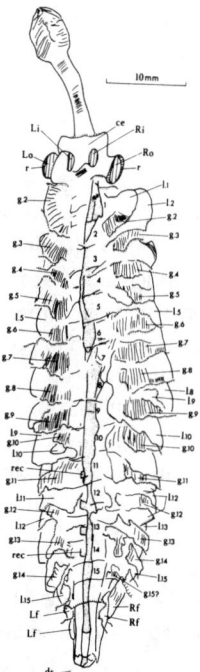

3.24 Camera lucida-Zeichnung eines Exemplars von *Opabinia*, in üblicher Stellung, von oben gesehen. Auf beiden Seiten sind Kiemen (bezeichnet mit *g*) und Lappen (*l*) deutlich erkennbar; der Rest des Darms verläuft längs der Mittellinie. Zwei Augenpaare sind zu sehen, und aus dem Vorderende ragt der Rüssel hervor.

Schild, wie es bei den Arthropoden üblich ist, bei denen die Kiemenäste als oberer Ast von zweiästigen Gliedmaßen direkt unter dem Rückenpanzer liegen. Betrachtet man *Opabinia* aber richtig herum, so liegen die Kiemen in einer ganz und gar nicht arthropodenartigen Orientierung über den Rumpflappen.

Die Abbildungen 3.24 - 3.26 belegen auf eindrucksvolle Weise, was Whittingtons Methoden zu leisten vermögen. Es sind Zeichenprisma-Darstellungen von drei Exemplaren mit unterschiedlicher Orientierung, in denen Elemente von Druck und Gegendruck ein und desselben Exemplars zusammengefaßt sind. Abbildung 3.24 bietet eine Ansicht von oben (dorsal). Man erkennt die Stellung der Augen und des Rüssels, die ganze Reihe der seitlichen Lappen und die über den Lappen liegenden Kiemen. Der Darm verläuft als ein gerades Rohr durch die Mitte des Körpers. Abbildung 3.25 ist eine Seitenansicht, die mehrere Einzelheiten enthüllt, die von oben nicht zu sehen sind. Jetzt erkennen wir den Ansatzpunkt des Rüssels, und wir bemerken,

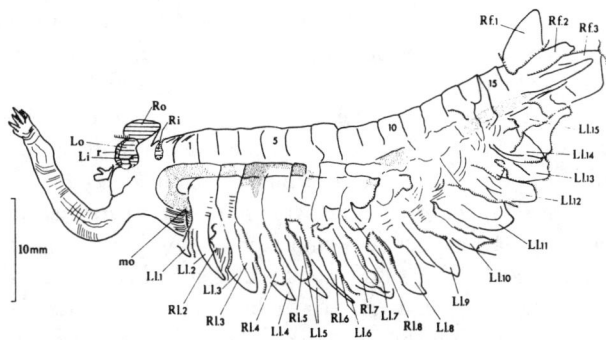

3.25 Ein Exemplar von *Opabinia*, das in einer eher unüblichen seitlichen Orientierung erhalten ist. Kiemen und Lappen der rechten und linken Körperseite bilden hier ein kaum entwirrbares Durcheinander. Dafür erkennt man viele Merkmale, die bei der üblichen Stellung in Abbildung 3.24 nicht zu sehen sind: die Orientierung der Schwanzflossen (bezeichnet mit *Rf.1 - Rf.3*) im Verhältnis zu den seitlichen Lappen, den Ansatzpunkt des Rüssels und die Rückwärtskrümmung des Vorderendes des Darms.

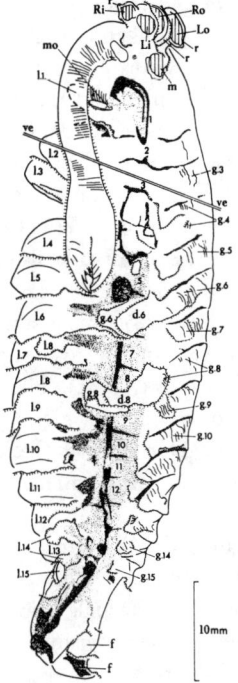

3.26 Ein drittes Exemplar von *Opabinia*, wieder in der üblichen Stellung. Es sind mehrere Merkmale erkennbar, die bei den anderen Exemplaren nicht zu sehen sind: das fünfte Auge (bezeichnet mit *m*, für »mittleres Auge«) ist oben rechts zu erkennen, und wir bemerken, daß der Rüssel bis zur Höhe des Mundes nach hinten gekrümmt werden kann.

147

daß der Darm nach einer U-förmigen Krümmung den nach hinten gerichteten Mund bildet. (In der Draufsicht fallen die Krümmung und der nach hinten gerichtete Teil mit dem geraden Teil zusammen und sind daher ununterscheidbar.) Außerdem verrät uns die Draufsicht nichts von der relativen Position der seitlichen Lappen und der Schwanzflossen, weil diese auf ein und derselben Ebene liegen. Die Seitenansicht in Abbildung 3.25 zeigt dagegen, daß die seitlichen Lappen abwärts und vom Körper fort gerichtet sind, während die Schwanzflossen hochragen und nach oben weisen – geeignete Positionen für Körperteile, die als Ruder und Seitenruder dienen.

Die Abbildungen 3.24 und 3.25 zeigen die beiden Grundorientierungen, lassen aber immer noch mehrere Fragen offen, so daß man weitere Exemplare benötigt. So ist zu Beispiel die volle Anzahl der fünf Augen nicht zu erkennen (sie sind empfindlich und fallen oft zu einem unentwirrbaren Durcheinander zusammen). Abbildung 3.26 schließt einige wichtige Lücken: Man sieht fünf getrennte Augen, und der frontale Rüssel ist in die Mundgegend zurückgekrümmt.

Marrella und *Yohoia* hatten Walcotts Schubladendenken in Frage gestellt, aber diese Gattungen waren nur isolierte Einzelerscheinungen innerhalb der Gruppe der Arthropoden. Mit *Opabinia* geriet das Spiel auf eine höhere Ebene, und damit nahm es unwiderruflich einen anderen Charakter an. *Opabinia* gehörte zu keiner der bekannten Tiergruppen des gegenwärtigen oder irgendeines früheren Erdzeitalters. Hätte Whittington es überhaupt in einer regulären Klassifikation unterbringen wollen (was er klugerweise unterließ), dann hätte er für diese eine Gattung einen neuen Stamm schaffen müssen. Fünf Augen, ein frontaler Rüssel und Kiemen oberhalb der seitlichen Lappen! Walcotts Schublade war zerbrochen. Mit der für ihn typischen Kürze schrieb Whittington im Passiv: »*Opabinia regalis* wird nicht als ein trilobitomorpher Arthropode angesehen, er wird aber auch nicht als ein Annelide aufgefaßt« (1975, S. 2). Harry ist vielleicht ein vorsichtig abwägender Mensch, doch ihm war klar, was *Opabinia* für den Rest der Burgess-Fauna bedeutete. »Der Burgess Shale«, bemerkte er lakonisch, »enthält weitere unbeschriebene segmentierte Tiere von ungewisser Zugehörigkeit« (1975, S. 41).

Ich glaube, daß Whittingtons Rekonstruktion von *Opabinia* im Jahre 1975 als eines der großen Dokumente in die Geschichte des menschlichen Wissens eingehen wird. Wie viele empirische Untersuchungen gibt es sonst noch, die unmittelbar zu einer grundlegend veränderten Ansicht von der Geschichte des Lebens geführt haben? *Tyrannosaurus* flößt uns Schrecken ein; wir bewundern das Gefieder von *Archaeopteryx*; wir schwärmen über jeden Rest von fossilen menschlichen Gebeinen aus Afrika. Doch nichts hat uns auch nur annähernd so viel über das Wesen der Evolution gelehrt wie ein kleiner, zwei Zoll großer, wirbelloser Sonderling aus dem Kambrium namens *Opabinia*.

3. Akt
Die Revision wird ausgeweitet:
Der Erfolg eines Forschungsteams, 1975 - 1978

Wahl einer Strategie für eine Verallgemeinerung

Man denke an das Motiv vieler englischer Volkslieder: Eins kommt zum anderen. Am Anfang steht immer etwas Unbedeutendes: ein Rebhuhn im Birnbaum oder ein Heft mit Stecknadeln. Am besten drückt es das Lied »Green Grow the Rushes, Ho« aus: »One is one and all alone and ever more shall be so« [Eins ist eins und ganz allein und wird es immer sein].

Opabinia trägt die ganze Bürde der Burgess-Botschaft von einer neuen Sicht des Lebens. Sie ist so bizarr, so anders als alle Lebewesen, als alles übrige im ganzen Burgess Shale. Aber »eins ist ganz allein und wird es immer sein«. Die Fossildokumentation enthält hier und da andere Merkwürdigkeiten wie etwa das Tully Monster vom Mazon Creek (siehe S. 65). *Opabinia* ist bloß ein einzelner Fall, ein Schulterzucken, keine Entdeckung, die etwas über das Leben als Ganzes aussagen würde. Dieses eine Beispiel begründete keine unanfechtbare neue Interpretation. Ganz im Gegenteil: Es deutete nur eine Möglichkeit an, die es sich zu untersuchen lohnte, zumal *Marrella* und *Yohoia* darauf hinwiesen, daß unter den Burgess-Arthropoden auf einer tieferen Ebene etwas ähnliches im Gange war.

Alle interessanten Probleme der Naturgeschichte sind eine Frage der relativen Häufigkeit, nicht einzelner Beispiele. In der Fülle der Natur kommt alles irgendwann einmal vor. Wenn aber ein unerwartetes Phänomen wieder und wieder auftritt und schließlich zu einer Erwartung wird, dann kommen Theorien zu Fall. *Opabinia* würde erst dann mit Recht als erstes Beispiel und Flaggschiff für eine neue Sicht des Lebens gelten können, wenn die von ihr verkündete taxonomische Einmaligkeit zumindest innerhalb des Burgess Shale den Charakter des Normalen annähme, selbst wenn sie in späteren Zeiten überaus selten wäre.

Diese Bedingung für eine Beurteilung der relativen Häufigkeit von Sonderlingen innerhalb der Burgess-Fauna – eine Anzahl von Beispielen – schließt die Anwendung des Heldenmythos, wie er in zweitrangigen Westernfilmen kultiviert wird, auf diese Geschichte grundsätzlich aus. Harry Whittington konnte nicht der einsame Gesetzeshüter sein, der einen Saloon voller Schurken nach dem anderen bezwingt. *Marrella* hatte ihn über vier Jahre gekostet. Allein die Burgess-Arthropoden würden die Lebenszeit mehrerer Forscher in Anspruch nehmen. Whittington konnte entweder das Klagelied des frustrierten Mercedesfahrers anstimmen – »so viele Fußgänger, so wenig Zeit« –, oder er konnte Helfer anheuern. Er entschied sich für die letztere Alternative. Wissenschaft ist ohnehin ein Gemeinschaftsunternehmen.

Nachdem er die Gattungen ausgewählt hatte, die er persönlich untersuchen wollte, teilte Whittington die übrigen Arthropoden in drei Gruppen ein, die jeweils ein geeignetes Forschungsprojekt für einen Mitarbeiter abgaben. Obendrein gab es noch die zahlreichen Gattungen, die Walcott als Anneliden klassifiziert hatte (1911c). Diese machten einerseits mehr Schwierigkeiten und wurden andererseits wichtiger, seit *Opabinia* als ein Sonderling erkannt worden war, der in keinen der bekannten Stämme paßte. Wenn Walcott den möglicherweise häufigeren Fall der taxonomischen Einmaligkeit mit seinem Schubladendenken zugedeckt hatte, dann würde die Geschichte wahrscheinlich bei den Anneliden noch deutlicher zutage treten als bei den Arthropoden. Für die Arthropoden gibt es eindeutige, komplexe Bestimmungsmerkmale. Auch wenn Walcott seine Arthropoden fälschlich in bekannte Gruppen innerhalb dieses Stammes gezwängt hatte, so waren die meisten doch immerhin echte Arthropoden (mit der Ausnahme von *Opabinia* und, später, *Anomalocaris*). Aber alles, was weich, segmentiert und bilateral symmetrisch war, konnte als Wurm bezeichnet werden. Die größten Aussichten, auf Sonderlinge zu stoßen, bestanden also bei Walcotts »Anneliden«.

Whittington hatte Zweifel daran, daß die drei Arthropoden-Gruppen in sich homogene taxonomische Zusammenfassungen darstellten. Gewiß zeigten sie bei manchen Merkmalen eine oberflächliche Ähnlichkeit, doch hatten *Marrella* und *Yohoia* bereits gezeigt, daß man solche Äußerlichkeiten nicht überbewerten darf. Dennoch boten die drei Gruppen für die Forschung eine bequeme Einteilung, und man konnte die postulierte Geschlossenheit ja auch überprüfen. (Wie sich herausstellte, waren alle drei Gruppen heterogen – eine wichtige Feststellung, die bestätigte, daß die Burgess-Arthropoden sich, verglichen mit allen späteren Faunen, spektakulär voneinander unterschieden.)

Die drei Gruppen, die in Burgess-Klassifikationen von Walcott bis Størmer generell als solche anerkannt worden waren, bestanden aus (1) der großen Zusammenfassung der Arthropoden mit zweiklappigen Schalen, die man durchweg für echte Malacostraca-Krustazeen hielt; (2) den »merostomoiden« Arten, generell von ovaler Gestalt und mit einem großen eigenen Kopfschild, der an die große Gruppe der fossilen Eurypteriden und deren Vettern, die Schwertschwanzkrebse, zu erinnern schien; und (3) den scheinbaren Krustazeen mit ungeteiltem Rückenschild, der nicht in zwei Teile oder Klappen gegliedert war.

Als Whittington in den späten sechziger Jahren mit seiner Arbeit begann, fanden sich zwei jüngere Kollegen bereit, die kleineren Projekte in dieser Liste zu übernehmen. David Bruton von der Universität Oslo bekam die »Merostomoiden« (seine Arbeit über *Sidneyia* habe ich am Anfang von Kapitel 3 im Abschnitt über die Verfahren diskutiert; auf seine Feststellungen werde ich in der angemessenen chronologischen Reihenfolge im 5. Akt zurückkommen). Chris Hughes (Cambridge) nahm sich *Burgessia* und *Waptia* vor, die dritt- und vierthäufigsten Burgess-Arthropoden, welche die Gruppe der scheinbaren Krustazeen mit ungeteiltem Carapax bilden. Die

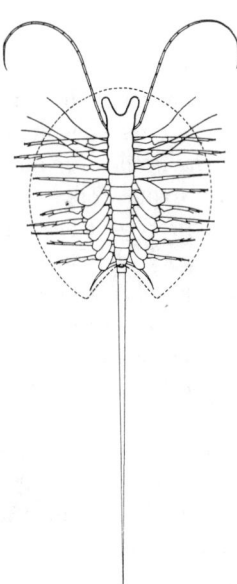

3.27   Rekonstruktion von *Burgessia* durch Hughes (1975).

Monographie über *Waptia* ist noch nicht erschienen, doch Hughes' Darstellung von *Burgessia* (1975) lieferte eine wichtige Bestätigung für das sich abzeichnende Bild, auf das bereits *Marrella* und *Yohoia* hingedeutet hatten. *Burgessia* war mit dem ovalen Carapax und dem langen Schwanzstachel (fast doppelt so lang wie der Körper) kein Notostraca-Branchiopode, wie Walcott geglaubt hatte, sondern eine weiteres Arthropoden-Waisenkind von einmaligem Körperbau (Abb. 3.27). Hughes lehnte es ab, *Burgessia* eine herkömmliche taxonomische Stellung einzuräumen, weil diese Gattung nach seiner Auffassung nur ein sonderbares Sammelsurium darstellte, das Merkmale in sich vereinte, die nach allgemeiner Auffassung zu verschiedenen Arthropodengruppen gehörten. Er schrieb daher:

Da die laufende nochmalige Untersuchung aller Burgess Shale-Arthropoden zeigt, daß die detaillierte Morphologie dieser Formen von dem, was man bisher annahm, abweicht, hält der Verfasser eine weitere Diskussion der Verwandtschaftsbeziehungen von *Burgessia* für verfrüht... Aus dieser erneuten Untersuchung wird deutlich, daß *Burgessia* eine Mischung von Merkmalen aufwies,... von denen man viele bei modernen Arthropoden unterschiedlicher Gruppen antrifft (1975, S. 434).

Die Arthropoden-Story wurde immer merkwürdiger.

Mentoren und Studenten

In dem System, nach dem die Universitäten Doktorgrade verleihen, ist einer der letzten Überreste des alten Verhältnisses zwischen Meister und Lehrling wirksam. Das ist eine Anomalie. In Ihrem ganzen Bildungsgang, vom Kindergarten bis zum College, werden Sie immer unabhängiger vom Einfluß einzelner Lehrer (wenn Sie Ihren Lehrer in der ersten Klasse ärgern, kann das Leben für Sie ein Jahr lang zur Hölle werden; wenn Sie einem College-Professor nicht gefallen, können Sie schlimmstenfalls in einem Kurs scheitern). Dann werden Sie erwachsen, und Sie beschließen, einen Doktortitel zu erwerben. Was tun Sie also? Sie suchen sich jemanden, dessen Forschung Sie reizt, und verpflichten sich (falls er Sie akzeptiert und befürwortet) als Mitarbeiter eines Teams.

Auf manchen Gebieten, besonders dort, wo in großen, kostspieligen Labors an der Lösung ganz bestimmter Probleme gearbeitet wird, müssen Sie jeden Gedanken an Unabhängigkeit aufgeben und für die Dissertation ein Ihnen zugewiesenes Thema bearbeiten (in der Forschung ist die Wahlmöglichkeit ein Luxus, den Sie sich erst bei späteren Anstellungen nach der Promotion erlauben können). In menschenfreundlicheren, individualistischeren Fächern wie der Paläontologie läßt man Ihnen bei der Themenwahl in der Regel ziemlich großen Spielraum, und es kann vorkommen, daß Sie ein Projekt ganz für sich haben. In jedem Fall sind Sie jedoch ein Lehrling, und Sie stehen unter der Fuchtel Ihres Mentors – das steht so fest wie zu keiner Zeit seit den ersten Grundschuljahren. Wenn Sie ständig Streit mit ihm kriegen, hören Sie auf, oder packen Sie Ihre Sachen und gehen anderswo hin. Wenn Sie gut miteinander auskommen und die Beziehungen Ihres Mentors zu den Fachkollegen in Ordnung sind, erhalten Sie Ihren Doktorgrad und – dank seines Einflusses und Ihrer erwiesenen Leistungen – Ihren ersten anständigen Job.

Es ist ein merkwürdiges System, an dem es vieles zu kritisieren gibt, aber es funktioniert auf seine verrückte Art und Weise. Irgendwann kommen Sie mit Kursen und Büchern kein Stückchen mehr weiter; Sie müssen sich an jemanden hängen, der in der Forschung etwas leistet. (Dann müssen Sie aber auch zur Stelle sein und bereit, ständig, Tag für Tag, zu lernen; Sie können nicht einfach am Donnerstagnachmittag um zwei zu einer Stunde im Trennen von Drucken und Gegendrucken aufkreuzen.) Das System hat durchaus seine scheußlichen Seiten – ausbeuterische Professoren, die den Strom jugendlicher Begeisterung und scharfer Intelligenz in ihre eigenen versiegten Brunnen lenken und nichts dafür geben. Wenn es aber funktioniert – und das tut es häufiger, als ein Zyniker angesichts der fehlenden Kontrolle erwarten würde –, kann ich mir keine bessere Ausbildung vorstellen.

Viele Studenten begreifen das System nicht. Sie bewerben sich an einer Hochschule, weil diese einen guten Ruf hat oder sich in einer Stadt befindet, die ihnen gefällt. Falsch, völlig falsch. Man bewirbt sich darum, mit einem bestimmten Menschen zu arbeiten. Mentor und Student sind – wie in dem alten Lehrverhältnis der Zünfte – durch gegenseitige Pflichten gebunden – dies ist keine Einbahnstraße. Die Mentoren müssen vor allem für die finanzielle Unterstützung der Studenten Sorge tragen. (Natürlich kommt es mehr auf die geistige Anleitung an, aber dieser Teil des Spiels ist ein Vergnügen. Der kritische Punkt ist die Beschaffung von Geldern. Viele Professoren in leitender Position verwenden mindestens die Hälfte ihrer Zeit darauf, Stipendien für Studenten zu beschaffen.) Was bekommen die Mentoren dafür zurück? Dieser Teil des Handels ist nicht so leicht zu fassen, und vielfach wird er außerhalb unserer Zunft nicht verstanden. Die Antwort, so seltsam es auch klingen mag, ist: Treue im Sinne genealogischer Verbundenheit.

Die Leistung graduierter Studenten trägt dauerhaft zum Ansehen eines

Mentors bei, weil wir daran die Spuren eines geistigen Erbes ablesen. Ich habe bei Norman Newell studiert, und alles was ich tue, wird, solange ich lebe, als sein Vermächtnis verstanden (und es wird, falls ich die Sache vermassele, auf ihn zurückfallen, wenn auch nicht ganz so schwerwiegend, weil wir eine notwendige Asymmetrie anerkennen: Fehler sind eine persönliche Sache, Erfolge sind Bestandteil der Genealogie). Ich mache mir diese Tradition gern zu eigen und schwöre ihr Treue, und zwar nicht, weil ich sie theoretisch gut finde, sondern weil ich – wiederum wie in dem alten Lehrverhältnis – in der nächsten Generation davon profitiere. Was mir in zwanzig Jahren in Harvard die größte Freude gemacht hat, waren mehrere wirklich hervorragende Studenten. Im Augenblick besteht der schönste Lohn in einer anregenden Arbeitsatmosphäre, doch bin ich mir durchaus bewußt, daß man ihre künftigen Erfolge zu einem Teil – und sei er noch so gering – nach altem Brauch ebenfalls als die meinen ansehen wird.

(Nebenbei gesagt, ist dieses System in hohem Maße für den traurigen Zustand der Lehre an vielen bedeutenden Forschungsuniversitäten verantwortlich. Der Student wird der Linie seines Doktorvaters zugerechnet, aber nicht den Lehrern, die ihn bis zum Examen geführt haben. Für Forscher, die ständig auf ihren Ruf bedacht sind, bringt es nicht den geringsten Vorteil, wenn sie untere Semester unterrichten. Wenn man es tut, dann nur aus Zuneigung oder Verantwortungsgefühl. Die graduierten Studenten sind Erweiterungen der eigenen Persönlichkeit; die unteren Semester tragen nichts zum eigenen Ruhm bei. Ich wünschte, das würde sich ändern, könnte aber nicht einmal Vorschläge dazu machen.)

Noch übertriebener ist dieses System in England. In den Vereinigten Staaten bewirbt man sich über ein Department für die Zusammenarbeit mit einem Doktorvater. In England bewirbt man sich direkt bei einem potentiellen Mentor, und der beschafft die Mittel, die fast immer an bestimmte Projekte gebunden sind. Harry Whittington wußte, daß der letztendliche Erfolg des Burgess-Projekts, nämlich der Übergang von der detaillierten Beschreibung einiger seltsamer Tiere zum Verständnis einer ganzen Fauna, von graduierten Studenten abhing. Von den zwei Voraussetzungen des Erfolges konnte er eine beeinflussen – die Beschaffung von Geldern; für die andere, nämlich das Interesse ausgezeichneter Studenten an der Sache selbst, konnte er nur zu Fortuna beten.

Im Hinblick auf das erstere hatte Harry Erfolg. Er hatte zwei Projekte offen: zweiklappige Arthropoden und »Würmer«. Er sicherte die Finanzierung für zwei Studenten: für den einen aus staatlichen Mitteln, für den anderen aus privaten Geldern, die von seinem College, Sidney in Sussex, verwaltet wurden. Was das zweite betraf, so war Fortuna ihm gnädig (wozu auch Harrys eigene Erfolge beitrugen, denn gute Studenten halten die Augen offen und streben zu jenen Mentoren, die die spannendsten Forschungsprojekte betreiben). 1972, genau zum richtigen Zeitpunkt innerhalb der Burgess-Entwicklung, widerlegten die Ereignisse eine beliebte These von mir, daß man nämlich nur in einem Intervall von fünf Jahren hervorragende Studenten bekommt (da ein Graduiertenstudium gewöhnlich fünf Jahre dauert, hat man auf längere Sicht nie mehr als einen zur selben Zeit). Auf einen Schlag erhielt Harry Whittington, dieser Glückspilz, Bewerbungen von zwei glänzenden Studenten: Derek Briggs, einem Iren, der am Trinity College in Dublin studiert hatte, und Simon Conway Morris, einem Londoner, der soeben an der Universität Bristol (wo Harry als externer Gutachter seine Examensarbeit beurteilt hatte) seinen ersten akademischen Grad erworben hatte. Von da an wurde die Burgess-Arbeit – mochte der tägliche Kontakt auch noch so begrenzt sein und der individuelle Arbeitsstil des einzelnen einer fest zusammengeschmiedeten Forschungsgruppe entgegenstehen – zum gemeinsamen Unternehmen dreier Partner, die sich immer ebenbürtiger wurden. Briggs, Conway Morris und Whittington (in neutraler, alphabetischer Reihenfolge), waren Männer, die sich im Ziel und in den Methoden ihrer Arbeit einig waren, wenn sie sich auch im Alter und in ihrer Grundhaltung zu Wissenschaft und zum Leben stark unterschieden.

Harry Whittington kennt die Spielregeln und das Ergebnis. In unseren Gesprächen hob er besonders und ohne falsche Bescheidenheit hervor, daß die Burgess-Revision erst dann zu einem umfassenden und in sich schlüssigen Projekt wurde – eben nicht nur eine Reihe von Monographien –, als es ihm gelang, Briggs und Conway Morris für die Sache zu gewinnen. Nun konnte er sich nämlich ein Ziel schaffen, dessen Erreichung er noch erleben würde, anders als der Architekt einer mittelalterlichen Kathedrale, der lediglich einen Plan entwerfen und ein Fundament legen, aber niemals hoffen konnte, das fertige Gebäude zu sehen.

Conway Morris' Feldkampagne in Walcotts Schränken: Aus einer Andeutung wird ein allgemeines Prinzip; der Wandel nimmt festere Formen an

Seltsame Paare sind ein Hauptthema von Drama und Komödie. Konservative Intellektuelle von Rang und Namen haben oft eine Vorliebe für radikale Studenten mit exzentrischen Verhaltensweisen, weil sie die glänzende Begabung spüren und demgegenüber alles andere für unwichtig halten. Bernie Kummel, der in den siebziger Jahren radikalen Studenten mit einem Gummischlauch drohte und der jede Exzentrik in Verhalten oder in der Kleidung verabscheute (und fürchtete), liebte Bob Bakker (damals unser Student, jetzt der Vorkämpfer für neue Theorien in bezug auf die Dinosaurier) wie seinen eigenen Sohn, trotz seiner schulterlangen Haare und seiner radikalen Vorstellungen über alles und jedes. (Bernies Urteilsvermögen funktionierte nicht immer so gut. Er und Harry Whittington bildeten einmal die Forschungsgruppe zur Paläontologie der Wirbellosen in Harvard. Bernie fand Harry allzu konservativ und war froh, als dieser nach Cambridge gehen wollte. Als sehr zweitrangigen Ersatz heuerte Bernie dann mich an. Kein besonders guter Tausch.)

Simon Conway Morris, der sich mir gegenüber selbst als »störrisch wie ein Teenager und in der Regel ungesellig« bezeichnete, war in Whittingtons Augen der beste Kandidat für die verrückteste aller Herausforderungen, die der Burgess bot: Walcotts »Würmer«. Simons Lehrer in Bristol hatten ihn Harry gegenüber als einen Menschen beschrieben, der »in der Ecke der Bibliothek sitzt und liest und dabei einen Umhang trägt«. Harry erinnert sich, wie er auf diese Mitteilung reagierte: »Dieser Anarchist, dachte ich... o Gott!« Aber auch Harry hatte den funkelnden Geist erkannt, und, wie ich schon sagte, alles andere zählt im Grunde nicht.

Für ein Projekt, das jetzt, nach der Klärung des Falles *Opabinia*, ausdrücklich nach Sonderlingen suchte, waren Würmer gleichzeitig das größte Problem und die größte Verheißung. Denn wenn es eine Fülle von Sonderlingen gab, dann hatten frühere Forscher wahrscheinlich die meisten Außenseiter in die alte Kategorie der Vermes oder »Würmer« gestopft. Würmer sind die klassische Abfall-Gruppe der Taxonomie, der Kehrichteimer für die Kleinigkeiten (Simon spricht von dem »Krimskrams«), die nirgendwo hinpassen, aber beiseitegeschafft werden müssen, wenn man eine übersichtliche Landschaft herzustellen versucht. Schon seit Linné haben Würmer diese Rolle gespielt, denn er hat seinen Vermes eine auffallend heterogene Gruppe zugeordnet. Im Prinzip sind die meisten Tiere länglich und bilateral symmetrisch. Wenn also ein Geschöpf diese Form aufweist und Sie nicht wissen, was es ist, bezeichnen Sie es einfach als Wurm.

Harry, ein auffallend freundlicher Mensch, zitterte bei dem Gedanken, er könnte, wenn er einem Neuling ein so schwieriges Problem überließ, eine vielversprechende Karriere schon im Ansatz beenden. Bis heute wirkt er regelrecht angstgepeinigt, wenn er daran zurückdenkt, was er damals tat, auch wenn sich die Ergebnisse dann doch als spektakulär herausstellten. Im Gespräch mit mir erinnerte er sich: »Mit Furcht und Zittern schlug ich Simon dies vor... Ich fühlte mich entsetzlich – einen Forschungsstudenten ausgerechnet mit diesen gräßlichen Dingen anfangen zu lassen! Mein Gott, wie konnte ich wagen, das jemandem anzutun? Dabei hatte ich das untrügliche Gefühl, daß er es schaffen könnte.«

Simon war entzückt, und seitdem ist er an der Arbeit. Das solide Mittelstück dieses Projekts sind seine zwei hervorragenden Monographien über Burgess-Würmer, die wirklich neuzeitlichen Stämmen angehören: die Priapuliden (1977d) und die Polychaeten (1979). Ich werde zu gegebener Zeit auf diese Arbeiten eingehen. Aber Simon begann nicht mit diesem konventionellen Stoff, oder würden Sie von einem Mann, der einen Umhang trägt und nicht zum Morgenkaffee geht, einen so konventionellen Anfang erwarten?

Im Frühjahr 1973 schickte Whittington Briggs und Conway Morris mit dem Auftrag nach Washington, Walcotts »typische« Exemplare zu zeichnen (nämlich diejenigen, die bei der ursprünglichen Beschreibung der Arten als Vorlage gedient hatten und die offiziellen Träger von Walcotts Bezeichnungen waren) und einige Proben als Leihgabe für Cambridge auszuwählen. Ein alter Ausspruch, den man Pasteur zuschreibt, besagt, daß das Glück demjenigen hold ist, der darauf gefaßt ist. Simon hatte sich, klug und findig wie er war, für die Arbeit bei Harry entschieden und war überglücklich, daß ihm die Würmer als Projekt zugewiesen wurden, weil er ahnte, daß die Aussicht auf eine umfassendere Botschaft aus dem Burgess auf die Dokumentation von Sonderlingen – ihre Anatomie ebenso wie ihre relative Häufigkeit – zentriert war. *Opabinia* hatte sich Harry geradezu aufgedrängt. Simon machte dagegen Jagd auf Burgess-Sonderlinge. »Ich habe einen natürlichen Hang zur Betonung des Ungewöhnlichen«, erklärte mir Simon. »Ein neuer Brachiopode aus Nordirland ist keine Konkurrenz für einen neuen Stamm.«

Man muß sich einmal die Situation und die damit verbundenen Chancen vergegenwärtigen. Simon erwarteten rund 80000 Exemplare in Walcotts Sammlung. Die meisten waren nie beschrieben oder auch nur angeschaut worden. Niemand hatte diesen Schatz je unter dem Gesichtspunkt geprüft, daß sich hier eine Fülle von taxonomischen Sonderlingen verbergen könnte. Was Simon nun tat, war also nur normal und theoretisch naheliegend, doch es wich so stark von allen bisherigen Methoden im Falle des Burgess ab, daß es auch mutig war. Simon ging in den Smithsonian-Schubladen mit Burgess-Material auf einen ausgedehnten Fischzug. Er öffnete jeden Schrank und schaute sich jeden Stein an, wobei er ganz bewußt nach den seltensten und sonderbarsten Dingen Ausschau hielt. Der Ertrag war riesig, der Erfolg fast schwindelerregend. Zuerst macht man Freudensprünge, aber nach einer Weile lähmt einen der Reichtum. Als er *Odontogriphus* (siehe S. 162) fand, konnte er nur noch sagen: »O verdammt, wieder ein neuer Stamm.«

Ich kann mir keinen größeren Gegensatz (also keine besseren Voraussetzungen für ein Drama) vorstellen als die unterschiedlichen Stile von Whittington und Conway Morris: auf der einen Seite Harry, der ältere konservative Systematiker, der das größte Projekt seines Lebens in Angriff nimmt, auf der anderen Simon, der radikale Anfänger, der es bewußt darauf anlegt, herrschende Meinungen umzustoßen. Ihre Arbeitsweise hätte nicht unterschiedlicher sein können. Harry ging die Sache äußerst vorsichtig an und wählte das häufigste Tier im Burgess. Er verfaßte dann eine Reihe von Monographien über einzelne Gattungen, die jeweils Jahre in Anspruch nahmen: *Marrella* (1971), *Yohoia* (1974), Trilobiten-Gliedmaßen (1975b), *Opabinia* (1975a) und, wie man noch sehen wird, *Naraoia* (1977) und *Aysheaia* (1978). Er beschränkte seine Arbeit – jedenfalls glaubte er das anfangs – auf die Arthropoden, bei denen er sich am besten auskannte. Er begann mit konventionellen Ansichten über die systematische Stellung der Burgess-Organismen und änderte seine Meinung erst, als ihn unerwartete Tatsachen dazu nötigten. Ganz anders Simon, der mit der Unschuld von Pearl Pureheart und der bewährten Geschicklichkeit von Alvin Allthumbs, aber ausgestattet mit dem grandiosen Selbstbewußtsein eines Muhammad Ali in seiner jugendlichen Verkörperung als Cassius Clay, ausdrücklich auf der Suche nach konkreten Belegen für die radikalste Interpretation der Burgess-Anatomie war. Je seltener desto besser – in mehreren Fällen liegt den Rekonstruktionen der seltsamen Wundertiere, die Simon zeichnete, jeweils nur ein einziges Exemplar zugrunde. Innerhalb von zwei Jahren, 1976 und 1977, startete Conway Morris seine Karriere mit der Veröffentlichung von fünf kurzen Abhandlungen über fünf Geschöpfe, die in anatomischer Hinsicht einzigartig waren und deshalb einen eigenen, neuen Stamm bildeten.[10]

Solche Wesensunterschiede müßten eigentlich zu Zwietracht und offenen Konflikten führen. Nichts dergleichen geschah – ein geistiges Drama höchsten Ranges, ja gewiß, aber keine saftigen Stories über offene Schlachten. O, Derek erinnert sich durchaus, daß Harry mal etwas von Leuten murmelte, die rennen, bevor sie gehen gelernt haben, und vielleicht sind auch einige persönliche Empfindungen bis heute unausgesprochen geblieben. Doch als ich Harry fragte, was er von einem Studenten hielte, der vor seiner Promotion fünf kurze Abhandlungen veröffentlichte, in denen manchmal ein neuer Stamm mit einem einzigen Exemplar begründet wird, erwiderte er: »Ich habe mir das lächelnd angesehen. Es würde mir nicht im Traum einfallen, einen Forschungsstudenten zu entmutigen.«

Ich weiß, daß die folgende Bemerkung trivial ist, aber die Banalität beruht oft auf einer offenkundigen Wahrheit: Daß es schließlich zu der Burgess-Transformation kam, ist auf das wunderbare Zusammenwirken dieser beiden unterschiedlichen Ansätze zurückzuführen. Vielleicht hätte der Prozeß der Interpretation in jedem Fall zu dem schließlichen Ergebnis geführt. Vielleicht hätte sich am Ende entweder die langsam wachsende Reihe von beschreibenden Monographien oder die rasche Folge von kurzen Abhandlungen mit radikalen Behauptungen Zustimmung erzwungen. Doch nichts übertrifft die Durchschlagskraft einer minutiösen Beschreibung, die so sorgfältig ist, daß sie sich eigentlich unmöglich mit ungedeckten Behauptungen verbinden läßt, die so dürftig belegt sind und so sehr von der Tradition abweichen, daß sie nur Verärgerung auslösen – und Aufmerksamkeit.

Ich weiß, daß diese Verbindung »einfach stattfand«, auf einem dieser merkwürdigen, unvorhersagbaren Wege, auf denen sich die menschlichen Dinge vollziehen. Aber wenn es da oben jemanden gibt, der den Fortschritt des Wissens regelt, dann hätte er nicht besser oder zielgerichteter handeln können als durch die Herbeiführung dieser Synergie zwischen Jugend und Erfahrung, Vorsicht und Wagemut.

Ich habe den Bericht schon einmal unterbrochen (bei *Opabinia*), um einen entscheidenden Moment anzukündigen, der typographisch eine Hervorhebung verdient hätte; und ich werde das gleich noch einmal tun (für *Anomalocaris*). Wenn ich aber die Geschichte des Burgess richtig deute, so war Simons Feldkampagne in den Sammelschränken der Smithsonian Institution das zweite von drei bedeutenden Übergangsstadien. Als Simon anfing, wies *Opabinia* auf etwas Merkwürdiges hin, doch das Ausmaß und die Art des

Phänomens kannte keiner. Harry neigte, glaube ich, noch immer dazu, die Sonderlinge als Stammgruppen aufzufassen, in denen primitive Merkmale vereint waren und aus denen später die heute lebenden einzelnen Stämme hervorgingen – und nicht als einzigartig spezialisierte Experimente im vielzelligen Körperbau, als je eigene Linien, denen spätere Nachkommen versagt waren. Als Simon seine ersten fünf Abhandlungen über Kuriositäten abgeschlossen hatte, war aus dem Mutmaßlichen und Sonderbaren eine Burgess-Norm geworden, und an die Stelle des üblichen Rückzugs auf »das Primitive« und »den Vorläufer« trat die Vorstellung von getrennten Abstammungslinien außerhalb des Bereichs der neuzeitlichen Anatomie. Whittington erinnert sich, wie sich bei ihm allmählich die Reaktion auf Simons Entdeckungen entwickelte: »Die ganze Atmosphäre veränderte sich. Wir hatten es nicht mehr nur mit Vorläufern von bekannten Gruppen zu tun. Das Ganze fing an, ein Bild zu ergeben.«

Die fünf Sonderlinge, die Simon darstellte, besitzen hinsichtlich ihrer Anatomie und Lebensweise eine bemerkenswerte Bandbreite. Ihr einziger gemeinsamer Nenner ist ihre Besonderheit.

1. *Nectocaris*. Walcott stellte dieses merkwürdige Tier, das nur durch ein Exemplar repräsentiert ist und zu dem es keinen Gegendruck gab, besonders heraus, denn Conway Morris fand neben dem gut präparierten Exemplar ein Foto, das wie gewöhnlich retuschiert war. Allerdings hatte Walcott darüber nichts publiziert und keine Notizen hinterlassen. Conway Morris begründete seine Entscheidung zur Publikation auf der Basis so dürftiger Informationen folgendermaßen: »Der gute Erhaltungszustand und die ungewöhnliche Anatomie rechtfertigen es, daß man von diesem einmaligen Exemplar Notiz nimmt« (1976a, S. 705).

Vom »Nacken« an vorwärts wirkt *Nectocaris* überwiegend wie ein Arthropode (Abb. 3.28). Der Kopf trägt ein oder zwei Paare kurzer, nach vorn ragender, aber offenbar ungegliederter (und somit nicht arthropodenartiger) Anhänge. Unmittelbar dahinter liegen zwei große, wahrscheinlich gestielte Augen. Der hintere Teil des Kopfes ist von einem flachen, ovalen Schild, der möglicherweise zweiklappig war, umschlossen. Der übrige Körper erinnert jedoch keineswegs an Arthropoden, sondern durch mehr als einen verblüffenden Aspekt an Chordatiere, jenen Stamm, dem auch wir Menschen angehören. Der seitlich komprimierte Körper besteht aus etwa vierzig Segmenten (ein gemeinsames Merkmal der Arthropoden und mehrerer anderer Stämme, darunter auch des unseren). Conway Morris fand nicht eine Spur von gegliederten Anhängen, dem Bestimmungsmerkmal der Arthropoden. Vielmehr

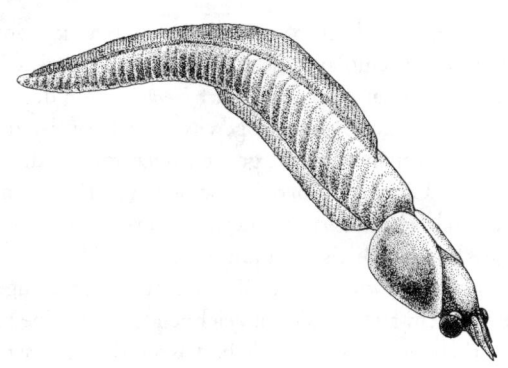

3.28 Die rätselhafte *Nectocaris*, die vorne am ehesten einem Arthropoden und hinten einem Chordaten mit Schwanzflosse ähnelt. Zeichnung von Marianne Collins.

tragen Ober- und Unterseite ungegliederte Gebilde, die – zumindest äußerlich – wie Chordaten-Flossen aussehen und von Flossenstrahlen verstärkt werden! (Bei einem einzigen Exemplar kommt man über das Äußerliche nicht weit hinaus, so daß dieses wesentliche Problem quälenderweise ungeklärt bleibt.)

Drei Merkmale dieser Flossen und Flossenstrahlen sprechen gegen eine Arthropoden-Verwandtschaft und deuten auf einen Chordaten hin: Erstens scheint eine dünne, durchgehende Struktur, im Gestein als ein dunkler Film erhalten, die parallel ausgerichteten, kurzen Versteifungsstrahlen zu einer einzigen Flosse zu vereinen, wohingegen Arthropoden-Gliedmaßen getrennt sind. Zweitens sind die Flossen an der Ober- und Unterseite des Tieres angebracht, wie bei frühen Chordaten, während die Anhänge der Arthropoden seitlich am Körper befestigt sind. Drittens weisen die Flossen von *Nectocaris* pro Körperabschnitt etwa drei Versteifungsstrahlen auf, während es ein Bestimmungsmerkmal der Arthropoden ist, daß sie auf jedem ursprünglichen Segment ein Paar Anhänge besitzen. (Liegt pro Körperabschnitt mehr als ein Anhang vor, so hat eine Tagmose, eine Verschmelzung von Arthropodensegmenten, stattgefunden. Die Segmente von *Nectocaris* sind zu schmal und zu zahlreich, um als Verschmelzungen mehrerer ursprünglicher Abschnitte interpretiert werden zu können.)

Was kann man mit einer solchen Schimäre anfangen, die von vorn überwiegend an einen Arthropoden erinnert (mit möglicherweise ungegliederten Anhängen, die gewisse Zweifel wecken), und hinten überwiegend einem

Chordaten (oder einem Geschöpf von unbekanntem Bauplan) ähnelt? Nicht viel, wenn man nur ein Exemplar besitzt. Also schrieb Conway Morris eine kurze, provozierende Abhandlung und warf *Nectocaris* in den großen Auffangkorb der Taxonomie, den Stamm Ungewiß. Üblicherweise zeigt der Titel einer taxonomischen Abhandlung die grobe Zugehörigkeit des beschriebenen Tieres an, doch Conway Morris entschied sich für einen auffallend unverbindlichen Titel: »*Nectocaris pteryx,* a new organism from the Middle Cambrian Burgess Shale of Britisch Columbia«. Seine abschließenden Worte drücken nicht so sehr Verwunderung über ein so merkwürdiges Tier aus, sondern deuten vielmehr auf eine sich abzeichnende allgemeine Erscheinung hin: »Es ist eigentlich nicht verwunderlich, daß die Verwandtschaftsverhältnisse dieses Geschöpfes nicht eindeutig geklärt werden können. Wie derzeit laufende Untersuchungen zeigen, gibt es eine Reihe von Arten aus dem Burgess Shale, die begründetermaßen keinem bestehenden Stamm zugeordnet werden können« (1976a, S. 712).

2. *Odontogriphus.* Mit seinem zweiten Schatz aus dem Jahre 1976 stieg Conway Morris auf der Leiter der Beweisführung eine Sprosse höher. Er besaß auch in diesem Fall nur ein einziges Exemplar, aber diesmal fand er Druck und Gegendruck. *Nectocaris* hatte sich Walcott zumindest auf die Seite gelegt und die Bedeutung dieses Tieres durch ein Foto signalisiert. *Odontogriphus* dagegen, von Conway Morris treffend mit einem Namen bedacht, der »gezähntes Rätsel« bedeutet, war eine echte Entdeckung, ein gänzlich unbeachtetes Exemplar, von dem sich in unterschiedlichen Abteilungen der Walcottschen Sammlung Druck und Gegendruck fanden. Die Abhandlung von Conway Morris beginnt wie üblich im Passiv, aber die stilistische Fassade läßt seinen Stolz und seine Leidenschaft dennoch durchscheinen:

Bei einer Durchsicht der sehr umfangreichen Sammlung von Burgess Shale-Fossilien... erregte eine Platte die Aufmerksamkeit, welche das hier beschriebene Exemplar trug und zur weiteren Untersuchung beiseite gelegt wurde. Kurz darauf wurde an einer anderen Stelle der Sammlungen das Gegenstück gefunden. Offenbar hatte bisher kein anderer Forscher das Objekt zur Kenntnis genommen. Es wurden keine weiteren Exemplare gefunden (1976b, S. 199).

Das Fossil von *Odontogriphus* ist nicht gut erhalten, und es lassen sich nur wenige Strukturen erkennen, aber diese wenigen sind in der Tat merkwürdig. Das stark abgeplattete, gestreckte, ovale Tier ist etwa zweieinhalb Zoll lang und hinter seinem Vorderabschnitt im Abstand von etwa einem Millimeter von feinen parallelen Querlinien gekennzeichnet. Conway Morris sieht diese

Zeichen als Ringelung und nicht als Trennung zwischen echten Segmenten an. Er fand keine Anhänge beziehungsweise Hinweise auf verhärtete Körperteile und nimmt an, daß *Odontogriphus* gallertartig war.

Der Körper umfaßt nur zwei erkennbare Strukturen, beide auf der Unterseite am Kopfende (Abb. 3.29). Am vorderen Ende des Tieres sitzen auf den Außenkanten ein Paar »Palpen« (wahrscheinlich Sinnesorgane). Es handelt sich um flache runde Vertiefungen, die aus bis zu sechs parallel zur Körperoberfläche liegenden tellerartigen Gewebeschichten bestehen. Kurz vor den Palpen, aber genau in der Mittellinie, liegt das interessantere Phänomen, vermutlich ein Mund, der von einem Apparat zur Nahrungsbeschaffung umgeben ist. Das Gebilde hat die Form eines flachen, zusammengedrückten, nach vorn offenen großen U. Auf diesem U fand Conway Morris rund fünfundzwanzig »Zähne«: winzige kegelförmig zugespitzte Strukturen von weniger als einem halben Millimeter Länge. Da diese Zähne viel zu klein und zerbrechlich waren, um raspeln oder beißen zu können, stellte Conway Morris die vernünftige Vermutung an, daß sie die Basen von Tentakeln bildeten, die, den Mund ringförmig umgebend, als Werkzeuge zum Einfangen von Nahrung dienten.

Ein solcher Tentakelkranz würde stark an einen Lophophoren erinnern: das der Ernährung dienende Gebilde mehrerer moderner Stämme, besonders der Bryozoen und der Brachiopoden. Deshalb zählte Conway Morris *Odontogriphus* zögernd zu den sogenannten Lophophoren-Stämmen. Bei modernen Lophophoren werden die Tentakeln jedoch nicht durch innere

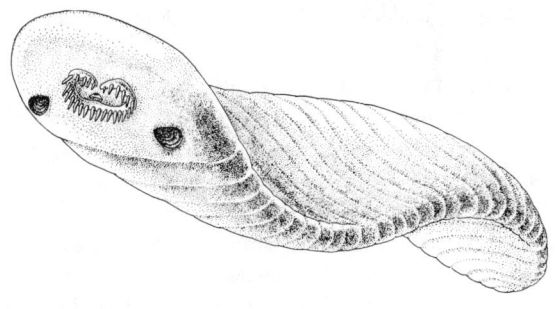

3.29   Das abgeplattete schwimmende Tier *Odontogriphus*. Auf der Unterseite des Kopfes sind der von Tentakeln umgebene Mund und die paarigen Palpen gezeigt. Zeichnung von Marianne Collins.

Zähne verstärkt, und *Odontogriphus* hat sonst nichts, was an die Form oder Struktur irgendeines anderen Lophophoren-Tieres erinnern würde. »Gezähntes Rätsel« ist und bleibt eine sehr passende Bezeichnung.

Wer riskante Strategien verfolgt, muß neben den Freuden des unerwarteten Sieges auch die Verlegenheit des Irrtums hinnehmen. Simons Entschluß, über die seltensten und merkwürdigsten Exemplare zu publizieren und sich in seinen Interpretationen einen großen Spielraum zu lassen, war eine fast sichere Garantie für gravierende Fehler. Diese hängen jedoch mit der Schwierigkeit des Gebietes zusammen und sind nicht entehrend. Simon »hat sich was Schönes geleistet«, wie man früher sagte, als er die weiterreichenden Implikationen von *Odontogriphus* abzuschätzen versuchte. Es konnte ihm nicht entgehen, daß die »Zähne« eine vage Ähnlichkeit mit Konodonten aufwiesen, damals die rätselhaftesten Objekte der Fossildokumentation. Konodonten sind zahnähnliche, oft ziemlich komplizierte Gebilde, die in Gesteinen, welche die große geologische Zeitspanne vom Kambrium bis zur Trias umfassen (siehe Abb. 2.1), in Hülle und Fülle vorkommen. Sie gehören, was ihre geologische Zuordnung betrifft, zu den bedeutendsten Fossilien, doch ihre zoologische Zugehörigkeit blieb lange ungeklärt und setzte daher das berühmteste und langwierigste aller paläontologischen Verwirrspiele in Gang. Offenkundig handelt es sich bei den Konodonten um die einzigen harten Teile eines ansonsten aus Weichteilen bestehenden Tieres. Das Geschöpf selbst wurde aber nie gefunden – und was kann man schon aus ein paar vereinzelten Zähnen herleiten?

Conway Morris dachte, die »Zähne« von *Odontogriphus* könnten Konodonten sein und er habe möglicherweise das bisher nie zu fassende Konodonten-Tier entdeckt. Er ließ es sogar darauf ankommen und reihte sein gezähntes Rätsel in die Klasse der Conodontophorida ein. Was für ein Bravourstück für einen Anfänger: das Geheimnis aller Geheimnisse zu entdecken und einen hundert Jahre alten Streitfall zu klären! Aber Simon hatte sich getäuscht. Das konodonte Tier ohne harte Teile ist inzwischen gefunden worden, mit unbestreitbaren Konodonten, die genau an der richtigen Stelle am vorderen Ende des Darms sitzen. Dieses Geschöpf wurde ebenfalls in einer Museumsschublade entdeckt, in einer Sammlung, die in den 1920er Jahren von einer Karbon-Lagerstätte in Schottland, dem Granton Sandstone, zusammengestellt wurde. Das konodonte Tier, das jetzt als einer der wenigen Post-Burgess-Sonderlinge gilt, sieht *Odontogriphus* überhaupt nicht ähnlich. Derek Briggs war an der Erstbeschreibung beteiligt und meint (wovon ich allerdings nicht überzeugt bin), daß das konodonte Tier ein Chordatier

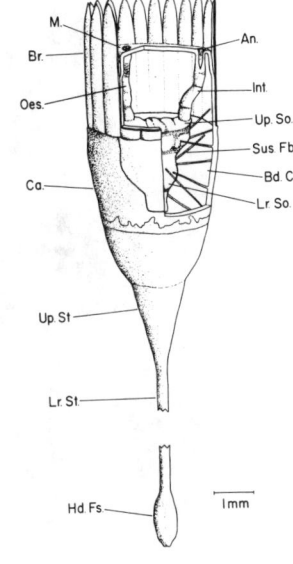

3.30 Ursprüngliche Rekonstruktion von *Dinomischus* durch Conway Morris (1977a). Um die innere Anatomie des Organismus zu zeigen, ist ein Teil des Bechers nicht gezeichnet. Man beachte den U-förmigen Darm, der vom Mund (bezeichnet mit *M.*) zum Anus (*An.*) verläuft, und die Muskelbänder (*Sus. Fb.*, für »Aufhängefasern«), mit denen der Arm an der Kelchwand befestigt ist.

sein könnte, also ein Mitglied unseres eigenen Stammes (Briggs, Clarkson und Aldridge, 1983).

3. *Dinomischus*. Simons drittes geheimnisvolles Tier trug ihn auf der Beweisleiter eine weitere Sprosse nach oben. Auch in diesem Fall hatte Walcott ein Exemplar beiseite gelegt und fotografiert, aber nichts veröffentlicht und keine Notizen hinterlassen. Aber diesmal schwamm Conway Morris geradezu in einem Meer von Beweisstücken, denn er besaß drei Exemplare: das von Walcott in Washington, ein weiteres in unserer Sammlung in Harvard und ein drittes, das 1975 vom Royal Ontario Museum auf Walcotts Schutthalde entdeckt worden war.

Alle bisher besprochenen Tiere waren mobil und bilateral symmetrisch. *Dinomischus* repräsentiert eine andere, häufige Funktionsweise: Es ist ein sessiles (ortsfestes, immobiles) Geschöpf mit radiärer Symmetrie, das Nahrung aus allen Richtungen aufzunehmen vermag, wie viele heutige Schwämme, Korallen und gestielten Seelinien. *Dinomischus* ähnelt sehr einem Kelchglas auf einem langen dünnen Stiel, der am unteren Ende knollenartig verdickt ist, um das Tier im Substrat zu verankern (Abb. 3.30). Das ganze Geschöpf ist kaum länger als einen Zoll.

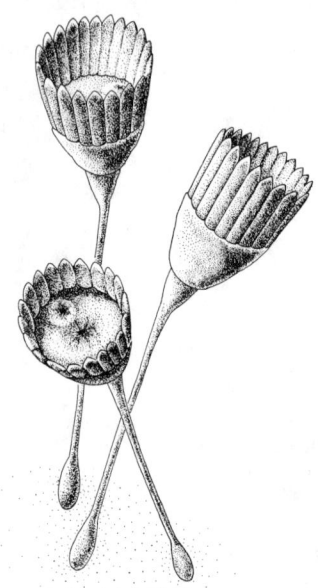

3.31 Drei Exemplare des gestielten Tieres *Dinomischus*. Eines ist uns zugewandt und zeigt die Öffnungen des Mundes und des Anus an der Oberseite des Kelches. Zeichnung von Marianne Collins.

Der Kelch, Calyx genannt, trägt auf dem Außenrand eine Reihe von etwa zwanzig länglichen, parallel nebeneinander stehenden Blättern, die sogenannten Hochblätter. Die Oberfläche des Kelches weist in der Mitte und am Rand eine Öffnung auf, vermutlich Mund und Anus, wenn man von modernen Geschöpfen mit ähnlicher Lebensweise ausgeht (Abb. 3.31). Durch das Innere des Kelches verläuft zwischen den beiden Öffnungen ein U-förmiger Darm, der sich am tiefsten Punkt zu einem Magen erweitert. Vom Magen zur Innenwand des Kelches verlaufende Stränge könnten Aufhängefasern (für den Darm) oder Muskelbänder gewesen sein.

Man kann einige oberflächliche Ähnlichkeiten mit etlichen neuzeitlichen Tieren feststellen, doch handelt es sich dabei wahrscheinlich um allgemeine Analogien einer ähnlichen Funktionsweise (wie etwa bei den Flügeln von Vögeln und Insekten) und nicht um detaillierte Homologien auf der Grundlage gemeinsamer Abstammung. Conway Morris fand engste Parallelen zu einem kleinen Stamm, den sogenannten Entoprocta (die in älteren Klassifikationen mit den Bryozoen zusammengefaßt werden), doch im Grunde ist

Dinomischus etwas Absonderliches, ein Ding für sich. In seiner ersten Abhandlung zögerte Conway Morris noch ein wenig (1977a, S. 843), doch sein jüngstes Urteil ist eindeutig: »*Dinomischus* hat keine erkennbare Ähnlichkeit mit anderen Metazoen und gehört vermutlich zu einem ausgestorbenen Stamm« (Briggs und Conway Morris, 1986, S. 172).

4. *Amiskwia*. Mit *Amiskwia* nahm Simon schließlich einen normalen Burgess-Organismus in Angriff, wenn auch einen der seltensten. Fünf Exemplare waren entdeckt worden, und Walcott hatte die Gattung im Jahre 1911 formell als Chaetognathe oder Pfeilwurm beschrieben. Auch hatte es in der Literatur eine gewisse Auseinandersetzung über *Amiskwia* gegeben, aber immer in dem anerkannten Rahmen, daß *Amiskwia* zu einem der neuzeitlichen Stämme gehöre. Zwei Artikel in den sechziger Jahren schlugen eine Verlegung von den Chaetognathen zu den Nemertini vor. Dem Laien mögen diese Bezeichnungen nicht geläufig sein, aber in der modernen Taxonomie zählen sie zu den gängigen Begriffen.

Mit seinem flachen, vermutlich gallertartigen Körper, der keinen äußeren Panzer besitzt, wurde *Amiskwia* auf den Gesteinsoberflächen des Burgess plattgedrückt. Diese Fossilien sind daher wirklich auf die Weise erhalten, wie Walcott es fälschlich für alle Burgess-Organismen als normal ansah, nämlich als dünne Schichten. Ohne die dreidimensionale Struktur, die Whittington bei den Arthropoden fand und die Simon bei einigen weiteren Sonderlingen bestätigte, kann über *Amiskwias* Anatomie wenig gesagt werden, doch ist immerhin so viel erhalten, daß man die Zugehörigkeit zu einem modernen Stamm ausschließen kann.

Die Kopfregion trägt vorn an der Unterseite ein Paar Tentakel (Abb. 3.32). Der Rumpf zeigt zwei Flossen, die weder durch Strahlen noch durch sonstige Versteifungen gestärkt werden, in der Ebene der Körperabflachung – lateral (an den Seiten) und kaudal (einen Schwanz bildend). (Walcotts Bestimmung beruht darauf, daß viele Chaetognathen an ungefähr derselben Stelle ebenfalls Flossen haben. Ein echter Chaetognath hat aber auch einen Kopf mit Zähnen, Haken und einer vorspringenden Kappe – und keine Tentakel. Es gibt sonst nichts an *Amiskwia*, was auch nur entfernt an eine Chaetognathen-Verwandtschaft erinnert, und die grobe Ähnlichkeit der Flossen stellt eine getrennte Evolution für die ähnliche Funktion beim Schwimmen dar.) *Amiskwia* ist wahrscheinlich eines der wenigen Burgess-Tiere, die nicht in der vom Schlammrutsch erdrückten Gemeinschaft auf dem Meeresboden lebten. Es war vermutlich ein pelagischer (schwimmender) Organismus, der im freien Gewässer oberhalb des stehenden Beckens lebte, das den Burgess-

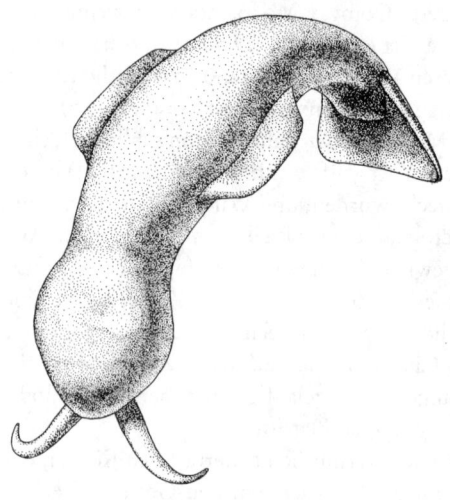

3.32   Das abgeplattete schwimmende Tier *Amiskwia*, mit einem Paar Tentakeln am Kopf sowie Seiten- und Schwanzflossen hinten. Zeichnung von Marianne Collins.

Schlammrutsch aufnahm. Diese andere Lebensweise würde die große Seltenheit von *Amiskwia, Odontogriphus* und einigen weiteren Geschöpfen erklären, die in offenen Gewässern oberhalb des Grabens – aber außerhalb der ursprünglichen Heimat – der Mehrheit der Burgess-Gemeinschaft gelebt haben dürften. In der kurzen Zeit, in der sich der Schlammrutsch in dem stehenden Becken in eine Sedimentschicht verwandelte, sind nur wenige Tiere in der darüber stehenden Wassersäule gestorben und in das Sediment abgesunken.

Innerhalb des Kopfes könnte ein zweizipfliges Organ das Oberschlundganglion darstellen, während der Darm sich als gerades Rohr von einem Erweiterungsgebiet am Kopf bis zum Anus am anderen Körperende, unmittelbar vor der kaudalen Flosse (Abb. 3.33), erstreckt. Der Kopf, dem der charakteristische Rüssel fehlt, dessen muskulöse Wände einen mit Flüssigkeit gefüllten Hohlraum umschließen, erinnert in nichts an die Nemertini, die ansonsten als konventionelle systematische Zuordnung für *Amiskwia* in Frage kommen, während die Schwanzflosse nur eine oberflächliche Ähnlichkeit aufweist (bei den Nemertini ist die Flosse zweigeteilt, und der Anus liegt

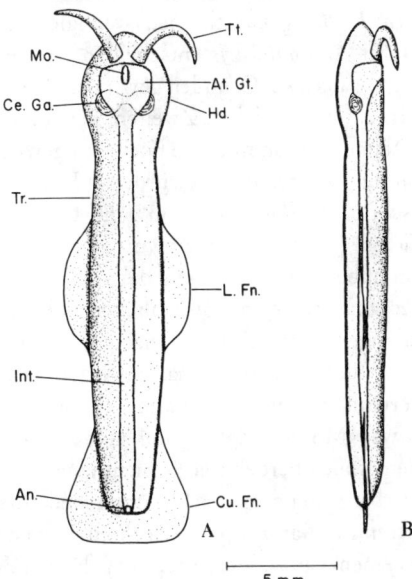

Mo. — Tt.
Ce. Ga. — At. Gt.
— Hd.
Tr. —
— L. Fn.
Int. —
An. — Cu. Fn.
A   B

5 mm

3.33 Rekonstruktion von *Amiskwia* durch Conway Morris (1977b). (A) Ansicht von
unten: Man beachte den Ansatz der Tentakel (bezeichnet mit *Tt*), die Position des Mundes
(*Mo*.), den Verlauf des Darms (*Int*.) bis zum Anus und das Gebilde, das als mögliches
Zerebralganglion (*Ce. Ga.*) gedeutet wird. (B) Seitenansicht.

unmittelbar am Körperende). Conway Morris, dem der Gedanke, auf höhe-
rem anatomischen Entwicklungsniveau eine eigenständige systematische
Einheit entdeckt zu haben, inzwischen durchaus behagte, kam zu dem
Schluß:

Während *Amiskwia sagittiformis* sicherlich kein Chaetognathe ist,… kann der Wurm
auch nicht zu den Nemertini gerechnet werden. Die relative Ähnlichkeit… [mit den
Nemertini] wird als oberflächlich eingeschätzt und ist bloß das Ergebnis einer parallelen
Evolution. *Amiskwia sagittiformis* scheint mit keinem anderen bekannten Stamm enger
verwandt zu sein (1977b, S. 281).

5. *Hallucigenia*. Wir brauchen Symbole zur Darstellung einer Mannigfaltigkeit, die wir uns im Kopf nicht vollständig vergegenwärtigen können.
Müßte ein einzelnes Geschöpf als Träger der Botschaft des Burgess Shale ausgewählt werden – der verblüffenden anatomischen Mannigfaltigkeit und Einzigartigkeit, die so früh und so plötzlich in der Geschichte des modernen
vielzelligen Lebens entstand –, dann würde sicherlich die überwältigende

169

Mehrheit der Fans für *Hallucigenia* stimmen (wenngleich ich mich vielleicht für *Opabinia* oder für *Anomalocaris* entscheiden würde). Diese Gattung würde die Abstimmung aus zwei Gründen gewinnen. Erstens ist sie, im heutigen Jargon ausgedrückt, wirklich irre. Zweitens hat Simon, weil es bei Symbolen sehr auf die Namen ankommt, eine höchst ungewöhnliche und wirklich schöne Bezeichnung für seine merkwürdigste Entdeckung gewählt. Er nannte dieses Geschöpf *Hallucigenia*, um »die bizarre und traumhafte Erscheinung des Tieres« (1977c, S. 624) zu würdigen, vielleicht aber auch als ein Denkmal für ein unbeweintes Zeitalter sozialer Experimente.

Walcott hatte *Canadia*, seiner hauptsächlichen Polychaetengattung, sieben Burgess-Arten zugewiesen. (Die Polychaeten, Mitglieder des Stammes Annelida oder Ringelwürmer, sind das marine Gegenstück zu den terrestrischen Regenwürmern und bilden eine der artenreichsten und erfolgreichsten Tiergruppen.) Conway Morris zeigte später (1979), daß Walcotts einzige Gattung unter einem weit überdehnten Schirm eine bemerkenswerte Verschiedenartigkeit verbarg, denn er machte unter Walcotts sieben »Arten« schließlich drei getrennte Gattungen von echten Polychaeten aus, ferner einen Wurm, der zu einem ganz anderen Stamm gehörte (ein Priapulide, den er in *Lecythioscopa* umbenannte), und *Hallucigenia*. Walcott hatte das merkwürdigste aller Burgess-Geschöpfe fälschlich als einen gewöhnlichen Wurm angesehen und diesen Sonderling auf *Canadia sparsa* getauft.

Wie kann man ein Tier beschreiben, wenn man nicht einmal weiß, wo oben, wo vorne und wo hinten ist? *Hallucigenia* ist, wie die meisten mobilen Tiere, bilateral symmetrisch, und sie trägt, im Einklang mit dem gängigen Bauplan zahlreicher Stämme, verschiedene sich wiederholende Strukturen. Die größten Exemplare sind ungefähr einen Zoll lang. Jenseits dieser überaus vagen bekannten Wegweiser betreten wir eine wahrhaft untergegangene Welt (Abb. 3.34). *Hallucigenia* hat, um sie grob zu umreißen, an einem Ende einen knolligen »Kopf«, der bei allen vorhandenen Exemplaren (etwa dreißig) schlecht erhalten und daher nicht gut analysiert ist. Wir können nicht einmal sicher sein, daß dieses Gebilde das Vorderteil des Tieres darstellt – man hat sich nur darauf geeinigt, darin den »Kopf« zu sehen. Dieser »Kopf« (Abb. 3.35) sitzt auf einem langen, schlanken, im Grunde zylindrischen Rumpf.

An den Seiten des Rumpfes, nahe der Unterseite, sind sieben Paare spitz zulaufender Stacheln angebracht, nicht gegliederte, arthropodenartige Gliedmaßen, sondern ungeteilte Strukturen, die sich nach unten erstrecken und eine Reihe von Stützen bilden. Diese Stacheln sind nicht mit dem Körper

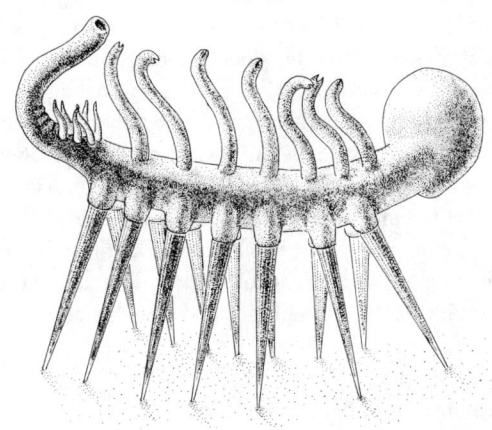

3.34 *Hallucigenia* steht mit ihren sieben Paar Stelzen auf dem Meeresboden. Zeichnung von Marianne Collins.

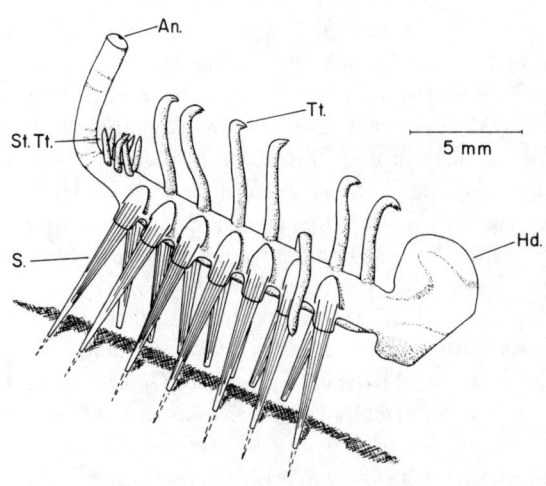

3.35 Ursprüngliche Rekonstruktion von *Hallucigenia* durch Conway Morris (1977c).

verbunden, sondern scheinen in der Körperwand verankert zu sein, die sich ein Stück weit als Scheide über den oberen Teil des Stachels schiebt. Auf den dorsalen Mittellinien des Rumpfes, direkt den Stacheln gegenüber, erheben sich sieben Tentakel mit gegabelter Spitze. Die sieben Tentakel scheinen mit den sieben Stachelpaaren auf eine merkwürdig versetzte, aber konsequente Weise koordiniert zu sein: Dem ersten (dem »Kopf« am nächsten liegenden) Tentakel entspricht kein Dorn auf der Unterseite. Jedes der folgenden sechs Tentakel liegt direkt über einem Stachelpaar. Dem letzten Stachelpaar entspricht kein Tentakel auf der Oberseite. Gleich hinter der Hauptreihe der sieben liegt ein Haufen von sechs sehr viel kürzeren dorsalen Tentakeln (möglicherweise zu drei Paaren geordnet). Danach geht das Hinterende des Rumpfes in ein schmales, nach oben und vorn gerichtetes Rohr über.

Wie kann ein Taxonom bei der Interpretation eines solchen Körperbaus vorgehen? Simon meinte, daß er zunächst einmal herausfinden müsse, wie ein solches Tier funktionierte, dann könne er vielleicht weitere Anhaltspunkte für seine Anatomie gewinnen. Simon suchte nach Analogien und stellte fest, daß es moderne Tiere gibt, die auf Stacheln, die an ihrer Unterseite befestigt sind, nicht nur ruhen, sondern sich sogar fortbewegen. »Dreifüßige« Fische stützen sich auf lange Brustflossen und eine Schwanzflosse. Die Elasipoden, eine merkwürdige Gruppe von Tiefsee-Holothuroidea (Seegurken vom Stamm der Echinodermen), bewegen sich, auf längliche, stachlige Röhrenfüße gestützt, in Gruppen über den Meeresboden (Briggs und Conway Morris, 1986, S. 173). Bei *Hallucigenia* bilden die beiden Stacheln eines Paares einen Winkel von etwa siebzig Grad, so daß der Körper ziemlich stabil auf der Reihe von Stützen ruht. Conway Morris nahm deshalb zunächst an, daß *Hallucigenia* sich mit ihren sieben Stachelpaaren auf ein schlammiges Substrat stützen konnte. Mit dieser Annahme wird zugleich eine Lebensweise und eine Orientierung definiert: »Unter der Voraussetzung, daß die Stacheln im Bodensediment verankert waren, werden Ober- und Unterseite identifiziert« (Conway Morris, 1977c, S. 625).

So weit, so gut; *Hallucigenia* konnte sich also leidlich stabil auf den Boden aufstützen. Das Tier konnte dort aber nicht wie eine Statue bis in alle Ewigkeit stehen bleiben, denn bilateral symmetrische Geschöpfe mit Köpfen und Schwänzen sind fast immer mobil. An der Vorderseite entwickeln sie Sinnesorgane, und den Anus verlegen sie nach hinten, weil sie wissen müssen, wohin sie gehen, und sich von dem, was sie zurücklassen, entfernen müssen. Wie um Himmels willen konnte *Hallucigenia* sich auf Stacheln, die fest in der Körperwand verankert waren, fortbewegen? Conway Morris gelang es, ein plausibles Modell vorzuschlagen, in dem Muskelstreifen und -bänder das proximale Ende des Stachels an der Innenseite der Körperwand verankern. Durch entsprechende Streckung und Zusammenziehung dieser Bänder konnten die Stacheln nach vorn und hinten bewegt werden. Eine wellenartig koordinierte gemeinsame Bewegung der sieben Paare konnte das Tier, wenn auch ein wenig schwerfällig, vorwärtsbringen. Über die Aussichten einer solchen Fortbewegungsweise war er nicht begeistert, und er meinte, daß »*Hallucigenia sparsa* auf Steinen oder Schlamm wahrscheinlich nicht rasch voran kam und die meiste Zeit im Stillstand verbracht haben dürfte« (1977c, S. 634).

Wenn es schon schwierig war, die Stacheln zu interpretieren, wie stand es dann erst mit den Tentakeln auf der Oberseite, gab es doch kaum Aussichten, ein modernes Gegenstück zu finden. Die Zange an der Spitze könnte Nahrung eingefangen haben, aber die Tentakel reichen nicht bis zur Kopfregion, und die Weitergabe der Nahrung von einem Tentakel zum anderen bis zu einem frontalen Mund dürfte nicht gerade eine effiziente Ernährungsweise sein. Conway Morris bemerkte eine mögliche Verbindung zwischen einem Hohlrohr innerhalb der einzelnen Tentakel und einem Darm im Rumpf (beides nicht gut genug erhalten, um Vertrauen zu erwecken) und schlug eine faszinierende Alternative vor. Vielleicht hatte *Hallucigenia* überhaupt keinen frontalen Mund. Vielleicht fing jedes Tentakel für sich Nahrung ein und gab die eingefangenen Partikel über seinen eigenen Schlund an den gemeinsamen Darm ab. Man muß schon ausgefallene Lösungen in Betracht ziehen, wenn man es mit einem so merkwürdigen Tier zu tun hat.

Doch *Hallucigenia* ist so eigentümlich, so schwer vorstellbar als ein wirklich lebensfähiges Tier, daß wir die Möglichkeit einer ganz anderen Lösung in Erwägung ziehen müssen. Vielleicht ist *Hallucigenia* kein vollständiges Tier, sondern der komplizierte Anhang eines größeren, noch unentdeckten Geschöpfes. Das »Kopfende« von *Hallucigenia* ist nicht mehr als ein formloser Klecks, wie man ihn von allen Fossilien kennt. Vielleicht ist es gar kein Kopf, sondern eine Bruchstelle, wo ein Anhang (genannt *Hallucigenia*) von einem größeren (noch unentdeckten) Hauptkörper abgebrochen ist. Das mag enttäuschend klingen, da *Hallucigenia*, für sich genommen, ein so wunderbares Tier ist. Deshalb mache ich Stimmung für Conway Morris' Interpretation (wenn ich allerdings wetten müßte, würde ich mein Geld auf die Anhangstheorie setzen). Aber schließlich könnte *Hallucigenia* als bloßer Anhang sogar noch aufregendere Aussichten eröffnen, denn das ganze Tier, falls man es jemals entdeckt und rekonstruiert, könnte noch merkwürdiger sein als *Hallucigenia* nach der jetzigen Interpretation. So etwas ist im Burgess schon vorgekommen. *Anomalocaris* wurde früher als ein ganzer Arthropode und obendrein als eine ziemlich langweilige Krustazee (siehe 5. Akt) angesehen. Schließlich klärten Whittington und Briggs (1985), daß es sich um die Mundwerkzeuge eines Tieres handelt, das im Hinblick auf die für Burgess typische Eigenartigkeit gleich hinter *Hallucigenia* kommt. Wir haben sicherlich noch nicht die letzte und vielleicht auch nicht die größte Burgess-Überraschung erlebt.

Derek Briggs und die zweiklappigen Arthropoden: Das nicht so sensationelle, aber ebenso notwendige letzte Stück

Ich muß mich zunächst bei Derek Briggs für eine unterschwellige, aus Unwissenheit und Gedankenlosigkeit entstandene Kränkung entschuldigen. Ich habe einen bösen Fehler begangen, als ich diesen chronologischen Mittelteil des Buches entwarf, das heißt, bevor ich die Monographien im einzelnen las. Ich sah die Burgess-Transformation als ein dramatisches Wechselspiel zwischen Harry Whittington, dem konservativen Systematiker, der die ganze Sache in Gang brachte, und Simon Conway Morris, dem jungen, radikalen Mann der Ideen, der eine revolutionäre Interpretation entwickelte und alle mit sich riß. Ich deutete bereits an, daß es falsch war, dieses Wechselverhältnis nach Art eines gewöhnlichen Drehbuchs zu deuten.

Lassen Sie mich jetzt einen weiteren Fehler eingestehen, der mir nicht hätte unterlaufen dürfen. Es ist der klassische Irrtum derjenigen, die über Wissenschaft schreiben, ohne ein Gespür für deren tägliche Abläufe zu haben; wer in der Forschung arbeitet, müßte es eigentlich besser wissen. Für den herkömmlichen Journalismus ist nur das Neue und die sensationelle Entdeckung berichtenswert, so daß in den gängigen Darstellungen für ein allgemeines Publikum nicht nur das normale Geschehen in der Wissenschaft unterschlagen wird, sondern leider auch noch ein falscher Eindruck von dem, was die Forschung vorantreibt, vermittelt wird.[11]

Ein Projekt wie die Burgess-Revision birgt potentielle Sensationen wie auch vorhersehbare unspektakuläre Aspekte in sich. Beides ist notwendig. Der normale Reporter wird nur von den spannenden Ideen und den umwerfenden Tatsachen berichten. Während *Hallucigenia* groß herauskommt, werden die Burgess-Trilobiten ignoriert. Dabei besagen die Burgess-Sonderlinge, für sich betrachtet, nicht viel. Erst wenn man sie in eine ganze Fauna versetzt, in der auch die normalen Bestandteile enthalten sind, sprechen sie für eine neue Sicht des Lebens. Die normalen Geschöpfe müssen mit genauso viel Liebe und genauso fleißig dokumentiert werden, denn für das Gesamtbild sind sie genauso wichtig.

Derek Briggs nahm sich die zweiklappigen Arthropoden vor, die allem Anschein nach gewöhnlichste Gruppe in der Burgess-Fauna. Er schrieb mehrere vorzügliche Monographien über diese Tiere, bei denen er einige Überraschungen erlebt, aber auch manche Erwartungen bestätigt fand. Ich hatte nicht erkannt, wie wichtig Briggs' Arbeit über die zweiklappigen Arthropoden für die Burgess-Transformation war. Als ich Dereks Monographien las, sah ich ziemlich beschämt meinen Irrtum ein; und von da an verstand ich Harry, Derek und Simon als ein Trio von Ebenbürtigen, die alle eine bestimmte und notwendige Rolle in dem Gesamtdrama spielen.

Walcott und andere hatten etwa ein Dutzend Gattungen von Arthropoden mit zweiklappigem Schild (der gewöhnlich den ganzen Kopf und den vorderen Teil des Rumpfes umfaßt) beschrieben. Mehrere dieser Gattungen können nicht mit Sicherheit klassifiziert werden, denn es wurden nur die Schilde und nicht die weichen Teile gefunden. Die übrigen Gattungen sind durchweg, und zwar ohne Zweifel oder Zögern, als Krustazeen identifiziert worden, so wie man auch alle modernen Arthropoden mit zweiklappiger Schale zu ihnen zählt. Derek Briggs begann sein Projekt ohne irgendwelche bewußten Zweifel: »Es waren einige Neubeschreibungen vorzunehmen. Ich nahm an, ich würde es mit einem Haufen Krustazeen zu tun haben.«

In seinen ersten Monographien über die zweiklappigen Arthropoden des Burgess Shale beschrieb Briggs zwei herausragende Entdeckungen. Nahm man diese mit Simons Sonderlingen und Harrys verwaisten Arthropoden zusammen, so hatte man schon 1978 eine ausformulierte und vollkommen neue Darstellung vom Ablauf der Evolution vielzelligen tierischen Lebens.

1. *Branchiocaris*, die erste Entdeckung. Die Krustazeen sind eine umfangreiche und vielfältige Gruppe, angefangen von den fast mikroskopisch kleinen Ostracoden mit zweiklappigen Schalen, die den ganzen Körper wie eine Muschelschale bedecken, bis hin zu den Riesenkrebsen, deren Beine eine Spannweite von mehreren Fuß haben. Dabei sind alle nach einem stereotypen Grundplan gebaut, der die Struktur des Kopfes mit einer bestimmten Signatur versehen hat. Der Krustazeenkopf ist ein Amalgam aus fünf ursprünglichen Segmenten plus Augen. Deshalb sind fünf Paar Anhänge vorhanden, und zwar in einer ganz bestimmten Anordnung: zwei präorale (gewöhnlich Antennen) und drei postorale (gewöhnlich Mundgliedmaßen).[12] Da alle modernen zweiklappigen Arthropoden Krustazeen sind,

nahm Briggs an, daß er bei seinen Burgess-Objekten ebenfalls diese frontale Signatur finden würde. Doch der Burgess bereitete ihm bald darauf noch eine weitere Überraschung.

Charles E. Resser, Walcotts rechte Hand am Smithsonian, hatte 1929 ein einziges Burgess-Exemplar als die Krustazee *Protocaris pretiosa* beschrieben. Die Gattung *Protocaris* war 1884 von keinem anderen als Charles Doolittle Walcott in seiner Zeit »vor Burgess« geschaffen worden, und zwar für einen kambrischen Arthropoden aus dem Parker Slate in Vermont. Resser fand das Burgess-Tier ähnlich genug, um es der gleichen Gattung zuzuordnen. Briggs war anderer Meinung und schuf die neue Gattung *Branchiocaris*.

Briggs brachte insgesamt fünf Exemplare zusammen: Ressers Original, drei weitere aus der Walcott-Sammlung und ein fünftes, dessen Druck 1930 von Raymond gefunden wurde, dessen Gegendruck jedoch auf dem Burgess-Schutthaufen liegen blieb, bis die Expedition des Royal Ontario Museum es 1975 aufhob, wie es die herzerquickende Geschichte zu Beginn dieses Kapitels erzählt. Die zweiklappige Schale von *Branchiocaris* bedeckt den Kopf und die vorderen zwei Drittel des Rumpfes (Abb. 3.36). Der Körper als solcher umfaßt etwa sechsundvierzig kurze Segmente, an die sich ein gegabelter Telson anschließt. Die Anhänge sind bei der begrenzten Zahl der vorhandenen Fossilien nicht eindeutig unterscheidbar, könnten aber zweiästig gewesen sein, mit einem kurzen gegliederten Zweig (der vermutlich dem Schreitbein der meisten zweiästigen Arthropoden homolog, aber für eine solche Funktion bei *Branchiocaris* zu stark reduziert war) und einem größeren schaufelartigen Fortsatz, der wahrscheinlich in der Nähe des Meeresbodens zum Schwimmen benutzt wurde.

Die große Überraschung bot jedoch der Kopf von *Branchiocaris*. Zwei Paare kurzer antennenähnlicher Anhänge, die nach vorne wiesen, waren deutlich zu erkennen: der erste in der Form eher konventionell, einästig, aus zahlreichen Gliedern bestehend; der andere eigentümlicher, kräftig und aus weniger Gliedern zusammengesetzt, am Ende vielleicht mit einer Klaue oder Zange versehen. Briggs nannte dieses zweite Paar die »Hauptgliedmaße«, so wie Whittington, von einem analogen Gebilde bei *Yohoia* herausgefordert, von einer »großen Gliedmaße« gesprochen hatte.

Diese Anhänge waren oben und seitlich am Kopf befestigt. Auf der Unterseite hätten nach dem Mund drei weitere Paare von Anhängen folgen müssen. Briggs fand nichts dergleichen. Auf einer schmucklosen Unterseite stand der Mund ganz allein. Mit lediglich zwei Paar Anhängen am Kopf war *Branchiocaris* keine Krustazee. »Es bereitet offenbar Schwierigkeiten, dieses Tier

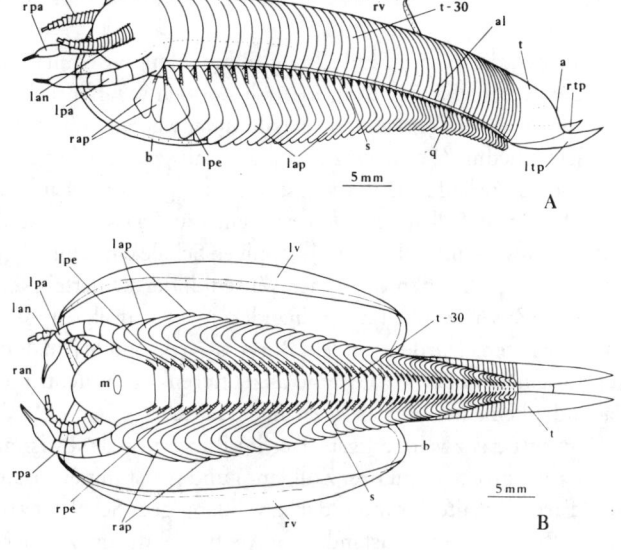

3.36 Rekonstruktion von *Branchiocaris* durch Briggs (1976). (A) Seitenansicht. (B) Ansicht von unten; man sieht die Bauchseite des Tieres, umgeben von den beiden Klappen seiner Schale. Man beachte vor allem die paarigen einästigen Anhänge, besonders den einen Hauptanhang (bezeichnet mit *lpa* und *rpa*). Beachten Sie auch, daß der Kopf hinter dem Mund keinerlei Anhänge aufweist, eine Anordnung, die man bei keiner Arthropoden-Gruppe antrifft.

irgendeiner Gruppe von rezenten Arthropoden zuzuordnen«, folgerte Briggs (1976, A. 13).

Die zweiklappigen Arthropoden, die als geschlossene Gruppe von evolutionären Vettern am meisten zu versprechen schienen, waren also ebenfalls eine künstliche Kategorie, die eine unerwartete anatomische Vielfalt verdeckte. Gab es unter den Burgess-Arthropoden überhaupt eine Ordnung? Alle schienen aus beliebig zusammengestückelten Eigenschaften zu bestehen, so als hätte der Burgess-Architekt, wenn er ein neues Geschöpf schaffen wollte, in einen Sack mit allen erdenklichen Arthropoden-Strukturen gegriffen und zu jedem notwendigen Teil eine beliebige Variation herausgezogen. Konnte eine zweiästige Gliedmaße einen Arthropodenkörper vom Trilobitentypus schmücken? Konnte eine zweiklappige Schale eine Anatomie überziehen? Gab es hier überhaupt eine Ordnung, irgendeine Form von Schicklichkeit?

2. *Canadaspis*, die zweite Entdeckung. Betrachten wir einmal, was Ende 1976 von der Geschichte der Burgess-Arthropoden veröffentlicht ist. *Marrella*, eine mutmaßliche Verwandte der Trilobiten, war eine Waise. *Yohoia* mit ihrer großen Gliedmaße war einzigartig spezialisiert und mit niemandem verwandt, keine Vorläuferin. *Burgessia*, nach der gesamten Fauna benannt, war ebenfalls Waise. Selbst *Branchiocaris*, eine zuverlässige Kandidatin für eine Krustazee, wies unter ihrer zweiklappigen Schale eine einmalige Anatomie auf. Obendrein zeigten diese vier Waisenkinder keinerlei Neigung zu einem engeren Zusammenhalt untereinander; jedes schwelgte in seinen eigenen Besonderheiten. Würde irgendein Burgess-Arthropode jemals die Zugehörigkeit zu einer modernen Gruppe akzeptieren, die Walcott mit seinem Schubladendenken einst allen aufgezwungen hatte?

Canadaspis ist das zweithäufigste Tier im Burgess Shale. Es ist nach Burgess-Maßstäben groß (bis zu drei Zoll lang) und meist mit einer auffälligen rötlichen Farbe erhalten. Unter der zweiklappigen Schale verbarg sich jedoch, wie Briggs bald herausfand, eine Anatomie, die ganz anders war als die von *Branchiocaris*.

In einer kurzen Abhandlung aus dem Jahre 1977 ordnete Briggs zwei zweiklappige Arten der neuen Gattung *Perspicaris* zu. Seine Rekonstruktionen ließen etwas Spannendes erwarten, doch das seltene Vorkommen der Exemplare und ihr schlechter Erhaltungszustand schlossen jede eindeutige Bestimmung aus. Briggs konnte zwar die Verwandtschaft nicht beweisen, doch sprach andererseits auch nichts gegen eine Zugehörigkeit dieser beiden Arten zu den Krustazeen. Hatte man endlich einen Vertreter einer modernen Gruppe gefunden?

1978 löste Briggs diese Frage elegant und endgültig. Seine ausführliche Monographie über die gut erhaltene, in Hülle und Fülle vorkommende *Canadaspis perfecta* konnte ein Burgess-Geschöpf endlich einer erfolgreichen neuzeitlichen Gruppe zuordnen. Nicht nur, daß *Canadaspis* eine Krustazee war, es konnte auch ihr Platz innerhalb der Krustazeen geklärt werden. *Canadaspis* ist ein früher Vertreter jener großen Gruppe von Krabben, Garnelen und Edelkrebsen, die man als Malcostraca zusammenfaßt. Briggs fand in der Anatomie von *Canadaspis* alle Elemente des komplizierten Malacostraca-Stereotyps: einen Kopf mit fünf Paar Anhängen, der aus sechs Segmenten plus Augen bestand; einen Thorax (Mittelteil) mit acht Segmenten und ein Abdomen (Hinterleib) mit sieben Segmenten und einem Tel-

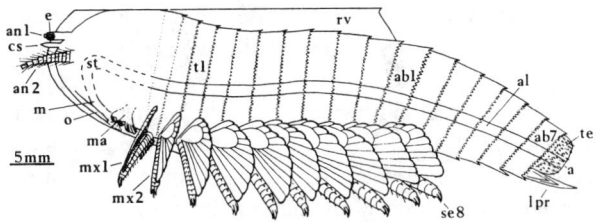

3.37 Rekonstruktion von *Canadaspis* durch Briggs (1978). Dieses Tier hat den typischen Aufbau einer echten Krustazee der Malakostraka-Gruppe: zwei Paar Anhänge vor dem Mund (bezeichnet mit *an1* und *an2*), drei paar Anhänge hinter dem Mund (*ma, mx1* und *mx2*), einen Thorax aus acht Segmenten (beginnend mit dem als *tl* bezeichneten Segment) und einem Abdomen aus sieben Segmenten (*ab1 - ab7*). Jedes Thoraxsegment trägt ein Paar zweiästiger Anhänge.

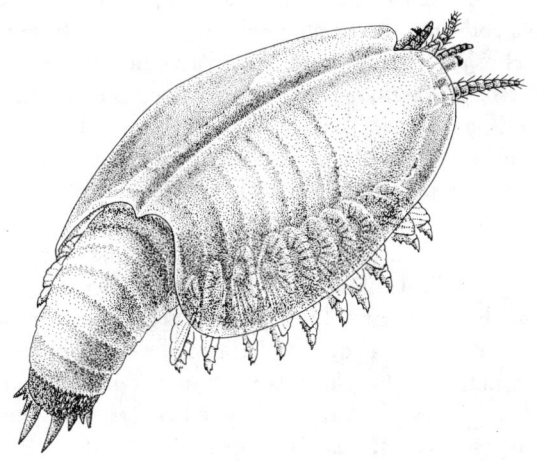

3.38 Die echte Krustazee *Canadaspis*. Die fünf Kopfsegmente tragen zwei Paar Antennen und hinter dem Mund drei Paar Anhänge, von denen die beiden letzten eine Reihe bilden mit den zweiästigen Rumpfanhängen, denen sie ähnlich sind. Zeichnung von Marianne Collins.

son. Außerdem sind die Kopfanhänge genau richtig angeordnet, mit zwei Paar kurzen, einästigen Antennen vor dem Mund und drei Paar ventralen Anhängen hinter dem Mund.[13] Die Hinterleibsegmente tragen keine Anhänge, doch jedes Thoraxsegment trägt ein Paar der üblichen zweiästigen Anhänge, mit einem inneren Beinast und einem breiten äußeren Kiemenast (Abb.en 3.37 und 3.38).

Die Kürze dieser Beschreibung tut der Bedeutung von *Canadaspis* für die Neuformulierung der Burgess-Interpretation keinen Abbruch. Es dauert eben länger, die Einzigartigkeit eines ausgefallenen Tieres zu erklären; ein vertrautes Geschöpf läßt sich mit einem einfachen Vergleich charakterisieren: »wie Hans, den jeder kennt.« Dabei ist *Canadaspis* Schlüssel und Anker für die Burgess-Geschichte, ein Geschöpf, das genauso wichtig ist wie Simons irre Wundertiere. Angenommen, alle Burgess-Tiere wären bizarre Bewohner einer untergegangenen Welt. Was ergäbe sich daraus für uns? Ein gescheitertes Experiment, ein Reinfall, ein erster Versuch, der bei der Neubildung einer modernen Fauna vollkommen übergangen würde und daher keinerlei Anhaltspunkte und keine Verbindungsglieder für die Entstehung des späteren Lebens böte. Das Vorkommen von *Canadaspis* und anderer Geschöpfe mit modernem Bauplan legt indes eine andere, erhellendere Sicht nahe. Die Burgess-Fauna enthält durchaus moderne Prototypen und ist in dieser entscheidenden Hinsicht eine normale kambrische Fauna; andererseits kann vielleicht das sehr viel breitere Spektrum der Baupläne, die untergegangen sind, den wichtigsten Vorgang in der Frühgeschichte des Lebens enthüllen.

Während Derek mit *Canadaspis* beschäftigt war, hatte Simon den Wirbel seiner Wundertiere hinter sich gelassen und sich den eigentlichen Gegenständen seines Projekts, den echten Burgess-Würmern, zugewandt. Seine in zwei Monographien veröffentlichten Ergebnisse (1977 und 1979) waren eine schöne Bestätigung der Lehren von *Canadaspis*. Einige Burgess-Organismen, selbst solche ohne harte Teile, passen hervorragend in neuzeitliche Gruppen, was die Bedeutung der Sonderlinge, die das normale Bild ergänzen, nur noch unterstreicht. Unter Formen, die Walcott auf drei Stämme verteilt hatte (als Polychaeten, Krustazeen und Echinodermen), machte Conway Morris 1977 sechs bis sieben Gattungen von Priapuliden-Würmern aus. In den heutigen Ozeanen bilden die Priapulida einen kleinen Stamm mit etwa zehn Gattungen, doch in der Wurm-Fauna des Burgess Shale waren sie dominierend. (Im 5. Kapitel nehmen die Burgess-Priapuliden einen größeren Raum ein.)

1979 klärte Conway Morris eine der größten Verwechslungen Walcotts auf; es handelte sich um die Burgess-Polychaeten. Walcott hatte die Polychaeta (marine Vertreter des Stammes Annelida oder Ringelwürmer) als Abfalleimer für zahlreiche Burgess-Merkwürdigkeiten benutzt. Unter Walcotts Polychaeten fand Conway Morris zwei Gattungen Priapuliden und vier Gattungen ausgefallener Wundertiere. Walcott hatte aber auch einige wirkliche Polychaeten identifiziert. In diesem Durcheinander identifizierte und begründete Conway Morris sechs Gattungen von Burgess-Polychaeten. Diese Gruppe, die in den Meeren von heute so dominiert, wurde in Burgess-Zeiten von Priapuliden (mit der gleichen Anzahl von Gattungen, aber sehr viel mehr Exemplaren) in den Schatten gestellt. Doch beide Gruppen verkündeten dieselbe allgemeine Botschaft. Die Burgess-Fauna enthielt gewöhnliche und einzigartige Anatomien in Hülle und Fülle.

4. Akt
Vollendung und Kodifikation eines Beweises:
Naraoia und *Aysheaia*, 1977-1978

Nach einem so ausgedehnten 3. Akt benötigen wir einen knapperen 4., um im Laufe der Klärung von zwei wichtigen Burgess-Gattungen, die sich durch mehr als ihre höchst unaussprechlichen, vokalreichen Namen unterscheiden, eine weitgehend symbolische Feststellung zu treffen.

Harry Whittington hatte dieses Drama damit eingeleitet, daß er einige Arthropoden, die bis dahin jeder zu bekannten Gruppen gerechnet hatte, zu einsamen Waisen machte (1. Akt). Er hatte die Spannung noch gesteigert durch den Nachweis, daß *Opabinia* gar kein Arthropode, sondern ein Geschöpf mit einer seltsamen, einzigartigen Anatomie war (2. Akt). Seine Studenten und Mitarbeiter münzten dann diese Abweichungen in etwas für den Burgess und seine Zeit Typisches um, indem sie für die gesamte Fauna das gleiche Bild nachwiesen (3. Akt). Als Harry Whittington sich schließlich die neue Interpretation zu eigen machte und begann, in der anatomischen Abweichung eher eine bevorzugte Hypothese und nicht eine letzte Ausflucht zu sehen, war die Geschichte an ihr logisches Ende gekommen; die Burgess-Transformation war vollendet (4. Akt). Im Sinne der Theoriebildung würde der Rest nur noch in letzten Aufräumarbeiten bestehen, wobei allerdings die beste aller Geschichten noch zu erzählen wäre (5. Akt).

Naraoia trug zur logischen Struktur der neuen Auffassung das letzte nennenswerte Beweisstück bei. Dieser altbewährte Burgess-Kamerad, den Walcott als Krustazee und Branchiopode beschrieben hatte, hat eine Schale, die sich aus zwei flachen, glatten, ovalen Klappen zusammensetzt, die, hintereinander liegend, mit ihren geglätteten Rändern aneinander stoßen. Diese Klappen, bei den meisten Fossilien aus einzelnen Teilen bestehend und glänzend, machen *Naraoia* zu einem der auffälligsten und attraktivsten Burgess-

3.39 Camera lucida-Zeichnung eines hervorragenden Exemplars von *Naraoia* (Whittington, 1977). Die beiden Klappen an der Schale bedecken fast die gesamte weiche Anatomie, und nur die Enden der Anhänge ragen darüber hinaus.

Organismen, werfen aber auch für die Interpretation ein schwerwiegendes Problem auf. Sie bedecken fast die gesamte weiche Anatomie; die meisten Fundstücke zeigen nur die distalen Enden der Anhänge, welche über den Rand der Schale hinausragen (Abb. 3.39). Da die proximalen (und hier unsichtbaren) Enden der Anhänge – und zwar ihre Form ebenso wie die Art ihrer Befestigung am Körper – die Grundlage für die taxonomische Zuordnung zu Arthropodengruppen bilden, konnte *Naraoia* nie richtig interpretiert werden.

Diese Schwierigkeit behob Whittington mit seiner Entdeckung der dreidimensionalen Struktur der Burgess-Fossilien. Er erkannte, daß es möglich sei, durch die feste Schale einen Schnitt zu führen, um die proximalen Enden der Anhänge und deren Ansatzpunkte aufzudecken. Mit einem Schnitt durch die Schale von *Naraoia* (Abb. 3.40) enthüllte er so viel von den Anhängen, daß er die Zahl der Segmente feststellen und die proximalen Enden so weit auflösen konnte, daß sogar Kauladen und Nahrungsrinnen erkennbar wurden. Dabei erlebte Whittington eine der größten Überraschungen seines Forscherlebens:

Er erblickte einen Beinast jenes Tieres, das er am besten kannte: eines Trilobiten. Doch abgesehen von einer verschwommenen Ähnlichkeit in der Gesamtform hat die Schale mit ihren zwei Klappen kaum eine Ähnlichkeit mit dem Außenskelett eines Trilobiten. Die meisten Trilobiten weisen eine dreifache Gliederung in Kopf, Thorax und Pygidium auf. (Entgegen der verbreiteten Ansicht ist diese Gliederung von vorn nach hinten nicht Ursprung der Bezeichnung »Trilobit«, was »dreilappig« bedeutet. Diese bezieht sich vielmehr auf die dreifache seitliche Gliederung in eine Mittelachse und zwei seitliche Regionen, die sogenannten Pleurae.)

Außerdem fand Whittington bei *Naraoia* andere wichtige Trilobitenmerkmale, namentlich die als Bestimmungsmerkmal dienende Segmentierung des Kopfes mit einem Paar einästiger präoraler Antennen und drei Paaren ventraler postoraler Anhänge. Ungeachtet ihrer merkwürdigen Außenschale war *Naraoia* eindeutig ein Trilobit. Folglich beschrieb Whittington diese Gattung als eine neue, separate Klasse innerhalb der Trilobiten. Er schrieb mit kaum verhüllter Freude und in einem ungewohnt persönlichen Ton – warum auch nicht, ist Harry doch der weltweit führende Experte für Trilobiten. Das sind seine Babys, und er hatte soeben ein tolles, ganz besonderes Kind zur Welt gebracht:

Zum erstenmal war die Ausgrabung gleichzeitig überraschend und erregend... Die neue Rekonstruktion zeigt ein ganz anderes Tier als Walcotts und andere Restaurierungsversuche,... weit trilobitenähnlicher, als man gedacht hatte. Ich komme sogar zu dem Schluß, daß *Naraoia* ein Trilobit war, dem ein Thorax fehlte, und weise ihr eine eigene Ordnung innerhalb dieser Klasse zu (1977, S. 411).

Diese Veränderung mag geringfügig erscheinen, eine Verlagerung aus einer wohlbekannten Gruppe in eine andere, ein Ereignis mithin, das innerhalb so vieler Burgess-Umwälzungen und -Entdeckungen kaum theoretisches Interesse beanspruchen kann. Dem ist aber nicht so. Die Klassifikation von *Naraoia* ist das befriedigende letzte Stück eines Puzzles, beweist sie doch, daß das Burgess-Grundmuster – eine die Vielfalt späterer Zeiten weit übertreffende anatomische Verschiedenartigkeit – auf allen Ebenen gilt. Simon hatte dieses Muster mit seinen irren Wundertieren auf der höchsten Ebene der Stämme – Grundbaupläne tierischen Lebens – belegt. Whittington hatte in seinen Monographien dieselbe Geschichte auf der nächst tieferen Ebene der Verschiedenartigkeit innerhalb der Stämme erzählt: Eine Gruppe verwaister Arthropoden nach der anderen verkündete den alle späteren Zeiten weit übertreffenden Reichtum der Burgess-Anatomie, mag auch die Artenzahl der Arthropoden, darunter eine moderne Insektenfauna von annähernd

A B

einer Million beschriebener Arten, ungeheuer zugenommen haben. Jetzt hatte Harry dasselbe Muster auch auf der untersten Ebene der Verschiedenartigkeit innerhalb der Hauptgruppen eines Stammes veranschaulicht. Er hatte etwas scheinbar in sich Widersprüchliches entdeckt – einen weichleibigen Trilobiten mit einer zweiklappigen Schale. (1985 sollte er einen weiteren weichleibigen Trilobiten, *Tegopelte gigas*, beschreiben, mit fast einem Fuß Länge eines der größten Burgess-Tiere, so daß *Naraoia* nicht länger ein einsamer Sonderling unter den Trilobiten ist.) Das Burgess-Muster scheint über alle systematischen Stufen hinweg eine »fraktale« Invarianz aufzuweisen, denn gleichgültig, ob man das Teleskop oder das Mikroskop nimmt, überall sieht man dasselbe Bild: größere Burgess-Verschiedenartigkeit, gefolgt von Dezimierung und Diversifikation innerhalb weniger überlebender Gruppen.

Die Monographie über *Naraoia* markierte für Whittington einen Wendepunkt in seiner Konzeption. Endlich ließ er die Klasse Trilobitoidea offiziell

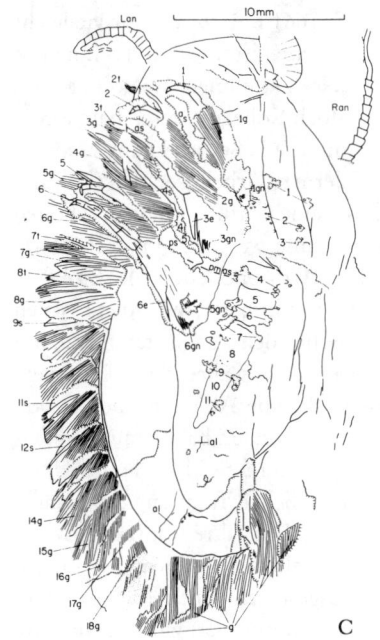

C

3.40 Bestimmung der taxonomischen Zugehörigkeit von *Naraoia* durch Sektion. (A) Ein vollständiges Exemplar vor der Sektion. (B) Dasselbe Exemplar läßt nach Sektion die Ansatzpunkte der Beine am Körper erkennen. (C) Camera lucida-Zeichnung des sezierten Exemplars. Da die Beine die typische Trilobitenform haben, ist *Naraoia* als der erste zweiklappige Trilobit identifiziert.

fallen, als einen künstlichen Abfallkorb ohne evolutionäre Geltung. Endlich hatte er sich zu der Ansicht durchgerungen, daß die Burgess-Arthropoden eine Reihe von einmaligen Bauplänen darstellten, die die Vielfalt späterer Gruppen übertrafen:

Die Klasse Trilobitoidea Størmer wurde 1959 als eine bequeme Kategorie vorgeschlagen, in der man verschiedene, vermeintlich trilobitenartige Arthropoden, hauptsächlich aus dem Burgess Shale, unterbringen konnte und die als gleichrangig mit der Klasse Trilobita angesehen wurde. Kürzlich veröffentlichte und noch in Arbeit befindliche Untersuchungen liefern eine Fülle neuer Informationen, besonders über die Anhänge... Die Klasse Trilobitoidea kann nicht länger als ein hilfreiches Konzept betrachtet werden, und es zeichnet sich eine neue Grundlage für die Beurteilung der Verwandtschaftsverhältnisse ab (1977, S. 440).

Seine nächste Monographie über *Aysheaia* leitet Harry ganz ausdrücklich mit einer Anerkennung der neuen Sicht ein: »Die Tiere dieser Gemeinschaft umfassen eine erstaunliche Vielfalt sowohl von Arthropoden als auch von bizarren Formen, wie sie etwa Whittington und Conway Morris beschrieben haben, darunter solche, die sich wie *Aysheaia* nicht ohne weiteres in rezenten höheren Taxa unterbringen lassen« (1978, S. 166f.). *Aysheaia* war vielleicht der berühmteste und umstrittenste Burgess-Organismus, und das hing mit der Einstufung als »primitiv« und »Vorläufer« zusammen. Walcott (1911c) hatte *Aysheaia* als Anneliden beschrieben, doch Kollegen hatten bald erregt darauf hingewiesen, daß das Geschöpf zumindest äußerlich kaum zu unterscheiden sei von einer kleinen Gruppe moderner Wirbelloser, den Onychophora (Stummelfüßern), die vor allem durch eine Gattung mit dem schönen Namen *Peripatus* vertreten ist. Die Stummelfüßer vereinigen in sich Merkmale sowohl der Anneliden als auch der Arthropoden; viele Biologen betrachten diese Gruppe deshalb als eine der wenigen verbindenden Formen (»nonmissing links«, wenn man so will) zwischen den beiden Stämmen. Nun sind die modernen Stummelfüßer aber terrestrisch, während der Übergang von den Anneliden zu den Arthropoden oder die Ableitung beider von einem gemeinsamen Vorfahren im Meer stattgefunden haben muß. Außerdem können moderne Stummelfüßer nicht als direkte Modelle des Übergangs betrachtet werden, da sie seit der vermutlichen Trennung der Anneliden von den Arthropoden eine über 550 Millionen Jahre währende Evolution durchlaufen haben. Ein mariner Stummelfüßer aus dem Kambrium wäre ein Geschöpf von höchstem stammesgeschichtlichen Rang, und so wurde *Aysheaia*, das allgemein als ein solcher interpretiert wurde (Hutchinson, 1931), zu einem Helden des Burgess. Der große Ökologe G. Evelyn Hutchinson, der in Südafrika Wichtiges zur Klassifikation von *Peripatus* beigesteuert hat und der mit über neunzig Jahren, im Rückblick auf eine reiche Karriere, seine Arbeit über *Aysheaia* noch immer zu seinen wichtigsten zählt (Gespräch im April 1988), schrieb:

Bei *Aysheaia* haben wir es mit einer Form zu tun, die unter ganz anderen ökonomischen Bedingungen als die modernen Arten – und in einer sehr fernen Zeit – lebte, dabei aber eine äußere Erscheinung aufweist, die in Wirklichkeit mit den jetzt lebenden Vertretern der Gruppe eine außerordentliche Ähnlichkeit gehabt haben muß (1931, S. 18).

Aysheaia hat einen segmentierten, zylindrischen Rumpf, der an den Seiten, fast an der Unterseite, zehn Paare segmentierter Gliedmaßen aufweist, die nach unten gerichtet sind und vermutlich der Fortbewegung dienten (Abb.en 3.41 und 3.42). Das Vorderende ist nicht deutlich als Kopf vom Rumpf unterschieden. Es trägt ein einziges Paar Anhänge, die den übrigen in Form und

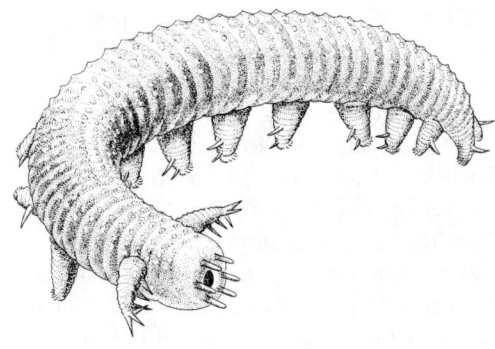

3.41 *Aysheaia*, vermutlich ein Onychophore. Zeichnung von Marianne Collins.

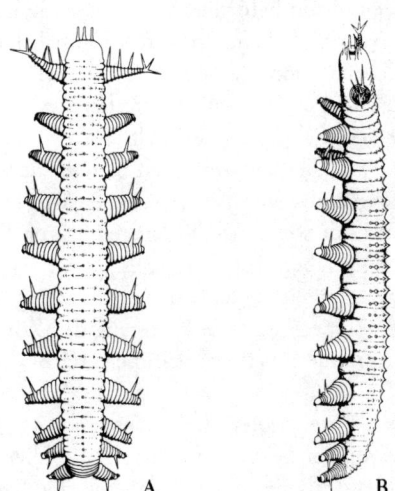

A   B

3.42 Rekonstruktion von *Aysheaia* durch Whittington (1978). (A) Draufsicht. (B) Seitenansicht: oben sieht man den Tentakelring, der den endständigen Mund umgibt; die
Rückenseite ist rechts.

Gliederung sehr ähneln, aber höher an den Seiten angebracht und seitlich ausgerichtet sind. Der endständige Mund (genau mitten auf der Vorderseite) ist von sechs oder sieben Papillen umgeben. Die Kopfanhänge tragen an der Spitze drei stachelartige Zweige und auf der Vorderkante drei weitere Stacheln. Die stumpf auslaufenden Körpergliedmaßen tragen bis zu sieben winzige, gekrümmte Krallen. Aus den Gliedmaßen selbst ragen größere Stacheln hervor. Diese Stacheln, die auf dem ersten Paar fehlen, weisen auf den Paaren 2 - 8 nach vorn und auf den Paaren 9 - 10 nach hinten.

Durch die Verknüpfung dieser anatomischen Informationen mit anderen Daten konnte Whittington für *Aysheaia* eine interessante und ungewöhnliche Lebensweise rekonstruieren. Auf sechs von den neunzehn *Aysheaia*-Fundstücken oder in unmittelbarer Nähe fand er Überreste von Schwämmen, eine Verbindung, wie man sie bei anderen Burgess-Tieren kaum angetroffen hatte. Whittington mutmaßte, daß *Aysheaia* sich von Schwämmen ernährt und unter ihnen Schutz gesucht haben könnte (Abb. 3.43). Im Schlamm waren die winzigen Krallen an den Enden der Gliedmaßen zu nichts nutze, doch beim Heraufklettern an Schwämmen und beim Festhalten mögen sie gute Dienste geleistet haben. Die vorderen Anhänge können nicht direkt Nahrung in den Mund befördert haben, doch könnten sie mit ihren Stacheln Schwämme verletzt haben, so daß das Tier nahrhafte Säfte und weiche Gewebe aufschlecken konnte. Die nach hinten weisenden Krallen und Stacheln der hinteren Körpergliedmaßen könnten als Anker gedient haben, mit denen sich das Tier in Schräglage festhielt.

Aber war *Aysheaia* wirklich ein Stummelfüßer? Whittington räumte ein, daß es bei den vorderen Anhängen, den kurzen, einästigen Körperanhängen mit ihren Krallen am Ende sowie bei der Ringelung von Körper und Extremitäten beeindruckende Übereinstimmungen gebe. Er wies aber auch auf Unterschiede hin, darunter das Fehlen von Kauwerkzeugen (wie sie neuzeitliche Stummelfüßer besitzen) und die Endigung des Körpers beim letzten Extremitätenpaar (bei modernen Stummelfüßern reicht der Rumpf darüber hinaus).

Nach Whittingtons Urteil riefen diese Unterschiede genügend Zweifel hervor, um *Aysheaia* von den Stummelfüßern auszuschließen und diese Gattung, wenn auch zögernd, als eine einzigartige, selbständige Gruppe anzuerkennen. Unter Hinweis auf das, was man bei anderen Gattungen hatte lernen müssen, schrieb er: »*Aysheaia* läßt sich also genauso wenig wie andere Burgess Shale-Tiere, darunter *Opabinia*, *Hallucigenia* und *Dinomischus*, ohne weiteres einem bestehenden höheren Taxon zuordnen« (1978, S. 185).

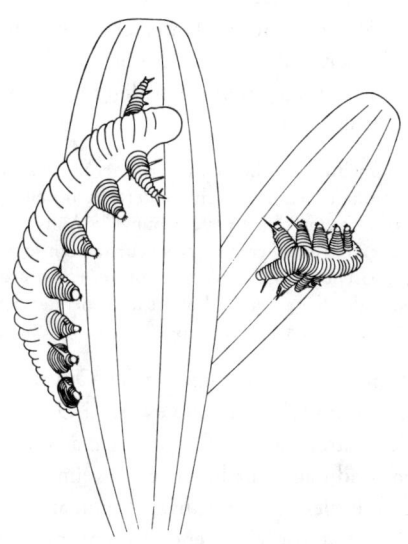

3.43 Rekonstruktion von *Aysheaia*, wie sie auf und von Schwämmen lebt, durch Whittington (1978).

Dies sind meines Erachtens folgenschwere Worte, welche die Burgess-Transformation (zumindest symbolisch) zum Abschluß bringen. Ich sage das ironisch, denn ich glaube, daß Harry sich vermutlich dies eine Mal bei *Aysheaia* getäuscht hat. Ich meine, *Aysheaia* sollte, wenn man alle Beweise abwägt, bei den Onychophora bleiben. Die beeindruckenden Ähnlichkeiten reichen tief in die Anatomie hinein, während die Unterschiede oberflächlich und stammesgeschichtlich von keiner größeren Bedeutung sind. Einer der beiden größeren Unterschiede, die Harry nennt, nämlich die Kauwerkzeuge, könnten sich einfach später entwickelt haben. In der Evolution können Strukturen hinzukommen, wenn die ursprüngliche Anatomie deren Entwicklung nicht ausschließt. Genau dieses ist bei zumindest einer prominenten Burgess-Gruppe geschehen. Die Burgess-Polychaeten haben noch keine Kauwerkzeuge, doch entwickelten sich diese im Ordovizium und haben sich seither erhalten. Was die Verlängerung des Körpers über das letzte Extremitätenpaar hinaus betrifft, so sehe ich darin eine evolutionäre Veränderung, die bei einer so breiten Gruppe wie den Stummelfüßern ohne weiteres möglich gewesen sein muß. Der amerikanische Paläontologe Richard Robison stellte eine sehr viel längere Liste von Unterschieden zwischen *Aysheaia* und modernen Stummelfüßern auf, ist aber dennoch der Meinung, daß *Aysheaia* zu der Gruppe gehört, und schreibt über den zweiten gewichtigen Unterschied, den Whittington nennt:

Bei terrestrischen Stummelfüßern scheint die Verlängerung des Körpers über das letzte Paar Lobopoden [Extremitäten] hinaus nichts anderes zu bedeuten als eine geringfügige Modifikation, welche durch eine kleine Verschiebung des Anus die sanitären Verhältnisse verbessert. Für im Wasser lebende Tiere ist eine solche anatomische Anlage weniger wichtig, weil die Lösung toxischer Ausscheidungen vom Körper durch Strömungen unterstützt wird. Die Gestalt des Körperendes könnte also eher auf den Habitat als auf eine stammesgeschichtliche Verwandtschaft schließen lassen (1985, S. 227).

Warum also hat Whittington *Aysheaia* von den Onychophora getrennt und als eigenständige taxonomische Einheit gewertet? Da er jahrelang der Versuchung widerstanden hatte, Burgess-Organismen aus wohlbekannten Gruppen herauszulösen, und dazu nur bereit war, wenn das Gewicht der Tatsachen ihn dazu nötigte, neigen wir zunächst einmal zu der Annahme, daß neue, direkt auf *Aysheaia* zurückgehende Erkenntnisse ihn zu dieser unbequemen Schlußfolgerung gezwungen haben. Aber lesen wir einmal aufmerksam die Monographie von 1978! Darin stieß Whittington nicht eine der grundlegenden Feststellungen Hutchinsons über *Aysheaia* um. Er listete die gleichen Differenzen auf und diskutierte sie; er bestätigte im Grunde, wenn auch natürlich viel ausführlicher und eleganter, die ausgezeichnete Arbeit von Hutchinson. Dennoch hatte Hutchinson *Aysheaia* als Stummelfüßer eingestuft, aufgrund derselben Daten, die Whittington später zu dem entgegengesetzten Schluß kommen ließen.

Was also hatte Whittingtons Umkehr verursacht, wenn nicht die Anatomie von *Aysheaia*? Wir haben hier ein einigermaßen gut kontrolliertes psychologisches Experiment vor uns. Da sich die Daten nicht geändert haben, kann der Meinungsumschwung nur Ausdruck einer neuen These über den wahrscheinlichsten Status der Burgess-Organismen sein. Offenbar war Whittington in der Zwischenzeit zu der Auffassung gelangt, daß bei bestimmten Tieren des Burgess Shale eine taxonomische Eigenständigkeit nicht nur anzuerkennen, sondern sogar zu bevorzugen sei. Seine Bekehrung war nunmehr eine vollendete Tatsache.

Noch viele faszinierende Gattungen harrten der Beschreibung, und es war noch nicht einmal die Hälfte der Strecke durchmessen worden. Doch Whittingtons Monographie über *Aysheaia* aus dem Jahre 1978 markiert die Kodifizierung einer neuen Sicht des Lebens. Welch eine Fülle von bahnbrechenden Ereignissen in der kurzen Zeit zwischen 1975 und 1978: erst die beunruhigende Entdeckung, daß *Opabinia* weder ein Arthropode noch sonst etwas Bekanntes ist, dann Simon mit seiner Kaskade irrer Wundertiere und schließlich die volle Anerkennung der taxonomischen Eigenständigkeit als bevorzugter Hypothese. Drei kurze Jahre – und eine ganz neue Welt!

5. Akt
Die Reifung eines Forschungsprogramms:
Leben nach *Aysheaia*, 1979 bis zum Jüngsten Tag
(Es gibt keine endgültigen Antworten)

Die sieben kurzen Jahre von *Marrella* (1971) bis Aysheaia (1978) hatten einen außerordentlichen Perspektivenwechsel gebracht: von einem Projekt, das eine neue Beschreibung von Arthropoden, die bekannten Gruppen zugeordnet waren, zum Ziel hatte, zu einer neuen Konzeption des Burgess Shale und der Geschichte des Lebens.

Der Weg war nicht glatt und geradlinig verlaufen; es gab keine deutliche Markierung durch gewichtige Beweise und zwingende Argumente. So einfach vollziehen sich geistige Wandlungsprozesse nicht. Der Fluß der Interpretation hatte sich bald hierhin, bald dorthin gewendet, war auch rückwärts geflossen und eine Zeitlang in verschiedenen aufgegebenen Hypothesen (zum Beispiel über den primitiven Charakter der Burgess-Sonderlinge) versickert, um schließlich doch zu einer sprunghaft ansteigenden Mannigfaltigkeit voranzuströmen.

Bis 1978 hatte sich die neue Konzeption, versinnbildlicht in Whittingtons Interpretation von *Aysheaia*, geklärt. Die bis heute anhaltende Folgezeit – der 5. Akt meines Dramas – ist gekennzeichnet von einer neuen Gelassenheit, einer festen gemeinsamen Überzeugung hinsichtlich des allgemeinen Charakters der Burgess-Fauna. Dennoch ist dieser letzte Akt keine Antiklimax in dem Sinne, daß nichts Neues mehr geschieht. Feste Überzeugungen haben ja den großen praktischen Vorteil, daß man in Einzelfragen vorangehen kann, ohne sich ständig über grundlegende Prinzipien den Kopf zu zerbrechen. Deshalb hat der 5. Akt eine außergewöhnliche Produktivität in der Klärung von Burgess-Organismen bewiesen. Alte Rätsel sind wie Zinnsoldaten reihenweise umgefallen – nicht ganz so einfach wie im Kinderspiel (um das Gleichnis fortzusetzen), aber doch mit weit größerer Effizienz, da nun ein eindeutiges theoretisches System das gemeinsame Bemühen lenkt. Unter den Rekonstruktionen der letzten zehn Jahre sind einige der merkwürdigsten und erregendsten Burgess-Geschöpfe. Ich kann es kaum erwarten, den 6. Akt zu lesen.

Die Fortsetzungsgeschichte der Burgess-Arthropoden

Waisen und Spezialisten

Der Punktestand der weichleibigen Arthropoden sprach Ende 1978 sehr für Einzigartigkeit und Verschiedenartigkeit. Vier Gattungen – *Marrella, Yohoia, Burgessia* und *Branchiocaris* – waren innerhalb der Arthropoden zu Waisen gemacht worden. Einzig *Canadaspis* (und möglicherweise *Perspicaris*) gehörten einer modernen Gruppe an; *Naraoia* war wieder als Trilobit klassifiziert, aber doch als ein überaus seltsames Mitglied dieser Gruppe und als Prototyp einer neuen Ordnung. *Opabinia* war bei den Arthropoden ganz herausgeflogen, und *Aysheaia* stand auf der Kippe. Für den Anfang nicht schlecht, aber noch fehlte die Überzeugungskraft der Zahlen. Wie ich oben schon sagte, werden die »großen« Fragen der Naturgeschichte mit relativen Häufigkeiten beantwortet. Man brauchte weitere Daten, so etwas ähnliches wie ein vollständiges Kompendium der Burgess-Arthropoden. Diesem Bedürfnis ist der 5. Akt jetzt nachgekommen, und dabei hat sich das Bild der Revision vollauf bewährt.

Derek Briggs setzte 1981 seine Verteilung der zweiklappigen Arthropoden auf eine Reihe verwaister Gruppen fort (wobei *Canadaspis* als echte Krustazee auf immer einsamerem Posten stand). Briggs brauchte alle neunundzwanzig Exemplare, um über das Schicksal von *Odaraia* zu entscheiden, des größten zweiklappigen Arthropoden (bis zu sechs Zoll lang) im Burgess Shale. An der Vorderseite des Kopfes, über die Schale noch hinausragend, trägt *Odaraia* die größten Augen, die sich bei einem Burgess-Arthropoden finden (Abb. 3.44). Doch ansonsten konnte Briggs nur noch eine weitere Struktur am Kopf entdecken, ein einziges Paar kurzer ventraler Anhänge hinter dem Mund. (Diese Anordnung, bei der es keinerlei Antennen und nur ein Paar postorale Anhänge gibt, ist einzigartig, und sie allein würde ausreichen, *Odaraia* zu einem Waisenkind unter den Arthropoden zu machen. Doch der

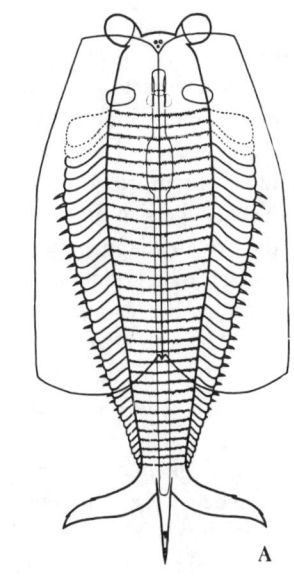

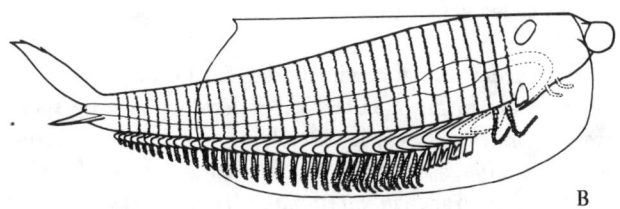

3.44   Rekonstruktion des Arthropoden *Odoraia* durch Briggs (1981a). (A) Draufsicht, in der die zweiklappige Schale transparent dargestellt ist, damit man die weiche Anatomie darunter erkennt. Man beachte, daß die Augen vorn aus der Schale hervorragen, und die Beschaffenheit des dreiteiligen Schwanzes. (B) Seitenansicht.

Kopf ist unter der starken Schale von *Odaraia* nicht gut erhalten, und Briggs war sich nicht sicher, ob es ihm gelungen war, alle Strukturen zu klären.) Der Rumpf, auf über zwei Drittel seiner Länge von der großen Schale umschlossen, enthielt bis zu 45 Gliedmaßen tragende Segmente. Die Gliedmaßen, vielleicht mit Ausnahme der beiden ersten Paare, sind typischerweise zweiästig.

Odaraia zeigt außerdem zwei einzigartige, merkwürdige Spezialisierungen. Dieses Tier hat einen dreizackigen Schwanz (Abb. 3.45), mit zwei seitlichen Flossen und einem dorsalen Fortsatz – ein sonderbares Gebilde, das eher an Haie oder Wale als an Hummer erinnert. Bei keinem anderen Arthropoden gibt es etwas ähnliches. Zweitens ist die zweiklappige Schale nicht flach, sondern im Grunde röhrenförmig. Briggs behauptete außerdem, daß die relativ kurzen Anhänge sich nicht über die Röhre hinaus erstreckten, und ferner, daß die beiden Klappen, die die Röhre bildeten, sich wahrscheinlich nicht weit genug öffnen konnten, um die Anhänge aus einer so entstehenden ventralen Öffnung herausragen zu lassen. *Odaraia* ist, das ist offensichtlich, nicht auf dem Meeresboden gelaufen. Briggs schrieb: »Die Kombination einer weitgehend röhrenförmigen Schale mit einem Telson, der diese großen Flossen trägt, ist einmalig unter den Arthropoden« (1981a, S. 542).

Briggs faßte diese beiden Auffälligkeiten in einer Funktionsstudie zusammen, um Aufschluß über die Lebensweise von *Odaraia* zu gewinnen. Nach seiner Meinung ist *Odaraia* auf dem Rücken geschwommen, wobei ihr der dreizackige Schwanz als Stabilisierung und Ruder diente, die Schale dagegen als Filterkammer zum Einfangen von Nahrung. An dem einen Ende konnte das Wasser hereinströmen, aus dem die Anhänge dann die Nahrungspartikel holten, so daß es leergefischt am anderen Ende der Schale wieder herausströmte.

Briggs hatte wieder einmal bewiesen, daß das Losungswort für Burgess-Arthropoden nicht »primitiv einfach«, sondern »einzigartig spezialisiert« lautete. Im September 1988 schrieb Derek mir in einer Einschätzung seiner Monographie von 1981: »*Odaraia* erwies sich nicht nur als taxonomisch ungewöhnlich, sondern auch *in funktionaler Hinsicht*, was meines Erachtens noch wichtiger ist, als *einzigartig* unter den Arthropoden.«

Ebenfalls im Jahre 1981 veröffentlichte David Bruton seine schon auf den Seiten 93-103 diskutierte Monographie über *Sidneyia*. Die Analyse von *Sidneyia* war aus zwei Gründen ein wichtiger Meilenstein in der Erforschung der Burgess-Arthropoden. Erstens hatte *Sidneyia* lange als Inbegriff oder Symbol für die Fauna gegolten. Walcott betrachtete diese Gattung als den größten Burgess-Arthropoden. (Inzwischen weiß man, daß der weichleibige Trilobit *Tegopelte* und ein oder zwei der zweiklappigen Arthropoden größer waren.) Außerdem nahm er fälschlich an, ein separat aufgefundener stachelbewehrter Anhang passe zu dem Kopf von *Sidneyia* (weil er kein anderes Tier kannte, das für einen solchen Anhang groß genug gewesen wäre). Mit diesem

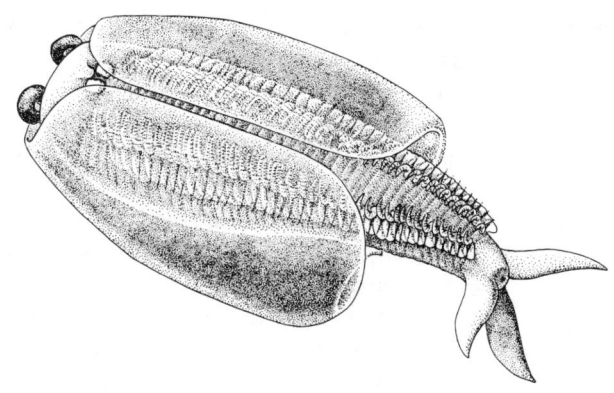

3.45 *Odaraia*, auf dem Rücken schwimmend. Durch die transparente röhrenförmige Schale hindurch erkennt man die zahlreichen zweiästigen Anhänge. Man beachte auch die großen Augen vorne, den seltsamen dreizinkigen Schwanz hinten und das einzige Paar Mundgliedmaßen hinter dem Mund. Zeichnung von Marianne Collins.

Zusatz war *Sidneyia* nicht nur groß, sondern auch furchterregend. Da unsere Kultur diese Merkmale schätzt, zog *Sidneyia* die Aufmerksamkeit auf sich. (Ein mit mir befreundeter Psychologe erklärt die Faszination, die Dinosaurier auf unsere Gesellschaft ausüben, mit einer schlichten Aufzählung – »groß, furchterregend und ausgestorben«. In Walcotts Rekonstruktion besitzt *Sidneyia* alle drei Eigenschaften.) In Brutons Revision ist *Sidneyia* noch immer ein Räuber, aber das Gliedmaßenpaar gehört zu *Anomalocaris*. *Sidneyia* trägt am Kopft keine Mundwerkzeuge.

Zweitens war *Sidneyia* die erste, neu zu beschreibende Form innerhalb der letzten, möglicherweise noch geschlossenen Gruppe von Burgess-Arthropoden, der sogenannten »Merostomoiden«. Sicherlich konnte man sich keine Hoffnung mehr machen, einen größeren Teil der Burgess-Organismen einer modernen Gruppe zuzuordnen, doch die »Morostomoiden« stellten einen letzten Ausweg für den Traditionalismus dar. Die Merostomata sind eine Gruppe von marinen Arthropoden, zu denen der moderne Schwertschwanz und die fossilen Eurypteriden zählen. Mit den Spinnen, Skorpionen und Milben faßt man sie zu einer der vier großen Arthropodengruppen, den Cheliceraten, zusammen. Zum Grundbauplan der Merostomata, der an Eurypteriden deutlicher wird als an Schwertschwänzen, gehören ein starker Kopfschild, ein Rumpf, der sich aus mehreren breiten Segmenten zusammensetzt und genauso breit ist wie der Kopf, und ein schmalerer Schwanz, der oft einen Stachel bildet. Mehrere Burgess-Gattungen, darunter *Sidneyia*, weisen diesen Grundbauplan auf.

Bruton machte die letzte Hoffnung der Traditionalisten zunichte, als er zeigte, daß *Sidneyia* keine enge Verwandte oder Ahne der Merostomata sein könne. Der »merostomoide« Körper war nicht Merkmal einer in sich geschlossenen stammesgeschichtlichen Gruppe, sondern unterschiedlicher Geschöpfe, die nur verbunden waren durch das, was in unserer Fachsprache ein symplesiomorphes (»gemeinsames primitives«) Kennzeichen heißt. Gemeinsame primitive Kennzeichen treten bei den Vorläufern großer Gruppen auf und können deshalb nicht Charakteristikum von Teilgruppen sein. So bilden zum Beispiel Ratten, Menschen und Urpferde keine stammesgeschichtliche Gruppe innerhalb der Säuger, nur weil sie fünf Zehen haben. Fünf Zehen sind ein urtümliches Merkmal der Säuger insgesamt. Einige Geschöpfe behalten dieses Anfangsmerkmal bei, viele andere entwickeln Modifikationen. Die »merostomoide« Körperform ist ein gemeinsames primitives Merkmal vieler Arthropoden. Echte stammesgeschichtliche Gruppen beruhen dagegen auf gemeinsamen *abgeleiteten* Eigenschaften: den einzigartigen Spezialisierungen ihrer gemeinsamen Vorfahren.

Echte Cheliceraten haben an ihrem Kopfschild sechs Paar Gliedmaßen und keine Antennen. In diesem entscheidenden Punkt ist *Sidneyia* völlig anders geartet. Ihr Kopf (Abb. 3.46) trägt ein Paar Antennen und sonst keinerlei Anhänge! Bruton meinte schließlich, *Sidneyia* sei ein sonderbares Mosaik von Merkmalen. Die ersten vier von neun Rumpfsegmenten tragen einästige Laufbeine, die denen der Merostomata gleichen. Die fünf letzten Segmente tragen dagegen gewöhnliche zweiästige Gliedmaßen, mit Kiemenästen und Laufbeinen. Das »Schwanzstück«, bestehend aus drei zylindrischen Segmenten und einem kaudalen Fächer, läßt eher an Krustazeen als an Merostomoide denken. Bruton fand im Darm von *Sidneyia* Ostracoden, Hyolithiden und kleine Trilobiten und interpretierte das Tier als einen am Meeresboden lebenden Fleischfresser. Aber da *Sidneyia* keine Mundwerkzeuge am Kopf aufweist, dafür eine ausgeprägte und mit Zähnen bewehrte Nahrungsrinne zwischen den Beinen, ernährte sie sich vermutlich wie die meisten Arthropoden, indem sie die Nahrung von hinten zum Mund beförderte und nicht durch Suchen und Ergreifen von vorn.

Das Jahre 1981 war entscheidend für die Burgess-Arthropoden und für die endgültige Zerstörung der letzten verbleibenden »merostomoiden« Hoff-

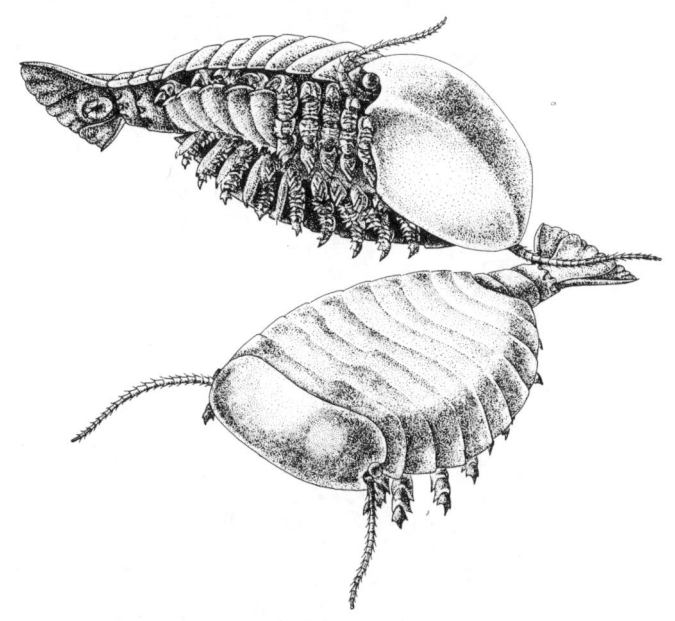

3.46 Zwei Ansichten von *Sidneyia*: oben erkennt man auf der Unterseite die Form der Gliedmaßen und die Anordnung von Augen und Antennen. Unten ein Blick auf die Rükkenseite. Zeichnung von Marianne Collins.

nung. Denn neben den Arbeiten über *Odaraia* und *Sidneyia* veröffentlichte Whittington in diesem Jahr seine »Aufräume«-Monographie »Rare Arthropods from the Burgess Shale, Middle Cambrien, British Columbia«. Die meisten dieser Tiere oder alle waren zu den »Merostomoiden« gerechnet worden (oder hätten zu ihnen gepaßt, wenn man sie seinerzeit gekannt hätte). Whittington konnte jedoch nicht ein einziges als Cheliceraten rekonstruieren. Alle wurden zu Waisen, zu einzigartigen Arthropoden an sich.

Molaria hat einen tiefen, wie eine Viertelkugel geformten Kopfschild, gefolgt von acht Rumpfsegmenten, die sich nach hinten zu verjüngen und abgeschlossen werden von einem zylindrischen Telson mit einem sehr langen, gegliederten Stachel, der länger ist als der ganze Körper (Abb. 3.47). Diese Grundform ist einwandfrei »merostomoid«, doch der Kopf trägt ein Paar kurzer Antennen, gefolgt von drei Paaren zweiästiger Gliedmaßen.

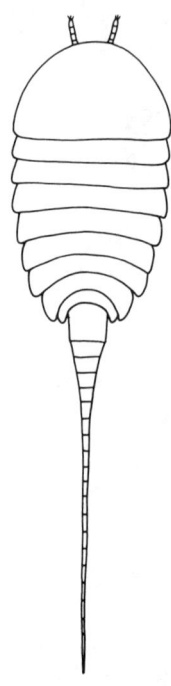

3.47 *Molaria*, ein einzigartiger Arthropode von »merostomoider« Form (Whittington, 1981).

Habelia hat die gleiche Grundform wie *Molaria*, doch beschrieb Whittington darüber hinaus eine ganze Reihe eindrucksvoller Unterschiede, von denen einige taxonomisch sehr bedeutsam sind. Die Schale ist mit Knötchen übersät, ein äußerlicher Unterschied, der aber sehr ins Auge fällt (Abb. 3.48). Der aus zwölf Segmenten gebildete Rumpf hat kein zylindrisches Telson. Der mit Haken und Graten verzierte ausgedehnte Schwanzstachel ist ungegliedert, weist aber nach etwa zwei Dritteln seiner Länge ein einzelnes Glied auf. Der Kopf besitzt ein Paar Antennen und nur zwei Paare nachfolgender ventraler Gliedmaßen. Die ersten sechs Rumpfsegmente tragen zweiästige Gliedmaßen, während die letzten sechs vermutlich nur Kiemenäste trugen (bei *Molaria* tragen alle acht Rumpfsegmente zweiästige Gliedmaßen).

Whittington entdeckte ferner eine neue Arthropodengattung – ein komplexes, winziges Geschöpf von etwas mehr als einem Zentimeter Länge (Abb. 3.49). Dieses einzigartige, sonderbare Tier namens *Sarotrocercus* hat einen Kopfschild, gefolgt von neun Rumpfsegmenten und einem Schwanz-

3.48 Der mit Knötchen übersäte Arthropode *Habelia*. Zeichnung von Marianne Collins.

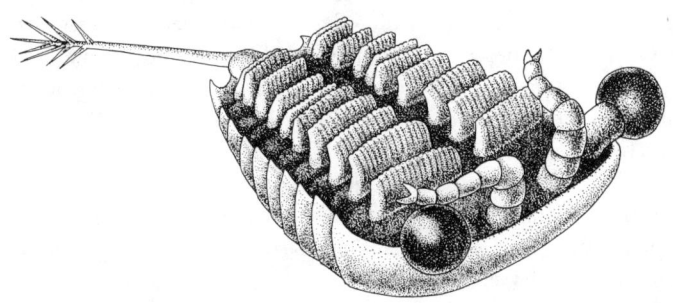

3.49 Der winzige Arthropode *Sarotrocercus*, auf dem Rücken schwimmend. Man beachte die großen Augen, das starke Paar Nahrungsanhänge und die vermutlich zum Schwimmen benutzten Kiemenäste auf den nachfolgenden Rumpfsegmenten. Zeichnung von Marianne Collins.

stachel, der am Ende wiederum mit einem Büschel von Stacheln bewehrt ist. Vorn ragen unter dem Kopfschild ein Paar große Stielaugen hervor (*Molaria* und *Habelia* sind blind). Außerdem trägt der Kopf ein Paar dicke, starke Gliedmaßen, die in einem zweigezackten Segment enden. Außerdem fand Whittington zehn Paar ganz anders geartete Anhänge (ein Paar am Kopf und je eines an den neun Rumpfsegmenten): lange, kammartige Gebilde, vermutlich Kiemenäste, aber ohne erkennbare Spuren eines Beinastes. Whittington rekonstruierte *Sarotrocercus* als ein pelagisches, auf dem Rücken schwimmendes Tier, das zusammen mit *Amiskwia* und *Odontogriphus* zu den wenigen Burgess-Organismen gehört, die wahrscheinlich in der Wassersäule oberhalb des stehenden Beckens lebten, das den Schlammrutsch aufnahm.

Actaeus, von dem es nur ein einziges, fünf Zentimeter langes Exemplar gibt, hat einen Kopfschild mit einem seitlichen Augenlappen, gefolgt von elf Rumpfsegmenten und einer Endplatte, die ein spitz zulaufendes Dreieck bildet (Abb. 3.50). Der Kopf trägt ein Paar bemerkenswerter Gliedmaßen, jedes besitzt einen kräftigen Anfangsteil, ist gekrümmt, weist nach unten und läuft in vier Stacheln aus. An der Innenseite des letzten Segments befinden sich zwei sehr lange peitschenartige Auswüchse, die abwärts und rückwärts verlaufen. Hinter diesem Gebilde trug der Kopf wahrscheinlich drei Paar normale zweiästige Gliedmaßen.

Alalcomenaeus sieht recht ähnlich aus, auch die Gliedmaßen sind ähnlich angeordnet (Abb. 3.50), und er könnte mit *Actaeus* verwandt sein. An einen Kopfschild, der einen seitlichen Augenlappen trägt, schließen sich zwölf Rumpfsegmente und eine eiförmige Endplatte an. Der Kopf trägt ein Paar große Gliedmaßen, deren breiter Anfangsteil in eine lange dünne Verlängerung übergeht – nicht annähernd so kompliziert wie bei *Actaeus*, aber in der Art und Lage doch ähnlich. Der Kopf trägt außerdem drei Paar zweiästige Gliedmaßen. Bei einem Exemplar sind an der Innenseite der Laufbeine eindrucksvolle Stacheln zu sehen, genau in der richtigen Lage, um Nahrung nach vorn zum Mund zu befördern. »Diese bemerkenswerten Gliedmaßen«, schrieb Whittington, »deuten auf einen benthonischen Aasfresser hin, der imstande ist, eine Tierleiche festzuhalten und aufzureißen« (1981a, S. 331).

Abgesehen von einer sehr unbestimmten Verwandtschaft zwischen *Actaeus* und *Alalcomenaeus* wies jede der fünf Gattungen einen hochgradig spezialisierten Körperbau auf, mit einzigartigen Merkmalen und einer einzigartigen Anordnung von Körperteilen. In Whittingtons Schlußfolgerung klingt die uns inzwischen vertraute Burgess-Story an:

Viele neue und unerwartete Eigenschaften wurden aufgedeckt, und die morphologischen Lücken zwischen den Arten sind sehr gewachsen. Von wenigen Ausnahmen abgesehen zeigt jede Art eine sehr ausgeprägte Merkmalskombination. Mit der hier behandelten Auswahl [von Gattungen] nimmt das Spektrum der morphologischen Eigenschaften bei jenen Arthropoden, die keine Trilobiten sind, und die Vielfalt der charakteristischen Merkmalskombinationen zu (1981a, S. 331).

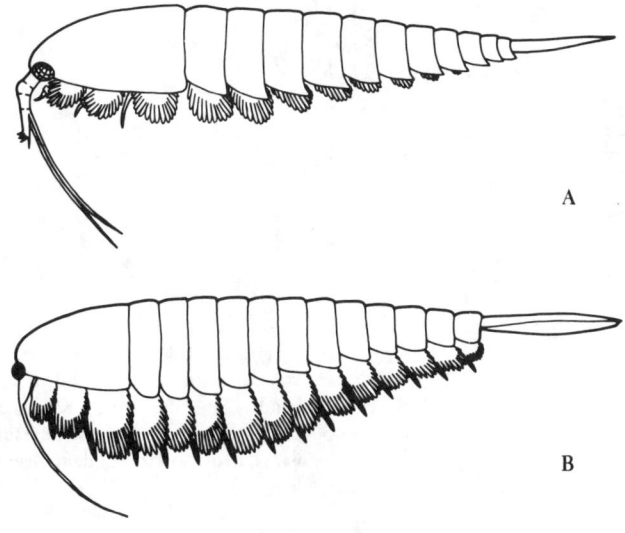

3.50 Zwei Arthropoden, die möglicherweise eng miteinander verwandt sind. (Whittington, 1981). (A) *Actaeus*. (B) *Alalcomenaeus*.

1983 taten sich Bruton und Whittington für den Gnadenstoß zusammen und beschrieben die beiden letzten großen Burgess-Arthropoden, *Emeraldella* und *Leanchoilia*, die als letzte von Størmers unglaubwürdig gewordener Unterklasse Merostomoidea übriggeblieben waren.

Emeraldella besitzt die »merostomoide« Grundform, zusätzlich aber noch eine ganze Reihe einmaliger Strukturen und Anordnungen. Der typische Kopfschild zeigt ein Paar sehr langer Antennen, die nach oben und hinten gekrümmt sind, gefolgt von fünf Paar Anhängen, von denen der erste kurz und einästig, die letzten vier dagegen zweiästig sind (Abb. 3.51). Die ersten elf Rumpfsegmente sind breit, wenngleich sie sich nach hinten zunehmend verjüngen, und jedes trägt ein Paar zweiästige Gliedmaßen. Die beiden letzten Segmente sind zylindrisch, und auf sie folgt ein langer ungegliederter Schwanzstachel.

Auch *Leanchoilia* besitzt äußerlich eine mehr oder weniger »merostomoide« Gestalt, mit einem dreieckigen Kopfschild (der in eine eigentümliche, aufgewölbte »Schnauze« mündet), gefolgt von elf Rumpfsegmenten, die sich vom fünften ab verjüngen und nach hinten gekrümmt sind. Ein kurzer

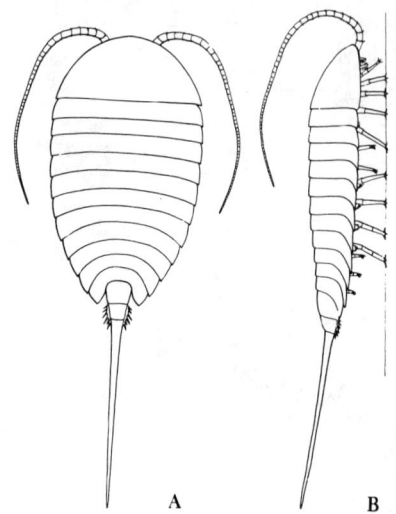

3.51 *Emeraldella*, (A) von oben und (B) von der Seite gesehen, auf dem Boden ruhend. Die sehr kleinen Kiemenäste der zweiästigen Anhänge lassen darauf schließen, daß dieses Tier auf dem Meeresboden lief.

A   B

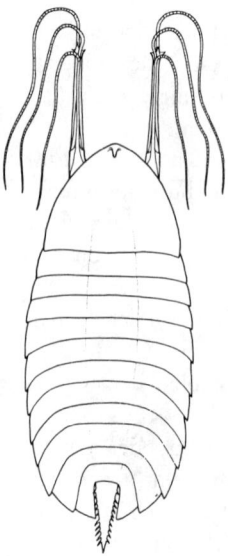

3.52 Draufsicht von *Leanchoilia*. Man beachte die drei peitschenartigen Fortsetzungen der großen Gliedmaße vorn und den dreieckigen Schwanzstachel hinten.

dreieckiger Schwanzstachel mit seitlichen Spitzen schließt das hintere Ende ab (Abb. 3.52). *Leanchoilia* trägt dreizehn Paar zweiästige Gliedmaßen, zwei am hinteren Teil des Kopfschildes und eines an jedem der elf Rumpfsegmente.

Leanchoilia hat aber darüber hinaus den merkwürdigsten und interessantesten Anhang, den man bei einem Burgess-Arthropoden finden kann – eine übersteigerte Version des frontalen Gebildes von *Actaeus*, eines möglichen Verwandten. In Ermangelung einer geeigneten fachlichen Bezeichnung entlehnten Bruton und Whittington einen Ausdruck von *Yohoia* und nannten dieses Gebilde einfach die »große Gliedmaße«. Dessen Basis wird von vier kräftigen Segmenten gebildet, die zunächst abwärts verlaufen, dann aber nach einer Krümmung von neunzig Grad nach vorne weisen. Das zweite und dritte Segment münden in sehr lange peitschenähnliche Fortsätze, die auf ihrer letzten Hälfte geringelt sind. Das vierte Segment hat einen sich verjüngenden Schaft, der dorsal in eine Gruppe von drei Krallen übergeht, während er ventral eine dritte peitschenartige Struktur mit Ringelungen bildet. Verschiedene Exemplare mit unterschiedlicher Orientierung lassen erkennen, daß die große Gliedmaße an der Basis drehbar war (Abb. 3.53); nach vorn gedreht, half sie *Leanchoilia* bei der Abstützung auf dem Untergrund (Abb. 3.54), nach hinten gedreht diente sie dazu, den Widerstand beim Schwimmen zu verringern. Einen weiteren Hinweis auf eine überwiegend schwimmende Lebensweise liefern die zweiästigen Gliedmaßen. Im Unterschied zu *Emeraldella*, die lange Schreitbeine und kurze Kiemenäste hat, sind die Kiemenäste bei *Leanchoilia* so groß, daß sie einen regelrechten Vorhang von einander überschneidenden, lamellenartigen Lappen bilden, der die darunter liegenden kürzeren Beinäste vollständig abdeckt und überragt.

Nachdem sie sämtliche »merostomoiden« Gattungen neu beschrieben hatten, fiel Bruton und Whittington auf, daß sich unter einer oberflächlichen Ähnlichkeit der äußeren Form eine unglaubliche Verschiedenartigkeit verbarg. Man denke nur an die Anordnung der Kopfgliedmaßen – ein Hinweis auf ursprüngliche Segmentierungsmuster und ein Anzeichen für den anatomischen Grundbauplan der Arthropoden. *Sidneyia* hat ein Paar Antennen und keine sonstigen Anhänge. *Emeraldella* hat ebenfalls präorale Antennen, aber *fünf* weitere Gliedmaßenpaare hinter dem Mund, davon ein einästiges und vier zweiästige. *Leanchoilia* besitzt keine Antennen, dafür aber ihre bemerkenswerten »großen Gliedmaßen«, gefolgt von zwei zweiästigen Paaren hinter dem Mund.

Der Burgess war eine unglaublich experimentierfreudige Zeit, eine Ära

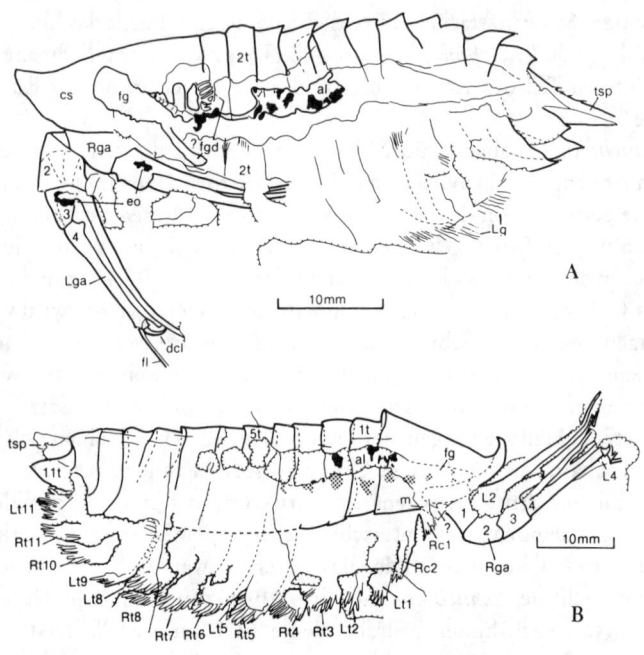

3.53 Camera lucida-Zeichnung von zwei Exemplaren von *Leanchoilia*. Die großen Gliedmaßen sind bezeichnet mit *Lga* und *Rga*, und die größeren Segmente sind numeriert. (A) Die großen Gliedmaßen sind zurückgebogen, vermutlich zu der Stellung, die sie beim Schwimmen einnahmen; die rechte Gliedmaße liegt flach am Körper an, die linke befindet sich direkt darunter. Der Darm oder Verdauungstrakt (*al*) und der Schwanzstachel (*tsp*) sind ansatzweise erkennbar. (B) Die Gliedmaßen sind in Freßposition nach vorn ausgestreckt.

der evolutionären Wandelbarkeit, in der mit den Merkmalen der Arthropoden in solchem Maße jongliert wurde, daß wirklich fast jede denkbare Anordnung versucht (und erprobt) wurde. Daß wir heute klare, durch morphologische Abgründe voneinander getrennte Gruppen erkennen, liegt nur daran, daß die meisten dieser Experimente nicht mehr vorhanden sind. »Erst später wurden einige dieser Lösungen in Gestalt von Kombinationen fixiert, die es erlauben, die gegenwärtigen Arthropoden-Gruppen zu unterscheiden« (Bruton und Whittington, 1983, S. 577).

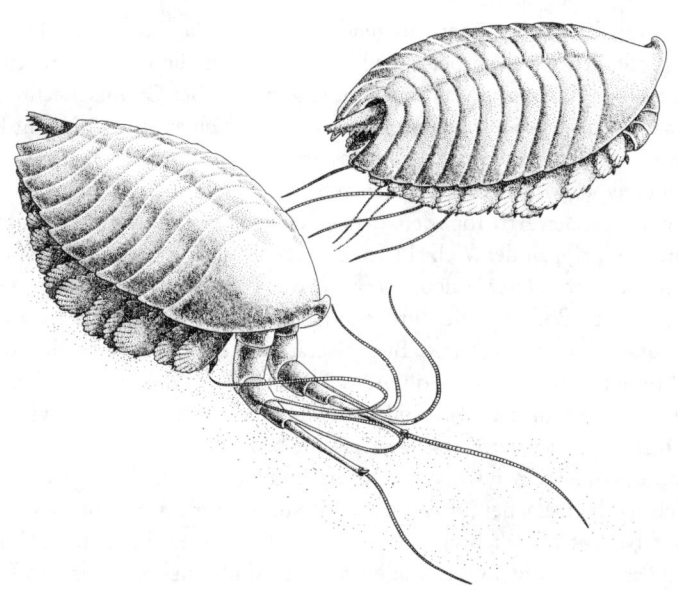

3.54 Zwei Ansichten von *Leanchoilia*: oben in Schwimmposition, mit zurückgebogenen großen Gliedmaßen und peitschartigen Tentakeln, die sich über die ganze Länge des Körpers erstrecken; unten sind die großen Gliedmaßen nach vorn ausgestreckt, und das Tier stützt sich mit ihnen auf dem Boden auf. Zeichnung von Marianne Collins.

Ein Geschenk von Santa Claws

Bürokratische Hemmnisse haben trotz der typischen, unvergleichlichen Frustration, die sie uns bereiten, einen denkbaren Vorteil. Manchmal wird man so wütend, daß man sich über alle Hindernisse hinwegsetzt und etwas Vernünftiges tut. Man darf sich, wie es so schön heißt, nur nicht verrückt machen lassen. Als Des Collins, der sich mit größter Geduld auf den ganzen Papierkrieg eingelassen hatte, keine Genehmigung erhielt, in Walcotts Grabungsstätte Ausgrabungen zu machen, und statt dessen nur (unter weiteren Auflagen und fast endlosen Verzögerungen) die Erlaubnis bekam, Objekte von der Schutthalde mitzunehmen, wurde ihm klar, daß er seine Burgess-Interessen anderswohin würde verlagern müssen.[14]

Collins machte sich also auf die Suche nach einem Burgess-Ersatz in der Umgebung, wo man ihm das Ausgraben und Sammeln nicht verbieten würde. Der Erfolg war überwältigend, denn er fand an über einem Dutzend weiterer Stellen Weichkörper-Fossilien. Die meisten dieser Fundorte enthalten dieselben Arten wie Walcotts Grabungsstätte, aber Collins machte auch ein paar herausragende eigene Entdeckungen. An einer Stelle, die acht Kilometer südlich von Walcotts Grabungsstätte lag (Collins, 1985), machte Collins in einer 30 Meter tiefer gelegenen Schicht den Fund des Jahrzehnts: Er fand einen großen Arthropoden, dem er, einer alten Tradition der Feldarbeit gehorchend, wegen der Vielzahl seiner stacheligen Anhänge am Kopf einen Spitznamen gab. Hatte Walcott *Marrella* den Namen »Spitzenkrebs« verliehen, so taufte Collins seine Entdeckung auf den Namen »Santa Claws«. In der zusammen mit Derek Briggs erarbeiteten fachwissenschaftlichen Beschreibung (Briggs und Collins, 1988) hat Collins diesen Namen in eine verbindliche Form gebracht und dadurch anerkannt. »Sante Claws« heißt jetzt offiziell *Sanctacaris*, was fast dasselbe bedeutet.

Sanctacaris hat einen wulstigen Kopfschild, der breiter als lang ist und sich seitlich in einen flachen, dreieckigen Vorsprung fortsetzt (Abb. 3.55). Der Rumpf besteht aus elf breiten Segmenten, von denen die ersten zehn mit einem Paar zweiästiger Gliedmaßen versehen sind. Ein breites flaches Telson schließt das Hinterende ab. Aus der Kombination von großen lamellenartigen Kiemenästen auf den Rumpfgliedmaßen mit einem breiten, gut zur Stabilisierung und zum Rudern geeigneten Telson darf man schließen, daß Sanctacaris das Schwimmen dem Laufen vorzog.

Die auffällige Garnitur von Kopfgliedmaßen weist diesen relativ großen Burgess-Arthropoden (bis zu zehn Zentimeter lang) als einen Karnivoren aus, der auf direkte Verfolgung spezialisiert war. Die ersten fünf Paare bilden eine geschlossene, eindrucksvolle Phalanx, die Collins den vorläufigen Namen eingab. Sie sind zweiästig, wobei der äußere Ast zu antennenartigen Fortsätzen (nicht Kiemen) reduziert ist, während die inneren Äste umgeformt sind zu bedrohlich wirkenden gegliederten Mundwerkzeugen, die auf der Innenseite mit scharfen Stacheln besetzt sind. Diese Mundwerkzeuge nehmen von vorn nach hinten an Länge zu, wobei das erste Paar aus vier, das fünfte dagegen aus acht oder mehr Segmenten besteht. Das in Form und Position davon abweichende sechste Paar liegt, erheblich zur Seite versetzt, hinter den ersten fünf. Der Außenast ist auch hier in der Form einer Antenne ähnlich, aber sehr viel größer als der entsprechende Ast auf den fünf Mundwerkzeugen. Der Innenast ist kurz, endet aber in einem eindrucksvollen Stachelkranz.

Man könnte zunächst auf den Gedanken kommen: Aha, noch einer von diesen Burgess-»Merostomoidea«, nur daß die charakteristische Spezialisierung diesmal in einem Wald von Kopfgliedmaßen besteht, so wie es bei *Habelia* die Knöllchen, bei *Sidneyia* die kräftigen Schreitbeine und bei *Leanchoilia* die große Gliedmaße waren. Das wäre interessant, aber nicht der von mir angekündigte »Fund des Jahrzehnts«.

Es verhält sich anders. Zwischen *Sanctacaris* und den anderen besteht ein toxonomischer, in theoretischer Hinsicht phantastischer Unterschied: *Sanctacaris* scheint ein echter Chelicerate zu sein, das erste bekannte Mitglied einer Abstammungslinie, aus der schließlich die Schwertschwänze, die Spinnen, die Skorpione und die Milben hervorgingen. *Sanctacaris* trägt die erforderlichen sechs Gliedmaßenpaare am Kopf. Zu der charakteristischen Schere, der Chelicere, die das namengebende Bestimmungsmerkmal dieser Gruppe ist, ist noch keiner dieser Anhänge umgeformt, aber wenn eine Struktur bei den erdgeschichtlich frühen Formen einer Gruppe fehlt, braucht das nur zu bedeuten, daß sich die entsprechende Spezialisierung noch nicht entwickelt hat.

Briggs und Collins (1988) haben darüber hinaus weitere abgeleitete Cheliceratenmerkmale festgestellt (darunter die Differenzierung von Kopf- und Rumpfgliedmaßen sowie die Position des Anus) und auf diese Weise die Stellung von *Sanctacaris* durch mehr als ein Merkmal bestätigt. Sie stellen fest:

Eine solche Kombination ist einmalig für die Cheliceraten. Das offenkundige Fehlen der Cheliceren, eines fortgeschrittenen, bei allen übrigen Cheliceraten vorhandenen Merkmals, steht im Einklang mit den primitiven zweiästigen Anhängen sowohl des Kopfes wie des Rumpfes. Es plaziert *Sanctacaris*, im Verhältnis zu allen übrigen Cheliceraten, in eine primitive Schwestergruppe.

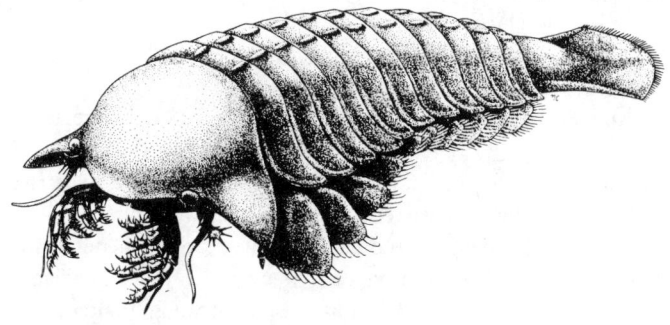

3.55 *Sanctacaris*. Zeichnung von Marianne Collins.

Die Extremitäten moderner Cheliceraten sind einästig, wobei der Außenast an den Kopfgliedmaßen verloren gegangen ist (richtig, die Laufbeine der Spinnen befinden sich sämtlich auf dem Prosoma, dem Kopfabschnitt), während der Innenast am Rumpf verloren ging (auch das stimmt – die Kiemen der Spinnen befinden sich im Opisthosoma, dem Körperabschnitt). *Sanctacaris* ist eine interessante strukturelle Vorläuferin für ihre ganze Großgruppe, weil bei ihr noch alle Möglichkeiten erhalten sind, die bei späteren spezialisierten Linien durch Auslese beseitigt wurden.

Doch das eigentlich Aufregende an *Sanctacaris* ist, daß sie das grundlegende Argument bezüglich der Burgess-Arthropoden vervollständigt. Mit der Entdeckung von *Sanctacaris* sind im Burgess jetzt *alle vier* Großgruppen von Arthropoden vertreten, die Trilobiten in recht großer Zahl, die Krustazeen durch *Canadaspis*, die Uniramia durch Aysheaia[15] (wenn wir, wie ich es tue, Robisons Interpretation akzeptieren) und die Cheliceraten durch *Sanctacaris*. Sie sind alle da – aber außer ihnen befinden sich noch mindestens dreizehn andere Linien (und vielleicht noch einmal so viele, die noch zu beschreiben sind) von nicht geringerer morphologischer Einzigartigkeit dort. Einige von diesen dreizehn gehören zu den höchstspezialisierten (*Leanchoilia*) oder, zumindest quantitativ, den erfolgreichsten (*Marrella*) Burgess-Arthropoden. Mir kann kein Paläontologe weismachen, er könne sich in die Zeit der Burgess-Meere zurückversetzen und dann, ohne Kenntnis dessen, was später geschah, *Naraoia, Canadaspis, Aysheaia* und *Sanctacaris* als erfolgträchtige Gattungen herauslesen, um *Marrella, Odaraia, Sidneyia* und *Leanchoilia* als Arten auszumachen, die dem Untergang geweiht sind. Spulen wir doch das Band des Lebens zurück und lassen es nochmals ablaufen! Glaubt man denn, daß dabei jemals etwas ähnliches herauskommen würde wie die Geschichte, die wir kennen?

Der Aufmarsch der »irren Wundertiere« geht weiter

In den letzten zehn Jahren, die, was die Arthropoden angeht, so befriedigend waren, sind auch unter den irren Wundertieren zwei weitere Fälle geklärt worden: einmalige und eigenständige Baupläne, die es verdienen würden, als eigene Stämme klassifiziert zu werden, wenn uns nur wohler dabei wäre, einer einzigen Art eine so hohe taxonomische Stellung zuzuerkennen (für eine Aufzählung solcher, noch unerforschter Burgess-Geschöpfe siehe Briggs und Conway Morris, 1986). Diese beiden Arbeiten dürften zu den gelungensten und überzeugendsten im gesamten Burgess-Kanon gehören. Sie bilden einen passenden Abschluß für mein Stück, verbindet sich doch in ihnen die größte intellektuelle und ästhetische Befriedigung mit der Gewißheit, daß·ein Ende gerade dieses Dramas nicht abzusehen ist.

Wiwaxia

Als ich Simon Conway Morris fragte, warum er sich entschlossen habe, jahrelang über ein so kompliziertes Tier wie *Wiwaxia* zu arbeiten, erwiderte er mit sympathischer Offenheit, Harry und Derek hätten beide »Mordsdinger« gebracht, und er habe beweisen wollen, daß er ebenfalls eine »strenge Monographie in der Tradition der anderen« schreiben könne. (Ich finde, Simon ist hier allzu bescheiden. Seine Arbeiten über Priapuliden und Polychaeten von 1977 und 1979 sind echte, umfassende Monographien. Da sie aber jeweils mehrere Gattungen behandeln, können einzelne Arten nicht so erschöpfend dargestellt werden wie *Marrella splendens* bei Whittington oder *Canadaspis perfecta* bei Briggs.) Vielleicht war Simon unzufrieden damit, daß er sich für die erste Durchmusterung der irren Wundertiere so seltene Geschöpfe ausgesucht hatte, daß er nur kurze, separate Abhandlungen über fünf Exemplare schreiben konnte. Wie dem auch sei, seine Monographie über *Wiwaxia* ist ein Prachtstück, und sie hat ursprünglich mein Interesse geweckt, über den Burgess Shale zu schreiben (Gould, 1985b), wofür ich dir, Simon, nochmals herzlich danke.

Wiwaxia ist ein kleines Geschöpf von der Form eines abgeplatteten Ovals (man denkt dabei an einen wohlgerundeten Bachkiesel), das im Durchschnitt zweieinhalb und maximal fünf Zentimeter lang wird. Der einfache Körper ist mit Platten und Stacheln, sogenannten Skleriten, bedeckt, mit Ausnahme der nackten Unterseite, die auf dem Untergrund ruhte, wenn *Wiwaxia* über den Meeresboden kroch. Walcott hatte *Wiwaxia* in die Schublade der Polychaeten gesteckt, weil er die Sklerite irrtümlich für Gebilde hielt, die in äußerlich ähnlicher Gestalt bei einem bekannten marinen Wurm vorkommen, dessen zoologische und umgangssprachliche Bennenung recht unterschiedliche Gefühle hervorrufen: *Aphrodita*, die Seemaus. Doch der Körper von *Wiwaxia* ist nicht segmentiert, und er weist keine echten Borsten auf, und somit fehlt es an beiden Bestimmungsmerkmalen der Gruppe. *Wiwaxia* ist, wie so viele Burgess-Tiere, anatomisch etwas ganz Eigenständiges. Allerdings wird eine Rekonstruktion von *Wiwaxia* außerordentlich durch den Umstand

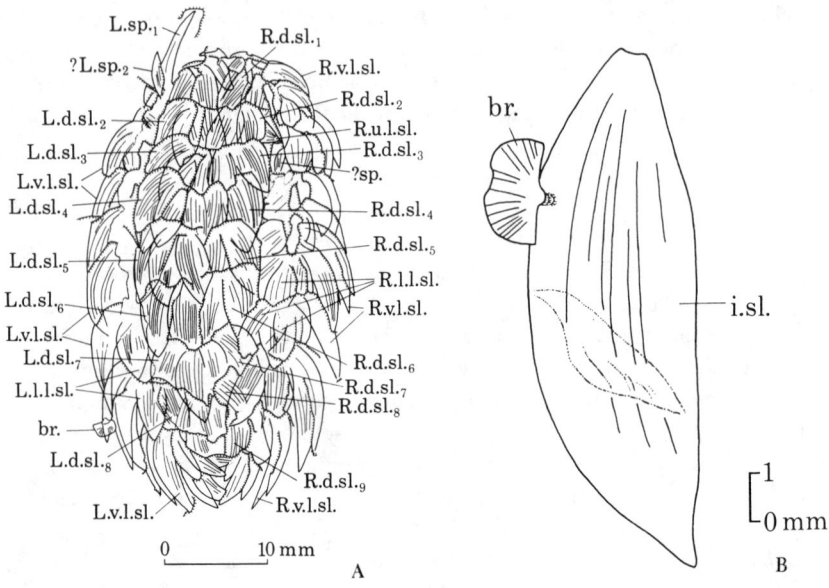

3.56 (A) Camera lucida-Zeichnung eines vollständigen Exemplars von *Wiwaxia*. Man beachte das hochrangige Durcheinander der zusammengepreßten Sklerite. Mit den Beschriftungen, die uns hier nicht zu interessieren brauchen, werden die einzelnen Sklerite identifiziert. *R.d.sl.*$_1$ (oben rechts) ist z.B. ein rechter dorsaler Sklerit (*sl.*) aus der ersten Reihe. *L.sp.*$_1$ (oben links) ist der erste Stachel auf der linken Seite. (B) Ein besonders interessanter Sklerit (in A unten links, bei der Beschriftung *br.*) in Vergrößerung. Ein kleiner Brachiopode (*br.*) hat sich zu Lebzeiten dieses *Wiwaxia*-Exemplars an den Skleriten angeheftet. Anhand solcher Tatsachen können wir die Lebensweise dieses Tieres rekonstruieren. Es kann nicht davon gelebt haben, daß es das Substrat durchwühlte, denn das hätte den Brachiopoden getötet.

erschwert, daß die Sklerite sich in einem fürchterlichen Durcheinander über die Gesteinsoberfläche verteilten, als das Fossil auf seiner Einbettungsebene zusammengepreßt wurde. Die Camera lucida-Zeichnung in Abbildung 3.56 zeigt das übersichtlichste Exemplar in der günstigsten Orientierung und gibt vielleicht eine Vorstellung von den damit verbundenen Problemen. Simons Analyse von *Wiwaxia* ist eine der bedeutenden fachlichen Leistungen des Burgess-Forschungsprogramms.

Die Sklerite von *Wiwaxia*, der Schlüssel zu dieser Rekonstruktion, kamen in zwei unterschiedlichen Formen vor, als abgeplattete Schuppen, die mit parallelen Graten verziert, den größten Teil des Körpers bedecken, und in Form von Stacheln, die rechts und links der Mittelachse in zwei Reihen aus der Körperoberfläche hervorragen (Abb.en 3.57 und 3.58). Die Schuppen zeigen ein symmetrisches, wohlgeordnetes dreiteiliges Muster: (1) ein Feld von sich überlappenden Platten auf der Oberfläche, bestehend aus sechs bis acht parallelen Reihen (Abb. 3.57A); (2) zwei Regionen auf beiden Seiten (Abb. 3.57B), bestehend aus je zwei Reihen von Platten, die aufwärts und abwärts weisen; (3) eine einzige untere Reihe von halbmondförmigen Skleriten, die einen Rand zwischen dem bedeckten Oberteil des Körpers und dem nackten Bauch bilden.

Die beiden Reihen von je sieben bis elf spitz zulaufenden Stacheln wachsen hervor aus der oberen Reihe von Skleriten, die beiderseits der Mitte die obere Fläche einfassen. Die hochragenden Stacheln dienten vermutlich dem Schutz vor Räubern, worauf auch die Tatsache hindeutet, daß sie bei mehreren

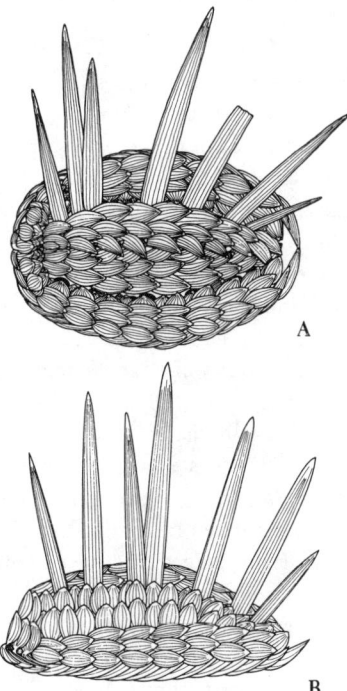

3.57 Rekonstruktion von *Wiwaxia* durch Conway Morris (1985). (A) Draufsicht: Eine der zwei Reihen Stacheln (man beachte die dunklen Stellen, an denen sie befestigt sind) ist fortgelassen, damit man die Sklerite besser sieht. (B) Seitenansicht: Das Vorderende ist links.

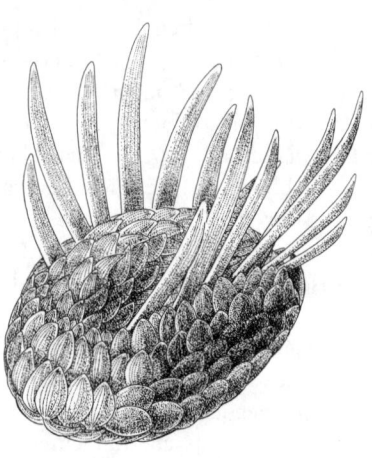

3.58 So könnte *Wiwaxia* über den Meeresboden gekrochen sein. Zeichnung von Marianne Collins.

Exemplaren gebrochen sind (und zwar zu Lebzeiten des Tieres, nicht nach seiner Beerdigung).

Von *Wiwaxias* innerem Körperbau konnte Simon kaum etwas erkennen, abgesehen von einem nahe an der Unterseite gelegenen geraden Darm – zusammen mit dem nackten Bauch und den aufwärts gerichteten Stacheln ein weiterer Hinweis auf die Orientierung des Tieres im Leben. Allerdings gab es noch ein inneres Merkmal, das für das Verständnis von *Wiwaxia* und für eine allgemeine Interpretation der Burgess-Fauna von entscheidender Bedeutung sein könnte. Conway Morris fand etwa fünf Millimeter vor dem Vorderende zwei bogenförmige Riegel, die beide eine Reihe von einfachen, kegelförmigen, nach hinten gerichteten Zähnen trugen (Abb. 3.59). Der vordere Riegel weist in der Mitte eine zahnlose Einkerbung auf und rechts und links davon je sieben oder acht Zähne. Der hintere Riegel hat einen stärker gekrümmten, aber glatteren Vorderrand und ist am hinteren Rand durchgängig mit Zähnen besetzt. Diese Gebilde befanden sich vermutlich unterhalb des Darms. Angesichts ihrer Form und ihrer Lage in der Nähe des vorderen Endes des Tieres dürfte es gerechtfertigt sein, sie als Mundwerkzeuge – »Kiefer«, wenn man so will – zu interpretieren.

In dem Bemühen, alle erdenklichen Beweise zu sammeln und zusammenzufassen, ist Conway Morris über die eigentliche Anatomie von *Wiwaxia*

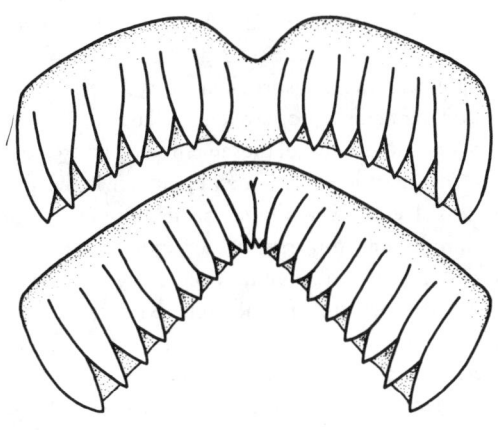

3.59 Der Kauapparat von *Wiwaxia* (Conway Morris, 1985).

weit hinausgegangen und hat überall nach Anhaltspunkten für wertvolle Auf-
schlüsse gesucht, sei es das Wachstum, eine Verletzung, die Ökologie oder
der Erhaltungszustand. Bei kleinen Exemplaren sind die Stacheln entweder
relativ klein oder fehlen ganz, ein seltener Burgess-Beleg für den Formwech-
sel im Wachstumsprozeß. Bei zwei nebeneinander gefundenen Exemplaren
scheint es sich eher um ein Individuum nach der Häutung zu handeln und
nicht um zwei Tiere, die durch den Burgess-Schlammrutsch zufällig zusammengebracht wurden: Das kleinere Exemplar ist geschrumpft und länglich,
als wäre der große Körper gerade herausgekrochen und habe seine alte Haut
als eine »leere Hülse« hinter sich gelassen. Hin und wieder findet man kleine
Brachiopoden-Schalen an einem Sklerit haften, ein Hinweis darauf, daß
Wiwaxia auf dem Sediment entlangkroch und sich nicht hineinwühlte, denn
dann hätte der Dauer-Mitfahrer nicht überleben können. Abgebrochene Stacheln lassen auf die Aktivität von Räubern (Freßfeinden) und auf die Möglichkeit des Entrinnens schließen. Die Tatsache, daß man in einer ansonsten
großen und gleichförmigen Reihe bisweilen kleinere Stacheln antrifft, läßt
den Schluß zu, daß die Stacheln sich entweder nach einem Bruch regenerie-
ren oder daß sie in geordneter Weise ersetzt werden (wie die Zähne von Wirbeltieren ohne Dauergebiß). Das Vorhandensein von »Kiefern« legt eine
Ernährungsweise nahe, die entweder im Abgrasen von Algen oder im Sammeln abgestorbener Pflanzenteile auf dem Untergrund bestand.

Wenn man dies alles zusammenfaßt, bekommt man ein vollständiges, lebendiges Bild von *Wiwaxia*, einem Organismus, der als Pflanzen- oder Allesfresser von kleinen Nahrungsbrocken lebte, die er, über den Meeresboden kriechend, von der Sedimentoberfläche auflas.

Während Conway Morris aus all diesen Anhaltspunkten die Lebensweise von *Wiwaxia* zu rekonstruieren vermochte, fand er keine ähnlich überzeugenden Hinweise auf eine Homologie, beziehungsweise eine stammesgeschichtliche Verwandtschaft mit irgendeiner anderen Gruppe von Organismen. Ohne Borsten, ohne Anhänge und ohne Segmentierung ist *Wiwaxia* weder ein Arthropode noch ein Annelide. Der Kiefer weist eine verwirrende Ähnlichkeit mit dem Kauapparat von Mollusken, der sogenannten Radula, auf, aber sonst erinnert nichts an *Wiwaxia* auch nur im entferntesten an eine Muschel, eine Schnecke, einen Kraken oder sonst ein lebendes oder totes Weichtier.[16] *Wiwaxia* ist ein weiterer Burgess-Sonderling, der vielleicht den Mollusken nähersteht als irgend einem anderen modernen Stamm, sofern man den Kiefer als Homologie zur Radula der Mollusken auffassen kann – aber wahrscheinlich nicht sehr nahe.

Anomalocaris

Ich hätte, um die Durchschlagskraft und das Ausmaß der Burgess-Revision zu veranschaulichen, keine bessere Geschichte erfinden können als die Chronik von *Anomalocaris* – eine Geschichte voller Komik, Irrtum, Kampf, Enttäuschung und noch mehr Fehlern, die in einer außergewöhnlichen Lösung gipfelt, bei der Elemente von drei »Stämmen« zusammengebracht wurden, um ein einziges Geschöpf zu rekonstruieren, den größten und fürchterlichsten Organismus des Kambriums.

Der Name *Anomalocaris*, der »merkwürdige Garnele« bedeutet, ist älter als die Entdeckung des Burgess Shale, denn hier handelt es sich um eines der wenigen Weichkörper-Geschöpfe des Burgess, das Teile besitzt, die stabil genug sind, um sich in einer gewöhnlichen Fauna zu erhalten (ein anderes Beispiel sind die Stacheln von *Wiwaxia*). Die ersten *Anomalocaris* wurden 1886 bei den Fundstätten der berühmten Trilobiten *Ogygopsis* gefunden, die vom Burgess Shale aus gleich auf dem nächsten Berg lagen. 1892 beschrieb der große kanadische Paläontologe J. F. Whiteaves *Anomalocaris* im *Canadian Record of Science* als den kopflosen Rumpf eines garnelenartigen Arthropoden. Walcott machte sich die gängige Auffassung zu eigen, dieses

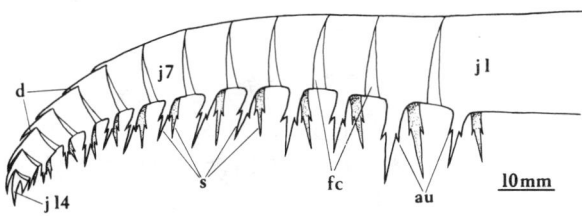

3.60 Das Fragment eines segmentierten Geschöpfes, das 1886 zunächst als *Anomalocaris* bezeichnet wurde (Briggs, 1979). Viele Jahre lang glaubte man, dieses Fossil stellt Rumpf und Schwanz eines Arthropoden dar. Jetzt wurde es korrekt identifiziert als ein Teil der paarigen Mundwerkzeuge des größten Tieres des Kambriums.

Fossil stelle das hintere Ende einer Krustazee dar, wobei die lange Achse den Rumpf und die ventralen Stacheln die Gliedmaßen darstellen sollten (Abb. 3.60). Charles R. Knight folgte dieser Tradition mit seinem berühmten Gemälde der Burgess-Fauna (siehe Abb. 1.1), wo er einen zusammengesetzten Organismus schuf, indem er *Anomalocaris* mit *Tuzoia* vereinte, einer der zweiklappigen Arthropoden-Schalen, denen die dazugehörigen Weichteile fehlten und die daher sehr geeignet war, den unbekannten Kopf von *Anomalocaris* zu verdecken.

Doch dieser offizielle Namensträger von *Anomalocaris* macht nur einen Teil unserer Geschichte aus. Drei weitere Gebilde, die allesamt von Walcott benannt wurden, spielen in dieser komplizierten Geschichte ebenfalls eine zentrale Rolle.

1. Der Kopf von *Sidneyia*, jenes Arthropoden, den Walcott nach seinem Sohn Sidney nannte und dann als ersten unter den Burgess-Geschöpfen beschrieb (1911a), trägt ein Paar Antennen und sonst keine Gliedmaßen. Walcott fand außerdem eine große isolierte Arthropoden-Mundgliedmaße, die später (1979) von Derek Briggs als »appendage F« [Gliedmaße F, wobei F für feeding, Ernährung, steht] bezeichnet wurde (Abb. 3.61). Das einzige Burgess-Geschöpf, das nach Walcotts Meinung groß genug war, um eine solche Gliedmaße zu tragen, war *Sidneyia*; deren räuberisches Aussehen paßte ebenfalls gut zu Walcotts Vorstellung von *Sidneyia* als einem furchterregenden Karnivoren. Walcott brachte also ohne direkten Beweis die enge Verbindung zustande und vereinte »appendage F« mit dem Kopf von *Sidneyia*. Wie Bruton (1981) dann feststellte, war der Kopfschild von *Sidneyia* nicht groß genug, um ein Gebilde wie dieses aufzunehmen.

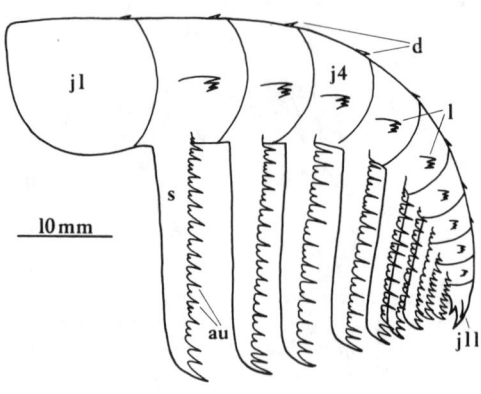

3.61   Rekonstruktion von »appendage F« durch Briggs (1979). Walcott hatte dieses Gebilde zunächst als Mundwerkzeug von *Sidneyia* beschrieben. Briggs bestimmte es neu als Anhang eines riesigen Arthropoden. Neueste Untersuchungen ergaben, daß »appendage F« tatsächlich ein Teil der paarigen Mundwerkzeuge des größten Tieres ist, das man aus dem Kambrium kennt.

2. Walcotts zweite Abhandlung (1911b) über die vermeintlichen Quallen und Holothurien (Seegurken vom Stamm der Echinodermen) aus dem Burgess Shale zählt nicht gerade zu seinen besonders sorgfältigen Arbeiten. Er beschrieb fünf Gattungen. *Mackenzia* ist vermutlich eine Seeanemone, also ein Hohltier, das zum gleichen Stamm gehört wie die Quallen, doch versetzte Walcott diese Gattung in seine andere Gruppe, zu den Holothurien. Ein zweites Geschöpf entpuppte sich als ein Priapulide (Conway Morris, 1977d). Ein drittes, *Elodonia*, gilt auch in der letzten Rekonstruktion (Durham, 1974) noch immer als eine merkwürdige schwebende Holothurie, doch möchte ich ein nettes Sümmchen darauf verwetten, daß es sich am Ende als ein weiterer Burgess-Sonderling herausstellen wird.

Eine vierte Gattung nannte Walcott *Laggania*, und er identifizierte dieses Fossil anhand eines einzigen Exemplars als eine Holothurie. Er erkannte einen Mund und meinte, dieser könne von einem Ring von Platten umgeben sein. Die schlechte Erhaltung hatte alle Unterscheidungsmerkmale von Holothurien zunichte gemacht. Walcott räumte ein: »Der Körper des Tieres ist so vollkommen plattgedrückt, daß die Röhrenfüßchen verwischt, der Umriß der ventralen Sohle verschwunden und die konzentrischen Bänder fast unkenntlich sind« (1911b, S. 52).

3. Als fünfte und letzte Gattung nannte Walcott die einzige Burgess-Qualle *Peytoia*. Er beschrieb dieses seltsame Geschöpf als einen Ring aus 32 Lappen um eine zentrale Öffnung herum. Diese Serie von Lappen ließ sich unterteilen in vier Quadranten, mit einem größeren Lappen in jedem der vier Winkel des unterteilten Ringes und sieben kleineren Lappen zwischen den Winkeln. Auf jedem Lappen bemerkte Walcott zwei kurze, nach innen auf das zentrale Loch ausgerichtete Nippel. Er deutete diese Strukturen als »Befestigungspunkte der den Mund umgebenden Teile oder möglicherweise orale Arme« (1911b, S. 56). Von der radiären Symmetrie abgesehen, fand Walcott nicht eine Spur von den Bestimmungsmerkmalen einer Qualle: keine Tentakel und keine konzentrischen Muskelbänder. Mehr einer Ananasscheibe als einer Meduse ähnlich, ergab *Peytoia* eine ganz wunderliche Qualle. Kein Tier, das wirklich dieser Gruppe angehört, hat ein Loch in der Mitte. Dennoch blieb Walcotts Interpretation gültig. Die bekannteste moderne Rekonstruktion der Burgess-Fauna, die einige Jahre nach dem Beginn der Revisionen durch Whittington und Kollegen in *Scientific American* veröffentlicht wurde (Conway Morris und Whittington, 1979), zeigt *Peytoia* als eine Kombination aus Frisbee plus fliegende Untertasse plus Ananasscheibe, die sich dem Schauplatz von Westen her nähert (Abb. 3.62).

Wem wäre jemals in den Sinn gekommen, daß das Hinterende einer Garnele, das Mundwerkzeug von *Sidneyia*, eine zerquetschte Seegurke und eine Qualle mit einem Loch in der Mitte eine Verbindung eingehen könnten? Natürlich niemand. Die Verschmelzung dieser vier Objekte zu *Anomalocaris* war eine totale Überraschung. Die erfolgreiche Lösung ging freilich nicht unmittelbar aus dem Urchaos hervor. Dem erfolgreichen Abschluß gingen mehrere Zwischenschritte voraus, die zwar alle falsch waren, aber dennoch einen wichtigen Beitrag zu einer sich entwickelnden Geschichte beisteuerten.

Anomalocaris ist die Rachegöttin der neueren Burgess-Forschung. Zwar hat dieses Geschöpf am Ende sein Geheimnis preisgegeben, aber nicht bevor sowohl Simon Conway Morris als auch Derek Briggs in der Auseinandersetzung mit seinen verschiedenen Teilen ihre größten Fehler gemacht hatten. Wenn man in der Wissenschaft etwas Bedeutendes oder Originelles schaffen will, muß man sich auf das unvermeidliche Risiko eines größeren Irrtums einlassen. Ungeachtet der Irrtümer waren es jedoch drei Schritte, die die Sache allmählich einer Lösung näher brachten.

1. 1978 wandte Conway Morris Whittingtons neue Verfahren zur Erkennung dreidimensionaler Strukturen auf *Laggania* an; diese wurde jetzt eher

3.62 Die bekannteste Rekonstruktion des Burgess Shale, gezeichnet für den 1979 im *Scientific American* erschienen Artikel von Conway Morris und Whittington. Beachten Sie die Priapuliden-Würmer in ihren Höhlen – aber auch die Burgess-Sonderlinge, darunter *Dinomischus* (17), *Hallucigenia* (18), *Opabinia* (19) *und Wiwaxia* (24). Ein großer Irrtum liegt vor im Falle der zwei Quallen (10), die wie Ananas-Scheiben von Westen hereinschweben. Dieses Gebilde ist in Wirklichkeit der Mund von *Anomalocaris*. (Aus »The Animals of the Burgess Shale« von Simon Conway Morris und H. B. Whittington. Copyright © 1979 by Scientific American, Inc. Alle Rechte vorbehalten.)

als ein Schwamm denn als eine Holothurie aufgefaßt. Mit einem zahntechnischen Feinbohrer bearbeitete er den Gegendruck des einzigen Exemplars und legte dort, wo Walcott den undeutlichen Mund identifiziert hatte, eine Ananasscheibe von *Peytoia* frei. Conway Morris war sehr nahe an der richtigen Interpretation, aber er riet daneben. Er zog die Möglichkeit in Betracht, daß der »Schwamm« namens *Laggania* nicht ein eigenständiges Geschöpf sei, sondern ein Körper, der mit *Peytoia* zusammenhing, die dadurch zum Zentrum eines merkwürdigen Medusoiden würde. Doch Conway Morris verwarf diese Rekonstruktion, weil er der Auffassung war, fast alle Burgess-Organismen seien als Ganzheiten erhalten und nicht in Teile zerfallen. Er schrieb: »Die überwiegende Mehrheit der Burgess Shale-Fossilien ist unver-

218

sehrt erhalten, und man darf daraus wohl folgern, daß der Körper von *Laggania cambria* kein integraler Bestandteil von *Peytoia nathorsti* ist, sondern ein fremder Zusatz zu dem Medusoiden, der hier als Schwamm gedeutet wird« (1978, S. 130). Die Verbindung, meinte er, sei einfach durch die Zufälle der Ablagerung aus dem Burgess-Schlammrutsch zustande gekommen: »Die Verbindung der Medusoiden und des Schwammes ist vermutlich Zufall. Das Phyllopodenbett wurde durch eine Reihe von Schlammrutschen abgelagert, und es ist zu vermuten, daß sich die beiden Exemplare nach dem Transport zusammen abgesetzt haben« (1978, S. 130).

Conway Morris irrte, was die Gründe für ein Zusammentreffen zwischen *Peytoia* und *Laggania* betraf; aber mit der Zusammenführung der beiden ersten der vier Teile, aus denen *Anomalocaris* entstehen würde, hatte er eine entscheidende Verbindung (im buchstäblichen Sinne) aufgedeckt.

2. 1982 versuchte Simon mit der Seltsamkeit von *Peytoia* zu Rande zu kommen (Conway Morris und Robison, 1982). Er bezeichnete *Peytoia* als »einen der merkwürdigsten kambrischen Medusoiden« (1982, S. 116), und er benutzte sogar in der Überschrift das Wort »rätselhaft«. Simon bestimmte dieses Tier nicht zutreffend, äußerte aber Zweifel an seiner Verwandtschaft mit den Medusoiden und hielt damit die Untersuchung weiterhin offen. Was das Loch in der Mitte anging, kamen Conway Morris und Robison zu dem Schluß: »Dieses Merkmal ist weder bei lebenden noch bei fossilen Nesseltieren bekannt und könnte darauf hindeuten, daß *Peytoia nathorsti* kein Nesseltier ist. Noch unklarer erscheint wohl seine Verwandtschaft mit irgendeinem anderen Stamm« (1982, S. 118).

3. *Anomalocaris* selbst, von Whiteaves zunächst als Hinterende einer Garnele bestimmt, war bei der ursprünglichen Aufteilung des Burgess Shale Derek Briggs zugesprochen worden. Man nahm ja an, daß es sich um den Körper eines Arthropoden mit zweiklappiger Schale handele.

1979 veröffentlichte Briggs eine provozierende Rekonstruktion des ihm zugeteilten Objekts. Er machte zwei herausragende Beobachtungen, die zur Klärung von *Anomalocaris* beitrugen.

Erstens erkannte er, daß *Anomalocaris* eine Gliedmaße mit paarigen Stacheln auf den Innenkanten war und nicht ein ganzer Körper mit Gliedmaßen am ventralen Rand. Wäre *Anomalocaris* der Rumpf eines ganzen Organismus gewesen, hätten einige der über hundert Exemplare Spuren eines Darms aufweisen müssen, und zumindest bei einigen hätte man Arthropoden-Glieder an den vermeintlichen Gliedmaßen gefunden.

Zweitens behauptet er, daß *Anomalocaris* und »appendage F« (Walcotts

Mundgliedmaße von *Sidneyia*) Spielarten ein und desselben Gebildes seien und vermutlich zusammengehörten. Diese Schlußfolgerung war, wie wir noch sehen werden, nicht ganz korrekt, doch fügte Briggs' Argument zwei weitere Teile des *Anomalocaris*-Puzzle richtig zusammen.

Von diesen wichtigen Erkenntnissen abgesehen, war Briggs' Rekonstruktion, so spektakulär sie auch war, grundfalsch. Er war weiterhin der Ansicht, *Anomalocaris* und »appendage F« seien Teile eines Arthropoden, und zwar sei *Anomalocaris* ein Laufbein und »appendage F« ein Kauwerkzeug eines einzelnen riesigen Geschöpfes von mußmaßlich einem Meter Länge! Er gab seiner Abhandlung den Titel »*Anomalocaris*, the Largest Known Cambrian Arthropod«.

Dabei war Briggs von seiner eigenen Rekonstruktion nicht sonderlich überzeugt. Zu viele Fragen blieben offen. Er zerbrach sich den Kopf darüber, warum von dem Riesenorganismus, zu dem diese Anhänge vermeintlich gehörten, nicht die geringste Spur zu finden war. Konnte sich ein meterlanges Gebilde aus einer Weichkörper-Fauna einfach davonstehlen? Briggs vermutete, daß solche Teile in Form von organischen Schichten und Filmen vorhanden sein könnten, die man aber, weil sie keine erkennbare Struktur aufwiesen, bislang übersehen habe. Er schrieb: »Große, bislang unerkannte und relativ merkmalslose Fragmente der Körperkutikula von *Anomalocaris canadensis* harren auf den Geröllhalden von Mt. Stephen mit ziemlicher Sicherheit ihrer Entdeckung« (1979, S. 657). Derek ahnte nicht, daß der Körper von *Anomalocaris* seit Walcotts Zeiten erkannt und benannt worden war, allerdings unter der Maske der »Holothurie« *Laggania*, die später gedeutet wurde als ein Schwamm mit einer Qualle obendrauf.

Die Expedition des Geological Survey of Canada hatte in der Raymond-Grabung, unmittelbar oberhalb von Walcotts Phyllopodenbett, ein merkwürdiges Exemplar entdeckt. Whittington hatte dieses große, undeutliche und praktisch nichtssagende Fossil in eine Schublade gelegt, in der Hoffnung, wie ich glaube, es damit, gemäß der alten Redensart, zu begraben: Aus den Augen, aus dem Sinn. Doch er mußte immer wieder an dieses sonderbare Fossil eines Geschöpfes denken, das so viel größer war als alles andere im Burgess Shale. »Ich habe die Schublade immer wieder aufgezogen und anschließend zugeschoben«, erklärte er mir. Im Jahre 1981 beschloß er dann eines Tages, das Fossil auszugraben, in der Hoffnung, einige Struktureinzelheiten zu klären. Er bohrte in ein Ende des Objekts hinein und fand zu seiner Überraschung ein Exemplar von *Anomalocaris*, das offenkundig ein Anhang war und sich am richtigen Platz befand (Abb. 3.63). Harry berichtete Derek

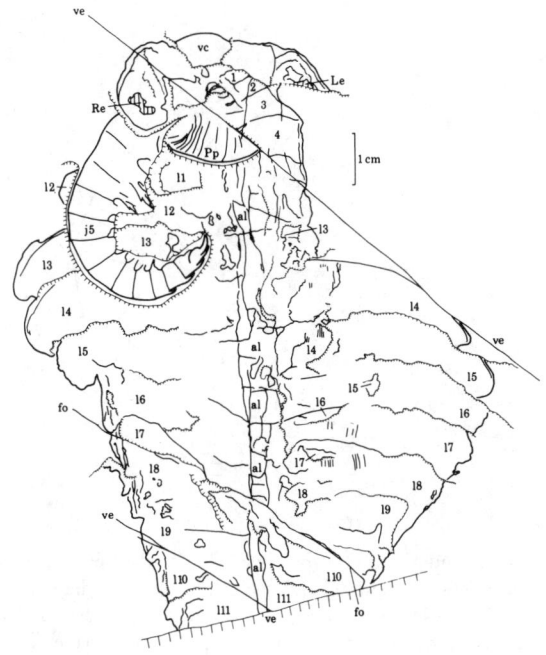

3.63 Das Exemplar, das Harry Whittington sezierte, um die wahre Natur von *Anomalocaris* zu enthüllen. In dieser Camera lucida-Zeichnung befindet sich der von Walcott fälschlich als die Qualle *Peytoia* identifizierte Mund oben in der Mitte (bezeichnet mit *Pp*); die schräge Linie unmittelbar darüber (*ve*) stellt einen Sprung im Gestein dar. Das Gebilde, das ursprünglich als *Anomalocaris* bezeichnet wurde, ist das gekrümmte Mundwerkzeug, dessen mittleres Segment *j5* sich unmittelbar links vom Mund befindet. Ebenfalls zu sehen ist die Spur des zentralen Darms oder Verdauungstrakts (*al*).

Briggs von seiner Entdeckung, und Derek konnte es einfach nicht glauben. Das ausgegrabene Objekt war sicherlich *Anomalocaris*, aber vielleicht hatte sich dieses Exemplar von *Anomalocaris*, ähnlich wie in Simons Interpretation die Qualle *Peytoia* auf dem Schwamm *Laggania*, zufällig mit einer großen dünnen Schicht von etwas anderem verheddert, als der Schlammrutsch sich setzte.

Kurz darauf waren Whittington und Briggs mit der Untersuchung einer Reihe von Objekten beschäftigt, die sie aus den Walcott-Sammlungen ausge-

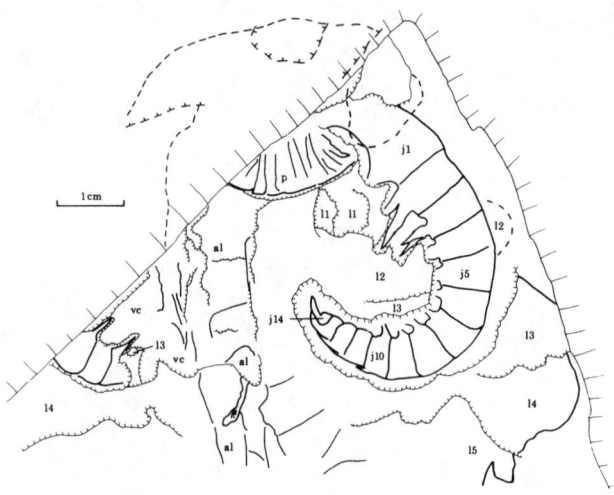

3.64   Das entscheidende Exemplar von *Anomalocaris*, das bei weitergehender Sektion
Teile beider Mundwerkzeuge enthüllte. Es handelt sich hier um die andere Platte, die teilweise ein Spiegelbild des in Abbildung 3.63 gezeigten Exemplars enthält. Man beachte
den Mund (bezeichnet mit *p*) und die erste festgestellte Gliedmaße (*jl-jl4*). Jetzt wurde
aber unten links, unmittelbar unter der schrägen Linie, die den Sprung im Gestein darstellt, ein Rest des zweiten Mundwerkzeugs ausgegraben.

liehen hatten. Diese Platten zeigten relativ nichtssagende Flecken und Filme,
die nie besondere Beachtung gefunden hatten, darunter auch den Körper von
Laggania mit einer darüber liegenden *Peytoia*. An einem denkwürdigen Tag
– Gegenstück eines anderen wichtigen, fast ein Jahrzehnt zurückliegenden
Augenblicks in der Geschichte des Burgess, als Whittington einen Schnitt
durch den Kopf und die Seiten von *Opabinia* geführt und nichts darunter
gefunden hatte – gruben sie sowohl *Peytoia* als auch »appendage F« aus und
stellten fest, daß beides Organe eines größeren Geschöpfes waren.

Während sie noch diese größte aller Burgess-Überraschungen verdauten
und auch auf weiteren Platten immer wieder diese Verbindung von *Peytoia*
und »appendage F« feststellten, wurde Harry und Derek bewußt, daß sie
eine Fülle von Problemen mit einem Schlag gelöst hatten. *Peytoia* war keine
Qualle, sondern der Mund des großen Tieres, der kurz vor dem vorderen
Ende auf der Unterseite saß. »Appendage F« war kein Glied in einer größeren Reihe sich wiederholender Gliedmaßen an einem Arthropoden; viel-

mehr bildeten zwei dieser Anhänge zusammen ein Paar Mundwerkzeuge, das auf der Unterseite des neuen Tieres, vor dem Mund, befestigt war.

Das Exemplar, das Whittington zu Hause in England hatte, zeigte jedoch in dieser vorderen Position nicht »appendage F«, sondern *Anomalocaris* (siehe Abb. 3:63). Als er dieses Stück näher untersuchte, fand er Spuren sowohl des *peytoia*-Mundes als auch einer zweiten *Anomalocaris*, die an derselben Stelle, an der sich auf den Washingtoner Stücken die »appendage F«-Paare befanden (Abb. 3.64), ein Paar Mundwerkzeuge bildete.

Alle Stücke waren nun endlich beisammen. Aus vier Anomalien – einer Krustazee ohne Kopf, einem unpassenden Mundwerkzeug, einer Qualle mit einem Loch in der Mitte und einer plattgedrückten dünnen Schicht, die aus einem Stamm in den anderen sprang – hatten Whittington und Briggs zwei verschiedene Arten ein und derselben Gattung *Anomalocaris* rekonstruiert. *Laggania* war ein zerdrückter und verzerrter Teil des Körpers; *Peytoia* der Mund, den ein kleiner Kreis gezähnter Platten umgab und nicht eine Reihe mit Haken versehener Lappen; *Anomalocaris* war das Paar Mundwerkzeuge bei der einen Art (*Anomalocaris canadensis*); »appendage F« ein Mundwerkzeug bei der zweiten Art (*Anomalocaris nathorsti*, in Anlehnung an den alten, nichtssagenden Namen von *Peytoia*). Die unnachsichtigen Nomenklaturregeln, die dem ältesten Namen den Vorrang geben, verlangten, daß die ganze Gattung *Anomalocaris* genannt werde, um Whiteaves' Erstveröffentlichung von 1892 anzuerkennen. Eine wahrhaft treffende und angemessene Forderung in diesem Fall, denn es ging ja in der Tat um eine »merkwürdige Garnele«.

Da das Organ, dem man anfangs den Namen *Anomalocaris* gegeben hatte, in gestrecktem Zustand bis zu achtzehn Zentimeter messen kann, muß das gesamte Tier praktisch alles, was es sonst noch im Burgess Shale gab, in den Schatten gestellt haben. Whittington und Briggs schätzten die größten Exemplare auf eine Länge von sechzig Zentimetern; damit waren sie bei weitem die größten aller kambrischen Tiere. In einer neueren Rekonstruktion der gesamten Fauna (Conway Morris und Whittington, 1985), im Grunde eine Aktualisierung der 1979 in *Scientific American* dargestellten Version, ist die Ananasscheibe *Peytoia*, die (siehe Abb. 3.62) vom Westen heranschwebte, ersetzt durch eine große, bedrohliche *Anomalocaris*, die entschlossen vom Osten aus vorrückt (Abb. 3.65).

1985 veröffentlichten Whittington und Briggs ihre Monographie über *Anomalocaris*, ein angemessener Triumph zum Abschluß einer Serie von Monographien, die vielleicht zu den bemerkenswertesten und wichtigsten in

3.65 Eine neuere Rekonstruktion der Burgess Shale-Fauna (Conway Morris und Whittington, 1985). Sie zeigt die neue Interpretation von *Anomalocaris* (24) und die im Verhältnis zu den anderen Tieren überragende Größe dieses Geschöpfes. Man beachte die »irren Wundertiere« *Opabinia* (8), *Dinomischus* (9) und *Wiwaxia* (23); ferner die Arthropoden *Aysheaia* (5), *Leanchoilia* (6), *Yohoia* (11), *Canadaspis* (12), *Marrella* (15) und *Burgessia* (19).

der Paläontologie des 20. Jahrhunderts gehört. Der lange ovale Kopf von *Anomalocaris* trägt im hinteren Teil am Rande der Oberseite ein Paar große Augen auf kurzen Stielen (Abb. 3.66). Auf der Unterseite befindet sich in der Nähe der Vorderkante, vor dem kreisrunden, in der Mittelachse gelegenen Mund, das Paar Mundwerkzeuge (Abb. 3.67). Die den Mund einfassenden Platten konnten dessen Öffnung erheblich zusammenziehen, sie aber nicht vollkommen schließen (jedenfalls in keiner der Orientierungen, die Whittington oder Briggs zu rekonstruieren vermochten), so daß der Mund wahrscheinlich ständig offen blieb, zumindest teilweise. Whittington und Briggs vermuten, daß der Mund wie ein Nußknacker funktioniert habe; *Anomalocaris* brachte seine Beute mit Hilfe der Anhänge vor die Öffnung (Abb. 3.68) und zermalmte sie dann durch Zusammenziehung. Die Innenkanten der Platten im *Peytoia*-Rund tragen allesamt Zähne. Bei einem Exemplar fanden Whittington und Briggs drei weitere Zahnreihen, die parallel hintereinander das Rund des Mundes umstanden. Die Zähne in diesen Reihen könnten an der Mundöffnung befestigt gewesen sein, aber wahrscheinlich gingen sie von den Wänden des Schlundes aus und versahen auf diese Weise *Anomalocaris* mit einem furchterregenden Waffenarsenal sowohl im Mund selbst als auch am vorderen Ende des Darms (Abb. 3.69).

Hinter dem Mund trägt der Kopf auf der Bauchseite drei Paar einander stark überschneidende Lappen (siehe Abb. 3.67). Der Rumpf hinter dem Kopf ist untergliedert in elf Lappen von dreieckiger Grundform, deren nach hinten weisender Scheitelpunkt auf der Mittellinie liegt. Die Lappen sind in Rumpfmitte am breitesten und verjüngen sich vor und hinter der Mitte gleichmäßig. Wie die drei Lappen am hinteren Ende des Kopfes überlappen sich auch diese sehr stark. Das Rumpfende ist kurz und stumpf, ohne einen Stachel oder Lappen als Fortsatz. Auf der Oberseite jedes Lappen befindet sich ein vielschichtiges Gebilde aus zusammengesetzten Lamellen, vermutlich eine Kieme.

Da *Anomalocaris* keinerlei Körperanhänge besitzt, ist anzunehmen, daß es nicht auf dem Boden gelaufen oder gekrochen ist. Whittington und Briggs rekonstruieren *Anomalocaris* als einen guten Schwimmer, der sich durch

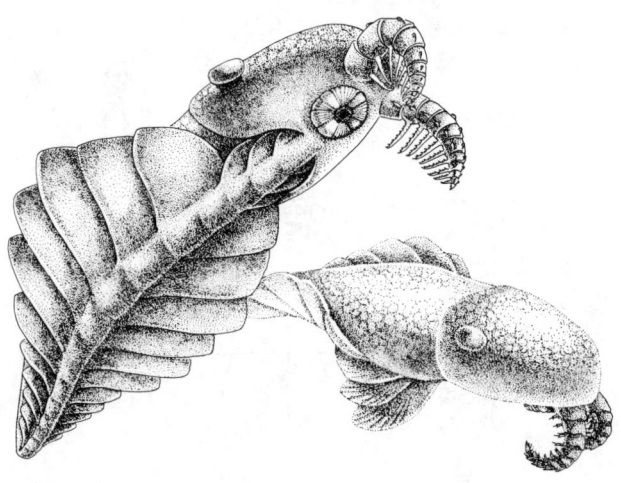

3.66 Die beiden Arten von *Anomalocaris*, die wir kennen: oben, von der Unterseite gesehen, *Anomalocaris nathorsti* mit dem kreisförmigen Mund, den Walcott fälschlich als eine Qualle identifizierte, und den paarigen Mundwerkzeugen; unten, von der Seite gesehen, *Anomalociars canadensis* in schwimmender Position. Zeichnung von Marianne Collins.

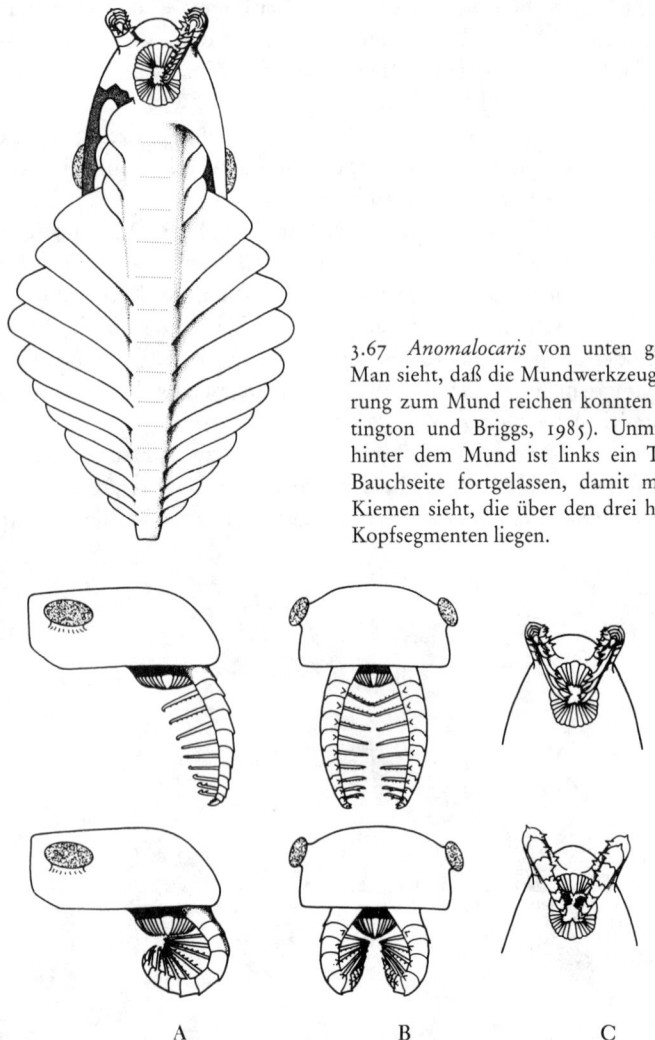

3.67 *Anomalocaris* von unten gesehen. Man sieht, daß die Mundwerkzeuge Nahrung zum Mund reichen konnten (Whittington und Briggs, 1985). Unmittelbar hinter dem Mund ist links ein Teil der Bauchseite fortgelassen, damit man die Kiemen sieht, die über den drei hinteren Kopfsegmenten liegen.

A   B   C

3.68   Die mutmaßliche Ernährungsweise von *Anomalocaris*. (A) Der Kopf von *Anomalocaris nathorsti*, von der Seite gesehen, das Mundwerkzeug ausgestreckt (oben) und eingerollt, um Nahrung zum Mund zu bringen (unten). (B) Derselbe Vorgang, von vorn gesehen. (C) Das eingerollte, Nahrung zum Mund reichende Mundwerkzeug – von unten gesehen – von *Anomalocaris nathorsti* (oben) und *Anomalocaris canadensis* (unten).

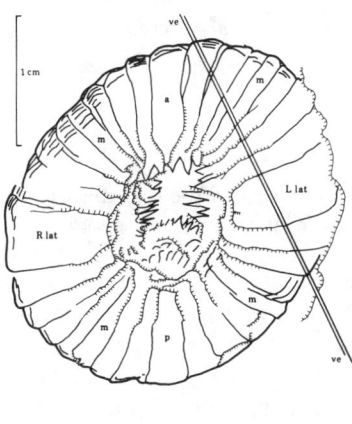

B

3.69 Der Mund von *Anomalocaris*, den Walcott fälschlich als die Qualle *Peytoia* identifizierte. In der Mitte sieht man mehrere Reihen Zähne, die sich an der Schlundwand des Tieres befunden haben könnten. (A) Ein Foto des Exemplars. (B) Eine Camera lucida-Zeichnung desselben Exemplars.

koordinierte wellenartige Bewegung der Körperlappen fortbewegte, wenn auch nicht mit rasender Geschwindigkeit (Abb. 3.70). Die einander überschneidenden seitlichen Lappen haben daher wahrscheinlich ganz ähnlich funktioniert wie die einzelnen Seitenflossen bestimmter Fische. In Bewegung könnte *Anomalocaris* einem modernen Rochen geglichen haben, der in seiner breiten, durchgängigen Flosse Wellen erzeugt und sich auf diese Weise durchs Wasser schlängelt.

Wie bei *Wiwaxia* und *Opabinia* kann man auch bei *Anomalocaris* vernünftige Mutmaßungen über die Lebensweise anstellen, denn schließlich gibt es nur eine begrenzte Zahl von Möglichkeiten, sich zu ernähren und fortzubewegen. Aber wo stand ein so merkwürdiges Tier in der Entwicklungsgeschichte? Die Mundwerkzeuge waren ein Jahrhundert lang als Teile von Arthropoden gedeutet worden, und deren segmentierter Charakter erinnert in der Tat an den großen Stamm der gliederfüßigen Geschöpfe. Doch Merkmale der Wiederholung und Segmentierung, wie sie die aneinander gereihten Lappen und die Mundwerkzeuge aufweisen, sind nicht auf Arthropoden beschränkt – man denke an die Anneliden, die Wirbeltiere oder auch nur an

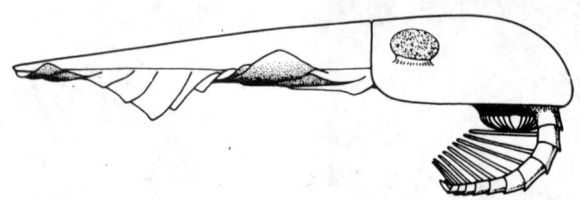

3.70 Rekonstruktion von *Anomalocaris* während des Schwimmens, von der Seite gesehen (Whittington und Briggs, 1985).

das »lebende Fossil« unter den Weichtieren, *Neopilina*. Davon abgesehen, besitzt *Anomalocaris* keinerlei Eigenschaften, die einen Zusammenhang mit den Arthropoden herstellen. Der Körper trägt keine gegliederten Anhänge, und der ständig geöffnete, mit einem Plattenring umgebene Mund ist einzigartig, völlig anders als alles im Stamm der Arthropoden. Und wenn wir uns einmal die Einzelheiten näher ansehen, ist auch das Paar Mundwerkzeuge, wenngleich segmentiert, alles andere als prototypisch für Arthropoden. Whittington und Briggs kamen zu dem Schluß, daß *Anomalocaris* »ein metameres Tier war und ein Paar gegliederte Anhänge sowie einen einmaligen Ring von Gebißplatten besaß. Wir betrachten es nicht als einen Arthropoden, sondern als den Vertreter eines bislang unbekannten Stammes« (1985, S. 571.)

Coda

Die Burgess-Arbeit wird weitergehen, denn es gibt noch etliche Gattungen, bei denen eine erneute Untersuchung fällig ist (die Arthropoden sind zum größten Teil beschrieben worden, von den bekannten »irren Wundertieren« aber nur etwa die Hälfte). Harry, Derek und Simon wenden sich allerdings, aus unterschiedlichen Gründen, anderen Dingen zu. Der Herr gibt uns so wenig Zeit, um Karriere zu machen – vierzig Jahre, wenn wir als graduierte Studenten früh anfangen und bei guter Gesundheit bleiben, fünfzig, wenn uns das Glück hold ist. Der Teufel nimmt uns so viel fort – hauptsächlich durch Verwaltungsaufgaben, mit denen alle wissenschaftlichen »Fachidioten« überhäuft werden, mit Ausnahme derer, die sich mit größter Hartnäckigkeit dagegen sträuben. (Der weltliche Lohn der Gelehrsamkeit besteht in höheren Ämtern, welche die Möglichkeit künftiger Gelehrsamkeit zunichte machen.) Man kann nicht seine gesamte Laufbahn einem einzigen Projekt widmen, so wichtig oder spannend es auch sein mag. Harry, inzwischen in den Siebzigern, ist zu seiner ersten Liebe zurückgekehrt und setzt sich für eine Überarbeitung des Trilobiten-Bandes im Rahmen des *Treatise on Invertebrate Paleontology* ein. Simons aufstrebende Karriere umfaßt vielleicht noch ein oder zwei Burgess Shale-Projekte, doch sein Hauptinteresse hat sich zeitlich wieder zur kambrischen Explosion zurück verlagert. Derek kümmert sich zusätzlich um »irre Wundertiere« und Weichkörper-Faunen späterer, an den Burgess anschließender Perioden.

Andere werden das, was diese Generation am Burgess Shale geleistet hat, zu Ende führen. Und dann wird die nächste Generation kommen, mit neuen Ideen und neuen Techniken. Doch bei allem Auf und Ab, bei allen Fort- und Rückschritten ist die Wissenschaft ein kumulativer Prozeß. Die Leistung von Briggs, Conway Morris und Whittington wird man wegen ihrer Brillanz und wegen ihres Einflusses auf den Ideenwandel in Ehren halten, solange diese überaus kostbare menschliche Kontinuität – das geistige Band zwischen den Generationen – gewahrt bleibt.

Keinem Organismus, keiner Interpretation steht in einem solchen Drama das letzte Wort zu. Aber wenn ein Mann sein Werk beschließt, müssen wir das respektieren. Der Epilog zu diesem Stück gebührt Harry Whittington, der mir in seiner bündigen und direkten Sprache über seine Burgess-Monographien schrieb: »Vielleicht haben diese notwendigerweise trockenen Arbeiten doch ein wenig von der Entdeckerfreude spüren lassen; denn es war sicherlich eine faszinierende Untersuchung, und manchmal hat es riesigen Spaß gemacht, wenn durch das Präparieren eine neue, unerwartete Struktur aufgedeckt wurde« (1. März 1988). »Es war das erregendste, faszinierendste Projekt, mit dem ich je zu tun hatte« (22. April 1987).

Zusammenfassende Erklärung über das Bestiarium des Burgess Shale

Erst Mannigfaltigkeit, dann Dezimierung: eine allgemeine Erklärung

Hätte man nicht die Weichkörper-Bestandteile gefunden, so wäre der Burgess Shale eine ganz unauffällige, etwa dreiunddreißig Gattungen umfassende Fauna aus dem mittleren Kambrium. Er enthält eine reiche Ansammlung von Schwämmen (Rigby, 1986) und Algen, sieben Arten von Brachiopoden, neunzehn Arten von gewöhnlichen Trilobiten und Hartteilen, vier Arten Echinodermen und ein oder zwei Arten von Weichtieren und Hohltieren (Whittington, 1985b, S. 133-39, bringt eine vollständige Aufzählung). Von den insgesamt etwa 120 Gattungen können einige mit Recht größeren Gruppen zugeordnet werden. Whittington zählt fünf sichere und zwei mutmaßliche Arten von Priapuliden, sechs Arten von Polychaeten und drei Weichkörper-Trilobiten (*Tegopelte* und zwei Arten von *Naraoia*).

Mein soeben beendetes fünfaktiges Drama betont ein anderes Thema, das mich allein die Weichkörperkomponenten gelehrt haben. Der Burgess Shale umfaßt eine große anatomische Verschiedenartigkeit, wie sie nie wieder erlangt wurde und auch heute von keinem der in den Weltmeeren lebenden Geschöpfe erreicht wird. Die Geschichte des vielzelligen Lebens ist bestimmt von der Dezimierung eines großen Anfangsbestandes, der bei der kambrischen Explosion in kurzer Zeit geschaffen wurde. Die letzten 500 Millionen Jahre waren gekennzeichnet durch Beschränkung sowie eine starke Vermehrung im Rahmen einiger weniger stereotyper Baupläne, und nicht etwa durch eine allgemein wachsende Vielfalt und zunehmende Komplexität, wie es unsere Lieblingsmetapher, der Kegel der wachsenden Vielfalt, nahelegt. Die neue Ikonographie der raschen Etablierung und anschließenden Dezimierung reicht über alle Größenordnungen hinweg und scheint so allgemeingültig zu sein wie ein fraktales Muster. In den Burgess-Revisionen von Whittington und Kollegen wurden drei Stufen ausgemacht.

1. *Hauptgruppen eines Stammes.* Unter den wirbellosen Fossilien gibt es keine Gruppe, die stärker erforscht wäre oder sich größerer allgemeiner Beliebtheit erfreute als die Trilobiten. Die mineralisierten Skelette herkömmlicher Fossilien zeigen eine außerordentliche Vielfalt, entsprechen aber alle

einem Grundplan. Daß es in den Anfängen innerhalb dieser Gruppe eine sehr viel breitere anatomische Vielfalt gegeben haben könnte, hätte man nach all diesen Forschungen kaum erwartet. Dabei ist *Naraoia* mit ihrer charakteristischen Folge von Kopfgliedmaßen (ein Paar Antennen und drei postorale zweiästige Paare) und ihren üblichen Körpergliedmaßen mit der »richtigen« Form und Anzahl der Segmente unzweifelhaft ein Trilobit. Doch das Außenskelett von *Naraoia* mit seinen zwei Klappen weicht ganz und gar von dem ab, was man bisher an Fossilien dieser Gruppe gesehen hat.

2. *Stämme.* Das Ausmaß einer Überraschung kann man nur dann voll erfassen, wenn man den ganzen Umfang der gängigen Möglichkeiten kennt – man braucht also, um vergleichen zu können, eine Ausgangsbasis. Das Schöne an den Burgess-Arthropoden ist nun, daß die Ausgangsbasis »keine Lücken« aufweist und alles, was zusätzlich an Verschiedenartigkeit auftritt, eine echte Ergänzung der bereits voll besetzten Hauptgruppen darstellt. Sicherlich fallen die verwaisten Arthropoden des Burgess ins Auge, doch ebenso wichtig sind die Vertreter der häufig vorhandenen Gruppen, denn sie dokumentieren den ersten Teil von dem, was die Forscher gern mit dem Satz ausdrücken: »Alles, was wir erwarten konnten, und darüber hinaus noch eine ganze Menge.« Durch die jüngste Entdeckung von *Sanctacaris* ist die gängige Liste vollständig. Alle vier Großgruppen von Arthropoden haben Vertreter im Burgess Shale:

Trilobita – neunzehn normale Arten plus drei ohne Hartteile
Crustacea – *Canadaspis* und möglicherweise *Perspicaris*
Uniramia – *Aysheaia*, falls korrekt als Onychophore bestimmt
Chelicerata – *Sanctacaris*

Doch der Burgess Shale umfaßt darüber hinaus noch ein größeres Spektrum anatomischer Experimente, die in ihrem Aufbau nicht minder ausgeprägt und ebenso funktionstüchtig sind, ohne aber zu späterer Vielfalt zu führen. Einige dieser Waisen mögen, wenn man zum Beispiel ihre ausgeprägten frontalen Anhänge nimmt, untereinander verwandt sein – etwa *Actaeus* und *Leanchoilia* –, doch die meisten sind einzigartig und weisen Bestimmungsmerkmale auf, die sich bei keiner anderen Art finden.

Whittington und Kollegen haben in ihren monographischen Arbeiten dreizehn einzigartige Baupläne identifiziert (Tab. 3.3), die alle in chronologischer Folge erörtert wurden. Aber wie viele sind noch zu beschreiben? Whittington führt unter seiner Kategorie »keinem Stamm und keiner Klasse von Arthropoden zugeordnet« zweiundzwanzig Arten an, wobei er allerdings *Marrella* versehentlich ausläßt (1985b, S. 138). Der Burgess Shale enthält

Jahr der Neubeschreibung	Name	Status bei Walcott	Revidierter Status	Revidiert von
1. Akt 1971	*Marrella*	Trilobita nahe	einzigartiger Arthropode	Whittington
1974	*Yohoia*	Branchiopoden-Krustazee	einzigartiger Arthropode	Whittington
1975	*Olenoides*	Trilobit (gen. *Nathorstia*)	Trilobit	Whittington
2. Akt 1975	*Opabinia*	Branchiopoden-Krustazee	einzigartiger Arthropode	Whittington
3. Akt 1975	*Burgessia*	Branchiopoden-Krustazee	einzigartiger Arthropode	Hughes
1976	*Nectocaris*	(unbekannt)	neuer Stamm	Conway Morris
1976	*Odontogriphus*	(unbekannt)	neuer Stamm	Conway Morris
1977	*Dinomischus*	(unbekannt)	neuer Stamm	Conway Morris
1977	*Amiskwia*	chaetognater Wurm	neuer Stamm	Conway Morris
1977	*Hallucigenia*	polychaeter Wurm	neuer Stamm	Conway Morris
1976	*Branchiocaris*	Malakostraka-Krustazee	einzigartiger Arthropode	Briggs
1977	*Perspicaris*	Malakostraka-Krustazee	(?) Malakostraka	Briggs
1978	*Canadaspis*	Malakostraka-Krustazee (gen. *Hymenocaris*)	Malakostraka	Briggs
4. Akt 1977	*Naraoia*	Branchiopoden-Krustazee	Weichkörper-Trilobit	Whittington
1985	*Tegopelte*	(unbekannt)	Weichkörper-Trilobit	Whittington
1978	*Aysheaia*	polychaeter Wurm	(?) Onychophore oder neuer Stamm	Whittington
5. Akt 1981	*Odaraia*	Malakostraka-Krustazee	einzigartiger Arthropode	Briggs
1981	*Sidneyia*	Merostomier	einzigartiger Arthropode	Bruton
1981	*Molaria*	Merostomier	einzigartiger Arthropode	Whittington
1981	*Habelia*	Merostomier	einzigartiger Arthropode	Whittington
1981	*Sarotrocercus*	(unbekannt)	einzigartiger Arthropode	Whittington
1981	*Actaeus*	(unbekannt)	einzigartiger Arthropode	Whittington
1981	*Alalcomenaeus*	(unbekannt)	einzigartiger Arthropode	Whittington
1983	*Emeraldella*	Merostomier	einzigartiger Arthropode	Bruton und Whittington
1983	*Leanchoilia*	Branchiopoden-Krustazee	einzigartiger Arthropode	Bruton und Whittington
1988	*Sanctacaris*	(unbekannt)	chelicerater Arthropode	Briggs und Collins
1985	*Wiwaxia*	polychaeter Wurm	neuer Stamm	Conway Morris
1985	*Anomalocaris*	Branchiopoden-Krustazee	neuer Stamm	Whittington und Briggs
	(*Laggania*)	Seegurke	Rumpf von *Anomalocaris*	
	(*Peytoia*)	Qualle	Mund von *Anomalocaris*	
	(Appendage F)	Nahrungswerkzeug *Sidneyias*	Nahrungsorgan von *A. nathorsti*	

also, zusätzlich zu den nachgewiesenen Vertretern aller vier Hauptgruppen innerhalb des Stammes, nach gewissenhafter Schätzung mindestens zwanzig einzigartige Arthropodenbaupläne.[17]

3. *Vielzelliges tierisches Leben insgesamt.* Die »irren Wundertiere« des Burgess Shale üben die größte Faszination auf uns aus, obwohl die Arthropoden-Geschichte intellektuell genauso befriedigend ist, besonders wegen der Vollständigkeit der Ausgangsbasis, so daß man bei den Sonderlingen genau die relative Häufigkeit berechnen kann. Dennoch können *Marrella* und *Leanchoilia* als erstaunliche Schönheiten empfunden werden, während *Opabinia, Wiwaxia* und *Anomalocaris* furchterregend wirken – zugleich höchst beunruhigend und fesselnd.

Die Burgess-Revision hat auch Grundbaupläne ausgemacht, die zu keinem bekannten Tierstamm passen, und zwar in der Reihenfolge der Publikation: *Opabinia, Nectocaris, Odontogriphus, Dinomischus, Amiskwia, Hallucigenia, Wiwaxia* und *Anomalocaris*. Diese Liste ist jedoch nicht annähernd vollständig und mit Sicherheit nicht so erschöpfend wie die Darstellung der nachgewiesenen Sonderlinge unter den Arthropoden. Nach gewissenhaften Schätzungen ist von den »irren Wundertieren« des Burgess Shale nur etwa die Hälfte beschrieben. Zwei neuere Quellen listen alle Geschöpfe auf, die für diese überaus seltsame Kategorie in Frage kommen. Whittington zählt siebzehn Arten von »vermischten Tieren« (1985b, S. 139), und ich würde noch *Eldonia* hinzufügen. Briggs und Conway Morris (1986) führen neunzehn problematische Fälle auf. Da für eine stammesgeschichtliche oder anatomische Zuordnung der »irren Wundertiere« keine Grundlage besteht, zählen sie ihre neunzehn Geschöpfe einfach in alphabetischer Reihenfolge auf.

Was mag uns der Burgess Shale noch an Überraschungen bringen? Nehmen wir zum Beispiel *Banffia*, benannt nach dem berühmteren und an Yoho und den Burgess Shale angrenzenden Nationalpark. Walcotts »Wurm«, mit einem geringelten, von einem sackartigen Hinterteil abgesetzten Vorderteil, ist mit größter Wahrscheinlichkeit ein »irres Wundertier«. Oder *Portalia*, ein gestrecktes Tier, das längs der Körperachse verzweigte Tentakel aufweist. Oder *Pollingeria*, ein sackartiges Objekt, gekrönt von einem röhrenartigen gewundenen Gebilde. Walcott interpretierte *Pollingeria* als Hüllenplatte eines größeren Organismus, ähnlich den Skleriten von *Wiwaxia* und erklärte die gewundene Röhre als einen kommensalen Wurm; doch Briggs und Conway Morris sind der Meinung, das Objekt sei möglicherweise ein Gesamtorganismus. In großen Zügen mag die Burgess-Geschichte jetzt bekannt sein, doch noch immer hat Walcotts Grabungsstätte nicht alle ihre Schätze preisgegeben.

Einschätzung der Abstammungsverhältnisse von Burgess-Organismen

Dieses Buch, ohnehin lang genug, darf nicht zu einer theoretischen Abhandlung ausarten über die Frage, nach welchen Regeln man stammesgeschichtliche Zusammenhänge rekonstruiert. Dennoch soll mit ein paar Anmerkungen erklärt werden, wie die Paläontologen von der Beschreibung der Anatomie zu Aussagen über stammesgeschichtliche Zusammenhänge gelangen, damit meine zahlreichen Äußerungen zu diesem Thema eine gewisse Grundlage erhalten und nicht als unbegründete Verkündigungen *ex cathedra* dastehen.

Louis Agassiz, der bedeutende Zoologe und Gründer jener Institution, die jetzt sowohl mich als auch die Raymond-Sammlung von Burgess Shale-Fossilien beherbergt, wählte einen für Außenstehende merkwürdig klingenden Namen, den wir voll Stolz beibehalten: Museum of Comparative Zoology. (Den Drang zur Anbetung bei seinen Mitmenschen vorausahnend, bestimmte er ausdrücklich, daß diese Bezeichnung für immer beizubehalten sei und das Museum nach seinem Ableben nicht nach ihm umbenannt werden dürfe.) Im großen und ganzen, so Agassiz, sei die Wissenschaft vielleicht von Experiment und Manipulation geprägt, doch Fächer, in denen es um die ungemein komplexen, unwiederholbaren Produkte der Geschichte gehe, müßten anders verfahren. Die Naturgeschichte müsse so vorgehen, daß sie innerhalb ihres riesigen Bestandes an einzigartigen, unverwechselbaren Produkten Übereinstimmungen und Unterschiede feststelle; mit anderen Worten: sie müsse vergleichen.

Schlußfolgerungen über Evolutions- und Abstammungsbeziehungen beruhen auf der Erfassung und Deutung von Übereinstimmungen und Unterschieden; die grundlegende Aufgabe dabei ist weder einfach noch klar ersichtlich. Ginge es bloß darum, eine lange Liste von Merkmalen aufzustellen, abzuzählen, was gleich und was ungleich ist, um dann eine Zahl herauszurechnen, die ein Gesamtausdruck der Übereinstimmungen wäre, und schließlich die gemessene Übereinstimmung mit stammesgeschichtlicher Verwandtschaft gleichzusetzen, dann könnten wir diese Arbeit getrost einem Computer überlassen.

So einfach ist die Welt für gewöhnlich nicht, und das ist auch gut so, denn sonst wäre es ziemlich langweilig. Ähnlichkeiten treten in vielen Formen zutage. Es gibt solche, die auf stammesgeschichtliche Verwandtschaft hindeuten, und andere, die Fallstricke und Gefahren darstellen. Grundlegend ist die strenge Unterscheidung zwischen Ähnlichkeiten, die auf der Vererbung von Merkmalen gemeinsamer Vorfahren beruhen, und solchen, die bei ein und derselben Funktion aus einer getrennten Evolution hervorgegangen sind. Eine Ähnlichkeit der erstgenannten Art, die sogenannte Homologie, läßt den Schluß auf eine gemeinsame Abstammung zu. So besitze ich die gleiche Anzahl von Halswirbeln wie eine Giraffe, ein Maulwurf und eine Fledermaus, und das liegt (natürlich) nicht daran, daß wir alle unseren Kopf in der gleichen Weise benutzen, sondern daran, daß die für alle Säugetiere grundlegende Anzahl von sieben Halswirbeln weitervererbt und bei fast allen modernen Gruppen beibehalten wurde (ausgenommen die Faultiere und deren Verwandte). Die andere Art von Ähnlichkeit, die Analogie, kann bei der Suche nach stammesgeschichtlichen Verwandtschaftsverhältnissen sehr irreführend sein. Die Flügel von Vögeln, Fledermäusen und Pterosauriern stimmen in einigen grundlegenden aerodynamischen Eigenschaften überein, und dennoch haben sie sich unabhängig voneinander entwickelt, denn es gibt weder für Vögel und Fledermäuse noch für Fledermäuse und Pterosaurier einen gemeinsamen Vorfahren, der Flügel hatte. Bei der Erforschung von Abstammungsverhältnissen ist die Unterscheidung zwischen Homologie und Analogie grundlegend. Es gibt eine einfache Regel: Analogien vollkommen ausschließen und Verwandtschaftsbeziehungen allein auf Homologie stützen. Fledermäuse sind Säugetiere und keine Vögel.

Mit dieser Grundregel kommen wir beim Burgess Shale ein ganzes Stück voran. Die Schwanzflossen von *Odaraia* sind funktionell gleichartigen Gebilden bei einigen Fischen und marinen Säugetieren unheimlich ähnlich. Trotzdem ist *Odaraia* eindeutig ein Arthropode und kein Wirbeltier. *Anomalocaris* mag sich durch wellenförmige Betätigung seiner sich überschneidenden seitlichen Lappen fortbewegt haben, ganz ähnlich wie manche Fische mit einer durchgehenden Seitenflosse oder einem abgeflachten Körperrand; doch über ein Verwandtschaftsverhältnis sagt diese funktionale Ähnlichkeit, die sich aufgrund unterschiedlicher anatomischer Grundlagen entwickelte, nichts aus. *Anomalocaris* ist und bleibt ein »irres Wundertier«, das mit den Wirbeltieren ebensowenig verwandt ist wie mit irgendeinem anderen bekannten Geschöpf.

Allerdings kommen wir mit der grundlegenden Unterscheidung zwischen Homologie und Analogie nicht weit genug. Wir müssen auch innerhalb der homologen Strukturen eine weitere Unterscheidung treffen. Ratten und Menschen besitzen beide Haare und eine Wirbelsäule. Beides sind Homologien, Strukturen, die von gemeinsamen Vorfahren ererbt wurden. Wenn wir ein Kriterium brauchen, das Ratten und Menschen zur Abstammungsgruppe der Säugetiere zusammenfaßt, dann können wir die Haare nehmen, während die Wirbelsäule uns nicht weiterhilft. Was ist der Unterschied? Die Haare sind deshalb richtig, weil sie ein *gemeinsames und abgeleitetes* Merkmal sind, das innerhalb der Wirbeltiere auf die Säugetiere beschränkt ist. Die Wirbelsäule hilft uns deshalb nicht, weil sie ein *gemeinsames, aber primitives* Merkmal ist, das bei dem gemeinsamen Vorfahren aller terrestrischen Wirbeltiere – nicht bloß der Säugetiere – und der meisten Fische in Erscheinung tritt.

Diese Unterscheidung zwischen angemessen eingeschränkten (gemeinsam und abgeleitet) und andererseits allzu unscharfen Homologien (gemeinsam, aber primitiv) liegt unseren größten gegenwärtigen Schwierigkeiten mit Burgess-Organismen zugrunde.[18] Viele Burgess-Arthropoden haben zum Beispiel eine zweiklappige Schale; eine Reihe anderer haben die »merostomoide« Grundform gemeinsam, einen breiten Kopfschild, gefolgt von zahlreichen kurzen und breiten Rumpfsegmenten und einem Schwanzstachel am Ende. Diese beiden Merkmale sind vermutlich genuine Arthropoden-Homologien, denn es ist nicht anzunehmen, daß jede der zweiklappigen Linien bei Null anfängt und langsam, getrennt von den anderen, die gleiche komplexe Struktur entwickelt. Dennoch ist weder das Vorhandensein einer zweiklappigen Schale noch eine »merostomoide« Körperform geeignet, eine stammesgeschichtlich geschlossene Gruppe von Burgess-Arthropoden zu kennzeichnen, denn beides sind gemeinsame, aber primitive Merkmale.

Warum gemeinsame, aber primitive Eigenschaften nicht als Anhaltspunkte für eine gemeinsame Abstammung in Frage kommen, geht aus Abbildung 3.71 hervor. In dem dargestellten Stammbaum hat sich eine Linie bis zu dem durch die gestrichelte Linie gekennzeichneten Zeitpunkt in drei Hauptgruppen – I, II und III – aufgespalten. Ein Stern zeigt das Vorhandensein eines von dem fernen gemeinsamen Vorfahren (A) ererbten homologen Merkmals an, zum Beispiel fünf Finger an der vorderen Extremität. In vielen Zweigen ist dieses Merkmal verloren gegangen oder bis zur Unkenntlichkeit modifiziert worden. Der Verlust wird durch einen zweiseitigen Pfeil angezeigt. Zu dem gewählten Zeitpunkt besitzen noch vier Arten (1-4) das gemeinsame, aber primitive Merkmal. Würden wir diese vier zu einer Abstammungsgruppe zusammenfassen, so würden wir den schlimmsten Fehler begehen, nämlich die drei wirklich bestehenden Gruppen gänzlich verfehlen und aus einzelnen ihrer Mitglieder eine falsche Gruppe bilden: Art 1 könnte der Vorfahre der Pferde sein, die Arten 2 und 3 könnten frühe Nagetiere und die Art 4 ein Vorfahre der Primaten, einschließlich der Menschen, sein. Dies dürfte verdeutlichen, daß es falsch ist, aufgrund von gemeinsamen, aber primitiven Merkmalen Gruppen zu bilden.[19]

Aber das Burgess-Problem ist vermutlich noch schwieriger. In meiner fünfaktigen Dramenchronik sprach ich wiederholt von einem Grabbelsack, einen Sammelsurium verfügbarer Arthropoden-Merkmale. Nehmen wir an, solche gemeinsamen, aber primitiven Eigenschaften wie die zweiklappige Schale seien, anders als das mit einem Stern gekennzeichnete Merkmal in Abbildung 3.71, kein Anzeichen für eine gemeinsame Abstammung. Nehmen wir an, in dieser Frühzeit beispiellosen Experimentierens und genetischer Labilität seien solche Merkmale bei jeder neuen Arthropoden-Linie

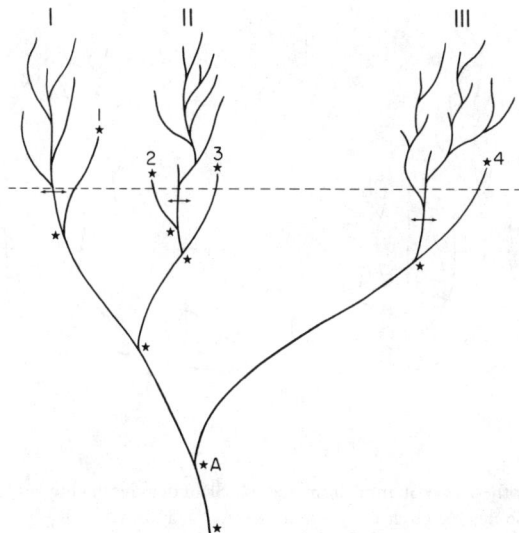

3.71 Ein hypothetischer Stammbaum, an dem deutlich wird, warum gemeinsame, aber primitive Merkmale nicht als Anhaltspunkte für stammesgeschichtliche Zusammenhänge dienen können. Mit einem Stern versehene Linien und Verzweigungen besitzen das gemeinsame, aber primitive Merkmal. Doppelpfeile zeigen an, daß dieses Merkmal verlorengegangen ist.

neu entstanden – nicht durch allmähliche, getrennte Evolution zu einer gemeinsamen Funktion (denn dann würden sie klassische Analogien darstellen), sondern als latente, im Erbsystem vorhandene Möglichkeiten aller frühen Arthropoden, die in jeder Linie getrennt zur Expression aufgerufen werden können. In diesem Fall würden Eigenschaften wie die merostomoide Körperform und die zweiklappige Schale im gesamten Arthropoden-Stammbaum immer wieder auftauchen.

Ich habe den Verdacht, daß zu Burgess-Zeiten derart seltsame Verhältnisse herrschten und daß es uns deshalb kaum gelingt, Stammbäume von Burgess-Organismen zu rekonstruieren, weil jede Art ihre Entstehung einem Prozeß verdankt, der sich nicht sehr von der Zusammenstellung eines Menüs anhand einer riesigen altmodischen chinesischen Speisekarte (vor der Szetchuan-, Yuppie- und anderen gastronomischen Revolutionen) unterscheidet: eine aus Spalte A, zwei aus Spalte B, wobei die Karte viele Spalten und in jeder Spalte lange Listen aufweist. Daß wir bei den späteren Arthropoden zusam-

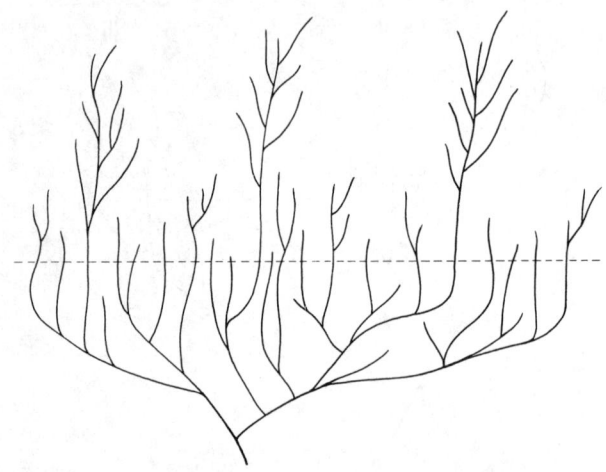

3.72 Ein hypothetischer Stammbaum, der eine Sicht der Geschichte des Lebens wiedergibt, wie sie von der Neuinterpretation der Burgess-Fauna nahegelegt wird. Da die meisten Gruppen durch Aussterben verschwinden, entstehen zwischen den Überlebenden breite morphologische Lücken. Die gestrichelte Linie steht für die Zeit des Burgess Shale, in der die Vielfalt am größten war.

menhängende Gruppen zu erkennen vermögen, hat zwei Gründe: Erstens haben die Abstammungslinien das ursprüngliche genetische Potential eingebüßt, für die Erneuerung jedes größeren Körperteils auf viele latente Möglichkeiten zurückzugreifen; zweitens sind durch das Aussterben der meisten Linien nur wenige Überlebende übrig geblieben, zwischen denen große Lükken klaffen (Abb. 3.72). Die Radiation dieser wenigen überlebenden Linien (ihre Aufspaltung in eine Vielzahl von Arten, die aber insgesamt nur von begrenzter Verschiedenartigkeit sind) brachte die Gruppen hervor, die wir heute als Stämme und Klassen bezeichnen.

Derek Briggs dürfte an ein solches Modell gedacht haben, als er davon schrieb, wie schwierig es sei, die Burgess-Arthropoden zu klassifizieren: »Jede Art hat einzigartige Merkmale, und solche, die sie mit anderen teilt, sind in der Regel generalisiert und vielen Arthropoden gemeinsam. Die Verwandtschaftsbeziehungen zwischen diesen heutigen Arten sind daher alles andere als offenkundig, und mögliche gemeinsame Vorfahren sind unbekannt« (1981b, S. 38).[20]

Das Modell des Grabbelsacks könnte nach meiner Meinung auf sämtliche Burgess-Tiere – statt nur auf die Arthropoden – ausgedehnt werden. Was sollen wir von den Mundwerkzeugen von *Anomalocaris* halten? Sie scheinen nach einem Arthropoden-Bauplan gestaltet zu sein, doch der übrige Körper läßt keinerlei Verwandtschaft mit diesem großen Stamm erkennen. Es ist möglich, daß sie den Arthropoden-Gliedmaßen nur analog sind und sich ohne jeden genetischen Zusammenhang mit den gegliederten Strukturen der Arthropoden getrennt entwickelt haben. Es ist aber auch möglich, daß das Burgess-Sammelsurium sich über alle Stämme erstreckte. Vielleicht waren gegliederte Strukturen auf einer gemeinsamen genetischen Grundlage nicht bloß auf die Arthropoden beschränkt. Daß sie in begrenztem Umfang auch anderswo vorkommen, würde nicht auf eine enge verwandtschaftliche Beziehung zu den Arthropoden hindeuten, sondern lediglich auf ein breites Spektrum latenter und abrufbarer Strukturen, welche die später unüberbrückbar gewordenen Grenzen zwischen den modernen Stämme noch nicht respektierten. Als weitere Merkmale, die aus dem Mega-Grabbelsack stammen könnten, seien der Kauapparat von *Wiwaxia* (der an die Radula der Weichtiere erinnert) und das Ernährungsorgan von *Odontogriphus* (das an den Lophophor meherer Stämme erinnert) genannt.

Das Modell des Sammelsuriums ist für den Taxonomen ein Alptraum und für den Evolutionstheoretiker eine Wonne. Stellen wir uns einen Organismus vor, der aus hundert Grundmerkmalen zusammengesetzt ist, die jeweils in zwanzig Formen vorkommen. Der Grabbelsack hat hundert Abteilungen, und jede enthält zwanzig verschiedene Zeichen. Um ein neues Burgess-Geschöpf zu schaffen, holt sich der Große Zeichenverknüpfer aus jeder Abteilung aufs Geratewohl ein Zeichen und verknüpft sie alle miteinander. Fertig ist das funktionierende Geschöpf – und die Zahl der gelungenen Experimente ist fast ebenso groß wie die der eingängigen Melodien, die man aus den Tönen der Tonleiter komponieren kann.[21] Seit der Burgess-Zeit funktioniert die Welt freilich anders. Heute greift der Große Zeichenverknüpfer in verschiedene Säcke, gekennzeichnet mit »Wirbeltier-Bauplan«, »Bedecktsamer-Bauplan«, »Weichtier-Bauplan« und so weiter. In den einzelnen Abteilungen befinden sich weit weniger Merkmale, und wenn solche aus Sack 1 auch in Sack 2 vorkommen, dann allenfalls nur ein paar. Der Große Zeichenverknüpfer macht jetzt sehr viel ordentlichere Geschöpfe, aber das Spielerische und Überraschende seines Frühwerks ist verschwunden. Er ist jetzt nicht länger das Enfant terrible einer vielzelligen schönen neuen Welt, dem es Spaß macht, *Anomalocaris* mit einer Andeutung von Arthropode, *Wiwaxia* mit einem Hauch von Weichtier und *Nectocaris* mit einem Gemisch aus Arthropode und Wirbeltier zu gestalten.

Es ist die altbekannte, kanonisierte Geschichte. Aus dem jugendlichen Hitzkopf wird der Verkünder der Vernunft und des soliden Entwurfs. Doch der Funke von einst ist noch nicht ganz erloschen. Hin und wieder schleicht sich in die Grenzen der strengen Vererbung etwas wirklich Neues ein. Vielleicht ist er seiner natürlichen Eitelkeit erlegen. Vielleicht konnte er den Gedanken nicht ertragen, seit so langer Zeit ein so phantastisches Spiel zu betreiben und keinen Chronisten zu haben, der sein Werk bewundert. Also ließ er das Zeichen für »mehr Gehirn« aus Abteilung 1 des Primatensacks purzeln und baute eine Art zusammen, die imstande war, die Höhlen von Lascaux zu bemalen, die Glasfenster von Chartres zu gestalten und schließlich die Geschichte des Burgess Shale zu entziffern.

Der Burgess Shale als kambrischer Regelfall

Das Faszinierende am Burgess Shale beruht auf einer Eigentümlichkeit der menschlichen Wahrnehmung. Es sind die Sonderlinge und die seltsamen Geschöpfe, die uns ins Auge fallen und als erzählenswert erscheinen. *Anomalocaris*, ein Geschöpf von zwei Fuß Länge, das mit seinem kreisrunden »Quallen«-Gebiß einen Trilobiten zermalmt, fesselt mit Recht unsere Aufmerksamkeit. Der menschliche Geist braucht zu seiner Orientierung aber auch das Vertraute. Der Burgess erteilt uns eine allgemeine Lehre, die unsere gängigen Vorstellungen über das Leben in der Frühzeit auf den Kopf stellt: Ein Großteil dieser Fauna kommt uns eindeutig vertraut vor. Ihre Geschöpfe fressen und bewegen sich auf ganz gewöhnliche Weise; die ganze Gemeinschaft kommt einem Ökologen nach modernen Maßstäben verständlich vor; wichtige Elemente der Fauna kommen auch an anderen Stellen vor, so daß wir zu dem Schluß gelangen, daß der Burgess nicht eine bizarre Meeresgrotte in Britisch-Kolumbien ist, sondern den Normalfall des kambrischen Erdzeitalters darstellt.

Ich habe in meiner fünfaktigen Dramenchronik immer wieder betont, daß die Entdeckung der gewöhnlichen Geschöpfe, der echten Krustazeen und Cheliceraten, für eine vollständige Interpretation des Burgess Shale ebenso wichtig war wie die Rekonstruktion der »irren Wundertiere«. Wenn wir nun die gesamte Fauna als funktionierende ökologische Gemeinschaft ins Auge fassen, gilt dies noch mehr. Die anatomischen Sonderlinge des Burgess gewinnen ihre Bedeutung vor dem Hintergrund einer weltweit verbreiteten herkömmlichen Ökologie, die für die gesamte Fauna Gültigkeit hat.

Räuber und Beute:
Wie die Welt der Burgess-Arthropoden funktionierte

1985 veröffentlichten Briggs und Whittington einen faszinierenden Artikel, der ihre Feststellungen über die Lebensweise und Ökologie der Burgess-Arthropoden zusammenfaßte, nachdem sie bis dahin fast ausschließlich anatomische und stammesgeschichtliche Aspekte untersucht hatten. Sie vermuteten, auf sämtliche Arthropoden bezogen, eine ähnliche Bandbreite der Verhaltens- und Ernährungsweisen wie bei modernen Faunen. Sie unterteilten die Burgess-Gattungen in sechs ökologische Hauptkategorien:

1. *Räuberisches und aasfressendes Benthos.* (Benthonische Geschöpfe leben auf dem Meeresboden und schwimmen wenig oder überhaupt nicht.) Diese große Gruppe umfaßt die Trilobiten und mehrere der »merostomoiden« Gattungen: *Sidneyia, Emeraldella, Molaria* und *Habelia* (Abb. 3.73D und F - K). Alle haben zweiästige Körpergliedmaßen mit starken Laufästen, deren erstes Segment an der Innenkante, zur zentralen Nahrungsrinne hin, gezähnt ist. Der Verdauungskanal (soweit identifiziert) verläuft am Mund abwärts und rückwärts, ein Hinweis darauf, daß die Nahrung, wie bei den meisten benthischen Arthropoden, von hinten nach vorn befördert wurde. Aus den starken Zähnen kann man schließen, daß relativ große Nahrungsstücke gefangen oder als Aas festgehalten und nach vorn zum Mund befördert wurden.

2. *Sedimentfressendes Benthos.* (Sedimentfresser holen aus dem Sediment kleine Partikel heraus, wobei sie oft große Mengen von Schlamm verarbeiten; größere Nahrungsstücke werden von ihnen nicht gesucht oder aktiv verfolgt.) Zu dieser Kategorie gehören mehrere Gattungen, die man vor allem daran erkennt, daß die Zähne an der Innenseite der Nahrungsrinne schwach sind oder fehlen, zum Beispiel *Canadaspis, Burgessia, Waptia* und *Marrella* (Abb. 3.74E und H - J). Die meisten dieser Gattungen konnten vermutlich entweder auf dem Sediment laufen oder unmittelbar über dem Boden ein wenig schwimmen.

3. *Aasfressendes und möglicherweise räuberisches Nektobenthos.* (Nektobenthonisch nennt man Geschöpfe, die sowohl schwimmen als auch auf dem Meeresboden laufen.) Die Gattungen in dieser Kategorie – *Branchiocaris* und *Yohoia* (Abb. 3.74D und F) – waren ursprünglich nicht benthonisch, denn sie besaßen keine zweiästigen Gliedmaßen mit starken Laufästen. *Yohoia* hat drei zweiästige Gliedmaßen am Kopf, aber wahrscheinlich nur am Rumpf

einästige Gliedmaßen mit Kiemenästen, die der Atmung und dem Schwimmen dienten. *Branchiocaris* hat zweiästige Rumpfgliedmaßen, doch sind die Laufäste kurz und schwach. Daß die Rumpfgliedmaßen dieser Gattungen keine starken Innenäste aufweisen, legt die Vermutung nahe, daß sie sich nicht von Gegenständen ernährten, die von hinten nach vorn befördert wurden. Beide Gattungen besitzen aber große Kopfgliedmaßen mit Krallen an der Spitze und haben vermutlich ganze Nahrungsstücke vom Vorderende des Körpers direkt zum Mund befördert.

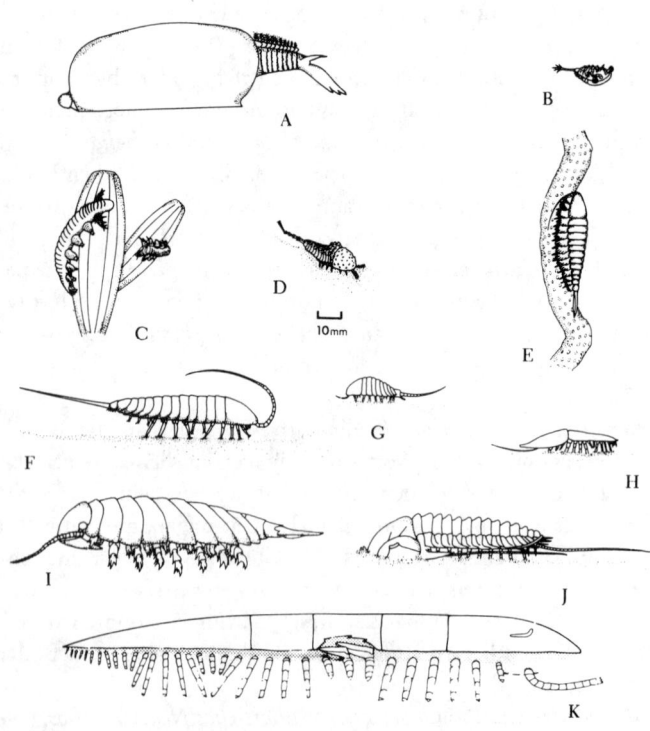

3.73 Burgess-Arthropoden, alle im gleichen Maßstab gezeichnet, um die Größenverhältnisse zu veranschaulichen (Briggs und Whittington, 1985). (A) *Odaraia*. (B) *Sarotrocercus*. (C) *Aysheaia*. (D) *Habelia*. (E) *Alalcomenaeus*. (F) *Emeraldella*. (G) *Molaria*. (H) *Naraoia*. (I) *Sidneyia*. (J) Der Trilobit *Olenoides*. (K) Der große Weichkörper-Trilobit *Tegopelte*.

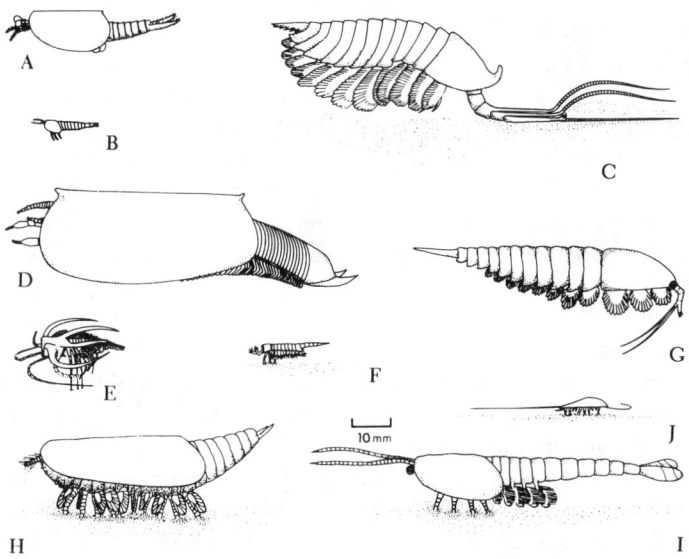

3.74 Aus Briggs und Whittington, 1985. Weitere Burgess-Arthropoden, auch diese im gleichen Maßstab gezeichnet. (A) *Perspicaris*. (B) *Plenocaris*. (C) *Leanchoilia*. (D) *Branchiocaris*. (E) *Marrella*. (F) *Yohoia*. (G) *Actaeus*. (H) *Canadaspis*. (I) *Waptia*. (J) *Burgessia*.

4. *Sediment- und aasfressendes Nektobenthos.* Die Mitglieder dieser Gruppe haben, wie die Gattungen der vorigen Kategorie, Rumpfgliedmaßen, deren schwache oder fehlende Innenäste den Schluß zulassen, daß sie wenig gelaufen sind und auch nicht die Nahrung von hinten nach vorn befördert haben; stärkere Außenäste könnten zum Schwimmen, Kopfgliedmaßen zum direkten Einfangen von Nahrung gedient haben. Diese Gattungen – *Leanchoilia, Actaeus, Perspicaris* und *Plenocaris* (Abb. 3.74A-C und G) – besitzen aber an der Spitze ihrer frontalen Gliedmaßen keine starken Klauen und haben vermutlich keine größeren Nahrungsstücke eingefangen; sie gelten als mutmaßliche Sedimentfresser.

5. *Nektonische Planktonfresser.* Zu dieser kleinen Kategorie, die aus *Odaraia* und *Sarotrocercus* (Abb. 3.73A-B) besteht, gehören die echten Schwimmer unter den Burgess-Arthropoden. Diese Gattungen hatten entweder keine Laufäste (*Sarotrocercus*) oder besaßen kurze Innenäste, die nicht über die Schale hinausragten (*Odaraia*). Sie hatten von allen Burgess-

Arthropden die größten Augen, und vermutlich suchten beide nach kleiner Beute, die sie aus dem Wasser herausfilterten.

6. *Andere.* Es gibt keine Klassifikationen, die nicht ungewöhnliche Mitglieder in einer Restkategorie zusammenfaßt. *Aysheaia* (Abb. 3.73C) könnte ein Parasit gewesen sein, der zwischen Schwämmen lebte und sich von ihnen ernährte. *Alalcomenaeus* (Abb. 3.73E) trägt an der gesamten, an die Nahrungsrinne grenzenden Innenkante seiner Laufbeine, und zwar nicht nur auf dem ersten Segment, starke Zähne. Briggs und Whittington vermuten, daß *Alalcomenaeus* mit diesen Zähnen entweder Algen ergriffen oder als Aasfresser Tierkörper zerrissen haben könnte.

Briggs und Whittington ergänzen ihre Abhandlung um zwei ausgezeichnete zusammenfassende Darstellungen (Abb.en 3.73 und 3.74). Jede Gattung wird in ihrem mutmaßlichen Habitat gezeigt, und alle sind in einheitlichem Maßstab gezeichnet, so daß man die erheblichen Größenunterschiede zwischen den Gattungen erkennen kann.

Jede der sechs Kategorien überschreitet die üblichen stammesgeschichtlichen Grenzen. Dabei tun alle nichts anderes als das, was moderne marine Arthropoden auch tun. Die große anatomische Verschiedenartigkeit der Burgess-Arthropoden ist daher nicht bloß eine Anpassungsreaktion auf eine vielfältigere Umwelt der Frühzeit. Es war im Grunde dieselbe Herausforderung, die zu einer größeren Bandbreite anatomischer Experimente führte. Ökologisch ein und dieselbe Welt, doch sehr verschiedenartige evolutionäre Reaktionen – das ist das Rätsel des Burgess.

Die Ökologie der Burgess-Fauna

1986, ein Jahr nach seiner Monographie über *Wiwaxia*, veröffentlichte Simon Conway Morris ein anderes »Mordsding« – eine umfassende ökologische Analyse der gesamten Burgess-Gemeinschaft. Er nannte zunächst einige interessante Fakten und Zahlen. Rund 73 300 Exemplare auf 33 520 Platten waren aus dem Burgess Shale gesammelt worden. 90 Prozent dieses Materials liegt in Washington, in Walcotts Sammlung; 87,9 Prozent dieser Exemplare sind Tiere, fast der ganze Rest sind Algen. 14 Prozent der Tiere haben Schalenskelette, die übrigen einen Weichkörper.

Die Fauna umfaßt 119 Gattungen in 140 Arten; 37 Prozent dieser Gattungen sind Arthropoden. Conway Morris machte in der Fauna zwei Hauptelemente aus: (1) Eine stark überwiegende Ansammlung benthonischer und bodennaher Arten, die durch den Schlammrutsch in ein Stillwasserbecken transportiert wurden. Aus dem reichlichen Vorkommen von Algen, die für die Photosynthese Licht benötigen, folgerte Conway Morris, daß diese Ansammlung ursprünglich in flachem Wasser, vermutlich weniger als hundert Meter tief, gelebt hatte. Er nannte dieses Element die *Marrella-Ottoia*-Ansammlung, um einerseits den häufigsten Substratläufer (den Arthropoden *Marrella*), andererseits den häufigsten Wühler (den priapuliden Wurm *Ottoia*) zu ehren. (2) Eine sehr viel kleinere Gruppe von ständig schwimmenden Geschöpfen, die in der Wassersäule oberhalb des Stillwasserbeckens lebten und sich zwischen den Tieren, die durch den Schlammrutsch transportiert worden waren, absetzten. Conway Morris bezeichnete dieses Element als die *Amiskwia-Odontogriphus*-Ansammlung, um zwei seiner pelagischen »irren Wundertiere« zu ehren.

Er stellte fest, daß die Burgess-Gattungen, ungeachtet ihres merkwürdigen und grundverschiedenen Körperbaus, zu konventionellen Kategorien gehören, wenn man sie nach Ernährungsweise und Habitat einteilt. Er erkannte vier Hauptgruppen: (1) Sedimentfresser (überwiegend Arthropoden) mit 60 Prozent aller Individuen und 25-30 Prozent aller Gattungen. (In diese Kategorie gehören *Marrella* und *Canadaspis*, die beiden häufigsten Burgess-Tiere – daher der hohe Anteil an den Individuen.) (2) Sedimentfressende Schlinger (überwiegend gewöhnliche Mollusken mit Hartteilen) mit 1 Prozent der Individuen und 5 Prozent der Gattungen. (3) Suspensionsfresser (überwiegend Schwämme, welche die Nahrung direkt der Wassersäule entnehmen) mit 30 Prozent der Individuen und 45 Prozent der Gattungen. (4) Karnivoren und Aasfresser (überwiegend Arthropoden) mit 10 Prozent der Individuen und 20 Prozent der Gattungen.

Für die landläufige Vorstellung mit ihrem Fortschrittlichkeits-Vorurteil und ihrer Kegel-Ikonographie der wachsenden Vielfalt waren die kambrischen Gemeinschaften stärker generalisiert und nicht so komplex wie ihre Nachfolger. Man hat die kambrischen Faunen als ökologisch unspezialisiert bezeichnet, mit Arten, die breite Nischen einnahmen. In der als undifferenziert beurteilten Ernährungsstruktur überwogen Detritus- und Suspensionsfresser, während Räuber selten waren oder ganz fehlten. Die rekonstruierten Gemeinschaften zeigen breite ökologische Toleranzen, weite geographische Verbreitungen und diffuse Grenzen.

Conway Morris hat diese überkommenen Vorstellungen von einer relativ einfachen Welt nicht gänzlich umgestürzt. Was zum Beispiel die Angriffs- und Manövrierfähigkeit der Burgess-Räuber angeht, so hat er tatsächlich eine vergleichsweise geringe Komplexität festgestellt: »Es erscheint plausibel, daß der Grad der Differenziertheit des räuberischen Verhaltens (aufspüren und angreifen) und der Abschreckung im Vergleich zu jüngeren Faunen des Paläozoikums erheblich geringer war« (1986, S. 455).

Dennoch bestand seine Botschaft vor allem darin, daß die Ökologie des Burgess Shale durchaus nicht ungewöhnlich war, sondern eher den Welten späterer geologischer Perioden ähnelte. Wann immer es möglich war, die ganze Breite dieser Gemeinschaft anhand ihrer Weichkörper-Elemente zu beurteilen, fand Conway Morris mehr Vielfalt und Komplexität, als man es früher für möglich gehalten hatte. Detritus- und Suspensionsfresser waren in der Tat dominierend, doch konnte keine Rede davon sein, daß ihre Nischen sich weitgehend überschritten oder daß alle Arten einfach alles aufnahmen, was an Freßbarem in Sicht war. Vielmehr waren die meisten Organismen darauf spezialisiert, sich in einer genau begrenzten Umwelt von einer ganz bestimmten Art von Nahrung in einer ganz bestimmten Größe zu ernähren. Suspensionsfresser schluckten nicht sämtliche Teilchen auf allen Ebenen der Wassersäule; die verschiedenen Arten waren, wie auch in späteren Faunen, in Gruppen mit komplexer Wechselwirkung »geschichtet«. (Dabei spezialisieren sich die einzelnen Formen, wenn die Gemeinschaften sich diversifizieren, auf niedrige, mittlere oder große Wassertiefen.) Was das Überraschendste war: Räuber spielten in der Burgess-Gemeinschaft eine bedeutende Rolle. Diese Spitzenstellung der ökologischen Pyramide war voll besetzt und funktionierte. Damit war es nicht mehr möglich, die frühe Formenvielfalt zurückzuführen auf den verringerten Druck einer bequemen Umwelt, in der es an der Konkurrenz im Darwinschen Kampf ums Dasein gefehlt hätte und die deshalb für jeden modischen Firlefanz offen war. Die Burgess-Fauna, schrieb Conway Morris, »zeigt eindeutig, daß die grundlegende Ernährungsstruktur des marinen vielzelligen Lebens schon früh im Verlauf seiner Evolution festgelegt wurde« (1986, S. 458).

Zu dem gleichen Schluß, den Briggs und Whittington im Hinblick auf die Lebensweise der Arthropoden gezogen hatten, gelangte auch Conway Morris im Hinblick auf die gesamte Burgess-Ökologie. Das »ökologische Theater« des Burgess Shale fiel nicht aus dem Rahmen: »Man darf annehmen«, schrieb Conway Morris, »daß die Gemeinschaftsstruktur des Phyllopodenbetts sich nicht grundlegend von der vieler jüngerer Weichkörper-Faunen des Paläozoikums unterschied« (1986, S. 451). Warum war dann aber das »Evolutionsstück« dieser Frühzeit so anders?

Der Burgess stellt eine frühe weltweite Fauna dar

Nichts fördert wissenschaftliche Aktivität so wirksam wie der Erfolg. Neuere Untersuchungen über den Burgess Shale lösten eine Faszination aus, die das Interesse an Weichkörper-Faunen und an der Frühgeschichte des vielzelligen Lebens schlagartig wachsen ließ. Der Burgess Shale ist ein kleiner Fundort in Britisch-Kolumbien, der sich nach der berühmten Explosion des Unter-Kambriums im Mittel-Kambrium bildete. Solange seine Fauna geographisch begrenzt und zeitlich auf einen bloßen Augenblick nach dem Hauptereignis beschränkt blieb, gab der Burgess Shale nichts her, was für das gesamte Leben von Bedeutung gewesen wäre. Die aufregendste Entwicklung der letzten zehn Jahre, die auch während der Arbeit an diesem Buch mit steigendem Tempo weitergeht, besteht in der Entdeckung von Burgess-Gattungen in der ganzen Welt und in älteren Gesteinen.

Die erste und augenfälligste Erweiterung vollzog sich ganz in der Nähe. Wenn der Burgess aus einem Schlammrutsch an einem instabilen Abhang entstanden war, mußte es etwa zur gleichen Zeit in angrenzenden Gebieten zu weiteren Rutschen gekommen sein; einige davon mußten sich erhalten haben. Des Collins vom Royal Ontario Museum hatte sich, wie schon ewähnt, auf die Suche nach solchen Burgess-Äquivalenten gemacht, und zwar mit glänzendem Erfolg. In den Jahre 1981 und 1982 fand Collins im Umkreis von weniger als dreißig Kilometern um den ursprünglichen Fundort mehr als ein Dutzend Burgess-Äquivalente. 1981 nahmen Briggs und Conway Morris an der Feldforschung teil, und Briggs war auch 1982 wieder dabei. (Siehe Collins, 1985; Collins, Briggs und Conway Morris, 1983; und Briggs und Collins, 1988).

Diese weiteren Fundstellen sind kein bloßer Abklatsch des Burgess. Sie enthalten in ihrem Grundbestand die gleichen Organismen, aber oft in ganz anderen Größenverhältnissen. An einem der neuen Fundorte fehlt zum Beispiel gänzlich *Marrella*, die häufigste Art in Walcotts ursprünglicher Grabungsstätte. Dafür ist *Alalcomenaeus* reichlich vertreten, mit nur zwei bekannten Exemplaren im Phyllopodenbett eines der seltensten Geschöpfe. Collins fand außerdem eine neue Art. *Sanctacaris* ist, wie schon erwähnt, besondes bedeutsam als der erste bekannte chelicerate Arthropode der Welt. Ein weiterer Fund, ein »irres Wundertier«, muß noch beschrieben werden; es ist »ein stacheliges Tier mit haarigen Beinen und unbekannter Zugehörigkeit« (Collins, 1985).

Vor allem hat Collins Wichtiges zu den Themen Vielfalt und Vergleich beigesteuert, als Ergänzung zu Walcotts kanonischem Fund. Unter seinen zusätzlichen Fundorten sind fünf Ansammlungen, die sich in der Zusammensetzung und Anzahl der Arten hinreichend unterscheiden, um als unterschiedliche Ansammlungen gelten zu können. Wichtig ist auch, daß diese zusätzlichen Stätten vier neue stratigraphische Ebenen umschließen. Obwohl sie alle dem Phyllopodenbett zeitlich nahestehen, kann man ihnen dennoch die wichtige Botschaft entnehmen, daß die Burgess-Fauna von Dauer war und kein unwiederholbarer Augenblick in einem furiosen evolutionären Wandlungsprozeß.

Einige Burgess-Arten, die im Grunde aus Weichteilen bestehen, haben leicht mineralisierte Körperteile, die unter normalen Umständen fossilisieren können, besonders die Sklerite von *Wiwaxia* und die Mundwerkzeuge von *Anomalocaris*. Solche Exemplare kennt man seit längerem von weiter entfernten Fundorten aus einer anderen Zeit. Doch ein paar Einzelstücke ergeben noch keine Ansammlung. Die Burgess-Fauna als ein eher einheitliches Gebilde wurde jetzt auch außerhalb von Britisch-Kolumbien in Weichkörper-Ansammlungen in Idaho und Utah gefunden (Conway Morris und Robison, 1982, über *Peytoia*; Briggs und Robison, 1984, über *Anomalocaris*; Conway Morris und Robison, 1986). Diese enthalten rund vierzig Gattungen von Arthropoden, Schwämmen, Priapuliden, Anneliden, Medusoiden, Algen und unbekannten Arten. Die meisten sind noch nicht formell beschrieben worden, doch etwa 75 Prozent der Gattungen kommen auch in Burgess Shale vor. Etliche Arten, denen man bislang nur einen flüchtigen Moment in der Zeit und einen winzigen Punkt im Raum zuerkannt hatte, besitzen jetzt eine große geographische Reichweite und sind von bemerkenswerter Beständigkeit. Im Hinblick auf den häufigsten Burgess-Priapuliden vermerken Conway Morris und Robison die »bemerkenswerte geographische und stratigraphische Ausweitung eines zuvor einmaligen Vorkommens... *Ottoia prolifica* erstreckt sich über weite Teile des Mittel-Kambriums (15 Millionen Jahre?) und weist in dieser Zeit nur geringfügige morphologische Veränderungen auf« (1986, S. 1).

Noch aufregender war die Entdeckung zahlreicher Burgess-Elemente in älteren Sedimenten. Der Burgess Shale ist Mittel-Kambrium; die berühmte Explosion, welche die modernen Lebewesen hervorbrachte, erfolgte unmittelbar davor, im Unter-Kambrium. Wir würden von Herzen gern wissen, ob die im Burgess zu beobachtende Verschiedenartigkeit direkt in der Explosion selbst erreicht wurde.

Noch vor den jüngsten Entdeckungen gab es bereits ein paar positive Hinweise, besonders in Gestalt einiger Burgess-ähnlicher Elemente in der unterkambrischen Weichkörper-Fauna von Kinzers, Pennsylvania, und eines mutmaßlichen »irren Wundertiers« aus Australien, das 1979 als Annelide beschrieben wurde. Dann veröffentlichten Conway Morris, Peel, Higgins, Soper und Davis 1987 die vorläufige Beschreibung einer ganzen Burgessähnlichen Fauna aus dem mittleren bis späten Unter-Kambrium Nordgrönlands. In der Fauna dominieren, wie im Burgess selbst, nicht zu den Trilobiten gehörende Arthropoden. Das häufigste Geschöpf, etwa einen halben Zoll lang, hat eine halbkreisförmige zweiklappige Schale; das größte, etwa sechs Zoll lang, erinnert an den aus dem Burgess bekannten Weichkörper-Trilobiten *Tegopelte*. Die bestehenden Sammlungen sind dürftig, und das Gebiet ist, wie Leute vom Fach sagen, »schwer zugänglich«. Simon wird aber nächstes Jahr hinfahren, und wir können uns auf neue geistige Abenteuer gefaßt machen. Unterdessen haben er und seine Kollegen die entscheidende Beobachtung gemacht, welche bestätigt, daß das Burgess-Phänomen direkt auf die kambrische Explosion zurückgeht: »Die Ausweitung des stratigraphischen Vorkommens von zumindest einigen Burgess Shale-artigen Taxa zurück ins frühe Kambrium deutet auch darauf hin, daß sie ein integraler Bestandteil der ursprünglichen Diversifikation der Metazoen waren« (1987, S. 182).

Letztes Jahr schickte mir mein Kollege Phil Signor, der von meinen Burgess-Interessen wußte, die Kopie eines Beitrages von chinesischen Kollegen (Zhang und Hou, 1985). Ich konnte die Überschrift nicht lesen, doch fiel mir der lateinisch geschriebene Name des behandelten Gegenstandes auf: *Naraoia*. Chinesische Publikationen sind für ihre schlechten Fotos bekannt, doch hier war unzweifelhaft ein zweiklappiger Weichkörper-Trilobit zu erkennen. In einer riesigen Entfernung, so groß wie die halbe Welt, hatte man ein wesentliches Burgess-Element gefunden. Was noch viel wichtiger ist: Zhang und Hou datieren dieses Fossil auf den *ersten* Abschnitt des Unter-Kambriums.

Ein einziges Geschöpf hat etwas Verlockendes, doch um vernünftige Schlüsse zu ziehen, brauchen wir eine ganze Fauna. Daß Hou und Kollegen inzwischen sechs weitere Abhandlungen über ihre neue Fauna veröffentlicht haben, teile ich mit dem größten Vergnügen mit, denn dies verspricht der aufregendste Fund seit Walcotts ursprünglicher Entdeckung zu werden. Wäre der Dschinn aus meiner früheren Fabel (siehe S. 63) fünf Jahre zuvor erschienen und hätte mir eine Burgess-ähnliche Fauna an einem anderen Ort und aus einer anderen Zeit angeboten, ich hätte keine bessere Wahl treffen können. Um von Britisch-Kolumbien nach China zu kommen, muß man die halbe Welt umrunden, und damit ist die weltweite Verbreitung des Burgess-Phänomens bewiesen. Was noch wichtiger ist: Die neuen Funde scheinen auf eine Zeit zurückzugehen, die *tief* im Unter-Kambrium liegt. Ich darf noch einmal an die allgemeine Gliederung der kambrischen Explosion erinnern: Auf eine Anfangsphase, das Tommotian, in der allerlei skelettierte Geschöpfe, aber keine Trilobiten vorkommen – die »kleinwüchsige Muscheltierfauna« –, folgt die Hauptphase der kambrischen Explosion, das Atdabanian, gekennzeichnet durch das erste Auftreten von Trilobiten und anderen herkömmlichen kambrischen Geschöpfen. Die in China entdeckte Fauna stammt aus der zweiten Trilobitenzone des Atdabanian – direkt aus dem Zentrum und fast vom ersten Hauptstoß der kambrischen Explosion!

Hou und Kollegen beschreiben eine reichhaltige, gut erhaltene Ansammlung, die Priapuliden und Anneliden, mehrere zweiklappige Arthropoden und drei neue Gattungen mit »merostomoider« Körperform enthält (Hou, 1987a, 1987b, 1987c; Sun und Hou, 1987a und 1987b; Hou und Sun, 1988).

Das Burgess-Phänomen geht also direkt auf den Anfang der kambrischen Explosion zurück. In einem vorläufigen Bericht, der auf einer zugegebenermaßen unsicheren Datierung beruht, beschreiben Dzik und Lendzion (1988) ein Geschöpf, das an *Anomalocaris* erinnert, und einen Weichkörper-Trilobiten aus osteuropäischen Schichten *unterhalb* des ersten Auftretens gewöhnlicher Trilobiten. Daß Walcott in seinen etwas späteren Schichten in Britisch-Kolumbien Produkte der kambrischen Explosion selbst gefunden hat, kann jetzt nicht mehr bezweifelt werden. Für einen Zeitpunkt, zu dem der Beginn des Kambriums erst 30 bis 40 Millionen Jahre zurückliegt, ist die Burgess-Mannigfaltigkeit erstaunlich genug. Dabei können wir nicht einmal von der Annahme ausgehen, daß die Burgess-Vielfalt in dieser relativ kurzen Zeit ständig gewachsen sei. Der Hauptstoß vollzog sich sehr früh im Unter-Kambrium und brachte vermutlich das ganze Burgess-Spektrum hervor, falls die chinesische Fauna sich als so reichhaltig erweisen sollte, wie es erste Berichte andeuten. Der Burgess Shale steht für die etwas später einsetzende Periode, in der sich die Produkte der kambrischen Explosion stabilisierten. Was aber war die Ursache der anschließenden Dezimierung, die das moderne Erscheinungsbild des Lebens hervorbrachte, das gekennzeichnet ist von tiefen Abgründen zwischen Inseln, die in dem engen Rahmen weniger anatomischer Baupläne eine große Vielfalt zeigen?

Die beiden großen Probleme des Burgess Shale

Die Burgess-Revision wirft im Hinblick auf die Geschichte des Lebens zwei große Probleme auf. Eines dieser Probleme, die sich symmetrisch auf die Burgess-Fauna verteilen, steht am Anfang, das andere am Ende. Wie konnte, erstens, in so kurzer Zeit eine solche Verschiedenartigkeit entstehen, besonders angesichts des gemächlichen Tempos, das wir üblicherweise der Evolution zuschreiben? Wenn das moderne Leben tatsächlich ein Produkt der Burgess-Dezimierung ist, wovon hing es dann, zweitens, ab, wer gewinnen und wer verlieren würde? Welche Aspekte der Anatomie, welche Funktionsattribute und welche Umweltveränderungen waren dafür verantwortlich? Kurz, die eine Frage gilt der Entstehung, die andere dem unterschiedlichen Überleben und Weiterleben.

Für die Evolutionstheorie ist die Lösung des ersten Problems in mancher Hinsicht aufschlußreicher. Wie konnte eine solche Verschiedenartigkeit überhaupt entstehen, gleichgültig, was mit ihren Trägern später geschah? Doch das Thema dieses Buches ist das zweite Problem, denn die Dezimierung der Burgess-Fauna wirft die grundlegende Frage auf, die ich ansprechen möchte – die Frage nach dem Wesen der Geschichte. Bei meinem entscheidenden Experiment, das Band des Lebens nochmals abzuspielen, ist die Burgess-Fauna zunächst intakt, und die Frage ist, ob ein unabhängiger Akt der Dezimierung am gleichen Ausgangspunkt zu denselben Gruppen und derselben Geschichte führen würde, die unser Planet seit dem Burgess-Maximum an organischer Verschiedenartigkeit erlebt hat. Ich werde deshalb das erste Problem frech übergehen, aber nicht ohne einen kurzen Abriß möglicher Erklärungen zu geben, und sei es nur, weil ein Aspekt der möglichen Lösung für das zweite Problem von weitreichender Bedeutung ist.

Die Entstehung der Burgess-Fauna

Für die Explosion, die zu der Burgess-Verschiedenartigkeit führte, werden im wesentlichen drei Arten von evolutionären Erklärungen angeboten. Die erste ist konventionell und wird – weitgehend *faute de mieux* – in fast allen Publikationen zu diesem Thema vorausgesetzt. Die beiden letzten weisen verschiedene Gemeinsamkeiten auf und stellen neuere Entwicklungen im Evolutionsdenken dar. Ich bezweifle eigentlich nicht, daß eine vollständige Erklärung Aspekte von allen drei Auffassungen einschließen sollte.

1. *Die erste Füllung des ökologischen Fasses.* In der gängigen Darwinschen Theorie macht der Organismus Vorschläge, und die Umwelt entscheidet darüber. Organismen sind Rohstoff in Gestalt genetischer Variation, die sich in morphologischen Unterschieden niederschlägt. Innerhalb einer Population sind diese Unterschiede zu einem beliebigen Zeitpunkt gering und – was für die zugrunde liegende Theorie wichtiger ist – ungerichtet.[22] Evolutionäre *Veränderung* (im Gegensatz zu bloßer Variation) wird hervorgerufen durch Kräfte der natürlichen Auslese, die aus der äußeren Umwelt kommen (sowohl physische Bedingungen als auch Wechselwirkungen mit anderen Organismen). Da die Organismen nur Rohstoff sind und dieser Rohstoff fast immer als ausreichend beurteilt wurde für sämtliche Veränderungen, die sich mit dem normalerweise langsamen Darwinschen Tempo vollziehen, wird die Umwelt zur treibenden Kraft, die die Geschwindigkeit und den Umfang der evolutionären Veränderung bestimmt. Der gängigen Theorie zufolge kann die maximale Veränderungsrate der kambrischen Explosion daher nur bedeuten, daß mit der Umwelt damals etwas Merkwürdiges vor sich ging.

Fragen wir nun nach der merkwürdigen Umweltbedingung, welche die kambrische Explosion ausgelöst haben könnte, so drängt sich uns eine naheliegende Antwort auf. Die kambrische Explosion war die erste Füllung des ökologischen Fasses für vielzellige Lebewesen. Es war eine Zeit noch nie dagewesener Chancen. Fast alles konnte einen Platz finden. Das Leben strahlte hinaus ins Leere und konnte sich in logarithmischem Tempo vermehren, wie eine einzelne Bakterienzelle in einer Kultur. In dem geschäftigen Treiben dieser einzigartigen Zeit herrschte in einer Welt, die dieses eine Mal praktisch frei war von Konkurrenz, das Experiment.

Nach der Darwinschen Theorie ist die Konkurrenz der große Regulator. Darwin faßte die Welt in einem Gleichnis als einen Baumstamm, in den zehntausend Keile – stellvertretend für die Arten – dicht nebeneinander getrieben sind. In diese dicht gedrängte Welt kann eine neue Art nur dann eintreten, wenn sie sich in einen Spalt einschleicht und einen anderen Keil hinaustreibt. Die Vielfalt reguliert sich somit selbst. Die kambrische Explosion brachte sich selbst dadurch zum Abschluß, daß sie den Baumstamm mit Keilen füllte. Alle späteren Veränderungen erfolgten dann durch einen langsameren, von Konkurrenz und Verdrängung bestimmten Prozeß.

Dieses Darwinsche Bild spricht auch den naheliegenden Einwand gegen das Modell des leeren Fasses als Ursache der kambrischen Explosion an:

Obwohl das Leben seit dem Kambrium wiederholt Opfer eines massenhaften Aussterbens geworden ist – in der Katastrophe der Perm könnten 95 oder mehr Prozent aller marinen Arten ausgelöscht worden sein –, hat sich das Burgess-Phänomen der sprunghaft ansteigenden Verschiedenartigkeit doch niemals wiederholt. Nach dem permischen Aussterben hat sich das Leben rasch wieder diversifiziert, aber es sind keine neuen Stämme entstanden; alles, was anschließend die entvölkerte Erde wieder besiedelte, hielt sich an die engen Grenzen der bislang schon existierenden Baupläne. Dabei war die Welt des frühen Kambriums von der nachpermischen grundverschieden. Vielleicht sind 5 Prozent kein hoher Anteil an Überlebenden, doch wurden immerhin keine Lebensweise, keine grundlegende Ökologie durch die permische Katastrophe völlig ausgelöscht. Der Baumstamm blieb bevölkert, auch wenn die Keile breiter oder die Abstände zwischen ihnen größer geworden waren. Um ein anderes Bild zu benutzen: All die großen Kugeln blieben im Faß, und nur die kleinen Kiesel in den Zwischenräumen mußten vollständig nachgefüllt werden. Das kambrische Faß dagegen war vollkommen leer; der Baumstamm war unversehrt, weder vom Hieb eines Holzfällers getroffen noch vom Messer eines Liebenden angekratzt (für eine interessante quantitative Entfaltung dieses allgemeinen Arguments siehe Erwin, Valentine und Sepkoski, 1987).

Diese landläufige Auffassung wurde praktisch in der gesamten Burgess-Literatur übernommen, und zwar nicht als ein Argument, das man aktiv unter Berufung auf Burgess-Tatsachen unterstützt, sondern in dem Sinne, in dem wir alle herkömmlichen Erklärungen Tribut zollen, wenn wir uns in einer Nebenbemerkung zu einem Thema äußern, das nicht unsere besondere Aufmerksamkeit in Anspruch nimmt. Die Losung der Interpretation war »weniger starke Konkurrenz«. Whittington hat zum Beispiel geschrieben:

Vermutlich gab es reichlich Nahrung und Raum in den verschiedenen marinen Umwelten, die anfangs von diesen neuen Tiren besetzt wurden, und die Konkurrenz war weniger stark als in späteren Zeiten. Unter diesen Umständen mögen unterschiedliche Merkmalskombinationen möglich gewesen sein, denn es wurden neue Wege entwickelt, die Umgebung wahrzunehmen, Nahrung zu erlangen, sich fortzubewegen, harte Teile zu bilden und sich zu verhalten (zum Beispiel räuberisch leben und Aas fressen). Auf diese Weise mögen merkwürdige Tiere entstanden sein, deren Überreste wir im Burgess Shale sehen und die nicht in unsere Klassifikationen passen (1981b, S. 82).

Conway Morris hat dieser herkömmlichen Auffassung ebenfalls gehuldigt. Er schrieb mir, als Reaktion auf mein Eintreten für unkonventionelle Alternativen: »Ich denke, die ökologischen Bedingungen dürften ausreichend gewesen sein, um die beobachtete morphologische Vielfalt zu erklären... Die kambrische Explosion kann daher vielleicht als ein einziges riesiges Beispiel der ›ökologischen Lockerung‹ betrachtet werden« (Brief vom 18. Dezember 1985).

Man kann dieses Argument nicht einfach von der Hand weisen, dafür ist es zu vernünftig. Ich habe nicht den geringsten Zweifel, daß das »leere ökologische Faß« zur Burgess-Verschiedenartigkeit wesentlich beigetragen hat und daß eine solche Explosion sich in einer gut gefüllten Welt nie hätte ereignen können. Dennoch glaube ich nicht eine Sekunde daran, daß das ganze Phänomen nur mit der Umwelt erklärt werden kann. Ich begründe diese Überzeugung vor allem mit den Proportionen. Die kambrische Explosion war zu groß, zu anders und zu ausschließlich. Ich kann es einfach nicht akzeptieren, daß Organismen auf der einen Seite dauernd die Möglichkeit einer solchen Diversifikation haben sollen – wobei ihre Realisierung völlig von der merkwürdigen Ökologie des Unter-Kambriums abhängt –, daß aber auf der anderen Seite seit der Burgess-Zeit nie, nicht ein einziges Mal, ein neuer Stamm entstanden ist. Es ist ja richtig, daß die Welt seither nie wieder so leer war, aber es hat doch hier und da eine vernünftige Näherung gegeben. Was ist mit dem Neuland, das aus dem Meer emporstieg? Wie steht's mit Inselkontinenten, die von neuen Gruppen besetzt wurden? Das sind zwar keine großen Fässer, aber doch ganz ansehnliche Behälter. Ich muß einfach annehmen, daß in kambrischen Zeiten sowohl die Organismen als auch die Umwelten andere waren, daß die Explosion und die danach eingetretene Ruhe sowohl auf eine Veränderung des organischen Potentials wie auf eine veränderte ökologische Situation zurückzuführen sind.

Während die strengen Systeme des herkömmlichen Darwinismus ihre Alleinherrschaft eingebüßt, dabei aber ihren großen und angemessenen Einfluß behalten haben, gewinnen in letzter Zeit Vorstellungen an Boden, nach denen die Organismen selbst die Richtung ihres evolutionären Wandels mitbestimmen (und nicht bloß den Rohstoff für den Motor der natürlichen Auslese abgeben). Die Evolution ist als eine Dialektik von Innen und Außen zu verstehen; es verhält sich nicht so, daß die Ökologie eine formbare Struktur in bestimmte Anpassungsstrukturen innerhalb einer gut geölten Welt zwingt. In den beiden folgenden Abschnitten werden zwei Theorien dargelegt, die der organischen Struktur eine aktivere Rolle einräumen.

2. *Eine gerichtete Geschichte für genetische Systeme.* Nach herkömmlicher darwinistischer Auffassung haben Morphologien zwar eine Geschichte, die ihre Zukunft einengt, doch das genetische Material »altert« nicht. Unter-

schiedliche Geschwindigkeiten und Formen des Wandels sind Reaktionen eines unwandelbaren materiellen Substrats (der Gene und ihrer Wirkungen) auf Umweltschwankungen, die zu veränderten Zwängen der natürlichen Auslese führen.

Es könnte jedoch durchaus sein, daß genetische Systeme in dem Sinne »altern«, daß sie »eine größere Umstrukturierung weniger verzeihen« (um eine Wendung von J. W. Valentine zu zitieren, der lange und gründlich über dieses Problem nachgedacht hat). Vielleicht sind moderne Organismen außerstande, ein rasches Aufgebot von grundlegenden neuen Bauplänen auf die Beine zu stellen, ungeachtet der ökologischen Gegebenheiten.

Ich selbst habe keine scharfsinnigen Vorschläge in bezug auf die Möglichkeit dieses genetischen »Alters«, bitte aber dennoch, daß wir eine solche Alternative in Erwägung ziehen. Unser rasch wachsendes Wissen über die Entfaltung und Mechanik der Genwirkung sollte uns innerhalb von zehn Jahren die Fakten und Ideen liefern, um dieser Konzeption Substanz zu verleihen. Valentine nennt mehrere Möglichkeiten. Waren die kambrischen Genome einfacher und flexibler? Hat die Entwicklung von Mehrfachkopien für zahlreiche Gene, von Kopien, die sich dann auf eine Reihe von verwandten Funktionen aufspalten, die Genome in nicht so leicht aufzubrechende Wechselwirkungsverhältnisse verwickelt? Gab es bei den frühen Genen weniger gegenseitige Wechselwirkungen? Gab es bei den frühen Organismen eine direktere Umsetzung vom Gen ins Genprodukt, so daß sie ihre Teile je für sich austauschen und verändern konnten? Und die wichtigste Frage: Werden potentielle Veränderungen von großer Tragweite durch die gesteigerte Komplexität und Stereotypie der Entwicklung vom Ei zum ausgewachsenen Tier verhindert? Über solche groben und vorläufigen Andeutungen können wir gegenwärtig nicht sehr weit hinausgehen.

Ich habe aber ein gutes Argument gegen den Einwand, mit dem man solche Vorstellungen zugunsten der herkömmlichen Idee, daß alles eine Frage der Umwelt sei, zurückzuweisen pflegt. Wenn mehrere nicht verwandte Linien zur gleichen Zeit in der gleichen Weise reagieren, nehmen Evolutionsforscher in der Regel an, daß die gemeinsame Reaktion von einer Kraft außerhalb des genetischen Systems der Organismen ausgelöst wurde (da die genetischen Systeme allzu ungleich sind und ein übereinstimmender Anstoß von außen als die einzig plausible gemeinsame Ursache erscheint). Wir haben die Geschöpfe, die die kambrische Explosion erlebten, immer genau in diesem Sinne als nicht miteinander verwandt aufgefaßt. Unter ihnen sind schließlich Vertreter fast aller modernen Stämme; und was könnte verschiedener voneinander sein als ein Trilobit, eine Schnecke, ein Brachiopode und ein Echino-derme? Da diese morphologischen Baupläne im Kambrium ebenso grund-verschieden waren wie heute, nehmen wir an, daß die genetischen Systeme ebenso ungleich waren – und daß sich in der gemeinsamen Evolutionstätig-keit aller Gruppen folglich der äußere Druck der Umweltbedingungen nie-dergeschlagen haben muß.

Dieses Argument setzt jedoch die alte Auffassung voraus, daß die Geschöpfe, die in der kambrischen Explosion ein Skelett entwickelten, eine lange, unsichtbare präkambrische Vorgeschichte hatten. Nun spricht aber vieles dafür, daß die präkambrische Ediacara-Fauna, der erste Fund vielzelli-gen Lebens, keine Vorläuferin moderner Gruppen war (siehe S. 354), und demnach könnten alle kambrischen Tiere trotz ihrer Formverschiedenheit einige Zeit zuvor aus einem spätpräkambrischen gemeinsamen Vorfahren hervorgegangen sein. Wenn das stimmte, wenn sie also erst seit kurzer Zeit getrennt waren, könnten alle kambrischen Tiere wegen der sehr begrenzten getrennten Lebenszeit einen ganz ähnlichen genetischen Mechanismus in sich getragen haben. Nichts bindet so stark wie die Bande der Vererbung. Die übereinstimmende Reaktion der kambrischen Organismen könnte also, anders gesagt, Ausdruck der *Homologie* eines noch immer weitgehend über-einstimmenden und noch immer sehr flexiblen genetischen Systems sein – und nicht bloß eine *analoge* Reaktion auf einen gemeinsam erfahrenen äußeren Zwang. Natürlich braucht das Leben den äußeren Druck der ökolo-gischen Gegebenheiten, aber seine Fähigkeit, darauf zu reagieren, könnte Ausdruck eines gemeinsamen genetischen Erbes gewese sein, das inzwischen verloren gegangen ist.

3. *Frühe Diversifikation und späterer Stillstand als Eigenschaft von Syste-men.* Mein Freund Stu Kauffman von der University of Pennsylvania hat ein Modell entwickelt, an dem sich zeigen läßt, daß das Burgess-Muster einer plötzlichen maximalen Formenvielfalt, gefolgt von anschließender Dezimie-rung, eine allgemeine Eigenschaft von Systemen ist, zu deren Erklärung man keiner besonderen Hypothese über gelockerte Konkurrenz in der Frühzeit oder über eine gerichtete Geschichte des Erbmaterials bedarf.

Betrachten wir die folgende Metapher: Die irdische Bühne des Lebens ist eine vielgestaltige Landschaft mit Tausenden von Gipfeln unterschiedlicher Höhe. Je höher der Gipfel, desto größer der Erfolg der darauf sitzenden Organismen. Man kann ihn definieren als Selektionswert, als morphologi-sche Komplexität oder was auch immer. Auf die Gipfel dieser Landschaft werden nun nach Belieben einige Anfänger-Organismen verteilt, die sich vermehren und ihre Stellung wechseln dürfen. Die Veränderungen können groß oder klein sein; die kleinen Veränderungen interessieren uns hier nicht, weil sie den Organismen lediglich erlauben, auf ihrem jeweiligen Berg ein wenig höher zu steigen, und keine neuen Körperbaupläne hervorbringen. Solche neuen Pläne können bei den selteneren großen Sprüngen entstehen. Große Sprünge definieren wir als solche, bei denen sich der Organismus so weit von seinem bisherigen Aufenthaltsort entfernt, daß die neue Landschaft mit der alten nicht mehr die geringste Ähnlichkeit hat. Weite Sprünge sind ungeheuer riskant, doch der seltene Erfolg wird reichlich belohnt. Wer auf einem vergleichsweise höheren Gipfel landet, vermehrt und diversifiziert sich; wer auf einem tieferen Gipfel oder in einem Tal landet, ist verloren.

Wir fragen nun: Wie oft führt ein großer Sprung zu einem positiven Ergebnis (einem neuen Bauplan)? Kauffman zeigt, daß die Erfolgswahrscheinlichkeit zunächst recht hoch ist, dann aber steil abfällt und bald praktisch gleich Null ist, genau wie die Geschichte des Lebens. Dieses Bild entspricht unseren Vorstellungen. Die ersten paar Arten sind beliebig über die Landschaft verteilt. Die Gipfel werden also je zur Hälfte höher und niedriger sein als diejenigen, auf denen sie sich anfangs befinden. Für den ersten Weitsprung besteht daher eine Erfolgchance von rund 50 Prozent. Die erfolgreiche Art steht nun aber auf einem höheren Gipfel, und der Anteil der noch weiter aufragenden Gipfel ist kleiner geworden. Nach wenigen erfolgreichen Sprüngen gibt es nicht mehr viele höhere Gipfel, die unbesetzt sind, und die Wahrscheinlichkeit, sich überhaupt verändern zu können, sinkt rapide. Wenn es öfter zu weiten Sprüngen kommt, werden alle hohen Gipfel sogar zu einem recht frühen Zeitpunkt des Spiels besetzt sein, und keiner kann mehr irgendwo hin. Deshalb verschanzen sich die Sieger und schaffen sich Entwicklungssysteme, die so an ihren jeweiligen Berg gebunden sind, daß sie selbst dann, wenn sich später die Gelegenheit ergäbe, nicht wechseln könnten. Jetzt können sie bloß noch zäh an ihrem Berg festhalten oder sterben. Man hat es nicht leicht auf dieser Welt, und viele trifft das letztere Schicksal, nicht etwa, weil die Umwelt ein dicht an dicht mit Keilen besetzter Darwinscher Baumstamm wäre, sondern weil die Lücken, die auch ein nur zufallsbedingtes Aussterben hinterläßt, jetzt nicht mehr für jedermann erreichbar sind.

Kauffman konnte den raschen Rückgang der Möglichkeit erfolgreicher Sprünge sogar in Zahlen ausdrücken. Die Wartezeit bis zum nächsten höheren Gipfel verdoppelt sich nach jedem gelungenen Sprung. (Aus einer Fülle von Sportergebnissen geht nach Stus Angaben hervor, daß sich die Zeit von der Aufstellung eines Rekords bis zum nächsten jeweils verdoppelt.) Benötigt man für den ersten Erfolg im Durchschnitt nur zwei Versuche, so wird man für den zehnten über tausend benötigen. Bald hat man praktisch keine Verbesserungschance mehr, denn so lange die geologische Zeit auch sein mag, unendlich ist sie nicht.

Die Dezimierung der Burgess-Fauna

Wir brauchen nicht mehr als das anschauliche Bild der ursprünglichen Burgess-Vielfalt und der anschließenden Dezimierung, um unserer traditionellen Sicht des Lebens eine durchgreifende Reform zu verordnen. Die herkömmliche Vorstellung vom Kegel der wachsenden Vielfalt wird ja von der neuen Ikonographie (siehe Abb. 3.72) nicht bloß hier und da geändert, sondern im Grunde auf den Kopf gestellt. Statt eines schmalen Anfangs, der sich nach oben hin ständig erweitert, erreicht das vielzellige Leben gleich zu Beginn seine maximale Bandbreite, und die anschließende Dezimierung läßt nur einige wenige Baupläne überleben.

Doch die umgekehrte Ikonographie, mag sie auch noch so bemerkenswert sein, ist an sich noch keine Garantie für eine Revolutionierung unserer Vorstellungen, denn sie schließt einen Rückfall in konventionelle Bilder nicht aus. Man bedenke, was auf dem Spiel steht! Im Hinblick auf die Geschichte des Lebens nähren wir eine Hoffnung, die wir nur mit äußerstem Widerstreben aufgeben würden, eine Hoffnung, bei der es um Fortschritt und Vorhersehbarkeit geht. Da der menschliche Geist so spät entstanden ist und deshalb als ein Zufallsprodukt eines bewegten Evolutionsdramas gedeutet werden könnte, versteifen wir uns um so mehr auf die These, daß alles bisherige Leben einer vernünftigen Ordnung gehorcht habe, die schließlich auf die Entstehung von Bewußtsein hinausgelaufen sei. Am bedrohlichsten erscheint uns eine Geschichte mit zahlreichen Möglichkeiten, deren jede im nachhinein in sich vernünftig, zu Beginn aber vollkommen unvorhersagbar ist und die nur einen einzigen Weg (oder ganz wenige) umfaßt, der zu so etwas wie unserer herausragenden Stellung führt.

Für diese Hoffnung, daß es in der Geschichte eine unausweichliche, zwangsläufige Ordnung geben möge, stellt das Burgess-Szenario anfänglicher Vielfalt und anschließender Dezimierung einen Alptraum schlimmster Art dar. Falls das Leben mit einer Handvoll einfacher Modelle begann und sich dann aufwärts bewegte, wird jede Wiederholung, mag sie sich in den

Einzelheiten auch noch so unterscheiden, im Grunde dem gleichen Kurs folgen. Standen dagegen am Beginn des Lebens schon alle Modelle zur Verfügung und baute die spätere Geschichte nur auf einigen wenigen Überlebenden auf, dann stehen wir vor einer beunruhigenden Möglichkeit. Nehmen wir an, nur einige werden übrig bleiben, aber alle haben die gleiche Chance. Die Geschichte einer jeden überlebenden Gruppe ist nachvollziehbar, aber jede führt zu einer Welt, die grundlegend anders ist als alle anderen. Ist der menschliche Geist das Produkt von nur einer solchen Gruppe, dann haben wir uns vielleicht nicht gerade zufällig, im Sinne des Münzwurfs, entwickelt, aber verdanken unsere Entstehung einer massiven historischen Kontingenz, und selbst wenn das Band des Lebens tausendmal wieder abgespielt werden könnte, werden wir vermutlich nicht ein zweites Mal entstehen.

Wir können aber aus diesem Alptraum aufwachen – mit einem einfachen und naheliegenden konventionellen Argument. Gesetzt den Fall, es wäre zu einem massenhaften Aussterben gekommen und nur wenige ursprüngliche Baupläne hätten überlebt. Wir brauchen dabei nicht zu unterstellen, daß das Aussterben eine Zufallssache war. Angenommen, die Überlebenden hätten sich aus gutem Grund erhalten. Das frühe Kambrium war eine Zeit des Experimentierens. Lassen Sie eine Handvoll Ingenieure herumbasteln, und die meisten Ergebnisse werden nicht funktionieren: Die Burgess-Verlierer waren durch fehlerhafte anatomische Konstruktion von vornherein zum Aussterben verdammt. Die Gewinner waren die am besten angepaßten, und ihnen war durch ihren darwinistischen Vorteil das Überleben sicher. Kommt es denn überhaupt darauf an, ob das frühe Kambrium hundert oder tausend hastig hingeworfene Möglichkeiten schuf? Wenn nur ein halbes Dutzend davon hinreichend funktionierte, um in einer rauhen Welt zu überdauern, dann würden diese sechs eben den Wurzelstock für alles spätere Leben bilden, gleichgültig, wie oft man das Band auch abspielen würde.

Dieser Gedanke des Überlebens aus gutem Grund, zurückgeführt auf anatomische Eignung oder Komplexität – »überlegene Konkurrenzfähigkeit«, wie es im Fachjargon heißt –, ist immer wieder und praktisch unangefochten als Erklärung für die Reduktion der Burgess-Vielfalt vorgebracht worden, ja sogar für sämtliche Fälle des massenhaften Aussterbens in der Geschichte des Lebens. Diese herkömmliche Interpretation hängt eng zusammen mit der landläufigen Ansicht, welche die Burgess-Mannigfaltigkeit auf das Füllen des leeren ökologischen Fasses zurückführt. Ein leeres Faß ist ein friedlicher Ort. Es ist darin so viel Platz, daß selbst ein unübersehbar mißlungener anatomischer Entwurf sich in einer Ritze verstecken und durchhalten kann, ohne sich der Konkurrenz der großen Kerle mit der überlegenen Anatomie auszusetzen. Doch die schönen Tage gehen schnell vorüber. Das Faß füllt sich, und alle werden in den Mahlstrom des Darwinschen Konkurrenzkampfs hineingezogen. In diesem »Krieg aller gegen alle« werden die untüchtigen Überlebenden aus sanfteren Zeiten sich bald für immer verabschieden. Nur die mächtigen Gladiatoren gewinnen. Eine gute Anatomie ist schon was Feines!

Man findet diese Interpretation in Lehrbüchern, in Wissenschaftsmagazinen, sogar im *Yoho National Park Highline*, dem offiziellen Mitteilungsblatt für die Heimat des Burgess Shale (Ausgabe von 1987). Unter der Überschrift »Yohos Fossilien haben weltweite Bedeutung« lesen wir: »Die ersten Tiere trafen eine Umwelt ohne Konkurrenz an. Später setzten sich effizientere Lebensformen durch, die aber im Verlauf der Evolution unter wechselhaften Bedingungen immer wieder durch andere ersetzt wurden.« Und in der ersten Broschüre für Touristen, die 1988 von der kanadischen Nationalpark-Verwaltung über die berühmtesten Fossilien des Landes (»Animals of the Burgess Shale«) herausgebracht wurde, heißt es, daß alle Geschöpfe außerhalb der modernen Stämme (diejenigen, die ich hier als »irre Wundertiere« bezeichne) »offenbar Sackgassen der Evolution waren, dazu verurteilt, durch besser angepaßte oder effizientere Organismen verdrängt zu werden«.

Whittington und Kollegen haben diese tröstliche Ansicht bis vor kurzem nicht in Frage gestellt. Sie ist einfach zu logisch. So hat Conway Morris zum Beispiel in den Schlußbemerkungen seiner Monographie über *Wiwaxia* ausdrücklich einen Zusammenhang zwischen den beiden traditionellen Szenarien hergestellt, dem Füllen des Fasses als Ursache der Mannigfaltigkeit, gefolgt von einem scharfen Konkurrenzkampf als Ursache des späteren Aussterbens:

Es könnte sein, daß die Diversifikation einfach ein Ausdruck der Verfügbarkeit eines fast leeren ökologischen Raums mit geringer Konkurrenz ist, wodurch die Evolution einer Vielzahl von Bauplänen möglich wird, von denen nur einige sich über geologische Zeiträume hinweg in den immer stärker umkämpften Umwelten behaupteten (1985, S. 570).

Briggs behauptete dasselbe in einer französischen populärwissenschaftlichen Zeitschrift:

Vielleicht ist dies [die Mannigfaltigkeit] das Ergebnis fehlender Konkurrenz, bevor all die ökologischen Nischen der kambrischen Meere ausgefüllt waren. Die meisten dieser Arthropoden starben rasch aus, zweifellos weil die am wenigsten angepaßten Tiere durch andere, die besser angepaßt waren, verdrängt wurden (1985, S. 348).[23]

Auch Whittington traf die beinahe automatische Gleichsetzung zwischen Überleben und adaptiver Überlegenheit:

Die anschließenden Ausmerzungen aus einer solchen Fülle von Metazoen und die Radiationen der am besten angepaßten Formen könnten zum Auftreten dessen geführt haben, was wir rückblickend als Stämme erkennen (1980, S. 146).

Am direktesten drücken es Conway Morris und Whittington in einem Artikel des *Scientific American* aus: wahrscheinlich die am meisten gelesene Quelle über den Burgess Shale:

Viele kambrische Tiere scheinen bahnbrechende Experimente verschiedener Metazoengruppen zu sein, dazu bestimmt, zu gegebener Zeit durch besser angepaßte Organismen ersetzt zu werden. Nach der kambrischen Radiation geht die Tendenz offenbar zum Erfolg und zur zahlenmäßigen Ausweitung der Arten relativ weniger Gruppen auf Kosten vieler anderer Gruppen, die aussterben (1979, S. 133).

Worte üben einen subtilen Einfluß aus. Sätze, die als Beschreibung gemeint sind, verraten unsere Vorstellungen über Ursache und Sinn. Harry und Simon dachten vermutlich, sie hätten in der zitierten Textpassage lediglich einen sachlichen Tatbestand geschildert. Aber bedenken wir einmal, was alles hinter solchen Wendungen wie »dazu bestimmt, ersetzt zu werden« und »auf Kosten von« steckt! Es trifft zu, daß die meisten ausstarben und nur einige sich vermehrten. Unsere Erde hat stets nach dem alten Prinzip funktioniert, daß viele berufen, aber nur wenige auserwählt sind. Doch das bloße Schema von Leben und Sterben ist noch kein Beweis dafür, daß die Überlebenden die Verlierer direkt besiegten. Die Ursachen des Sieges sind so vielfältig und geheimnisvoll wie die vier Phänomene, von denen es heißt, sie seien so wunderbar, daß wir sie nicht verstehen (Sprüche 30:19): Des Adlers Weg am Himmel, der Schlange Weg über einen Felsen, des Schiffes Weg inmitten des Meeres und des Mannes Weg zur Jungfrau.

Wer die adaptive Überlegenheit zur Grundlage des Überlebens erklärt, läuft Gefahr, den klassischen Fehler des Zirkelschlusses zu begehen. Das Überleben ist das zu erklärende Phänomen und nicht *ipso facto* der Beweis dafür, daß diejenigen, die überlebten, »besser angepaßt waren« als diejenigen, die ausstarben. Dieses Problem treibt seit über einem Jahrhundert sein Unwesen in der Darwinschen Theorie. Es hat sogar einen Namen: der »tautologische Beweis«. Nach Meinung der Kritiker ist unsere Redewendung »Überleben der Tauglichsten« eine sinnlose Tautologie, weil Tauglichkeit durch Überleben definiert wird und die Definition der natürlichen Auslese sich auf ein nichtssagendes »Überleben derer, die überleben« beschränkt.

Kreationisten haben dieses Argument sogar als eine vermeintliche Widerlegung der Evolutionstheorie angeführt (Bethell, 1976; siehe meine Erwiderung in Gould, 1977), als könnte ein schülerhafter logischer Denkfehler die Erkenntnisse aus über einem Jahrhundert hinwegfegen! Dabei gibt es für das vermeintliche Problem eine einfache Lösung, die Darwin selbst erkannt und dargelegt hat. Tauglichkeit, hier als überlegene Anpassung verstanden, kann nicht nachträglich durch Überleben definiert werden, sondern muß als eine vor der Herausforderung zu treffende Vorhersage verstanden werden, die sich auf eine Untersuchung der Form, der Physiologie oder des Verhaltens stützt. Wie Darwin argumentierte, müßte der Hirsch, der schneller und ausdauernder läuft (was sich in einer Untersuchung der Knochen, Gelenke und Muskeln zeigt), in einer Welt voller gefährlicher Freßfeinde besser überleben. Besseres Überleben ist eine zu überprüfende Vorhersage, nicht eine Definition der Anpassung.

Diese Forderung bezieht sich genauso auf die Burgess-Fauna. Wenn wir behaupten, das Aussterben im Burgess habe die besten Baupläne erhalten und die vorhersagbaren Verlierer beseitigt, dann können wir das bloße Überleben nicht als Beweis für die Überlegenheit anführen. Wir müssen grundsätzlich imstande sein, die Gewinner anhand ihrer anatomischen Vorzüge oder ihrer Konkurrenzvorteile zu identifizieren. Theoretisch müßten wir in der Lage sein, die Burgess-Fauna auf ihrem Höhepunkt, als all ihre Elemente in vollster Blüte standen, zu »besichtigen« und dabei jene Arten herauszupikken, die aufgrund eines benennbaren strukturellen Vorteils zum Erfolg ausersehen waren.

Wenn wir uns jedoch der Burgess-Fauna ehrlich stellen, müssen wir zugeben, daß wir nicht den Hauch eines Beweises dafür haben, daß die Verlierer bei der großen Dezimierung den Überlebenden in ihrem adaptiven Aufbau systematisch unterlegen waren. Nachträglich kann jeder eine plausible Geschichte erfinden. *Anomalocaris* war, obwohl der größte kambrische Räuber, am Ende kein Gewinner. Ich könnte also argumentieren, daß ihr einzigartiges Nußknackergebiß, das sich nicht vollständig schließen konnte und vermutlich die Beute erdrückt und nicht zerrissen hat, im Grunde nicht adaptiver war als ein konventionelleres Gebiß aus zwei zusammenhängenden Teilen. Vielleicht. Aber ich muß mich ebenso der gegenteiligen Situation stellen. Angenommen, *Anomalocaris* hätte glanzvoll überlebt. Wäre ich dann nicht versucht gewesen, ohne jeden zusätzlichen Beweis zu behaupten, *Anomalocaris* habe überlebt, weil ihr einzigartiges Gebiß so gut funktionierte? In diesem Fall hätte ich keinen Grund, *Anomalocaris* als dem Untergang geweiht zu bestimmen. Ich weiß nur, daß dieses Geschöpf gestorben ist – und sterben werden wir am Ende alle.

Während die monographische Revision der Burgess-Gattungen voranging und Harry, Derek und Simon immer größere Geschicklichkeit darin erwarben, diese ungewöhnlichen Geschöpfe als funktionierende Lebewesen zu rekonstruieren, wuchs ihr Respekt vor der gesamten Anatomie und der effizienten Ernährungs- und Fortbewegungsweise der Burgess-Sonderlinge. Sie sprachen immer weniger von einem »primitiven« Bauplan und bemühten sich immer stärker, die funktionalen Spezialisierungen von Burgess-Tieren zu erkennen – siehe zum Beispiel Briggs (1981a) über den Schwanz von *Odaraia*, Conway Morris (1985) über die schützenden Stacheln von *Wiwaxia*, Whittington und Briggs (1985) über die mutmaßliche schwimmende Fortbewegung von *Anomalocaris*. Sie sprachen weniger von vorhersehbaren, schlecht angepaßten Verlierern, und sie räumten nach und nach ein, daß wir nicht wissen, warum *Sanctacaris* Verwandte in einer heute noch lebenden großen Gruppe hat, während *Opabinia* nur eine ins Gestein gepreßte Erinnerung ist. In den späteren Artikeln ist immer häufiger vom glücklichen Zufall die Rede. Briggs versah seine oben zitierte Behauptung, daß das Überleben auf besserer Anpassung beruhe, mit einem Vorbehalt: »… und zweifellos auch, weil einige Arten mehr Glück hatten als andere« (1985, S. 348).

Auch begannen alle drei Wissenschaftler – und zwar nicht im Sinne eines Eingeständnisses, daß sie in dem Bemühen, die Burgess-Organismen nach ihrem adaptiven Wert einzustufen, gescheitert seien, sondern als positiver Ausdruck des Interesses – den Gedanken zu betonen, daß ein damaliger Beobachter nicht in der Lage gewesen wäre, die erfolgsträchtigen Organismen zu bestimmen. Über *Aysheaia* schrieb Whittington, sie sei möglicherweise eine Verwandte der Insekten, der unter allen vielzelligen Lebenwesen erfolgreichsten Gruppe:

Vom Burgess Shale aus nach vorne blickend, hätte man nur schwer vorhersagen können, welche [die Überlebenden] sein würden. Von *Aysheaia*, die sich langsam zwischen den Schwammkolonien bewegte, hätte man wohl kaum gedacht, daß sie die Urahnin jener furchteinflößenden Eroberer des Landes, der Tausendfüßler und Insekten, sein würde (1980, S. 145).

Conway Morris schrieb (1985, S. 572): »Ein hypothetischer Beobachter im Kambrium hätte vermutlich nicht vorhersagen können, welche unter den frühen Metazoen mit ihrem Bauplan zum phylogenetischen Erfolg bestimmt waren und welche zum Aussterben verurteilt waren.« Im Anschluß daran ging er ausdrücklich auf die Gefahr des Zirkelschlusses ein. Angenommen, der Kauapparat von *Wiwaxia* sei der Radula der Mollusken homolog und die beiden Gruppen seien, als engste Verwandte, alternative Burgess-Möglichkeiten gewesen. Da die Wiwaxiiden ausstarben und die Mollusken überlebten und sich diversifizierten, könnte man versucht sein zu argumentieren, daß der Häutungszyklus der Wiwaxiiden nicht so effizient war wie der stetige Wachstumsprozeß der Mollusken. Hätten aber die Wiwaxiiden überlebt und wären die Mollusken ausgestorben, dann hätten wir, wie Conway Morris eingestand, uns ebenso gut ein Argument über die Vorzüge der Häutung einfallen lassen:

Dabei ist die Häutung eine häufige Wachstumsform bei etlichen Stämmen, darunter die Arthropoden und die Nematoden, zwei Gruppen, von denen man behaupten kann, sie seien die erfolgreichsten aller Metazoen-Stämme. Würde man die Uhr zurückstellen, so daß die Metazoen-Diversifikation nochmals über die Grenze zwischen Präkambrium und Kambrium verlaufen könnte, so scheint es denkbar, daß zu den erfolgreichen Bauplänen, die aus diesem ersten Aufbruch der Evolution hervorgingen, statt der Mollusken die Wiwaxiiden gehört hätten (1985, S. 572).

Alle drei Architekten der Burgess-Revision vertraten also zunächst die landläufige Ansicht, daß die Gewinner vermöge ihrer überlegenen Anspassung siegten. Doch letztlich kamen sie zu dem Schluß, daß wir keinerlei Beweis dafür haben, daß der Erfolg mit einem vorhersagbar besseren Bauplan zusammenhängt. Im Gegenteil äußerten alle drei die starke Vermutung, daß Burgess-Beobachter nicht imstande gewesen wären, die Gewinner herauszupicken. Die Burgess-Dezimierung könnte eine echte Lotterie gewesen sein und nicht das vorhersagbare Ergebnis eines Krieges zwischen den Vereinigten Staaten und Grenada oder eines Fußballspiels zwischen Bayern München und den Kickern von Vielbrunn.

Jetzt können wir die Tragweite der langen, geduldigen Arbeit bei der Dokumentierung der Burgess-Arthropoden voll ermessen. Whittington und Kollegen rekonstruierten rund fünfundzwanzig grundlegende Körper-Baupläne. Vier davon führten zu ungeheuer erfolgreichen Gruppen, darunter die vorherrschenden Tiere der heutigen Welt; alle anderen starben ohne Nachkommen aus. Dabei gab es, abgesehen von den Trilobiten, im Burgess von den überlebenden Gruppen nur jeweils einen oder zwei Vertreter. Diese Tiere waren nicht in erkennbarer Weise für den Erfolg ausersehen. Sie waren nicht zahlreicher, nicht effizienter, nicht flexibler als die anderen. Warum hätte ein Burgess-Beobachter *Sanctacaris*, ein nur durch ein halbes Dutzend Exemplare bekanntes Tier, auslesen sollen? Warum, so hat Whittington gefragt, hätte der Burgess-Kampfrichter ausgerechnet *Aysheaia*, ein seltenes und wunderliches Geschöpf, das auf Schwämmen umherkroch, zum Sieger erklären sollen? Warum nicht auf die elegante und häufig vorkommende *Marrella* setzen, mit ihren schwungvollen Dornen am Kopfschild? Warum nicht auf *Odaraia* mit ihren feinen und wirkungsvollen Schwanzflossen? Warum nicht auf *Leanchoilia* mit ihrer raffinierten vorderen Extremität? Warum nicht auf die robuste *Sidneyia*, die nichts Ausgefallenes an sich hatte, bei der aber alles stimmte? Warum sollten sich, wenn wir das Band des Lebens bis zum Burgess zurückspulen könnten, bei nochmaligem Abspielen nicht andere Gewinner ergeben? Vielleicht würden diesmal alle überlebenden Linien am Ende mit zweiästigen Gliedmaßen ausgestattet sein, die sich sehr gut für das Leben im Wasser eignen, nicht aber für die erfolgreiche Eroberung des Landes. In dieser alternativen Welt würde es dann möglicherweise keine Küchenschaben, keine Moskitos und keine Kriebelmücken geben, aber auch keine Bienen und letzten Endes keine hübschen Blumen.

Man braucht diesen Gedanken nicht auf die Arthropoden zu beschränken, sondern kann ihn auf die »irren Wundertiere« des Burgess übertragen. Warum nicht *Opabinia* und *Wiwaxia*? Warum nicht eine Welt grasender mariner Pflanzenfresser, die nicht Schneckenhäuser, sondern Sklerite tragen? Warum nicht *Anomalocaris* und eine Welt mariner Räuber mit Greifwerkzeugen vorn und einem Gebiß wie ein Nußknacker? Warum nicht ein Steven Spielberg-Film mit einem bösen Seemann, der im zylindrischen Mund eines Seeungeheuers verschwindet und von mehrfachen Zahnreihen, die einen kreisrunden Mund bis weit in den Schlund hinein auskleiden, langsam zu Tode gequetscht wird?

Wir wissen nicht mit Sicherheit, daß die Burgess-Dezimierung eine Lotterie war. Wir haben aber auch keinen Beweis dafür, daß die Gewinner adaptive Überlegenheit besaßen oder ein damaliger Kampfrichter die Überlebenden hätte bestimmen können. Nach allem, was wir den vorzüglichsten und detailliertesten anatomischen Monographien in der Paläontologie des 20. Jahrhunderts entnehmen können, waren die Burgess-Verlierer angemessen spezialisiert und ungeheuer lebenstüchtig.

Die Vorstellung von der Dezimierung als Lotterie verwandelt die neue Ikonographie des Burgess Shale in eine völlig neue Ansicht über die Wege des Lebens und das Wesen der Geschichte. In diesem Buch sollen die Folgen dieser neuen Anschauung untersucht werden. Möge unsere eigene arme, unwahrscheinliche Spezies an ihrer neu entdeckten Gebrechlichkeit und ihrem günstigen Schicksal Freude finden! Wird nicht jeder, der auch nur den leisesten Sinn für Abenteuer oder einen Funken Respekt vor dem menschlichen Geist besitzt, leichten Herzens auf den alten kosmischen Trost verzichten, wenn er dafür einen Blick auf etwas so Verrücktes und Wunderbares und doch so Wirkliches wie *Opabinia* werfen darf?

4. KAPITEL

Walcotts Vision und das Wesen der Geschichte

Warum Walcott am Kegel der Vielfalt festhielt

Eine biographische Notiz

Wäre Charles Doolittle Walcott ein Durchschnittsmensch gewesen, würde sein Schatten den Burgess Shale nicht so mächtig überragen, und der grundlegende Irrtum seines Schubladendenkens wäre nicht mehr als eine Fußnote wert. Doch Walcott war einer der ungewöhnlichsten und einflußreichsten Wissenschaftler, die Amerika je hervorgebracht hat. Es kommt noch hinzu, daß sein Einfluß eindeutig auf seiner zutiefst konservativen und traditionellen Sicht des Lebens und der Moral beruhte. Wenn es uns gelänge, die verzwickten Gründe zu verstehen, die ihn zu seinem hartnäckigen Festhalten an dem vorgefaßten Burgess-Schema bewogen, dann würden wir vielleicht eine allgemeine Einsicht in gesellschaftliche und theoretische Hemmnisse gewinnen, die wissenschaftlichen Neuerungen im Wege stehen.

Sicherlich ist Walcotts Name nicht allgemein bekannt, selbst bei Leuten nicht, die im großen und ganzen mit der Geschichte der amerikanischen Wissenschaft vertraut sind. Die Tatsache, daß er im allgemeinen Bewußtsein nicht existiert, spiegelt nur die sonderbare Voreingenommenheit wider, mit der wir die Wissenschaftsgeschichte betrachten, eine Einstellung, die praktisch garantiert, daß die Bedeutung von Menschen zu Lebzeiten verkannt wird. Neuerung und Entdeckung genießen unsere Wertschätzung natürlich völlig zu Recht. Wenn wir eine Genealogie des geistigen Fortschritts entwerfen, wird daraus eine chronologische Aufzählung von Vorläufern, von Menschen mit großartigen Ideen, die später Bestätigung fanden, mögen sie auch zu Lebzeiten als Wissenschaftler keinerlei Einfluß besessen und in der Praxis ihres Faches keine spürbare Wirkung hinterlassen haben. So erinnern wir uns Gregor Mendels wegen seiner bahnbrechenden Erkenntnisse, doch auf die

Geschichte der Genetik hat sein Werk kaum einen Einfluß gehabt, außer daß es letzten Endes zum Leitstern und Symbol wurde. Seine Schlußfolgerungen wurden zu ihrer Zeit ignoriert und gelangten erst zu Einfluß, nachdem sie von anderen wiederentdeckt worden waren.

Diese eigentümlich vorausschauende Sicht läßt bei späteren Generationen jene einflußreichen Wissenschaftler in Vergessenheit geraten, die zu Lebzeiten auf ihrem Gebiet den Ton angaben und möglicherweise Hunderte von Berufskarrieren und Tausende von Begriffen prägten, im Dienste altüberlieferter Auffassungen, die später als unzutreffend bewertet wurden. Wie aber können wir Wissenschaft als einen dynamischen sozialen Prozeß begreifen, wenn wir diese Leute übergehen? Wie können wir einsame Neuerer angemessen beurteilen, wenn wir nichts von dem herrschenden Kontext wissen, gegen den sie sich durchsetzen mußten? Charles Doolittle Walcott ist ein herausragendes Beispiel für einen solchen in Vergessenheit geratenen Mann – ein bedeutender Geologe, ein unermüdlicher Arbeiter, Urheber bemerkenswerter Synthesen, zentrale Machtquelle in der sozialen Hierarchie der amerikanischen Wissenschaft, aber im Grunde kein geistiger Neuerer.

Daß Walcott aus dem Gedächtnis gelöscht ist, hat noch einen weiteren Grund, der auf einem Paradox beruht. Viele Wissenschaftler, mich selbst eingeschlossen, verabscheuen die Verwaltung (ohne deshalb etwas gegen die Verwaltungsbeamten zu haben). Natürlich ist das eine egoistische Haltung, aber das Leben ist zu kurz, um dem Unglücklichsein und der Inkompetenz zu frönen, Folgen, die sich bei den meisten Wissenschaftlern einstellen, wenn sie sich an administrativen Aufgaben versuchen. Da Wissenschaftler die Geschichte schreiben, wird von einem Talent zur Verwaltung kein großes Aufheben gemacht. Doch wo wäre die Wissenschaft ohne ihre Institutionen? Das einsame Genie kommt – ungeachtet aller romantischen Mythen – allein nicht sehr weit.

Bedeutende Administratoren – und das macht die Sache noch schlimmer – werden doppelt aus der Geschichte getilgt: erstens, weil Wissenschaftler sich selten dazu entschließen, über die Geschäftsführung in der Wissenschaft zu schreiben, und zweitens, weil administrative Fähigkeiten unauffällig sind. Schlechte oder unredliche Administratoren gehen mit reichlich bezeugter Schande in die Geschichte ein. Kennzeichen einer gut geführten Institution ist dagegen ein reibungsloser Ablauf, der mühelos, nicht einengend, beinahe automatisch erscheint. (Wer kennt schon den Namen des Direktors seiner Bank, es sei denn, er wäre wegen Veruntreuung verurteilt worden?) Bei ihren Untergebenen und Nutznießern sind die Administratoren natürlich gut bekannt, denn man muß sich ja an den Chef wenden und um die Bewilligung von Räumlichkeiten und Geldern ersuchen, die das tägliche Geschehen in der akademischen Welt bestimmen. Ein guter Administrator ist aber in dem Augenblick vergessen, da er aus dem Amt scheidet.

Charles Doolittle Walcott war ein tüchtiger Geologe, aber er war ein noch größerer Administrator. In den beiden letzten Jahrzehnten seines Lebens, in die auch seine ganze Beschäftigung mit dem Burgess Shale fällt, war Walcott der mächtigste Wissenschaftsadministrator Amerikas. Er leitete nicht nur von 1907 bis zu seinem Tode im Jahre 1927 die Smithsonian Institution; er hatte seine Finger – oder vielmehr seine Faust – auch in jedem größeren Wissenschaftstopf in Washington. Er kannte jeden Präsidenten von Theodore Roosevelt bis Calvin Coolidge, einige davon näher.[1] Er hatte maßgeblichen Einfluß auf den Entschluß von Andrew Carnegie, die Carnegie-Institution in Washington zu gründen, und er arbeitete mit Woodrow Wilson zusammen für die Gründung des National Research Council. Er fungierte als Präsident der National Academy of Sciences und der American Association for the Advancement of Science. Er war Pionier, treibende Kraft und Förderer der Entwicklung der amerikanischen Luftfahrt.

Walcott füllte alle diese Posten mit Würde und höchstem Geschick aus. Alle, die mit der Geschichte der Smithsonian Institution vertraut sind, bezeichnen Walcott einmütig als den besten Sekretär zwischen dem Gründer Joseph Henry und dem jüngst in den Ruhestand getretenen Verwaltungsgenie S. Dillon Ripley. Walcotts knappes Resümee am Ende seines Tagebuchs für das Jahr 1920 vermittelt einen guten Eindruck von seinem Leben im Alter von siebzig Jahren, als er sich auf dem Höhepunkt seiner Macht befand:

Ich bin jetzt Sekretär der Smithsonian Institution, Präsident der National Academy of Sciences, stellvertretender Vorsitzender des National Research Council, Vorstandsvorsitzender des Carnegie Institute of Washington, Vorsitzender des nationalen Beraterausschusses für Luftfahrt ... Zu viel, aber man kommt schwer wieder heraus, wenn man sich einmal richtig in die Arbeit einer Organisation hineingekniet hat.

Walcotts Biographie ist eine amerikanische Erfolgsgeschichte. 1850 geboren, wuchs er unter ärmlichen Verhältnissen in der Nähe von Utica im Staat New York auf. Die staatlichen Schulen von Utica absolvierte er, ohne einen höheren Grad zu erlangen (später erhielt er dann aber zahlreiche Ehrendoktorhüte). Bei der Arbeit auf einem Bauernhof entdeckte er Trilobiten, und er tat einen ersten Schritt in Richtung auf eine berufliche Laufbahn in der Wissenschaft, indem er seine Fundstücke an Louis Agassiz, Amerikas bedeutendsten Naturgeschichtler, verkaufte. (In dieser Geschichte steckt eine köstliche

Ironie, was die spätere Arbeit am Burgess betrifft. Agassiz lobte Walcott, weil er zum ersten Mal Trilobiten-Anhänge gefunden hatte, und erwarb seine Sammlung. Walcott konnte seine Entdeckung machen, weil er die dreidimensionale Erhaltung seiner Fossilien erkannte und Beine unter der Schale bemerkt hatte. Doch Walcotts größter Fehlschlag beim Burgess bestand darin, daß er diese Fossilien als dünnschichtige Filme auffaßte, während Whittington die moderne Revision dadurch auslöste, daß er ihre dreidimensionale Struktur enthüllt.)

Der Tod von Agassiz im Jahre 1873 ließ Walcotts Hoffnung auf ein reguläres Studium der Paläontologie in Harvard scheitern. 1876 begann er seine wissenschaftliche Laufbahn als Assistent des amtlichen Geologen des Staates New York, James Hall. 1879 trat er mit dem niedrigsten Rang eines Feldgeologen in den United States Geological Survey ein. 1894 zum Direktor aufgestiegen, steuerte er die Institution mit fester Hand durch ihre schlimmste Finanzkrise und führte sie zu einem bemerkenswerten Wiederaufbau. Er nahm diese Aufgabe wahr, bis er 1907 an die Spitze des Smithsonian berufen wurde.

Während dieser ganzen Zeit entfaltete Walcott eine rege Forschungs- und Publikationstätigkeit zur Geologie und Paläontologie kambrischer Schichten. Er war von dem Problem der kambrischen Explosion besessen und untersuchte präkambrische und kambrische Gesteine aus aller Welt, in der Hoffnung, zu einer empirischen Lösung zu gelangen. Als er 1909 den Burgess Shale fand, war Walcott nicht nur der einflußreichste Wissenschaftler in Washington, sondern auch einer der hervorragendsten Fachleute der Welt für fossile Trilobiten und kambrische Geologie. Charles Doolittle Walcott war kein Durchschnittsmensch.

Der prosaische Grund für Walcotts Scheitern

Als ein überaus genauer und konservativer Administrator hinterließ Walcott künftigen Historikern unbeabsichtigt ein unschätzbares Geschenk. Er kopierte jeden Brief, bewahrte jeden Fetzen Korrespondenz auf, ließ keinen Tag ohne Eintrag in sein Tagebuch verstreichen und warf nichts weg. Noch im schlimmsten Augenblick seines Lebens, als seine zweite Frau am 11. Juli 1911 bei einem Zugunglück umkam, hielt Walcott in knappen Worten die Fakten in seinem Tagebuch fest. »Helena bei Bridgeport, Conn. durch Zugzusammenstoß um 2.30 Uhr in der Nacht getötet. Erfuhr davon erst um

3 Uhr nachmittags. Fuhr um 5.35 Uhr nachmittags nach Bridgeport...«
(Walcott mag übergenau gewesen sein, doch halten Sie ihn bitte nicht für
gefühllos. Von Kummer überwältigt, schrieb er am 12. Juli: »Sie wurde durch
einen Schlag gegen die Schläfe (rechts) getötet... Ich ging heim, wo Helena
in jedem Gegenstand lebendig ist. Meine Liebe, meine Frau, meine Kamera-
din seit vierundzwanzig Jahren. Ich danke Gott, daß ich sie so lange hatte.
Ihr vorzeitiger Tod ist für mich jetzt unbegreiflich.«)

Dieses ganze Material ist jetzt in achtundachtzig großen Kästen unterge-
bracht, die in den Archiven der Smithsonian Institution, wie es im offiziellen
Bericht heißt (Massa, 1984, S. 1), »11,51 Meter Regalfläche plus Material von
Übergröße« einnehmen. Dokumente können den schwer faßbaren (und
mythischen) »Wesenskern« eines Menschen nicht einfangen, denn jede
Quelle erzählt nur einen Teil der Gesichte, und immer wieder anders. Doch
das Walcott-Material ist reichhaltig und vielfältig: Notizen von der Arbeit im
Gelände, Tagebücher, private Aufzeichnungen, offizielle Korrespondenz,
Geschäftsbücher, Panoramafotos, eine unveröffentlichte »offizielle« Biographie, die von seiner dritten Frau in Auftrag gegeben wurde, Steuerquittun-
gen, Diplome für ehrenhalber verliehene Grade, Briefe an die Anstandsdame
seiner Tochter und an die Pfleger des Grabes seines in Frankreich gefallenen
Sohnes. – Es versetzt uns in die Lage, ein aufschlußreiches Bild von diesem
sehr privaten Menschen zu entwerfen, der in den Korridoren der öffentlichen Macht zu Hause war.

Als ich an die Walcott-Archive ging, hatte ich eigentlich keine biographi-
schen Absichten. Ich hatte nur ein Ziel, und das wurde fast zu einer Obsession: Ich wollte herausbekommen, warum Walcott den Kardinalfehler
begangen hatte, alles in eine Schublade zu pressen. Nach meiner Überzeugung konnte die Antwort auf diese Frage die allgemeinere Geschichte, die
der Burgess Shale erzählt, ergänzen. Denn wenn Walcotts Gründe nicht in
seiner persönlichen Eigenart lagen, sondern in seinem Festhalten an traditionellen Einstellungen und Werten, konnte ich zeigen, daß Whittingtons Revision, bei der es um die Dezimierung durch Zufall ging, etwas Überkomme-
nes, das für unsere Kultur von zentraler Bedeutung ist, umstürzte. Ich durchforschte einen Kasten nach dem anderen und fand zahlreiche Hinweise auf
eine Reihe komplexer Faktoren. Aus allen ging eindeutig hervor, daß Walcott
aus dem innersten Kern seines Wesens und seiner Überzeugung zu diesem
Schubladendenken gedrängt worden war. Walcott zwang den Burgess-Fossilien seine wohlgeordnete Sicht des Lebens auf; sie selbst hatten ihm nichts
Neues oder Eigenständiges zu vermelden. Das Schubladendenken war ein

gängiger Trick, um die traditionelle Ikonographie des Kegels der Vielfalt und die ihr zugrunde liegende theoretische Vorstellung vom Fortschritt und von der vorhersagbaren Evolution des Bewußtseins zu retten.

Manchem Leser mag meine Behauptung merkwürdig und zynisch vorkommen, besonders im Hinblick auf eine wissenschaftliche Theorie. Die meisten von uns sind nicht naiv genug, um an den alten Mythos zu glauben, der Wissenschaftler sei ein Ausbund an vorurteilsloser Objektivität, der allen Möglichkeiten gleichermaßen aufgeschlossen ist und nur durch das Gewicht der Tatsachen und die Logik der Beweisführung zu seinen Schlußfolgerungen gelangt. Wir sehen ein, daß Vorurteile, Vorlieben, gesellschaftliche Wertvorstellungen und psychische Muster am Prozeß der Entdeckung maßgeblich beteiligt sind. Wir sollten uns jedoch nicht zu dem anderen Extrem, einem totalen Zynismus verleiten lassen, nämlich zur Ansicht, die objektiven Tatsachen spielten überhaupt keine Rolle, die Wahrnehmungen der Wahrheit seien ganz und gar relativ und wissenschaftliche Feststellungen seien bloß eine andere Form ästhetischer Vorlieben. In der Praxis ist die Wissenschaft ein komplizierter Dialog zwischen tatsächlichen Gegebenheiten und vorgefaßten Meinungen. Dennoch behaupte ich, daß Walcotts schematisches Schubladendenken von den Fakten des Burgess praktisch unbeeinflußt blieb, ich bestreite also, daß in diesem Fall der übliche Dialog stattgefunden hat. Überdies beziehe ich diese Behauptung auf die größte Entdeckung eines erstrangigen Wissenschaftlers und nicht auf eine unbedeutende Episode im Leben eines bedeutungslosen Akteurs. Die Frage ist, ob es denn tatsächlich einen so ungewöhnlichen einseitigen Fluß von den vorgefaßten Meinungen zu den Tatsachen geben kann.

Normalerweise würde man diese Frage verneinen. Die Fossilien melden sich für gewöhnlich selbst zu Wort, so wie *Opabinia* Harry Whittington mitteilte: »Ich habe keine Beine unter meiner Schale«, während *Anomalocaris* ausrief: »Diese Qualle *Peytoia* ist in Wirklichkeit mein Mund.« Walcott aber sagten die Burgess-Tiere aus zwei Gründen kaum etwas; dadurch wurde sein Schubladendenken zu einem unübersehbaren Beispiel ideologischen Zwangs. Zum einen machten sich seine vorgefaßten Meinungen sehr stark geltend, zumal sie im Kern seiner gesellschaftlichen Wertvorstellungen und im Innersten seines Wesens wurzelten. Zum anderen – und dieser Grund ist so lächerlich einfach und naheliegend, daß man ihn auf der Suche nach »tieferen« Bedeutungen leicht übersieht – haben die Fossilien Walcott nichts erwidern können, weil er nie die Zeit fand, sich mit ihnen zu unterhalten. Jeder hat seine Grenzen, und Walcott hinderten die administrativen Aufgaben schließlich daran, als Wissenschaftler zu arbeiten. Er fand einfach nie die Zeit, um die Burgess-Exemplare zu studieren. 1911 und 1912 veröffentlichte er vier vorläufige Abhandlungen, und 1931 brachte sein Mitarbeiter Charles E. Resser postum Walcotts Aufzeichnungen heraus. In der Zwischenzeit, während der letzten fünfzehn Jahre seines ausgefüllten Lebens, veröffentlichte Walcott Monographien über Burgess-Schwämme und -Algen, aber nichts mehr über die wichtigste fossile Fauna der Welt und ihre komplexen Tiere.

Der erste Grund (starke Vorurteile) stützt die These dieses Buches; der zweite Grund (administrative Aufgaben) hat etwas mit Walcotts besonderer Situation zu tun. Ich beginne mit Walcotts besonderer Situation, weil wir zunächst verstehen müssen, warum er nicht zuhörte, bevor wir die Platte mit seinem eigenen Lied auflegen.

Administratoren stammen in der Regel aus den Reihen erfolgreicher Forscher in mittleren Jahren, und deshalb sind die einander stark widersprechenden Ansprüche und die daraus erwachsende innere Belastung, die auch zu Walcotts Geschichte gehören, eine Tatsache, die von den Leitern wissenschaftlicher Institutionen ehrlich zugestanden wird. Auf administrative Posten werden Leute berufen, die etwas von der Forschung verstehen, und das heißt, daß sie diese Tätigkeit gern ausüben und Hervorragendes darin leisten. Die Geschichte ist so alt wie Walcotts geliebte kambrische Berge. Anfangs verspricht man sich selbst: Ich werde zwar nicht mehr soviel Zeit für die Forschung haben, aber ich werde effizienter sein. Andere sind auf der Strecke geblieben, aber bei mir wird es anders sein. Ich werde meine Forschung niemals aufgeben; ich werde weiterhin in fast unvermindertem Umfang forschen und publizieren. Allmählich gewinnen die tückischen Zwänge die Oberhand. Die Forschungstätigkeit geht zurück. Das Ideal, die erste Liebe, gibt man niemals preis. Man will sich ihm wieder zuwenden, nach der Phase als Direktor, nach der Pensionierung, nach... Manchmal passiert es wirklich, daß Leute sich im Alter erneut der Wissenschaft widmen, aber in der Regel und so auch in Walcotts Fall kommt der Tod dazwischen.

Walcotts Aktivität grenzt für mich an ein Wunder. Obwohl er überaus belastende administrative Aufgaben erfüllte, hat er doch in seinen späteren Jahren kontinuierlich publiziert. Seine vollständige Bibliographie (in Taft[2] et al., 1928) führt zwischen 1910, dem Jahr seines ersten Berichts über den Burgess Shale, und 1927, seinem Todesjahr, neunundachzig Titel auf. Dreiundfünfzig davon sind primäre, auf Beobachtungen gestützte fachwissenschaftliche Abhandlungen. Darunter sind größere Arbeiten zur Taxonomie und Anatomie. Einige sind in den Jahren entstanden, in denen er alle Hände voll zu tun hatte: 1924 hundert Seiten über kambrische Brachiopoden, 1925 achtzig über kambrische Trilobiten, 1921 hundert über die Anatomie des Trilobiten *Neolenus*. Dennoch empfand Walcott die vom Herrgott verfügte Begrenzung des Tages auf vierundvierzig Stunden als eine schmerzliche Einschränkung seiner Hoffnungen und Pläne. Tatsächlich wurden die meisten Untersuchungen auf kleiner Flamme gekocht. Der Topf, der am meisten brodelte, enthielt die Fossilien des Burgess Shale. In seinen Briefen spricht Walcott immer wieder von seinem schlechten Gewissen, weil er sie vernachlässige, und von seiner Vorfreude, endlich wieder zu seinen geliebten Fossilien zurückkehren zu können. Ich glaube, Walcott hat sich die Burgess-Exemplare ganz bewußt für seinen Ruhestand aufbewahrt. Doch dann starb er mit siebenundsiebzig Jahren in den Sielen.

Der ganze vertraute Ablauf vom jugendlichen Idealismus bis zur Resignation des Älteren läßt sich in all seiner Unausweichlichkeit ungewöhnlich klar in den Walcott-Archiven verfolgen (Abb.en 4.1 und 4.2). Am 2. Juli 1879 schrieb der junge Walcott, der sich um seine erste Anstellung beim U. S. Geological Suvery bemühte, an den bedeutenden Geologen Clarence King:

Ich bin zu jeder wirklich nützlichen Tätigkeit bereit, die ich auszuführen in der Lage bin. Mein Wunsch ist, mich der stratigraphischen Geologie zu widmen, einschließlich des Sammelns und der Paläontologie der Wirbellosen... Ich möchte dies zu meinem Lebenswerk machen... Ich hoffe aufrichtig, daß man einen Versuch mit mir macht, und dann soll meine Arbeit darüber entscheiden, ob ich bleiben kann oder nicht.

King antwortete positiv und freundlich am 18. Juli:

Ich habe [Ihnen] einen Platz am Fuß der Leiter gegeben, und es wird an Ihnen sein, aus eigener Kraft hinaufzusteigen... Nichts wird mir größeres Vergnügen bereiten, als Ihnen gute Arbeit zu bescheinigen.

Walcott arbeitete mehr als gut, und er stieg ständig auf, 1893, inzwischen fast an die Spitze des Survey gelangt und fest entschlossen, sein Leben der empirischen Erforschung älterer paläozoischer Gesteine zu widmen, lehnte Walcott einen Lehrauftrag an der Universität Chicago ab, um unbehindert seine Forschungen fortsetzen zu können. Gegenüber dem hervorragenden Chicagoer Geologen und Administrator T. C. Chamberlin äußerte er sein Bedauern: »Wie Ihnen bekannt sein wird, ist es mein Wunsch und Bestreben, die Arbeit über die älteren paläozoischen Formationen des Kontinents zu vollenden und den Geologen das Werkzeug für ihre Klassifizierung und Kartierung an die Hand zu geben.«

Doch schon im nächsten Jahr, 1894, forderte die eigene Administration

4.1 Charles Doolittle Walcott als statt-
licher junger Mann von dreiundzwanzig
Jahren. Aufgenommen 1873.

4.2 Eine Porträtaufnahme von Walcott,
um 1915 entstanden. In den Smithsonian-
Archiven finden sich viele solcher Porträts,
doch dieses gefällt mir besonders, weil sich
in ihm Walcotts Stärke und seine große
Trauer in diesen Jahren familiärer Tragödien widerzuspiegeln scheinen.

eine Beschränkung seiner Arbeit. In einem Brief an seine Mutter brachte Walcott die widersprüchlichen Empfindungen zum Ausdruck, die ihn für den
Rest seines Lebens plagen sollten: Stolz über die Anerkennung und der
Drang, die Sache gut zu machen, verbunden mit der Sorge, daß ihm die Zeit
für die Forschung fehlen werde:

25.10.94

Liebe Mutter!
Es kommt mir fast merkwürdig vor, daß ich diesen großen Survey leite. Es ist eine stets
gegenwärtige Realität, aber ich habe mich nicht darauf gefreut, und ich empfinde noch
immer das starke Verlangen, meine alte Tätigkeit wieder aufzunehmen. Ich bin froh, daß
ich es noch zu Deinen Lebzeiten erreicht habe, und ich hoffe, Du wirst es noch erleben,
daß der Survey unter meiner Leitung einen Aufschwung nimmt.
Mit herzlichen Grüßen,   Charlie

275

Danach wurde der Widerstreit zwischen Verwaltungspflichten und Forschungswünschen zum beherrschenden Gedanken Walcotts. Im Jahre 1904 – er stand noch immer an der Spitze des Geological Survey, aber der Burgess war noch nicht entdeckt – beklagte sich Walcott bereits darüber, daß er viel zu wenig Zeit für die Forschung habe. Am 18. Juni 1904 schrieb er an den Geologen R. T. Hill:

> Der einzige persönliche Ehrgeiz, den ich habe oder hatte und der mich stark beeinflussen würde, ist der Wunsch, die Arbeit über die kambrischen Gesteine und Faunen zu vollenden, die ich vor vielen Jahren begonnen und seit mehreren Jahren praktisch aufgegeben habe. Ich hoffe, ihr in diesem Sommer ein wenig Zeit widmen zu können und alles, was mir hin und wieder möglich ist, zu tun, um sie abzuschließen. Wären die Umstände danach, daß ich es klüglich tun könnte, so würde ich mit größter Freude die ganze Verwaltung jemand anderem übertragen und meine Arbeit da wieder aufnehmen, wo ich 1892 aufgehört habe.

Drei Jahre später übernahm Walcott seine letzte Stelle als Sekretär des Smithsonian. Am Ende dieses Jahrzehnts fand er den Burgess Shale. Anschließend taten die Umstände das Ihre – trotz seiner Klagen von Walcott aktiv gefördert –, um seine öffentlichen Aufgaben ständig zu vermehren und ihm die Zeit für eine ernsthafte oder längere Erforschung der Burgess-Fossilien zu stehlen.

Die Archive bieten eine Fülle von Einblicken in die vielfältigen, überwiegend trivialen, aber stets zeitaufwendigen täglichen Pflichten eines Verwaltungschefs. Er handelte im Namen von Freunden, als er 1917 Herbert Hoover die Mitgliedschaft in der American Philosophical Society antrug. Er ermunterte Kollegen, als er 1923 an R. H. Goddard schrieb: »Ich hoffe, daß Ihre Arbeit über die ›Rakete‹ gut vorankommt und daß Sie zu gegebener Zeit eine praktische Lösung all der damit verbundenen Probleme finden werden.« Er setzte sich für die Belange von Wissenschaftlern ein, als er 1926 in einem Schreiben an den Vorsitzenden der Interstate Commerce Commission forderte, Forscher sollten »mit dem gleichen Recht wie Personen, die sich ausschließlich wohltätiger oder mildtätiger Arbeit widmen«, unentgeltliche Dauerfahrkarten für die Eisenbahn erhalten. Er ließ sich immer wieder zu kleinen Gefälligkeiten nötigen, die seine Zeit in Anspruch nahmen, so zum Beispiel 1924, als Aleš Hrdlička, der Chef-Anthropologe des Smithsonian, ihn bat, noch einmal ein paar vergessene Messungen vornehmen zu dürfen:

> Als ich vor etwa einem Jahr das Vergnügen hatte, Sie für die Aufzeichnungen der National Academy zu vermessen, habe ich nicht die Maße der Hand, des Fußes und einiger anderer Teile genommen. Durch die Prüfung meiner Aufzeichnungen über die alten Amerikaner

ist seither deutlich geworden, daß die Abmessungen dieser Teile von ganz erheblichem Interesse sind... Ich wäre Ihnen sehr verbunden, wenn Sie gelegentlich für zwei bis drei Minuten in meinem Labor vorbeikommen würden, damit ich diese noch ausstehenden Maße nehmen kann.

Ich habe aber nichts Symbolträchtigeres und dabei so unmittelbar Praktisches gefunden wie die folgende eidesstattliche Erklärung, die 1917 zur Bestätigung einer Änderung seiner Unterschrift an eine Bank ging: »Ich füge die von Ihnen erbetene eidesstattliche Erklärung bei. Bisher habe ich mit Chas. D. Walcott unterzeichnet. Nunmehr benutze ich nur noch die Anfangsbuchstaben, denn wenn eine Vielzahl von Papieren oder Briefen zu unterzeichnen ist, finde ich es zu zeitraubend, die zusätzlichen Buchstaben einzufügen.«

Als wären diese »normalen« Zwänge eines hohen Verwaltungspostens noch nicht genug, um die Forschungstätigkeit scheitern zu lassen, brachte das Jahrzent von 1910 bis 1920, in das seine Feldstudien am Burgess Shale fallen, für Walcott ein Übermaß an drückenden, tragischen Ereignissen in seiner Familie, denn er verlor seine zweite Frau und zwei seiner drei Söhne (Abb. 4.3). Sein Sohn Charles starb 1913 an Tuberkulose, nachdem Walcott alle Sanatorien, alle Therapien, die auf Ruhe, Diät oder Medikamenten beruhten und damals im Namen der Hoffnung oder der Quacksalberei angepriesen wurden, aufgespürt und bewertet hatte. Sein Sohn Stuart wurde 1917 in einem Luftgefecht über Frankreich abgeschossen. An seinen Freund Theodore Roosevelt, der unter ähnlichen Umständen einen Bruder verloren hatte, schrieb Walcott:

Stuart, der zusammen mit Ihrem Bruder Quentin auf der Western High School in Washington war, ruht an einem Abhang in den Ardennen, nachdem er unter fast den gleichen Umständen wie Quentin in einem Luftgefecht mit den Hunnen [gemeint sind die Deutschen – d. Ü.] abgeschossen wurde. Er wurde zusammen mit den beiden Männern begraben, die er heruntergeholt hatte, und auf Stuarts Grab steht ein anständiges Kreuz mit seinem Namen und dem Todesdatum. Als die Hunnen abzogen, brannten sie sämtliche Bauernhütten in der Nähe nieder, womit sie im einen Falle die sentimentale Seite, im anderen die Roheit ihres Wesens offenbarten.

Wie schon erwähnt, kam Walcotts Frau Helena 1911 bei einem Zugunglück ums Leben, und seine Tochter Helen wurde damals nach Europa geschickt, um sich auf einer Bildungsreise in Begleitung einer Anstandsdame namens Anna Horsey von dem Schock zu erholen. Walcott hielt zu den beiden fast täglichen Kontakt und schritt oft mit »geeigneten« väterlichen Entscheidungen ein, um die schöne und naive Tochter vor den Gefahren der Unschick-

4.3 Die ganze Familie Walcott in Provo, Utah, im Jahre 1907. Stehend, von links nach rechts: Sidney, fünfzehn Jahre; Charles junior, neunzehn Jahre; Charles, siebenundfünfzig Jahre; Helena, zweiundvierzig Jahre; Stuart, elf Jahre. Sitzend: Helen, dreizehn Jahre.

lichkeit zu bewahren. Walcotts häufige Interventionen wurden von Fräulein Horsey sehr geschätzt. So schrieb sie am 18. Juni 1912: »Ihr Brief hat sie zu der Einsicht gebracht, daß es anstößig ist, wenn Frauen rauchen. Ich habe es ihr so oft gesagt, aber sie hält mich für hoffnungslos altmodisch.« Dennoch machte sich Fräulein Horsey weiterhin Sorgen. Aus Paris schrieb sie am 17. Juli 1912 warnend: »Ihre Schönheit ist auffällig... Wenn man aber ihrem heftigen Verlangen, von Männern bewundert und beachtet zu werden, und ihrer extravaganten Art, sich zu kleiden, nicht dann und wann Einhalt gebietet, kann es zu großem Unglück führen.« Und in einem Brief aus Italien erklärte sie: »Es ist wirklich nicht geheuer. Helen ist lustig und voller Abenteuerlust – mit 17 sind das alle Mädchen –, und dabei ist sie unschuldig und unwissend und könnte dazu gebracht weden, sich [mit Männern] außer Haus zu treffen, nur zum Spaß. In Italien wäre das gefährlich.«

Zusätzlich zu den außergewöhnlichen persönlichen Tragödien nahmen die normalen Familien- und Geschäftsangelegenheiten Walcotts Zeit in

Anspruch. Während er mit Millionen umging, die er in die Telluride Power Company investiert hatte, benachrichtige er eine Bank, daß er es für ratsam halte, seinem Sohn nur begrenzten Kredit einzuräumen:

Mein Sohn B. S. Walcott hat sein Studium in Princeton aufgenommen. Er bekommt regelmäßig Geld angewiesen und pflegte bislang seine Rechnungen prompt zu bezahlen. Ich würde ihm oder sonst einem Jungen jedoch nicht länger als dreißig Tage Kredit einräumen, und dann nur bis zu einem bestimmten Betrag. Kredit wirkt sich nachteilig auf den Jungen aus und kann zu Komplikationen führen.

Wo war in diesem Hexenkessel, diesem Irrenhaus von aufgenötigten und unabweisbaren Aktivitäten überhaupt noch Platz für den Burgess Shale? Walcott brauchte seine Sommerwochen in den kanadischen Rockies zum Sammeln, und sei es nur als Therapie. Doch er fand nicht die Zeit, um die Fundstücke in Washington wissenschaftlich zu untersuchen. Ein vielsagender Hinweis, daß Walcott seine mißliche Lage allmählich selbst erkannte, findet sich in den höchst aufschlußreichen Briefen, in denen es tatsächlich um die Burgess-Fossilien geht, Briefen, die er mit seinem vormaligen Assistenten Charles Schuchert wechselte, der inzwischen Professor in Yale und einer der führenden Paläontologen Amerikas war. Im Jahre 1912 war Walcott mit Ausschußsitzungen völlig eingedeckt, meinte aber, daß sich die Untersuchung von einigen Trilobiten, die Schuchert ihm geschickt hatte, dadurch nur geringfügig verzögern werde:

Was die Trilobiten angeht, will ich mich jeder Äußerung enthalten, bis ich nächste Woche Gelegenheit habe, die ganze Gruppe zu untersuchen. In den letzten zehn Tagen war ich so sehr mit Kongreßausschüssen und anderen Dingen beschäftigt, daß für Forschung sehr wenig Gelegenheit blieb.

1926 gestand er seine Niederlage ein – er verschob etwas, das sehr viel weniger Zeit gekostet hätte als die Untersuchung von Fundstücken, nämlich die Abwägung einer Behauptung, die Schuchert im Hinblick auf die Anatomie der Trilobiten aufgestellt hatte, auf unbestimmte Zeit: »Irgendwann, wenn ich die Zeit dazu finde, werde ich mir Ihre Bemerkungen über die Struktur der Trilobiten ansehen. Gegenwärtig bin ich allzu sehr von Verwaltungsaufgaben in Anspruch genommen.«

In mehreren Äußerungen Walcotts aus seinen letzten Lebensjahren wird sehr deutlich, welche Konflikte und Hoffnungen ihn bewegten und was ihn letztlich daran hinderte, den Burgess-Fossilien die angemessene Zeit zu widmen. Am 8. Januar 1925 erklärte er dem französischen Paläontologen Charles Barrois, er sei im Begriff, verschiedene Verwaltungaufgaben niederzulegen, um die Burgess-Fossilien untersuchen zu können:

Ich gedenke mich mit einer größeren Gruppe von Burgess Shale-Fossilien zu befassen, die von großem Interesse sind und über die noch nichts veröffentlicht wurde. Über 100 Zeichnungen und Fotos wurden schon angefertigt. Sie wären schon vor diesem Schreiben publiziert worden, hätten nicht administrative Pflichten und Angelegenheiten unserer wissenschaftlichen Organisation meine Zeit in Anspruch genommen. Der letzteren habe ich mich fast entledigt, denn als Präsident der American Association for the Advancement of Science habe ich am 29.12. meine Abschiedsrede gehalten, und auch dem Rat der National Academy gehöre ich nicht mehr an. Ich habe vor, aus den Vorständen von drei Organisationen auszuscheiden, die zwar höchst interessante und wertvolle Arbeit leisten, denen gegenüber ich aber wohl meine Pflicht getan habe.

In einem Brief vom 1. April 1926 an L. S. Rowe verband Walcott seine Liebe zur Forschung mit der offiziösen, aber, wie ich denke, unaufrichtigen Behauptung, Verwaltungstätigkeit mache weder Spaß, noch werde sie (verglichen mit der Wissenschaft) für wichtig erachtet, sondern nur aus Pflichtgefühl erledigt. (Ich glaube nicht, daß die meisten Menschen so opferbereit sind, daß sie die besten Jahre ihres Lebens auf Dinge verwenden, die sie aufgeben könnten, ohne an Ansehen zu verlieren, sondern allenfalls an Einfluß. Das Ethos der Wissenschaft verlangt, daß man nach außen hin erklärt, Verwaltungsaufgaben würden aus Pflichtgefühl erfüllt, obwohl die meisten, die solche Aufgaben wahrnehmen, an ihrer Verantwortung und ihrem Einfluß sicherlich Vergnügen finden):

Es wäre für mich das größte Glück, wenn ich mit meiner Forschungsarbeit so weit vorankäme, daß ich die Ergebnisse, die ich in den letzten fünfzehn Jahren in den Bergen des Westens zusammengetragen habe, schriftlich festhalten könnte … Die Verwaltungsaufgaben waren nicht unangenehm oder enttäuschend, aber ich betrachte sie als nebensächlich und nicht als ernsthafte Arbeit, obwohl man bisweilen natürlich aufgerufen ist, bei der Lösung der anstehenden Probleme alle seine Kräfte einzusetzen.

Eine Woche später schrieb er an David Starr Jordan, den großen Ichthyologen und ehemaligen Präsidenten der Standford University, der sich seiner administrativen Bürde erfolgreicher entledigt hatte als Walcott:

Es war klug von Ihnen, sich von administrativen Aufgaben freizumachen. Ich gedenke das zu gegebener Zeit ebenfalls zu tun, und ich hoffe, dann einiges machen zu können, von dem ich in den letzten fünfzig Jahren geträumt habe. Es war bislang schön, davon zu träumen, und jede Stunde, die ich für die Arbeit in meinem Laboratorium erübrigen kann, ist eine Wonne.

Am 27. September 1926 unternahm Walcott etwas zur Verwirklichung seines Traumes. Er schrieb an Andrew D. White:

Ich würde gern mit Ihnen ein Gespräch führen, und zwar in Sachen Smithsonian Institution und hinsichtlich meines Ausscheidens aus allen Leitungs- und Verwaltungstätigkeiten zum 1. Mai 1927 – dann habe ich zwanzig Jahre als Sekretär hinter mir. Henry, Baird und Langley starben im Amt, aber es ist meines Erachtens weder für die Smithsonian Institution noch für mich ratsam, daß ich weitermache. Ich habe schriftliche Dinge zu erledigen, die meine ganze Kraft bis 1949 in Anspruch nehmen werden... Es müßte doch Spaß machen, die Entwicklung der Demokratie bis 1950 zu verfolgen. Im Augenblick reicht meine Vorschau nicht über das Jahr 1930 hinaus. Man hat mir erklärt, daß ich womöglich sterben würde, als ich sechsundzwanzig, und dann wieder, als ich achtunddreißig und fünfundfünfzig war, aber halsstarrig wie ich bin, habe ich das zurückgewiesen.

Charles Doolittle Walcott starb, noch im Amt, am 9. Februar 1927. Seine hinterlassenen, reichlich mit Anmerkungen versehenen Notizen über die Burgess-Fossilien wurden 1931 veröffentlicht.

Der tiefere Grund für Walcotts Schubladendenken

Da Walcott seinen Burgess-Fossilien nicht die angemessene Prüfung angedeihen ließ, konnte er, was ihre Interpretation betraf, den Weg des geringsten Widerstandes gehen. Er scherte sich im Grunde nicht um die wirklich merkwürdige Anatomie seiner Fundstücke und deutete den Burgess Shale im Lichte seiner seit langem feststehenden Ansichten über das Leben. So spiegelten die Fossilien denn auch seine vorgefaßten Meinungen wider. Unbeirrbar konservativ wie er war – ein Erztraditionalist nicht aus einem bloßen Reflex heraus, sondern aus tiefer, bewußter Überzeugung –, ist Walcott für mich eine Symbolgestalt, die unübertreffliche Verkörperung konventioneller Ansichten.[3]

Um das Geheimnis seines Schubladendenkens zu enträtseln, müssen wir Walcotts Traditionalismus auf drei Ebenen wachsender Spezifität untersuchen: Zunächst geht es generell um seine politischen und gesellschaftlichen Überzeugungen, dann um seine Einstellung zu Organismen und ihrer Geschichte und schließlich um seinen Ansatz bei der Behandlung der besonderen Probleme des Kambriums.

Walcotts Persönlichkeit

Walcott, ein »alter Amerikaner« bäuerlichen Ursprungs, von rein angelsächsischer Herkunft, wurde hauptsächlich durch umsichtige Investitionen in Kraftwerksunternehmen ein wohlhabender Mann. Als Vertrauter mehrerer Präsidenten und einiger der bedeutendsten Industriemagnaten Amerikas, darunter Andrew Carnegie und John D. Rockefeller, verkehrte er zumindest in den letzten dreißig Jahren seines Lebens in den höchsten gesellschaftlichen Kreisen Washingtons. Er war ein Konservativer aus Überzeugung, politisch ein Republikaner und ansonsten ein frommer Presbyterianer, der so gut wie keinen Sonntagmorgen in der Kirche versäumte (beziehungsweise in seinem Tagebuch zu verzeichnen vergaß).

Die bereits zitierten Briefe verschaffen uns einen gewissen Einblick in seine konventionellen sozialen Einstellungen – die unterschiedliche Behandlung der Söhne und der Tochter, seine Vorstellungen über Genügsamkeit und Verantwortung. Die Archive enthüllen viele weitere Facetten der zugrundeliegenden Mentalität; ich gebe hier eine kleine Kostprobe davon, um eine »Ahnung« zu vermitteln von der Haltung eines einflußreichen konservativen Denkers in jener letzten Blüte des Glaubens an die säkulare Macht und die moralische Überlegenheit Amerikas.

1923 schrieb Walcott an John D. Rockefeller zum Thema Religion:

Ich wurde in Utica, New York, von Mutter und Schwester großgezogen. Beide standen fest im christlichen Glauben, und auch ich habe immer der presbyterianischen Kirche angehört, denn ich baue auf die Grundsätze der christlichen Religion und ihre Verwirklichung in der Gemeinschaft von Menschen, die überzeugt sind, daß die Kirche etwas für die Bewahrung und den Fortschritt des Menschengeschlechts tun kann.

Wenn ich Walcotts Ansichten über den Alkohol zitiere (aus einem Brief am 6. Oktober 1923 an W. P. Eno), so nicht, weil ich sie komisch oder überholt finde (ich stimme sogar mit Walcotts persönlicher Meinung überein, bezweifle allerdings die politischen Auswirkungen, die er sich im zweiten Absatz ausmalt), sondern weil ich finde, daß der Ton dieser Textpassage die Mentalität und allgemeine Haltung Walcotts sehr genau trifft:

Als ich vor vierzig Jahren nach Washington kam, pflegte ich mich abends mit einigen jungen Männern zu treffen, um mit ihnen über Dinge von gemeinsamem Interesse zu sprechen. Meistens tranken wir ein Bier oder, je nach Wunsch, Schnaps oder Cocktails. Ich konnte keinem Getränk viel abgewinnen und kam zu dem Schluß, daß ich mich ohne Alkohol genauso wohl fühlte. Nach einiger Zeit machte sich bei den Männern die Wir-

kung des in homöopathischen Dosen genossenen Alkohols durch eine gewisse Schwä-
chung des Charakters, der Willenskraft und Leistungsfähigkeit bemerkbar, und sie starben Jahre vor der Zeit besonders an Schädigungen der Leber, der Nieren und des Magens.
Nur einer von ihnen lebt noch, und hat das »Schlucken« vor zwanzig oder mehr Jahren
aufgegeben.
Könnte man vollständig auf alle alkoholischen Getränke verzichten, so würde die Besse-
rung und Wohlfahrt des Menschengeschlechts nach meiner Überzeugung in ein bis zwei
Generationen solche Fortschritte machen, daß das Leiden, die Verderbnis und der Niedergang einzelner Personen und ganzer Völker zu einem Großteil verschwinden würden.

In politischer Hinsicht schwankte Walcott zwischen den konservativen
Polen des Chauvinismus und einer auf dem Prinzip der Willensfreiheit beruhenden Befürwortung der ungehinderten Entfaltung des Individuums. Aus
der letzteren Haltung heraus lehnte er es zum Beispiel ab, ganze Rassen oder
Gesellschaftsklassen als biologisch minderwertig abzustempeln. Er trat
dafür ein, daß alle gleichen Zugang zur Bildung haben sollten, denn auf diese
Weise würden die über die ganze Gesellschaft verteilten geistigen Fähigkeiten
zur Wirkung kommen. Am 30. Juni 1913 schrieb er an Mrs. Russell Sage:

Ich bin besonders an Ihrer Bildungsarbeit interessiert, denn ich glaube, daß die breite
Masse des Volkes durch Bildung auf ein Niveau gehoben werden sollte, das es ihr erlaubt,
ein gesundes, untadeliges Leben zu führen.
Es scheint, daß Talent oder Genie in allen gesellschaftlichen Klassen gleich häufig vor-
kommt, bei Kindern der Arbeiterklasse ebenso wie bei Kindern der Wohlhabenden. Die
Tatsache, daß die meisten bedeutenden Männer im Laufe der Jahrhunderte aus den besit-
zenden Klassen hervorgegangen sind, beweist nur den großen Einfluß günstiger äußerer
Bedingungen.

Walcotts chauvinistische Seite äußerte sich besonders in seinem Zorn auf
Deutschland wegen des Ersten Weltkriegs, in dem er einen Sohn bei einem
Luftgefecht verlor. In einem Brief vom 11. Dezember 1918 lehnte er es ab,
der Einladung des Präsidenten der Princeton University zu folgen und an
einem Gedenkgottesdienst für gefallene Studenten teilzunehmen (Walcott
sprach, wie es in seiner Generation üblich war, von den Deutschen gern als
»Hunnen«):

Ich habe alle Gedenkveranstaltungen und -gottesdienste gemieden, weil sie meinem geistigen und seelischen Gleichgewicht abträglich sind wegen der heftigen Empfindungen,
die sie gegen den »Stamm der Hunnen« und deren Bundesgenossen in mir wachrufen.
Dieses Empfinden begann mit dem Einmarsch in Belgien, verstärkte sich mit der Versen-
kung der *Lusitania* und den zahlreichen während des Krieges begangenen Verbrechen,
und es ist durch die vielen Vorfälle seit der Unterzeichnung des Waffenstillstandes nicht
geringer geworden.

Wie die Archive zeigen, verhielt sich Walcott besonders gehässig, als er im Jahre 1920 insgeheim eine ungewöhnliche Kampagne gegen den bedeutenden Anthropologen Franz Boas einfädelte. Boas, als Deutscher geboren, jüdischer Abstammung, politisch links orientiert und deutschfreundlich gesinnt, zog sich den von Vorurteilen genährten Zorn Walcotts zu. Boas hatte in der Ausgabe der *Nation* vom 12. Dezember 1919 einen kurzen Brief veröffentlicht, in dem er unter dem Titel »Wissenschaftler als Spione« den Vorwurf erhob, mehrere Anthropologen hätten während des Krieges geheimdienstliche Informationen für Amerika gesammelt und sich dabei auf die Immunität der Wissenschaft berufen, um Zugang zu Gebieten und Erkenntnissen zu erhalten, die ihnen sonst möglicherweise verwehrt worden wären. Bei Politikern, Geschäftsleuten und Militärs sei es noch hinzunehmen, wenn sie sich Informationen erschlichen, denn bei diesen Berufen sei Doppelzüngigkeit etwas Normales, doch bei Wissenschaftlern seien solche Kniffe etwas Abscheuliches, sie zerstörten die wissenschaftlichen Prinzipien. Heute würde Boas' Brief kaum jemanden erregen, und die meisten würden darin eine etwas naive Beschwörung wissenschaftlicher Ideale sehen.

Doch in der nationalistisch aufgeputschten Nachkriegsatmosphäre Amerikas reagierte man anders. Walcott hatte sich seit langem über Boas als einen treulosen Ausländer geärgert, und sein Brief war der letzte Tropfen, der das Faß zum Überlaufen brachte. Er behauptete, Boas habe Präsident Wilson geradewegs der Lüge bezichtigt, denn Wilson hatte erklärt, daß »nur Autokratien Spione unterhalten; in Demokratien sind diese nicht nötig«. Darüber hinaus deutete Walcott den Brief von Boas als Angriff auf die Integrität der gesamten amerikanischen Wissenschaft, weil dort angedeutet wurde, einige Forscher seien möglicherweise als »Doppelagenten« tätig gewesen, sowohl für die Wissenschaft als auch für die Spionage.

Ausgehend von dieser überzogenen Deutung, startete Walcott eine scharfe Kampagne, deren Ziel es war, Boas zu rügen und möglicherweise ganz aus der amerikanischen Wissenschaft zu vertreiben. Unverzüglich und endgültig strich er Boas' ehrenamtliche Stellung am Smithsonian. Anschließend schrieb er an alle wichtigen und hochgestellten konservativen Kollegen, um mit ihnen zu beraten, wie man Boas bestrafen könne. An Nicholas Murray Butler, den Präsidenten der Columbia University (wo Boas lehrte), schrieb Walcott zum Beispiel am 3. Januar 1920:

Die Stelle, die Dr. Boas bei der Smithsonian Institution innehatte, wurde gestrichen, da sie speziell für ihn von Sekretär Langley im Jahre 1901 geschaffen worden war.
Der Artikel, den Dr. Boas in der Nation vom 20. 12. veröffentlichte, war derart, daß ich

einen Mann mit einer solchen Einstellung nicht für geeignet hielt, mit dem Smithsonian in offizieller Verbindung zu stehen. Ich habe es lieber mit hundertprozentigen Amerikanern zu tun und kann persönlich wie dienstlich nichts mit dem wirrköpfigen bolschewistischen Typ anfangen, sei er Russe oder Deutscher, Jude oder Nichtjude. Ich weiß, daß der Krieg mit Deutschland vorbei ist, aber gegen jene Elemente, die Mißtrauen, Unfrieden und letztlich die Zerstörung alles dessen, wofür Amerikaner gekämpft haben, säen wollen, hat er erst begonnen.

Viele Kollegen erteilten Walcott den vernünftigen Ratschlag, er solle sich doch beruhigen, dann würde sich die ganze Sache schon bald legen. Andere stimmten in seinen McCarthyistischen Verfolgungswahn ein. Michael Pupin von Columbia sehnte sich nach der guten alten Zeit, als Männer noch Männer waren und zusammengetrommelt werden konnten, um solche Halunken kaltzustellen:

Er [Boas] attackiert die Vereinigten Staaten mit dem Ziel, Deutschland zu verteidigen, und dennoch darf er unsere Jugend unterrichten und die Ehren eines Mitglieds der National Academy of Sciences genießen. Diese Vorstellung erweckt in mir die Sehnsucht nach der guten alten Zeit des Absolutismus, in denen es jederzeit möglich war, sich eines Ärgernisses wie Franz Boas zu entledigen (Brief vom 12. Januar 1920).

Dem stimmte Walcott von Herzen zu: »Vielen Dank für Ihren Brief vom 12. Januar. Er faßte den Fall Boas auf eine sehr energische und mich befriedigende Weise zusammen.«

In der Anthropological Society von Washington befürwortete Walcott eine Entschließung, in der Boas scharf kritisiert wurde. Sie wurde mit nur einer Gegenstimme am 26. Dezember 1919 geschlossen. Vier Tage später verurteilte die Konferenz der American Anthropological Association in Cambridge, Massachusetts, Boas mit einundzwanzig zu zehn Stimmen; die Abweichler wurden als »die Boas-Gruppe« gekennzeichnet. Die Entschließung enthielt das folgende interessante Rezept als vermeintliches Gegengift gegen Boas' Angriffe auf die wahre Demokratie:

Ferner wird im Namen der amerikanischen Werte und gegen unamerikanische Umtriebe respektvoll darum ersucht, daß Dr. Boas und ferner die zehn Mitglieder der American Anthropological Association, die ihn durch ihr Votum gegen die letztere Resolution in seiner Illoyalität unterstützen, von der Teilnahme an jeder Unternehmung ausgeschlossen werden, bezüglich derer die Frage der Loyalität gegenüber der Regierung der Vereinigten Staaten zu Recht erhoben werden kann.

Es war ein chauvinistisches Zeitalter; aber schließlich haben alle Zeiten ihre Extremisten und ihre Gralshüter.

Walcotts allgemeine Auffassung von
der Geschichte des Lebens und der Evolution

Walcott verstand sich als Anhänger Darwins. Nach der heute vorherrschenden Meinung setzte eine solche erklärte Gefolgschaft ein eindeutiges Verständnis für das listige und opportunistische Verhalten der Evolution und die tiefe Überzeugung voraus, daß es in der Geschichte des Lebens um die Anpassung an Veränderungen der jeweiligen Umwelt und nicht um einen allgemeinen »Fortschritt« geht. Aber Darwin war eine komplexe Erscheinung, und sein Name wurde immer wieder als Etikett für unterschiedliche Vorstellungen vom Leben benutzt. Diese schlossen sich zum Teil gegenseitig aus; auch verlagerte sich der jeweils bevorzugte Schwerpunkt seit Darwins Zeiten bis heute.

Das Leben muß nicht unbedingt frei von Widersprüchen oder Ambiguitäten sein. Gelehrte hängen oft der irrigen Meinung an, ihre Exegese eines großen Theoretikers müsse zu einem vollkommen widerspruchsfreien Text führen. Dabei kommt es vor, daß große Wissenschaftler sich ihr Leben lang mit bestimmten Fragen herumschlagen und nie zu einer Lösung gelangen. Sie fühlen sich zwischen gegensätzlichen Interpretationen hin- und hergerissen und erliegen den Reizen beider. Ihr Kampf muß nicht unbedingt in Widerspruchsfreiheit enden.

Darwin kämpfte einen solchen langwierigen inneren Kampf um die Idee des Fortschritts. Sein Dilemma war unlösbar. Er erkannte, daß seine grundlegende Theorie des Evolutionsmechanismus – die natürliche Auslese – keine Aussage über den Fortschritt macht. Die natürliche Auslese erklärt nur, wie sich Organismen in Anpassungsreaktion auf Veränderungen der jeweiligen Umwelt im Laufe der Zeit verändern – »Vererbung mit Modifikation«, wie Darwin sagte. Darwin sah in dieser Leugnung des allgemeinen Fortschritts zugunsten der lokalen Anpassung den radikalsten Punkt seiner Theorie. An den amerikanischen Paläontologen (und früheren Bewohner meines Dienstzimmers) Alpheus Hyatt schrieb Darwin am 4. Dezember 1872: »Nach reiflicher Überlegung kann ich mich nicht der Überzeugung verschließen, daß es eine angeborene Tendenz zu fortschrittlicher Entwicklung nicht gibt.«

Darwin war aber zugleich Kritiker und Nutznießer des viktorianischen Englands auf dem Höhepunkt seiner imperialen Ausdehnung und des industriellen Triumphes. Fortschritt war das Losungswort der ihn umgebenden Kultur, und Darwin konnte sich einem so zentralen und attraktiven Begriff nicht völlig entziehen. Während er sich also mit seiner radikalen Auffassung vom Wandel als lokaler Anpassung leidlich wohl fühlte, gab er gleichzeitig zu verstehen, daß er den Fortschritt als Motiv der Gesamtgeschichte des Lebens akzeptiere. Er schrieb: »Die Bewohner der Erde haben in jeder der aufeinander folgenden Perioden ihre Vorgänger im Kampfe ums Dasein besiegt und stehen daher auf einer höheren Organisationsstufe als jene; ihr Körperbau ist im allgemeinen mehr spezialisiert; daraus erklärt sich vielleicht die allgemeine Ansicht der Paläontologen: die Organisation im Ganzen sei vorgeschritten« (1859, S. 505).

Zwischen diesen scheinbar gegensätzlichen Positionen läßt sich eine gewisse unsichere Übereinstimmung herstellen. Man kann sagen, Darwin habe den Fortschritt als einen kumulativen Nebeneffekt eines unter anderen Bedingungen jederzeit wirksamen kausalen Prozesses aufgefaßt. (Man kann in der anatomischen Verbesserung einen Weg zur lokalen Anpassung sehen; die auf Fortschritten im Gesamtplan beruhenden lokalen Anpassungen können zu gesteigerter geologischer Langlebigkeit führen, und auf diesem indirekten Weg kann sich der Fortschritt zeigen.) Kritiker, darunter auch ich, haben des öfteren eine solche problematische Verbindung zwischen den widersprüchlichen Ansichten Darwins vorgeschlagen. Ich meine aber, es wäre redlicher, den genuinen Widerspruch einfach anzuerkennen. Der Fortschrittsgedanke war zu mächtig, zu verwirrend, zu zentral für eine so saubere Lösung. Die Logik der Theorie zog in eine Richtung, die gesellschaftlich bedingten vorgefaßten Meinungen in die andere. Darwin fühlte sich beiden verpflichtet, und er schaffte es für sich selbst nicht, diese Dilemma widerspruchsfrei aufzulösen.

Darwin ist jetzt seit über einem Jahrhundert ein maßgebender Heiliger und Guru der Wissenschaft, und da beide Auffassungen genuine Bestandteile seines Denkens sind, haben verschiedene Generationen sich jeweils die Seite seines Denkens zu eigen gemacht, die mit den von ihnen unterstützten Wahrheiten oder Reformen am ehesten in Einklang stand. In unserer Zeit, die so nahe beim »Fortschritt« von Hiroshima liegt und in den Gefahren von Industrie und Rüstung unterzugehen droht, neigen wir dazu, uns mit Darwins klarer Einsicht zu trösten, daß Wandel lokale Anpassung bedeute und Fortschritt eine gesellschaftliche Fiktion sei. Doch in Walcotts Generation wurde, besonders für einen Erfolgsmenschen mit stark traditionalistischen Neigungen, Darwins Bekenntnis zum Fortschritt als Richtschnur des Lebens zum zentralen Credo eines Evolutionisten. Walcott betrachtete sich als Darwinisten und drückte durch diese erklärte Anhängerschaft seine entschiedene Überzeugung aus, daß die natürliche Auslese das Überleben der überlegenen Organismen und die fortschreitende Verbesserung des Lebens auf einem vorhersagbaren Weg, der zum Bewußtsein führe, sicherstelle.

Walcott schrieb sehr wenig über seine allgemeine oder »philosophische« Einstellung zur Geschichte des Lebens. Seine veröffentlichten Arbeiten bieten nicht die eindeutigen Hinweise, die wir brauchen, um das Rätsel seines Beharrens auf dem Burgess-Schubladendenken zu lösen. Zum Glück enthalten die Archive auch in dieser Hinsicht wesentliche Dokumente; Walcott zog es vor, im Stillen und hinter den Kulissen zu wirken; aber in einer Welt, die weder den Reißwolf noch transatlantische Selbstwähl-Telefongespräche kannte, hielt er alles schriftlich fest.

Immer wieder betonte er das Fortschrittliche und Planmäßige in der Geschichte des Lebens; in diesem Zusammenhang fand ich zwei besonders aufschlußreiche Dokumente. Das erste ist die mit vielen Anmerkungen versehene maschinenschriftliche Fassung eines volkstümlichen Vortrags mit dem Titel »Auf der Suche nach den ersten Formen des Lebens«, der offensichtlich zwischen 1892 und 1894 gehalten wurde.[4] Walcott erklärte hier seinen Zuhörern, Darwin habe den Schlüssel dazu geliefert, die Geschichte des Lebens als »eine gewisse fortschreitende Ordnung« zu enträtseln:

Das Lebens auf der Erde stand von Anfang an in einem so engen und innigen Zusammenhang, daß, könnte man sich sämtliche Zeugnisse verschaffen, eine ununterbrochene Kette des Lebens vom niedersten Organismus bis zum höchsten entstehen würde.

In einer bemerkenswerten Passage, in der die wesentlichen Vorurteile seines Schubladendenkens enthalten sind, nannte Walcott dann die von der Paläontologie aufgedeckte Reihenfolge:

In der Urzeit herrschten die Cephalopoden, später traten die Krustazeen in den Vordergrund, dann übernahmen vermutlich die Fische die Führung, wurden aber rasch von den Sauriern verdrängt. Diese Land- und Seereptilien waren vorherrschend, bis die Säugetiere die Szene betraten, und seitdem ist es zweifellos zu einem Kampf um die Vorherrschaft gekommen, bis der Mensch erschaffen wurde. Dann kam das Zeitalter der Erfindung, zunächst von Feuerstein- und Knochengeräten, von Bogen und Pfeilen und Angelhaken, dann von Speeren und Schilden, Schwertern und Kanonen, Streichhölzern, Eisenbahnen und elektrischen Telegraphen.

Das ganze Fortschrittscredo ist in diesen wenigen Worten zusammengefaßt, doch mir erscheinen drei Aspekte besonders bemerkenswert. Zunächst ist, bevor in der letzten Zeile die Kommunikations- und Verkehrstechnik angesprochen wird, die Triebkraft des Fortschritts ausschließlich kriegerisch; Tiere setzen sich mit Gewalt und Muskelkraft durch, Menschen mit Hilfe der immer machtvolleren Instrumente des Krieges. Zweitens kennt Walcott in seinem glatten Fortschrittskontinuum keinen Bruch zwischen dem Biologischen und dem Sozialen. Wir befinden uns in einem ununterbrochenen Aufstieg durch die Reihen der Organismen, und mit der linearen Verbesserung der menschlichen Technik setzen wir diese Aufwärtsbewegung direkt fort. Drittens war Walcott so sehr einem auf Eroberung und Verdrängung beruhenden Fortschritt verpflichtet, daß ihm die Ungenauigkeit in seiner eigenen Formulierung entging. Seine Kette ist nicht, wie er stillschweigend voraussetzt, eine Folge fortschreitender Verdrängung aufgrund überlegener Anatomie (ausgedrückt in Waffen) auf einem ewigen Schlachtfeld. Es stimmt nicht, daß Reptilien die Fische verdrängten; sie stellen vielmehr eine eigentümlich modifizierte Gruppe von Fischen in einer neuartigen terrestrischen Umwelt dar. Als die dominierenden Wirbeltiere der Ozeane sind die Fische nie verdrängt worden. Diesen grundlegenden Fehler erkennt Walcott jedoch nicht, weil ihm so daran gelegen ist, die lineare Skala des Fortschritts durch Kampf mit der herkömmlichen Ordnung der Wirbeltier-Taxonomie in Einklang zu bringen.

Ließe sich eine solche Auffassung vom Leben als einer einzigen Fortschrittskette, die auf der Verdrängung durch Eroberung basiert und bruchlos von der Abfolge der organischen Baupläne bis zur Aufeinanderfolge menschlicher Technologien reicht, mit unserer modernen Interpretation der Burgess-Fauna vereinbaren? Für Walcott konnte der Burgess, alt wie er war, nur ein begrenztes Spektrum von einfachen Vorläufern späterer verbesserter Nachkommen enthalten. Für eine solche Sicht des Lebens sind die modernen Gedanken der maximalen Mannigfaltigkeit und der Dezimierung durch Zufall nicht bloß unannehmbar, sondern regelrecht unverständlich. Sie kamen gar nicht erst in Betracht. Für Walcott mußten die Burgess-Organismen einfach, von begrenzter Vielfalt und urtümlich, anders gesagt, Produkte seines theoretischen Schemas sein. Und damit Sie nicht daran zweifeln, daß Walcott diesen logischen Schluß aus seinen eigenen vorgefaßten Meinungen gezogen hat, hier eine weitere Stelle aus dem erwähnten Vortrag, wo es ausdrücklich heißt, daß alle bisherige Vielfalt sich auf einige Hauptgruppen beschränkte, die für den Fortschritt ausersehen waren: »Fast alle Tiere, die lebenden wie die ausgestorbenen, werden in einige Hauptgruppen oder morphologische Typen eingeteilt.«[5]

Als genügte dieses Dokument noch nicht, fügt das zweite dem Fortschrittsbedürfnis Walcotts und der Burgess-Schublade eine moralische und religiöse Dimension hinzu. Walcotts bloße Beschreibung des Evolutionsverlaufs reichte an sich aus, um das Schubladendenken zu sichern und jeden Gedanken an eine Dezimierung durch Zufall auszuschließen. Wenn man aber überzeugt ist, daß die Natur auch moralische Prinzipien verkörpert und daß der stolze Fortschritt und die Vorhersagbarkeit eine Grundlage für die Ethik bilden, dann wächst die innere Notwendigkeit des Schubladendenkens ins Unermeßliche. Das faktische Beschreiben ist in seiner Wirkung schon mächtig genug, das normative Vorschreiben kann zerstörerisch sein. Am 7. Januar 1926 schrieb Walcott an R. B. Fosdick über den sittlichen Wert des gesetzmäßigen Fortschritts in der Evolution:

Seit mehreren Jahren sehe ich die Gefahr, daß die Wissenschaft sich in die Idee des gesetzmäßigen Fortschritts der Evolution verrennt; das könnte zu einer Katastrophe führen, wenn man nicht eine Methode findet, die altruistische oder, wie einige sagen würden, spirituelle Natur des Menschen stärker zu entfalten.

Das zweite Dokument – über Moral und Schubladendenken – belegt Walcotts von starker innerer Anteilnahme geprägte Reaktion auf einen wichtigen Vorgang in der amerikanischen Sozialgeschichte des 20. Jahrhunderts: den fundamentalistischen Kreuzzug gegen die Evolutionstheorie, der 1925 im Scopes-Prozeß seinen Höhepunkt erreichte. Angeführt von dem betagten, aber noch immer einflußreichen William Jennings Bryan, dem größten Redner Amerikas und dreimaligen erfolglosen Bewerber um die Präsidentschaft (siehe Gould, 1987c), hatten Bibelgläubige, die die Aussagen der Bibel wörtlich nahmen, in mehreren Einzelstaaten erreicht, daß die Lehre der Evolutionstheorie in öffentlichen Schulen verboten wurde.

Die damals wie heute maßgebende Haltung der Wissenschaftler – und zugleich das Argument, das uns 1987 vor dem Obersten Bundesgericht letztlich den Sieg brachte – besagt, daß Wissenschaft und Religion mit der gleichen Legitimität, aber in getrennten Bereichen wirksam sind. Diese Feststellung der »Trennung« weist die Mechanismen und Phänomene der Natur den Wissenschaftlern, die Grundlage für ethische Entscheidungen den Theologen und generell den Humanisten zu. Für die Freiheit, der Natur bis in ihre letzten Geheimnisse nachzuspüren, widerstehen die Wissenschaftler der Versuchung, moralische Schlußfolgerungen und Urteile mit dem physikalischen Zustand der Welt zu begründen – ein hervorragendes und angemessenes Tauschgeschäft, da die Tatsachen der Natur ohnehin keine moralischen Forderungen beinhalten.

Eine solche Trennung kam für Walcott nicht in Frage. Er sehnte sich danach, eine Antwort auf moralische Fragen direkt in der Natur zu finden – eine Antwort nach seinem Geschmack, die seine konservative Vorstellung vom Leben und der Gesellschaft bestätigen sollte. Statt getrennte Bereiche zu schaffen, die sich gegenseitig respektieren, wollte er Wissenschaft und Religion zusammenbringen. Er behauptete sogar, das Trennungsargument habe Bryans antiintellektuellen Feldzug angefacht und den Verdacht erweckt, die Wissenschaftler wollten im Grunde die Religion ganz abschaffen (und hätten sich aus praktischen Gründen vorläufig darauf beschränkt, die Religion bei naturwissenschaftlichen Fragen auszuschließen). Walcott beschloß daher, Bryan und Leuten seines Schlages mit einer öffentlichen Erklärung entgegenzutreten, die von angesehenen Traditionalisten wie ihm selbst unterzeichnet werden sollte. Es ging ihm um die Feststellung der Zusammenhänge zwischen Wissenschaft und Religion, besonders aber um die Manifestation des göttlichen Wirkens im Wandel der Evolution. Er ließ seinen Freunden einen Brief zukommen, mit dem er um Unterschriften für diese Erklärung bat:

Es ist dem bedauerlichen Wirken von Radikalen in Wissenschaft und Religion zuzuschreiben, daß Männer von der Geisteshaltung eines William Jennings Bryan in der Lehre der Tatsachen der Evolution eine ernste Gefahr für die Religion sehen.
Eine Reihe von konservativen Wissenschaftlern und Geistlichen wurde gebeten, eine Erklärung über die Beziehungen zwischen Wissenschaft und Religion zu unterzeichnen, die in großem Umfang verbreitet werden soll.

Die 1923 und damit zwei Jahre vor dem Scopes-Prozeß veröffentlichte Erklärung wurde außer von Walcott, der als erster unterzeichnete, auch von Herbert Hoover und führenden Vertretern der Wissenschaft wie Henry Fairfield Osborn, Edwin Grant Conklin, R. A. Millikan und Michael Pupin unterstützt. »In den Auseinandersetzungen der jüngsten Zeit«, heißt es in der Erklärung, »hat es eine Tendenz gegeben, Wissenschaft und Religion als unversöhnliche und gegensätzliche Geistesbereiche hinzustellen… Dabei verdrängen oder bekämpfen sie sich nicht, sondern ergänzen einander.«

Dem fundamentalistischen Angriff, hieß es weiter in Walcotts Erklärung, könne nur dadurch begegnet werden, daß man die Übereinstimmung der Wissenschaft mit den religiösen Wahrheiten aufzeige, die von den meisten Amerikanern als Grundlage ihrer persönlichen Ausgeglichenheit und des gesellschaftlichen Gefüges angesehen würden. Der wichtigste Beweis für diese Übereinstimmung liege in dem gesetzmäßigen, vorhersagbaren und fortschrittlichen Charakter der Geschichte des Lebens, denn die Wege der Evolution zeigten Gottes beständiges Wohlwollen und seine Fürsorge für seine Schöpfung. Die Evolution mit ihrem zum Fortschritt führenden Prinzip der natürlichen Auslese sei die Form, in der Gott sich durch die Natur offenbare:

Die Wissenschaft vermittelt eine erhabene Vorstellung von Gott, eine Vorstellung, die mit den höchsten Idealen der Religion völlig im Einklang steht, wenn sie zeigt, wie Er sich in unzähligen Perioden in der Entwicklung der Erde zum Wohnsitz des Menschen ebenso offenbart wie in der seit Urzeiten während Einhauchung des Lebens in die Materie, gipfelnd im Menschen mit seiner spirituellen Natur und all seiner gottähnlichen Macht.

In dieser entscheidenden Passage wird das Schubladenschema zu einem Instrument in der Hand Gottes gemacht. Wenn die Geschichte des Lebens auf ihrem gesetzmäßigen Marsch zum menschlichen Bewußtsein Gottes unmittelbares Wohlwollen offenbart, dann kann die Dezimierung durch Zufall mit ihren Hunderttausenden von möglichen Resultaten (und so wenigen, die zu einer Spezies führen, die mit einer ihrer selbst bewußten Vernunft begabt ist) keine Deutungsmöglichkeit für die Fossildokumentation bieten. Die Geschöpfe des Burgess Shale müssen primitive Vorfahren von weiterentwickelten Nachkommen sein. Die Burgess-Schublade war nicht bloß eine Stütze für eine tröstliche, bequeme Sicht des Lebens, sie war auch eine moralische Waffe, ja, eine regelrechte Fügung Gottes.

Die Burgess-Schublade und Walcotts Kampf mit der kambrischen Explosion

Selbst wenn Walcott vor der Entdeckung des Burgess Shale nie ein kambrisches Gestein gesehen hätte, hätten doch schon seine Persönlichkeit und seine allgemeine Auffassung von der Evolution genügt, um bei ihm das Schubladendenken zu erzeugen. Walcott hatte aber außerdem noch ganz spezielle Gründe dafür; diese lagen in seiner lebenslangen Beschäftigung mit der Erforschung des kambrischen Zeitalters und besonders in seiner fast zwanghaften Auseinandersetzung mit dem Problem der kambrischen Explosion.

Im Eingangskapitel habe ich zu zeigen versucht, wie sehr die Ikonographie die Vorstellungen prägt. Zwei elementare Bilder – die Leiter des Fortschritts und der Kegel der wachsenden Vielfalt – stützten eine allgemeine, auf menschlichen Hoffnungen gründende Sicht vom Leben und erzwangen eine ganz bestimmte Interpretation der Burgess-Tiere: es waren primitive Vorläufer. Im vorliegenden Kapitel bezogen sich die beiden vorangegangenen Abschnitte über Walcotts Persönlichkeit und seine Auffassung der Evolution auf die Vorstellung von der Leiter; seine Ausführungen über das Kambrium beruhen auf dem Bild des Kegels.

Es war der deutsche Morphologe Ernst Haeckel, der in den 1860er Jahren Stammbäume als ikonographische Norm für phylogenetische Zusammenhänge einführte. Andere, darunter auch Darwin in seiner einzigen Zeichnung zur *Entstehung der Arten*, hatten botanische Metaphern benutzt und abstrakte, sich verzweigende Diagramme zur allgemeinen Veranschaulichung von Verwandtschaftsbeziehungen zwischen Organismen gezeichnet. Haeckel aber entwickelte diese Ikonographie zur bevorzugten Darstellung der Evolution. Er zeichnete zahlreiche Bäume mit echter Borke und knorrigen Ästen. Und er besetzte jeden Zweig seiner vielfachen Verästelungen mit einem rezenten Organismus. Den Lesern im englischen Sprachraum wird Haeckels Name vielleicht nicht so bekannt sein wie der von Thomas Henry Huxley, doch der Deutsche war mit Sicherheit der beharrlichste und einflußreichste Publizist, der jemals für die Evolutionstheorie geworben hat. Diese Evolutionsbäume, Hauptstützen des Unterrichts, als Walcott Paläontologie studierte und lehrte, verkörpern die Motive von Leiter und Kegel sowohl mit greller Deutlichkeit als auch auf trügerisch versteckte Weise.

Zunächst verzweigen sich alle Bäume Haeckels kontinuierlich nach oben und nach außen, so daß ein Kegel entsteht (gelegentlich ließ Haeckel die beiden äußeren Äste eines Teilkegels oben wieder nach innen wachsen, um für alle Gruppen genügend Platz zu schaffen, aber es ist doch unverkennbar, daß er, wann immer er sich dieser Zeichnung bediente, im großen und ganzen den Eindruck eines Aufwärts und Auswärts zu wahren suchte). Die Placierung der Gruppen unterstreicht die gedankliche Gleichsetzung von »unten« mit »primitiv« und fügt auf diese Weise die zentralen Bilder des Kegels und der Leiter zusammen.

Nehmen wir beispielsweise Haeckels Darstellung der Wirbeltier-Stammesgeschichte (Abb. 4.4; alle Abbildungen Haeckels entstammen seiner *Generellen Morphologie* von 1866). Der ganze Baum, der sich nach oben und nach außen verzweigt, bildet zwei Ebenen, wobei die obere die größere Vielfalt aufweist. Die untere Ebene, die die Fische und Amphibien umfaßt, bezeichnet unmißverständlich begrenzte Vielfalt und Primitivität; die obere, die den Reptilien, Vögeln und Säugetieren vorbehalten ist, impliziert zugleich die Qualitätssteigerung »mehr« und auch »besser«. Dabei sind Fische und Amphibien, gleichgültig, wann sie entstanden sein mögen, noch immer am Leben, und Fische sind, sowohl was die Morphologie als auch was die Artenzahl angeht, die bei weitem vielfältigste Wirbeltiergruppe. Haeckels Stammbaum der Säugetiere (Abb. 4.5) verdeutlicht dramatisch die Vermengung von »hoch« mit »fortgeschritten« und die fehlerhafte Darstellung der relativen Vielfalt, zu der es kommen kann, wenn man einen kleinen Zweig mit einer ganzen höheren Fortschrittsebene gleichsetzt. Auf diesem Baum

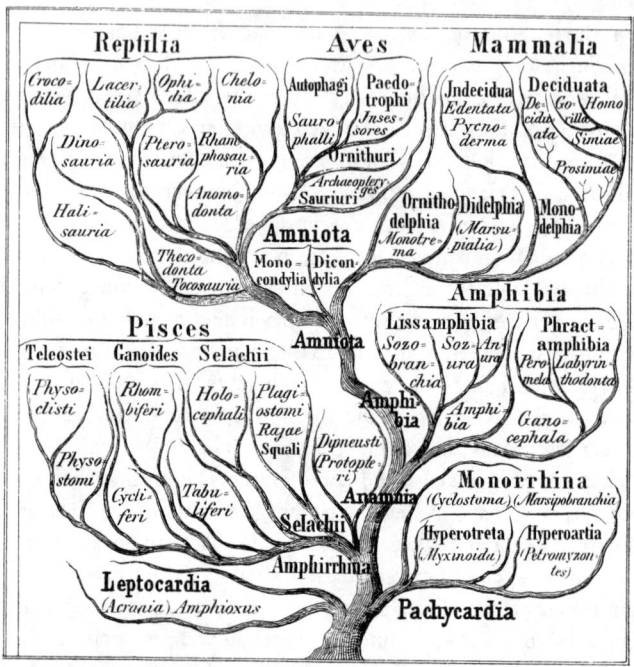

4.4 Haeckels Stammbaum der Wirbeltiere (1866). Tatsächlich verkörpern die Fische (Pisces) mehr Verschiedenartigkeit als alle übrigen Wirbeltiere zusammen, doch diese verkehrte, auf dem Kegel wachsender Vielfalt basierende Ikonographie verbannt sie auf einen unteren Zweig, der sich, während er in die Höhe wächst, verbreitert.

werden die sehr vielfältigen und morphologisch spezialisierten Artiodactyla oder Paarzeher (Rinder, Schafe, Hirsche, Giraffen und dergleichen) zusammen in die untere Ebene verbannt. Die Primaten dagegen, die in Wirklichkeit eine verhältnismäßig kleine Gruppe bilden, nehmen auf der von unserer Kultur bevorzugten rechten Seite fast die Hälfte der oberen Ebene ein. Die artenreichsten aller Säuger, die Nagetiere, müssen sich auf kleinem Raum zusammenquetschen, eingezwängt zwischen den beiden Hauptebenen, denn nach oben hin können sie sich nicht ausbreiten, weil dort die beiden Lieblingsgruppen Haeckels, die Karnivoren (wegen ihrer allgemeinen »Kühnheit«) und die Primaten (wegen ihres »Gripses«), den ganzen Platz für sich beanspruchen.

Die Echinodermen sind der Testfall für die Ikonographie des Baumes, weil sie durch gut erhaltene Hartteile bereits zu Haeckels Zeiten gut dokumen-

294

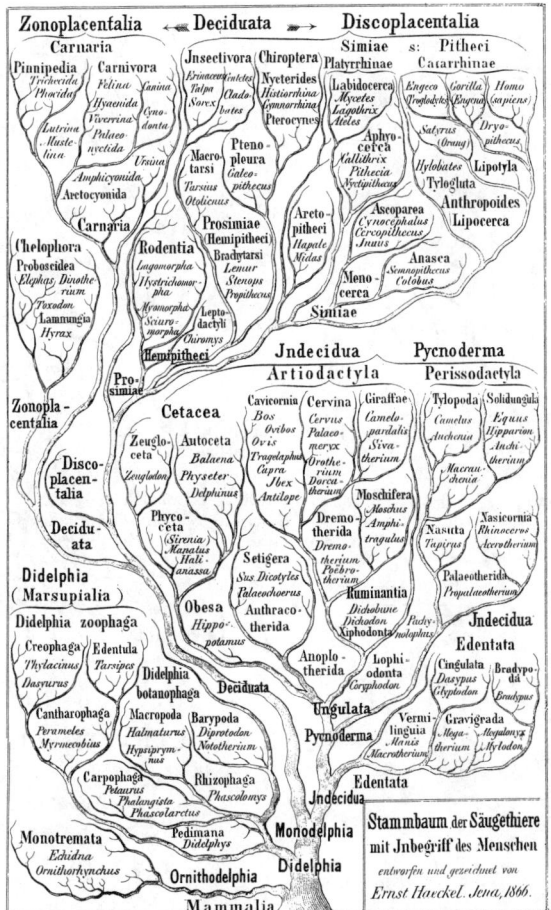

4.5 Der Stammbaum der Säugetiere nach Haeckel (1866).

tiert waren. Sie erzählen die gleiche Geschichte wie der Burgess Shale:
anfangs maximale Verschiedenartigkeit, danach Dezimierung. Diese maximale anfängliche Verschiedenartigkeit erkennt Haeckel durchaus an, denn
an den geologischen Anfang setzt er einen Wald von primären Stämmen
(Abb. 4.6). Das Bild des Kegels verlangt aber, daß die Bäume sich nach oben
hin ausbreiten, und so müssen sich diese frühen Gruppen alle auf den bedeutungslosen Raum beschränken, der zu Beginn verfügbar war. Der radikal

295

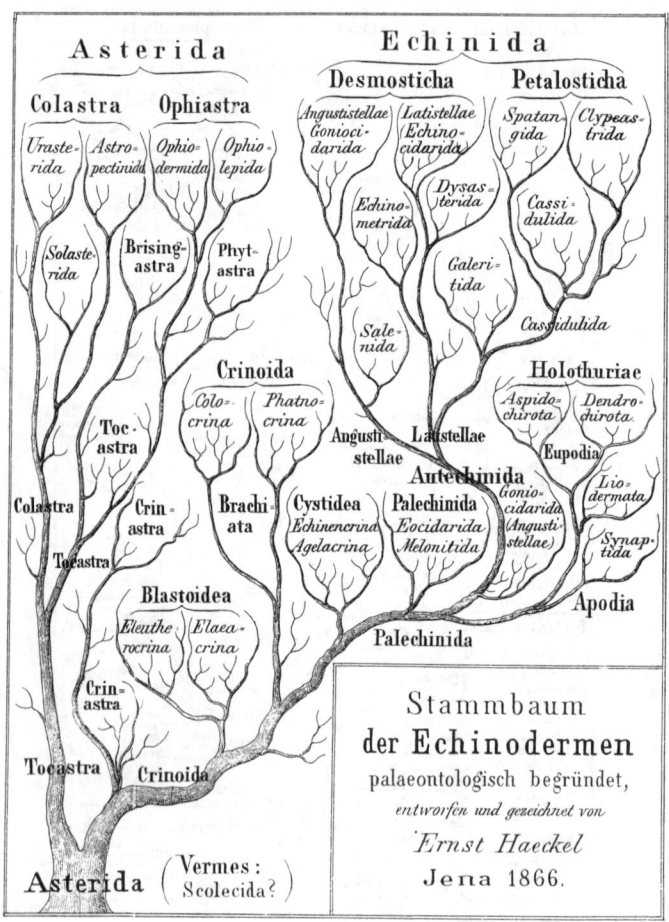

4.6 Der Stammbaum der Echinodermen, wie ihn Haeckel (1866) im Einklang mit dem Kegel wachsender Vielfalt sieht. In Wahrheit zeigt diese Gruppe das Burgess-Bild maximaler anfänglicher Verschiedenartigkeit mit anschließender Dezimierung, doch Haeckels Ikonographie vermittelt den Eindruck stetig wachsender Vielfalt und Fülle.

dezimierte moderne Stammbaum konzentriert fast seine gesamte Vielfalt auf zwei Gruppen von sehr begrenzter anatomischer Bandbreite: die Seesterne (Haeckels »Asterida«) und die Seeigel (seine »Echinida«). Dennoch erweckt Haeckels Ikonographie den Eindruck einer ständig wachsenden Vielfalt.

Betrachten wir schließlich Haeckels Stammbaum der Anneliden und

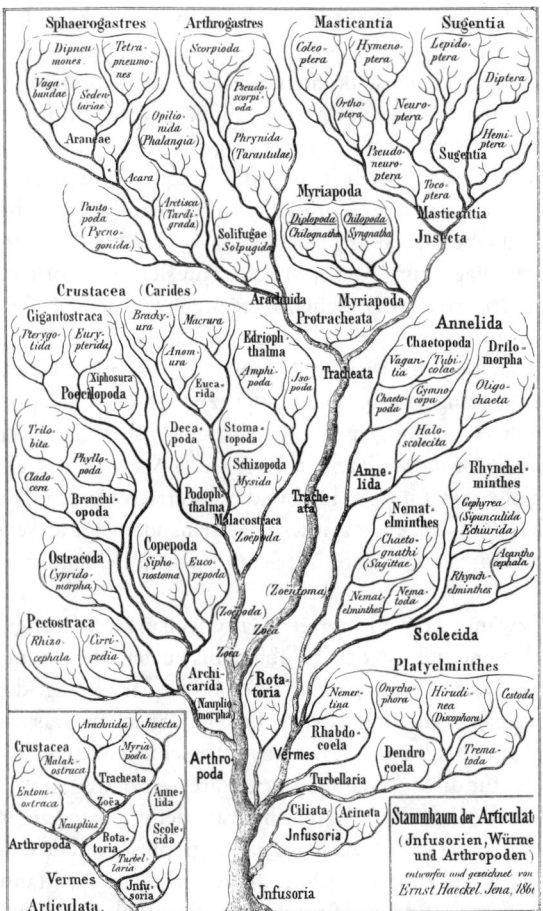

4.7 Der Stammbaum der Arthropoden und ihrer Verwandten in der Darstellung Haeckels (1866), wiederum im Einklang mit dem Kegel wachsender Vielfalt.

Arthropoden (Abb. 4.7), der für Walcott das Gerüst abgab, auf dem er sämtliche Burgess-Organismen unterbrachte, die den Anstoß zu unserer Neuinterpretation gegeben haben. In dieser radikalsten Ausdrucksform von »aufwärts« und »auswärts« versetzte Walcott sämtliche Burgess-Arthropoden auf zwei benachbarte Äste der unteren Ebene: *Sidneyia* und ihre Verwandten kamen zu Haeckels »Poecilopoda« mit den Schwertschwänzen und den Eurypteriden, und fast alle übrigen Formen auf den Branchiopoden-Tri-lobiten-Ast.

Walcott befolgte alle diese ikonographischen Konventionen bei den drei skizzenhaften Stammbäumen, die seine einzigen veröffentlichten Versuche darstellen, eine Phylogenie für Burgess-Organismen zu entwerfen. Sie stammen alle aus seiner Hauptarbeit über die Burgess-Arthropoden (Walcott, 1912). Wenn man sie in ihrer ursprünglichen Reihenfolge betrachtet, machen sie sehr schön die Beschränkung der Ideologie durch die Ikonographie deutlich. Sein erstes Diagramm (Abb. 4.8) nimmt für sich in Anspruch, eine bloße Beschreibung der »stratigraphischen Verteilung« in einem phylogenetischen Kontext zu sein. Doch sogar hier tragen die Konventionen des Kegels und der Leiter dazu bei, die Burgess-Mannigfaltigkeit auf einige anerkannte Großgruppen einzugrenzen. Die *Leiter* zwingt eine Gruppe von fünf »merostomoiden« Gattungen in eine einzige Abstammungsreihe. Indem Walcott *Habelia-Molaria-Emeraldella-Amiella-Sidneyia* als eine strukturelle Ahnenreihe von Eurypteriden und Schwertschwänzen darstellte, vermittelte er den Eindruck einer zeitlichen Aufeinanderfolge dieser gleichzeitigen (und, wie wir jetzt wissen, überhaupt nicht miteinander verwandten) Gattungen.

Der *Kegel* zwängt dann alle übrigen Gattungen in zwei Großgruppen: Die Branchiopoden und die von den Trilobiten bis zu den Merostomata reichenden Gruppen. Diese Gattungen bestanden alle gleichzeitig, doch Walcott umrahmte das ganze Bild mit zwei senkrechten Strichen, was darauf schließen ließ, daß die im Burgess festgestellte Verschiedenartigkeit auch später galt, obwohl es für diese Annahme keinen direkten Beweis gibt. Schauen Sie sich besonders die linke Begrenzungslinie an, der gar kein Organismus entspricht – die Linie ist ein hinzugefügter ikonographischer Trick, der uns dazu verleitet, einen Kegel zu sehen. Ohne diese Linie wäre die Mannigfaltigkeit im Burgess maximal und würde anschließend deutlich zurückgehen. Solche winzigen und scheinbar bedeutungslosen Kniffe verfehlen nie ihre Wirkung. In gewisser Hinsicht ist alles, was ich in diesem Buch darzulegen versuche, in diesem einen senkrechten Strich auf elegante Weise zusammengefaßt: Er wurde hinzugefügt, nicht um das empirische Zeugnis der Organismen, sondern um eine Theorie des Lebens darzustellen.

Als einen weiteren Trick, der durch keinerlei Daten abgesichert war und angewandt wurde, um eine traditionelle Interpretation zu stützen, verlegte Walcott die Entstehung der Burgess-Gattungen auf verschiedene Stufen innerhalb eines präkambrischen Zeitraums, den er Lipalian nannte. Diese

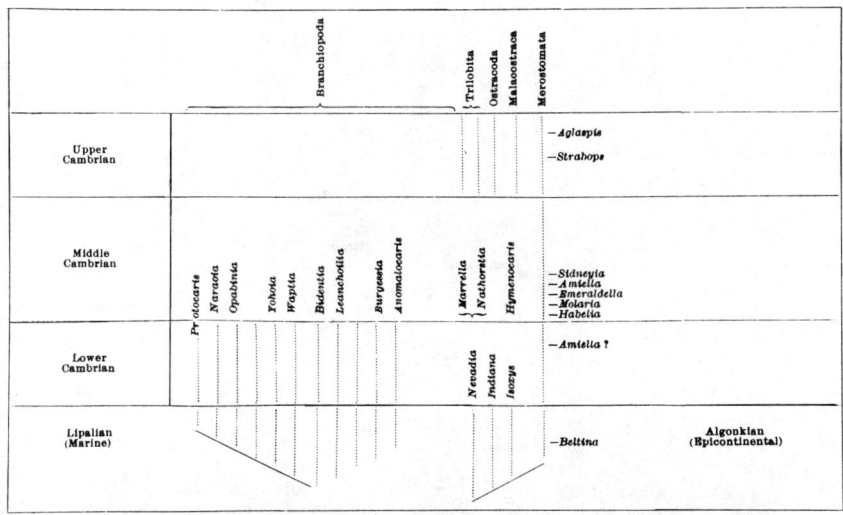

4.8   Walcotts erstes Diagramm zur Phylogenese von Burgess-Arthropoden (1912). Walcott zwang seine Resultate gewaltsam zur Übereinstimmung mit Leiter und Kegel, indem er spekulative Verbindungslinien zeichnete, die in hypothetischen Lipalian-Intervall bei gemeinsamen Ahnen zusammenliefen. Auch verringerte er die plötzlich im Burgess auftretende Verschiedenartigkeit dadurch, daß er fünf Formen, die in Wirklichkeit gleichzeitig lebten, in eine scheinbare zeitliche Aufeinanderfolge brachte (rechts), aber auch dadurch, daß er am linken Rand eine hypothetische Linie einzeichnete, die nach dem Burgess eine kontinuierliche Vielfalt suggeriert, ohne daß es Beweise dafür gibt.

Stufen verband er durch zwei schräge Striche, die nach unten auf einen fernen präkambrischen Ahnen des gesamten Stammbaums hindeuten. Dieser Trick versieht den Baum mit einer Wurzel, die in einer Frühzeit von begrenzter Mannigfaltigkeit gründet. Walcott verfügte jedoch über keinerlei Beweise – ebensowenig wie wir heute –, um die Burgess-Arthropoden in dieser Weise stammesgeschichtlich zu ordnen.

Walcotts zweites Diagramm (Abb. 4.9) verdeutlicht die Tyrannei des Kegels noch auffälliger. Walcott behauptete, fünf verschiedene Abstammungslinien unter den Burgess-Arthropoden erkennen zu können: die ausgestorbenen Trilobiten sowie vier Großgruppen von rezenten Wasserbewohnern. Erneut bediente er sich zweier Tricks, um die Burgess-Mannigfaltigkeit in das schmale Ende eines Kegels hineinzupressen. Erstens ließ er alle fünf Linien nach unten hin konvergieren (vier davon in kaum merklicher Weise,

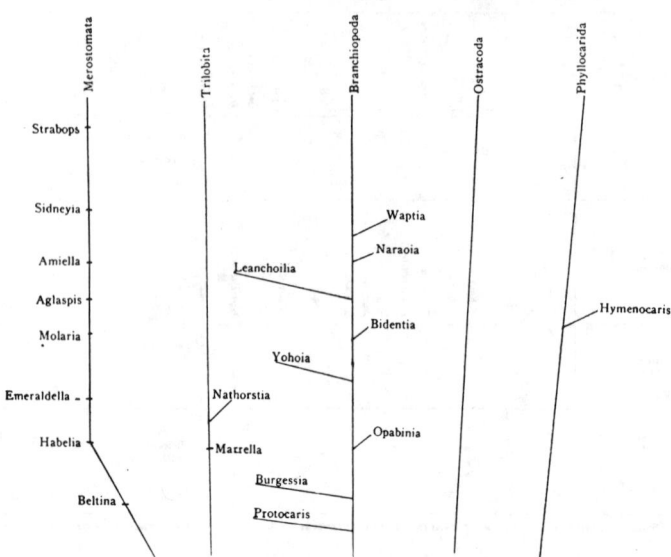

THEORETICAL LINES OF DESCENT OF CAMBRIAN CRUSTACEA

4.9 Walcotts zweites Diagramm zur Phlyogenese von Burgess-Arthropoden (1912).

vielleicht, weil er sich nicht recht getraute, eine solche Behauptung aufzustellen, ohne die geringsten Beweise zu besitzen; die Merostomen-Linie versieht er dagegen kühner mit einer deutlichen Abwinkelung, wofür er auch einige Beweise vorlegt – siehe unten). Zweitens verteilte er alle diese zeitgleichen Fossilien auf seinen vertikalen Ästen auf unterschiedliche Positionen; damit gab er zu verstehen, daß sie die evolutionäre Diversifikation im Zeitablauf darstellten. Auf dem Merostomen-Ast brachte er acht Gattungen unter (von denen fünf nur als Zeitgenossen aus dem Burgess Shale bekannt sind), um eine hypothetische Verbindung zwischen den Merostomen und den Krustazeen herzustellen: »Solche Formen wie *Habelia, Molaria* und *Emeraldella* füllen die Lücke zwischen den Branchiopada und den Merostomata aus, die durch *Sidneyia* und später durch die Eurypteriden vertreten werden« (1912, S. 163). Schließlich zeigt Abb. 4.10 Walcotts letzte und abstrakteste Phylogenie für die Burgess-Arthropoden. Auf den vertikalen Ästen werden noch größere Gruppen aufgeführt, und der ganze Baum konvergiert in einer Branchiopoden-Wurzel.

In diesen Phylogenien steckt das Bindeglied zwischen Walcotts Interpreta-

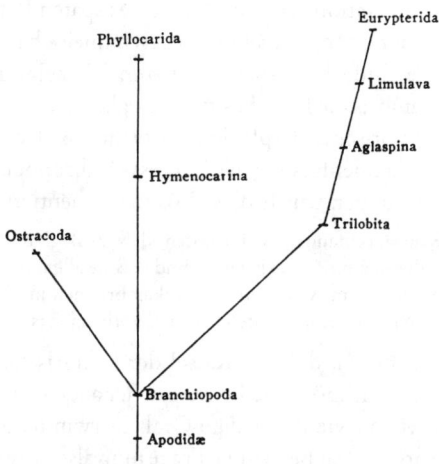

4.10 Walcotts dritter und letzter Versuch einer Darstellung der Arthropoden-Evolution (1912). Die Linien laufen jetzt in einem Punkt zusammen, und auf einem der drei divergierenden Zweige sind große Gruppen hintereinander aufgereiht.

tion der Burgess-Arthropoden und dem früheren Schwerpunkt einer mehr als dreißig Jahre umspannenden intensiven beruflichen Laufbahn: dem Studium kambrischer Gesteine und dem Problem der kambrischen Explosion. Der Zusammenhang zwischen dem Burgess und Walcotts Auffassung der kambrischen Explosion liefert eine letzte und genauere Erklärung dafür, daß er bei der Interpretation der Burgess-Fossilien unausweichlich im Schubladendenken landen mußte.

Kurz, Walcott faßte die Burgess-Arthropoden als Mitglieder von fünf Großgruppen auf, die bereits zu diesem frühen kambrischen Zeitpunkt stabil und deutlich voneinander verschieden waren. Wenn sich das Leben aber bereits an prinzipiell modernen Linien entlang so gut ausdifferenziert hatte, dann müssen die fünf Linien schon zu Beginn der kambrischen Explosion, wie sie durch fossile Urkunden belegt ist, existiert haben, denn die Evolution verläuft langsam und schrittweise und nicht in plötzlichen Sprüngen und verrückten Eruptionen der Vielfalt. Und wenn die fünf Linien als wohl ausdifferenzierte Gruppen schon zu Beginn des Kambriums existierten, dann mußte ihr gemeinsamer Ahne *weit zurück* im Präkambrium gesucht werden. Die kambrische Explosion konnte daher nur das Kunstprodukt einer unvollständigen Fossildokumentation sein; die Meere des späten Präkambriums müssen, wie Darwin sagte, »von Geschöpfen gewimmelt« haben (1859, S. 462).

Walcott glaubte entdeckt zu haben, warum wir keine Beweise für diese notwendige präkambrische Fülle besitzen. Er glaubte, anders gesagt, er habe das Rätsel der kambrischen Explosion im orthodox-darwinistischen Sinne gelöst. Mit der Zusammenfassung der Burgess-Arthropoden zu fünf bekannten und stabilen Gruppen wurde diese Lösung zementiert:

> Die kambrische Krustazeenfauna läßt vermuten, daß zu Beginn der kambrischen Zeit fünf Hauptlinien oder -stämme... existierten und daß sie alle ihren Ursprung bereits in lipalischer Zeit hatten, jenem Abschnitt der präkambrischen marinen Sedimentierung, von der auf den bestehenden Kontinenten kein Teil vorhanden ist (1912, S. 160-161).

Es ist daran zu erinnern, daß das Rätsel der kambrischen Explosion kein gewöhnliches und seine mögliche Lösung daher auch kein kleiner Fund war, sondern eher so etwas wie der heilige Gral. Darwin hatte, wie bereits vermerkt, seine Besorgnis geäußert: »Die Frage muß also vorerst unbeantwortet bleiben; sie wird mit Recht als wesentlicher Einwand in die hier entwickelten Ansichten vorgebracht werden« (1859, S. 464).

Für das Fehlen von präkambrischen Vorfahren kursieren seit über einem Jahrhundert zwei verschiedene Erklärungsversuche in der Diskussion: die »Artefakten«-Theorie (ihr zufolge gab es zwar präkambrische Vorfahren, sie sind aber fossil nicht überliefert) und die Theorie von »schnellen Übergangsstadien«. Nach dieser gab es keine präkambrischen Vorfahren, zumindest nicht in Gestalt von höherentwickelten Wirbellosen, die sich ohne weiteres mit ihren Nachfahren in Verbindung bringen ließen; die Evolution der modernen anatomischen Pläne vollzog sich mit einer Schnelligkeit, die unsere üblichen Vorstellungen vom gemächlichen Tempo des evolutionären Wandels in Frage stellt.

Darwin, dessen Theorie bekanntlich (und zu Unrecht) die gemächliche, Schritt für Schritt erfolgende Evolution mit dem Wandel durch natürliche Auslese gleichsetzte, lehnte die Theorie der schnellen Übergangsstadien kurzerhand ab. Ein hochentwickeltes kambrisches Geschöpf konnte nach seiner festen Überzeugung nur aus einer langen Reihe von präkambrischen Vorfahren *mit dem gleichen Grundbauplan* hervorgegangen sein: »Es ist z. B. nicht zweifelhaft, daß alle kambrischen und silurischen Trilobiten von einem Krustentier abstammen, das lange vor der kambrischen Zeit lebte« (1859, S. 462).

Dementsprechend suchte Darwin nach einer glaubhaften Version der »Artefakten«-Theorie und schlug schließlich vor, daß in präkambrischer Zeit »offene Ozeane dort, wo heute unsere Festländer liegen, bestanden haben«

könnten. In solchen ausgedehnten Wasserflächen habe sich wenig oder gar kein Sediment gebildet. Unsere heutigen Kontinente, die allesamt nacktes Gestein enthalten, seien daher entstanden durch die Hebung eines Gebiets, in dem sich während der entscheidenden Zeitspanne der späten präkambrischen Faunen keine Schichten gebildet hätten, während Flachwassergebiete, in denen sich durchaus präkambrische Sedimente ablagerten, heute in unzugänglichen Meerestiefen lägen.

Walcott verfocht lange die »Artefakten«-Theorie. Sie war die Grundlage für seine Beschäftigung mit der kambrischen Geologie und dem kambrischen Leben. Für ihn stand außer Zweifel, daß der Komplexität und Vielfalt des Kambriums eine lange Reihe von präkambrischen Vorfahren mit gleichem Körperbau vorausgegangen sein mußte. In einem frühen Artikel schrieb er: »Daß das Leben im prä-*Olenellus*-Meer reichhaltig und vielfältig war, unterliegt eigentlich kaum einem Zweifel... Es zu entdecken, ist nur eine Frage der Suche und der günstigen Bedingungen« (1891). *Olenellus* war der älteste damals bekannte kambrische Trilobit, und prä-*Ollenellus* bedeutete demnach präkambrisch. Und in einer seiner späteren Abhandlungen heißt es: »Was das fortgeschrittene Entwicklungsstadium einiger der frühesten bekannten Formen angeht, erscheint es fast sicher, daß es dieses in weit zurückliegender präkambrischer Zeit gegeben hat« (1916, S. 249).

Walcott hatte lange eine bestimmte Auffassung der »Artefakten«-Theorie vertreten, die durch eine Fülle von neuen Burgess-Stämmen untergraben worden wäre. Die »Artefakten«-Theorie forderte für viele moderne Gruppen eine lange präkambrische Vorgeschichte, obwohl man keine Fossilien gefunden hatte. Die Existenz präkambrischen Lebens mußte daher aus irgendeinem Aspekt der späteren, durch Urkunden belegten Geschichte erschlossen werden. Walcott suchte deshalb Unterstützung für die »Artefakten«-Theorie im Begriff der Stabilität. Hatte sich die Zahl der Grundbaupläne während der beurkundeten Geschichte des Lebens nicht geändert, dann durften wir auch für die vorhergehende Zeit von einer solchen Stabilität ausgehen. Konnte denn ein System, das über Hunderte von Jahrmillionen so konstant war, erst kurz zuvor in einem geologischen Augenblick entstanden sein? Eine langfristige Stabilität setzte sicher eine sehr langwierige und allmähliche Entwicklung voraus, deren Ursprung sich tief in den fernen Nebeln des Präkambrismus verlor, und nicht etwa einen gigantischen Rülpser der Kreativität, der unmittelbar vor der kambrischen Grenzlinie ansetzte.

Wir können jetzt verstehen, warum Walcott praktisch zu der Burgess-Schublade gezwungen war. Er interpretierte die neu entdeckte Fauna im

Lichte von dreißig Jahren, die er (überwiegend frustriert) auf das Bemühen verwendet hatte, die »Artefakten«-Theorie zu beweisen, gewissermaßen als letzter Tribut eines kambrischen Geologen an Darwin. Er konnte den Burgess-Organismen nicht die Einzigartigkeit zugestehen, die uns heute so offenkundig erscheint, weil eine Unmenge von neuen Stämmen seine Lieblingsidee gefährdet hätte. Wenn die Evolution imstande war, zehn neue kambrische Stämme hervorzubringen und sie anschließend genauso schnell wieder auszulöschen, wie stand es dann mit den überlebenden kambrischen Gruppen? Mußten sie dann noch einen langen, ehrenwerten präkambrischen Stammbaum haben? Was sprach dagegen, daß sie unmittelbar vor dem Kambrium entstanden waren, wie es die Fossildokumentation, genaugenommen, anzudeuten scheint und wie es die Theorie des schnellen Übergangs besagt? Für die »Artefakten«-Theorie bedeutet dieses Argument natürlich das Ende.

Konnte er dagegen alle Burgess-Geschöpfe in moderne Gruppen zwängen, würde die »Artefakten«-Theorie den stärksten nur denkbaren Auftrieb erhalten. Eine solche Verringerung der Vielfalt erhöhte ja den Anteil der modernen Gruppen, die schon zu Beginn der beurkundeten Geschichte des Lebens vorhanden waren, und auch die scheinbare Dauerhaftigkeit der Hauptbaupläne wurde dadurch sehr gesteigert. Selbstverständlich entschied Walcott sich mit Nachdruck und Wonne für diese Alternative. Was soll ein Mann auch sonst tun, wenn ihm nur die Wahl zwischen Vernichtung und Behauptung bleibt?

Walcott näherte sich der »Artefakten«-Theorie aus beiden geologischen Richtungen, vom Kambrium aus abwärts, wie es die Burgess-Schublade veranschaulicht, und vom Präkambrium aus aufwärts. Seine These in bezug auf das Präkambrium ist, in der für Lehrbücher typischen Verdrehung der Geschichte, zu seinem dauerhaftesten Vermächtnis geworden. Lehrbücher enthalten meistens eine fast obligatorische, zwei- bis dreiseitige Einführung zur Geschichte des jeweiligen Faches. In diesen Karikaturen der Gelehrsamkeit erledigt man die großen Denker unserer Vergangenheit mit zwei Zeilen über irgendeinen gewöhnlich falsch interpretierten Irrtum, der beweist, wie dumm sie waren und wie aufgeklärt wir heute sind. Charles Doolittle Walcott war einer der einflußreichsten Männer in der Geschichte der amerikanischen Wissenschaft. Aber fragen Sie einmal einen Studenten der Geologie nach ihm. Wenn Sie überhaupt eine Antwort bekommen, dann werden Sie wahrscheinlich hören: »Ach ja, dieser Kerl, der das nichtexistierende Lipalian-Intervall erfand, um die kambrische Explosion zu erklären.« Als ich zum erstenmal von Walcott hörte, war es etwas in diesem Sinne, lange bevor ich etwas vom Burgess Shale erfuhr. Geschichte kann erhellen, sie kann aber auch grausam sein. Wenn wir alles berücksichtigen, was oben über den Burgess und über die »Artefakten«-Theorie gesagt wurde, können wir meines Erachtens die Erfindung des Lipalian-Intervalls schließlich doch im richtigen Sinne verstehen und anerkennen, daß Walcott im Rahmen seiner allgemeinen Voraussetzungen eine durchaus vernünftige, wenn auch ganz und gar falsche Schlußfolgerung gezogen hat.

Die »Artefakten«-Theorie war für Walcotts wissenschaftliche Betrachtungsweise von zentraler Bedeutung. Seine Feststellungen bezüglich der Burgess-Fauna stützten diese Theorie, aber er brauchte einen direkteren Beweis aus dem Präkambrium. Wo waren all die präkambrischen Tiere geblieben? Andere hatten einen weltweiten Metamorphismus (eine Veränderung der Gesteine durch Wärme und Druck) unterstellt, der sämtliche präkambrischen Fossilien zerstört habe, oder auch das Fehlen von harten, zur Fossilisation geeigneten Teilen bei präkambrischen Geschöpfen. Walcott verwarf die Metamorphismustheorie, weil er viele unveränderte präkambrische Gesteine gefunden hatte, und zur Theorie der harten Teile meinte er, sie könne durchaus richtig sein, aber nicht das ganze Phänomen erklären.

Walcott war in erster Linie ein praktischer Geologe, der sich auf kambrische Gesteine spezialisiert hatte. Den Neigungen eines Praktikers ebenso nachgebend wie seinem wachsenden Interesse am Problem der kambrischen Explosion, tat er das Nächstliegende und beschloß, die ältesten präkambrischen Gesteine nach den schwer faßbaren Vorläufern der kambrischen Fossilien zu durchforschen. Viele Jahre lang arbeitete er im Westen der Vereinigten Staaten, in den kanadischen Rockies (wo er den Burgess entdeckte) und in China, aber er fand keine präkambrischen Fossilien. Also bemühte er sich, die geologische und topographische Geschichte der Erde im späten Präkambrium so zu rekonstruieren, daß dieser ärgerliche Mangel erklärt würde.

Walcott gelangte schließlich zu einem Schluß, der zwar im Gegensatz zu Darwins These, aber in der gleichen Tradition stand: Die Gesteine, in denen möglicherweise eine Fülle von präkambrischen Fossilien geborgen war, sind uns einfach nicht zugänglich. Darwin hatte vermutet, daß es in den Weiten der präkambrischen Ozeane keine Kontinente gab, von denen Sedimente hätten ausgehen können. Walcott meinte, das späte Präkambrium sei eine Zeit der Hebung und der Gebirgsbildung gewesen, mit sehr viel ausgedehnteren Kontinenten als heute. Das Leben hatte sich, wie Walcott und andere annahmen, in den Ozeanen entwickelt, aber noch nicht das Land beziehungsweise das Süßwasser erobert, und so konnten sich auf diesen riesigen präkambrischen Kontinenten in den uns heute zugänglichen Gebieten keine marinen Sedimente ablagern. (Als Walcott dies schrieb, wußte man noch nichts von der Kontinentalverschiebung, und für ihn bestand an der unverrückbaren Position der Kontinente kein Zweifel. Er nahm deshalb an, daß die der geologischen Beobachtung heute zugänglichen Orte im Mittelpunkt ausgedehnter präkambrischer Kontinente lagen und deshalb keine marinen Sedimente aus dem späten Präkambrium aufweisen konnten. Sedimente aus dem späten Präkambrium lagen möglicherweise kilometertief unter der Meeresoberfläche, aber damals gab es noch nicht die technischen Mittel, um solche potentiellen Schätze zu bergen oder auch nur Stichproben von ihnen zu holen.)

Das berüchtigte »Lipalian-Intervall« war der Walcottsche Name für diese präkambrische Zeit, in der nichts abgelagert wurde. Walcott stellte die These auf, daß es genau in dem entscheidenden Zeitraum, in dem man die ausgedehnte präkambrische Ahnenreihe der modernen Gruppen vermuten müsse, weltweit keinerlei zugängliche marine Sedimentation gegeben habe. In einer berühmten Rede vor dem 11. Internationalen Geologischen Kongreß, der am 18. August 1910 in Stockholm stattfand, erklärte er:

Ich habe in den letzten 18 Jahren das geologische und paläontologische Material gesichtet, das uns helfen könnte, das Problem des präkambrischen Lebens zu lösen. Die großen Serien von kambrischen und präkambrischen Schichten im östlichen Nordamerika von Alabama bis Labrador, im westlichen Nordamerika von Nevada und Kalifornien bis weit hinein nach Alberta und Britisch-Kolumbien und auch in China wurden erforscht und nach Lebensspuren untersucht, bis wir nach und nach zwangsläufig zu dem Schluß kamen, daß wir auf dem nordamerikanischen Kontinent keinerlei bekannte präkambrische *marine* Ablagerungen haben, die Spuren organischer Überreste enthalten, und daß das plötzliche Auftreten der kambrischen Fauna auf geologischen und nicht auf biotischen Voraussetzungen beruht... Der Gedanke ist, kurz gesagt, der folgende: Das Algonkium (das späte Präkambrium)... war eine Zeit der Kontinentalhebung und der überwiegend terrigenen Sedimentierung in nicht-marinen Gewässern, zugleich eine Periode, in der sich in weiten Gebieten durch Luftströmungen und Fließgewässer Ablagerungen gebildet haben (1910, S. 2-4).

Er fügte hinzu:

Lipalian wird vorgeschlagen für einen Zeitabschnitt, aus dem uns keine marinen Ablagerungen bekannt sind... Das scheinbar plötzliche Auftreten der unterkambrischen Fauna muß... damit erklärt werden, daß die Sedimente und somit auch die Faunen der Lipalian-Periode in der Nähe unserer gegenwärtigen Festlandsflächen fehlen (1910, S. 14).

Walcotts Aussage mag gezwungen wirken und als eine ad hoc gebildete Erklärung erscheinen. Sicherlich war sie mehr aus der Frustration als aus der

Freude an der Entdeckung geboren. Dennoch war das nichtexistierende Lipalian nicht die Rationalisierung eines Dummkopfs, als die sie in unseren Lehrbüchern gewöhnlich hingestellt wird, sondern angesichts eines ärgerlichen Dilemmas eine glaubwürdige Synthese aus dem vorliegenden geologischen Material. Wenn Walcott Kritik verdient, dann muß sie sich gegen sein Versäumnis richten, keine Alternative zu seiner bevorzugten Denkweise bezüglich der »Artefakten«-Theorie in Erwägung gezogen zu haben, und gegen seine falsche, durch das alte Vorurteil des Gradualismus geförderte Annahme, die Evolution eines komplexen Tieres könne nur aus einer langen Ahnenkette bestehen. Denn mochte die Lipalian-Hypothese auch angesichts des damaligen geologischen Kenntnisstandes schlüssig sein, so beruhte sie doch, wie Walcott nur allzu gut wußte, auf dem trügerischsten Argument, das ein Wissenschaftler je benutzen kann, auf dem negativen Beweis. Walcott räumte ein: »Mir ist vollkommen klar, daß die oben skizzierten Folgerungen hauptsächlich auf dem Fehlen einer marinen Fauna in algonkischen Gesteinen beruhen« (1910, S. 6).

Und wie es bei negativen Beweisen des öfteren vorkommt, gab die Erde schließlich eine Antwort und offerierte späteren Geologen eine Fülle von marinen Sedimenten aus dem späten Präkambrium, die aber noch immer keine Fossilien von komplexen Wirbellosen enthielten. Das Lipalian-Intervall endete auf dem Müllhaufen der Geschichte.

Wissenschaftler bezeichnen ein Phänomen wie Walcotts Festhalten an der Burgess-Schublade gern mit dem Ausdruck »Überdeterminiertheit«. Die moderne Vorstellung von maximaler Mannigfaltigkeit und späterer Dezimierung (vielleicht durch Zufall) hatte bei Walcott nie die geringste Chance, weil viele Elemente seines Lebens und seiner Psyche zusammenwirkten, um das entgegengesetzte Bild von der Schublade abzusichern. Jedes dieser Elemente hätte allein schon genügt; zusammen machten sie jede Alternative zunichte und überdeterminierten Walcotts Interpretation seiner größten Entdeckung.

Zunächst einmal war Walcott, wie wir gesehen haben, in seinem Denken und Handeln ein Erztraditionalist; und deshalb war er auf keinem Gebiet des Lebens für unkonventionelle Interpretationen aufgeschlossen. Seine allgemeine Einstellung zur Geschichte des Lebens und zur Evolution sprach für eine allmähliche Entfaltung auf vorhersagbaren Wegen, die durch die Leiter des Fortschritts und den Kegel der wachsenden Vielfalt bestimmt waren; dieses Schema hatte für ihn auch moralische Bedeutung, denn darin offenbarte sich Gottes Absicht, das Leben nach einer langen Geschichte des Aufwärtsstrebens mit Bewußtsein zu erfüllen. Walcotts spezieller Ansatz bei der

Beschäftigung mit dem entscheidenden Problem, das zum Schwerpunkt seiner gesamten Karriere geworden war – das Rätsel der kambrischen Explosion –, sprach für eine kleine Anzahl stabiler und deutlich voneinander getrennter Gruppen während der Burgess-Zeit. Auf diese Weise könnte eine lange Vorgeschichte präkambrischen Lebens bestätigt und die »Artefakten«-Theorie der kambrischen Explosion gestützt werden. Falls Walcott überhaupt bereit gewesen wäre, angesichts der entgegenstehenden Erkenntnisse aus dem Burgess Shale seine ideologische Bindung an das Schubladendenken aufzugeben, hätten ihn schließlich seine administrativen Verpflichtungen daran gehindert, die Burgess-Fossilien mit der erforderlichen Sorgfalt und Aufmerksamkeit zu studieren.

Ich habe mich durch die Einzelheiten der Walcottschen Interpretation und ihrer Quellen gekämpft, weil ich keine schönere Illustration für die wichtigste Botschaft der Wissenschaftsgeschichte kenne: den unmerklichen und unentrinnbaren Einfluß, den die Theorie auf Daten und Beobachtung ausübt. Was die Realität uns mitteilt, ist nicht objektiv, und es gibt keinen Wissenschaftler, der von psychischen und gesellschaftlichen Zwängen frei wäre. Das größte Hindernis für wissenschaftliche Neuerungen ist in der Regel nicht der faktische Mangel, sondern die Blockade im Denken.

Dies wird ganz besonders deutlich, wenn man von Walcott zu Whittington übergeht. Die neue Sicht – und eine bedeutendere Neuerung hat die Paläontologie bisher noch nicht zu unserem Verständnis des Lebens und seiner Geschichte beigesteuert – war Walcott keineswegs verschlossen. Als Whittington und seine Kollegen zu ihrer radikalen Revision gelangten, studierten sie Walcotts Exemplare und benutzten Verfahren und Werkzeuge, die zu Walcotts Zeit durchaus verfügbar waren. Ihren Erfolg hatten sie nicht als selbstbewußte Revolutionäre, die von vornherein auf eine neue Sicht aus waren. Sie setzten zunächst bei Walcotts Interpretation an, kämpften sich dann aber auf beiden Seiten der großen Dialektik von Theorie und Fakten weiter vor, weil sie sich die Zeit nahmen, mit den Burgess-Fossilien zu sprechen, und weil sie bereit waren zuzuhören.

Der Übergang von Walcott zu Whittington ist ein Meilenstein, dessen Bedeutung kaum zu übertreffen ist. Die neue Sicht des Burgess Shale bedeutet nicht mehr und nicht weniger, als daß die Geschichte selbst zu einem bevorzugten Prinzip in der Deutung der Evolution des Lebens wird.

Der Burgess Shale und das Wesen der Geschichte

In vielen Wendungen unserer Sprache kommt das schlimmste und restriktivste Vorurteil über die Wissenschaft zum Ausdruck. Wenn unsere Freunde sich über ein vertracktes Problem ärgern, ermahnen wir sie, »wissenschaftlich«, das heißt emotionslos und analytisch, an die Sache heranzugehen. Wir sprechen von der »wissenschaftlichen Methode« und zeigen den Kindern in der Schule diesen vermeintlich monolithischen und äußerst wirksamen Weg zur Naturerkenntnis, als könnte eine einzige Formel all die vielfältigen Geheimnisse der empirischen Wirklichkeit erschließen.

Sieht man einmal von der phrasenhaften Forderung nach Aufgeschlossenheit ab, umfaßt die »wissenschaftliche Methode« eine Reihe von Begriffen und Verfahren, die zugeschnitten sind auf das Bild eines Mannes im weißen Kittel, der in einem Labor geschickt mit Zahlen hantiert – Experiment, Quantifizierung, Wiederholung, Vorhersage und Beschränkung der Komplexität auf einige wenige Variablen, die kontrolliert und manipuliert werden können. Diese Verfahren sind gewiß leistungsfähig, erfassen aber nicht die ganze Vielfalt der Natur. Wie sollen Wissenschaftler vorgehen, wenn sie die Ergebnisse der Geschichte erklären müssen, diese ungeheuer komplexen Vorgänge, die sich in voller Pracht nur einmal ereignen können? Viele Bereiche der Natur, darunter die Kosmologie, die Geologie und die Evolution, können nur mit den Mitteln der Historie studiert werden. Die entsprechenden Methoden basieren nicht auf dem Experiment im üblichen Sinne, sondern auf der Erzählung.

Für die irreduzible Geschichte ist in dem Stereotyp »wissenschaftliche Methode« kein Platz. Naturgesetze sind gekennzeichnet durch ihre Invarianz in Raum und Zeit. Die Verfahren des kontrollierten Experiments und der Reduktion der natürlichen Komplexität auf ein Minimum von allgemeinen Ursachen setzen voraus, daß man alle Zeiten in gleicher Weise behandeln und im Labor angemessen simulieren kann. Kambrischer Quarz ist dasselbe wie moderner Quarz: Tetraeder aus Silizium und Sauerstoff, die an allen Ecken miteinander verbunden sind. Man bestimme in einem Labor unter kontrollierten Bedingungen die Eigenschaften von modernem Quarz, und man kann die Strandsande des kambrischen Potsdamer Sandsteins interpretieren.

Was aber, wenn Sie wissen möchten, warum die Dinosaurier aussterben oder warum die Weichtiere fortlebten, während *Wiwaxia* unterging? Das

Laboratorium kann auch zu solchen Fragen durch Analogieschlüsse wichtige Erkenntnisse beisteuern. Wir könnten zum Beispiel etwas Interessantes über das massenhafte Aussterben der Kreidezeit erfahren, indem wir die physiologischen Toleranzen moderner Organismen oder auch nur von Dinosaurier-»Modellen« unter veränderten Umweltbedingungen testen, wie sie in verschiedenen Theorien als Voraussetzung für dieses große Sterben beschrieben werden. Gleichwohl können die eingeschränkten Verfahren der »wissenschaftlichen Methode« nicht zum Kern dieses einmaligen Ereignisses vordringen, das Geschöpfe betraf, die seit langem tot sind, auf einer Erde, deren Klima und Kontinentalpositionen sich von den heutigen deutlich unterscheiden. Die Analyse der Geschichte muß sich auf die Rekonstruktion der vergangenen Ereignisse selbst – in ihrem eigenen Sinne – stützen, deren einzigartige Phänomene das Erzählmaterial bilden. Es gibt kein Gesetz, das das Aussterben von *Wiwaxia* garantierte, sondern nur einige komplizierte Ereigniszusammenhänge, die gemeinsam für dieses Ergebnis sorgten –, und vielleicht sind wir in der Lage, die Ursachen festzustellen, wenn unser lückenhaftes geologisches Material durch einen Glücksfall genügend Beweise enthält. Bis vor zehn Jahren wußten wir zum Beispiel nicht, daß das massenhafte Aussterben in der Kreidezeit zeitlich zusammenfiel mit dem mutmaßlichen Aufschlag eines oder mehrerer Himmelskörper, obwohl es die Beweise in Gestalt chemischer Spuren in Gesteinen entsprechenden Alters seit jeher gegeben hatte.)

Zwischen historischen Erklärungen und den Ergebnissen herkömmlicher Experimente bestehen mancherlei Unterschiede. Die Frage der Verifikation durch Wiederholung stellt sich gar nicht, weil wir einmalige Einzelheiten zu erklären versuchen, die sowohl nach den Gesetzen der Wahrscheinlichkeit als auch wegen der Unumkehrbarkeit des Zeitpfeils nicht wieder zusammen auftreten können. Wir versuchen nicht, die komplexen Ereignisse, über die zu berichten ist, in der Weise zu interpretieren, daß wir sie auf einfache Folgen aus dem Naturgesetz reduzieren. Historische Vorgänge verletzen natürlich keine allgemeinen Gesetze der Materie und der Bewegung, sondern fallen in einen Bereich kontingenter Einzelheiten. (Das Gravitationsgesetz sagt uns, wie ein Apfel fällt, aber nicht, warum dieser Apfel in diesem Augenblick fiel und warum Newton sich gerade dort befand, reif für eine Inspiration.) Und die Vorhersage, ein Hauptbestandteil des Stereotyps, hat in einem historischen Bericht nichts verloren. Wir können ein Ereignis nachträglich erklären, aber die Kontingenz schließt aus, daß es sich wiederholen wird, selbst wenn man beim gleichen Ausgangspunkt ansetzte. (General Custer war im amerikanischen Bürgerkrieg zum Scheitern verurteilt, nachdem Tausende von Ereignissen zusammengekommen waren, um seine Truppen abzuschneiden. Aber wenn wir alles noch einmal im Jahre 1850 beginnen ließen, könnte es sein, daß er Montana niemals gesehen hätte, von Sitting Bull und Crazy Horse ganz zu schweigen.)

Diese Unterschiede rücken historische oder narrative Erklärungen in ein ungünstiges Licht, wenn sie nach den restriktiven Stereotypen der »wissenschaftlichen Methode« beurteilt werden. Man hat daher die Wissenschaften, die sich mit historischer Komplexität befassen, in ihrem Status zurückgestuft; in der wissenschaftlichen Welt werden sie generell nicht hoch eingeschätzt. Die Einordnung der Wissenschaften in eine Rangordnung ist schon so zur Gewohnheit geworden, daß die Einstufung, die von der stahlharten Physik an der Spitze bis hinab zu so schwammigen und subjektiven Fächern wie Psychologie und Soziologie am unteren Ende reicht, ihrerseits inzwischen ein Stereotyp bildet. Diese Unterscheidungen sind in unserer Sprache und unserer Metaphern eingegangen: Wir sprechen von »harten« und »weichen« Wissenschaften, von »streng experimentellen« und »bloß beschreibenden«. Die Harvard University hat vor mehreren Jahren in einem untypischen innovativen Akt theoretisches Neuland beschritten und die einzelnen Wissenschaften nicht nach ihrer konventionellen Stellung innerhalb des Studienplans, sondern nach der Verfahrensweise geordnet. Statt wie bisher das Physikalische vom Biologischen zu trennen, haben wir die beiden soeben erwähnten Arbeitsstile – den experimentell-prädiktiven und den historischen – zur Grundlage gemacht. Jede Kategorie wurde statt mit einem Namen mit einem Buchstaben bezeichnet. Wollen Sie wissen, welcher Bereich zu Wissenschaft A und welcher zu Wissenschaft B wurde? Mein Kurs über die Geschichte der Erde und des Lebens heißt Wissenschaft B-16.

Das Traurigste an dieser linearen Rangordnung ist vielleicht, daß die Vertreter vom unteren Ende ihre Inferiorität akzeptieren und hartnäckig versuchen, ungeeignete Methoden, die weiter oben auf der Leiter funktionieren mögen, nachzuäffen. Wenn einmal jemand diese Ordnung selbst entschieden in Frage stellt und stolz Pluralität in Verbindung mit Gleichrangigkeit geltend macht, dann verhalten sich allzu viele Vertreter historischer Wissenschaften wie der Kalfakter im Gefängnis, der wegen seiner dürftigen Privilegien sogar noch den Wärter übertrifft in seinem eifrigen Bemühen um die Erhaltung der Verhältnisse von Herrschaft und Unterordnung.

Vertreter der historischen Wissenschaften übernehmen oft ein allzu vereinfachtes Zerrbild der »harten« Naturwissenschaft, oder sie beugen sich ganz einfach dem Urteil von Fächern mit höherem Status. So haben viele Geologen die letzten, äußerst restriktiven Daten von Lord Kelvin akzeptiert, die auf eine junge Erde schließen ließen, obwohl Fossilien und Schichten eindeutig von einer längeren Existenzdauer zeugten. (Kelvins Daten waren mit dem Prestige mathematischer Formeln und dem Gewicht der Physik ausgestattet, doch machte bald darauf die Entdeckung der Radioaktivität Kelvins Prämisse zunichte, die gegenwärtig aus dem Erdinneren aufsteigende Wärme sei ein Beweis der Abkühlung unseres Planeten aus einem ursprünglichen flüssigen, noch nicht lange zurückliegenden Zustand.) Noch mehr Geologen verwarfen die Kontinentalverschiebung, trotz eines beeindruckenden Katalogs von Hinweisen auf frühere Zusammenhänge zwischen den Kontinenten, weil Physiker die seitliche Verschiebung von Kontinenten für unmöglich erklärt hatten. Charles Spearman mißbrauchte das statistische Verfahren der Faktorenanalyse dazu, die Intelligenz zu einer in sich geschlossenen, meßbaren physikalischen Sache im Kopf zu machen, und freute sich anschließend für die Psychologie, weil »dieses Aschenputtel unter den Wissenschaften kühn nach den Höhen der Physik gegriffen hat« (zitiert in Gould, 1981, S. 263).

Aber die historische Wissenschaft ist nicht schlechter, begrenzter oder weniger fähig, zu eindeutigen Ergebnissen zu gelangen, nur weil Experimente, Vorhersagen und die Subsumtion unter unwandelbare Naturgesetze nicht zu ihren üblichen Arbeitsmethoden zählen. Die Wissenschaften von der Geschichte benutzen einen anderen Erklärungsmodus, der auf der Fülle unserer komparativen Beobachtungsdaten beruht. Zwar können wir ein vergangenes Ereignis nicht direkt sehen, aber die Wissenschaft basiert ja üblicherweise auf Schlußfolgerungen und nicht auf schlichten Beobachtungen (Elektronen, die Schwerkraft oder schwarze Löcher kann man schließlich auch nicht sehen).

PLÄDOYER FÜR EINE HÖHERE BEWERTUNG DER NATURGESCHICHTE

Anders als mit der Umkehrung der Rangordnung der Wissenschaften kann ich mir das merkwürdige Phänomen nicht erklären, das mich überhaupt erst dazu bewogen hat, dieses Buch zu schreiben: daß nämlich die Burgess-Revision von der allgemeinen Öffentlichkeit und auch von Wissenschaftlern anderer Disziplinen kaum zur Kenntnis genommen wurde. Ja, ich verstehe schon, daß Wissenschaftsautoren nicht unbedingt die Philosophical Transactions of the Royal Society, London *lesen und daß anatomische Monographien von hundert Seiten auf jemanden, dem die Fachsprache nicht geläufig ist, ziemlich einschüchternd wirken können. Wir können jedoch Whittington und Kollegen nicht vorwerfen, sie hätten mit der guten Nachricht hinterm Berg gehalten. Sie haben auch in den allgemeinen Zeitschriften publiziert, die denn doch von Wissenschaftsautoren gelesen werden, vor allem in* Science *und* Nature. *Sie verfaßten ein halbes Dutzend längerer Zeitschriftenartikel für Fachkollegen. Für das allgemeine Publikum haben sie auch eine Menge geschrieben, darunter Artikel für* Scientific American *und* Natural History *sowie einen allgemein verständlichen Führer für Parks Canada. Sie kennen die Implikationen ihrer Arbeit und haben versucht, die Botschaft hinüberzubringen. Andere haben mitgeholfen (ich habe zum Beispiel vier Essays über den Burgess Shale für* Natural History *geschrieben). Warum hat die Geschichte keinen Eindruck hinterlassen, warum hat man sie nicht als bedeutsam erkannt?*

Eine Antwort bietet vielleicht der interessante Vergleich zwischen der Burgess-Revision und der Alvarez-Theorie; letztere bringt das Aussterben in der Kreidezeit mit dem Einschlag von Himmelskörpern in Verbindung. Für mich sind dies die beiden wichtigsten paläontologischen Entdeckungen der letzten zwanzig Jahre. Sie stehen einander an Bedeutung in nichts nach, und im Grunde erzählen sie dieselbe Geschichte: daß nämlich die Geschichte des Lebens äußerst riskant und kontingent ist. Dezimieren Sie den Burgess in anderer Weise, und wir entwickeln uns nie; schicken Sie diese Kometen in unschädliche Bahnen, und die Dinosaurier beherrschen noch immer die Erde und verhindern den Aufstieg großer Säugetiere, einschließlich der Menschen. Ich denke, daß beides inzwischen gut dokumentiert ist, die Burgess-Revision wahrscheinlich besser als die Alvarez-Theorie. Dennoch hat das Publikum sehr unterschiedlich reagiert. Während Alvarez' Einschlagstheorie den Titel von Time *zierte, in mehreren Fernsehdokumentationen dargestellt wurde und überall dort, wo Naturwissenschaft eine ernsthafte Diskussion auslöst, Gegenstand von Kommentaren und Kontroversen war, hat außerhalb des Faches kaum jemand vom Burgess Shale gehört – was eben dieses Buch notwendig macht.*

Mir ist schon klar, daß diese unterschiedliche Beachtung auch etwas damit zu tun hat, daß wir uns leicht von etwas Großem und Furchterregendem beeindrucken lassen. Dinosaurier finden zwangsläufig größere Beachtung als zwei Zoll lange »Würmer«. Ich bin aber überzeugt, daß die Hauptursache – besonders für die Entscheidung der Wissenschaftsautoren, den Burgess Shale links liegen zu lassen – in dem Stereotyp der wissenschaftlichen Methode und in der verkehrten Rangordnung der Wissenschaften liegt. Luis Alvarez, der starb, während ich an diesem Buch schrieb, war Nobelpreisträger und einer der brillantesten Physiker unseres Jahrhunderts; kurz gesagt, er war – im traditionellen Sinne – ein wissenschaftlicher Star ersten Ranges. Der Beweis für seine Theorie ist von der Art, wie man ihn gewöhnlich im Labor erzeugt: exakte Messungen mit Hilfe teurer Apparate an winzigen Mengen von Iridium. Die Einschlagstheorie besitzt alles, was sie für den öffentlichen Beifall prädestiniert: weiße Kittel, Zahlen, Nobelpreis-Ehre und die Stellung ganz oben auf der Status-Leiter. Die Burgess-Neubeschreibungen wurden dagegen von vielen Beobachtern bloß als komisch empfunden – einfach als Beschreibungen von bis dahin unbeachteten, seltsamen Tieren aus der Frühgeschichte des Lebens.

Ich mochte Luis Alvarez, weil er anregende Spannung in mein Fach gebracht hat. Wir hatten eine gute persönliche Beziehung, denn ich war einer der wenigen Paläonotologen, die von Anfang an schätzten, was er zu sagen hatte (wenngleich, im Rückblick, nicht immer aus guten Gründen). Dennoch muß ich, unbeschadet des Wortes, de mortuis nil nisi bene *sagen, daß Luis auch ein Teil des Problems gewesen sein könnte. Ich verstehe durchaus seine Enttäuschung über so viele Paläonotologen, die, in Traditionen des Gradualismus und der irdischen Verursachung befangen, seine Beweise nie richtig gewürdigt haben. Oft hat Luis aber auch gegen das ganze Fach und die historische Wissenschaft generell vom Leder gezogen, so zum Beispiel, als er in einem mittlerweile berüchtigten Interview mit der* New York Times *erklärte: »Ich möchte nicht gern etwas Schlechtes über die Paläonotologen sagen, aber sie sind wirklich keine besonders guten Wissenschaftler. Sie sind eher mit Briefmarkensammlern zu vergleichen.«*

Ich rechne es Luis hoch an, daß er laut ausgesprochen hat, was viele Wissenschaftler von der stereotypen Sorte denken, aber um des lieben Friedens willen nicht zu sagen wagen. In dem geläufigen Spruch, der die historische Erklärung mit Briefmarkensammeln in Verbindung bringt, schwingt die klassische Arroganz einer Disziplin mit, die kein Verständnis für den Historiker hat, der lauter verschiedene Einzelerscheinungen miteinander vergleicht. Diese taxonomische Tätigkeit ist nicht gleichzusetzen mit dem Anlecken von Klebestreifen und dem Einlegen bunter Papierfetzen in Bücher. Der historische Wissenschaftler kümmert sich um detaillierte Einzelheiten – lauter komische Dinger –, weil uns deren Koordination und Vergleich durch induktive Zusammenschau erlaubt, (bei entsprechender Beweislage) die Vergangenheit mit der gleichen Überzeugung zu erklären, mit der Luis Alvarez aufgrund

chemischer Messungen nach seinem Asteroiden Ausschau halten konnte.
Wir werden die ganze Spannweite und Bedeutung der Wissenschaft nicht
eher verstehen, bis wir das Stereotyp vom unterschiedlichen Wert der einzel-
nen Fächer zerstört haben und begreifen, daß die verschiedenen Formen der
historischen Erklärung dem, was Physik oder Chemie tun, gleichrangig sind.
Wenn wir diese neue taxonomische Pluralitätsverfassung zwischen den Wis-
senschaften erreichen, dann, und nur dann, wird die Bedeutung des Burgess
Shale zutage treten. Wir werden dann endlich begreifen, daß die Antwort auf
solche Fragen wie »Warum kann der Mensch denken?« ebenso auf den ver-
schlungenen Wegen der kontingenten Geschichte wie in der Physiologie der
Neuronen zu finden ist.

Was man für alle Wissenschaften – diejenigen, die dem Stereotyp entsprechen, ebenso wie die historischen – nachdrücklich fordern muß, ist die
gesicherte Überprüfbarkeit, nicht die direkte Beobachtung. Wir müssen feststellen können, ob unsere Hypothesen definitiv falsch oder wahrscheinlich
richtig sind (behauptete Gewißheiten überlassen wir Predigern und Politikern). Die Mannigfaltigkeit der Geschichte verlangt unterschiedliche Prüf-
methoden, aber die Überprüfbarkeit ist auch für uns das Kriterium. Wir
arbeiten mit der Beweiskraft der uns zur Verfügung stehenden Fülle verschiedener Daten, die auf vergangene Ereignisse schließen lassen. Wir klagen nicht
darüber, daß wir nicht in der Lage sind, die Vergangenheit direkt zu sehen.
Wir suchen nach sich wiederholenden Mustern in einem Tatsachenmaterial,
das so vielfältig und reichhaltig ist, daß nur diese Zusammenschau ihm
gerecht werden kann, auch wenn die einzelnen Elemente, für sich genommen, keinen schlüssigen Beweis liefern.

William Whewell, der bedeutende Wissenschaftstheoretiker des 19. Jahrhunderts, prägte den Begriff »consilience«, der »zusammenspringen« bedeutet, für die Gewißheit, die man gewinnt, wenn viele unabhängige Quellen
»zusammenwirken«, um auf ein bestimmtes historisches Muster hinzudeu-
ten. Er nannte die Strategie, disparate Ergebnisse aus vielfältigen Quellen
zusammenzufassen, *consilience of induction*, was man als »induktive Zusammenschau« übersetzen könnte.

Für mich ist Charles Darwin der größte historische Wissenschaftler. Nicht
nur, daß er überzeugende Beweise für die Evolution als Ordnungsprinzip
der Geschichte des Lebens vorlegte, er machte außerdem die Entwicklung
einer andersartigen, aber nicht minder strengen Methodologie für die histori-

sche Wissenschaft zu einem erklärten Hauptthema aller seiner Schriften, von den Abhandlungen über Würmer, Korallenriffe und Orchideen bis hin zu den dicken Bänden über die Evolution (Gould, 1986). Darwin untersuchte eine Vielzahl historischer Erklärungsmodi, die sich jeweils für unterschiedlich dichte Überlieferungen von Tatsachen eigneten (Gould, 1986, S. 60-64), doch im ganzen beruhte seine Argumentation auf Whewells Zusammenschau. Wir wissen, daß der Ordnung des Lebens die Evolution zugrunde liegen muß, weil es sonst keine Erklärung gibt, welche die disparaten Daten der Embryologie, der Biogeographie, der fossilen Funde, der rudimentären Organe, der taxonomischen Zusammenhänge usw. zu koordinieren vermöchte. Darwin hat die naive, aber weitverbreitete Vorstellung, daß von einer wissenschaftlichen Erklärung nur dann gesprochen werden könne, wenn direkt eine Ursache zu erkennen sei, ausdrücklich verworfen. Unter Berufung auf die Idee der Zusammenschau im Sinne einer historischen Erklärung schrieb er über das angemessene Verfahren, die natürliche Auslese zu überprüfen:

Nun kann man diese Hypothese – und das erscheint mir als das einzig angemessene und legitime Verfahren, die ganze Frage zu betrachten – dadurch überprüfen, daß man herauszufinden versucht, ob sie mehrere große und voneinander unabhängige Klassen von Tatsachen erklärt; zu diesen Tatsachen gehört die geologische Aufeinanderfolge der organischen Lebewesen, ihre Verteilung in Vergangenheit und Gegenwart und ihre gegenseitigen Verwandtschaften und Homologien. Falls das Prinzip der natürlichen Auslese diese und andere große Faktengruppen tatsächlich erklärt, sollte sie als gültig anerkannt werden (1868, Bd. 1, S. 657).

Freilich genügt es nicht, wenn historische Wissenschaftler beweisen, daß ihre Erklärungen mit gleichermaßen strengen, wenn auch vom Stereotyp der »wissenschaftlichen Methode« abweichenden Verfahren überprüft werden können; sie müssen auch andere Wissenschaftler davon überzeugen, daß Erklärungen dieses historischen Typs sowohl interessant als auch wirklich informativ sind. Wenn wir durchgesetzt haben, daß die »bloße Geschichte« als die einzig vollständige und akzeptable Erklärung für Phänomene gilt, die alle für wichtig halten – wie zum Beispiel die Evolution der menschlichen Intelligenz oder überhaupt jedes sich selbst bewußten irdischen Lebens –, dann haben wir gewonnen.

Historische Erklärungen haben die Form eines Berichts: E, das zu erklärende Phänomen, ist deshalb entstanden, weil vorher D da war, dem C, B und A vorausgingen. Wäre eines dieser vorhergehenden Stadien nicht eingetreten oder auf andere Weise erfolgt, würde E nicht existieren (oder aber in erheblich veränderter Form als E', die eine andere Erklärung erfordern würde). E ist also verständlich und läßt sich genau erklären als Ergebnis von A bis D. Es gibt aber kein Naturgesetz, das E zwingend vorgeschrieben hätte; eine aus anderen Voraussetzungen entstehende Variante E' wäre, obwohl in Form und Wirkung ganz anders, genauso plausibel.

Ich spreche nicht von Zufall (denn E mußte als eine Folge von A bis D entstehen), sondern von dem zentralen Prinzip jeglicher Geschichte, der *Kontingenz*. Eine historische Erklärung beruht nicht auf direkten Ableitungen aus Naturgesetzen, sondern auf einer unvorhersagbaren Sequenz vorhergegangener Zustände, wobei eine größere Veränderung auf irgendeiner Stufe der Sequenz das Endresultat verändert hätte. Dieses Endresultat ist somit abhängig von oder bedingt durch alles, was vorher war – dies ist das unauslöschliche, bestimmte Merkmal der Geschichte.

Viele Wissenschaftler und interessierte Laien finden, vom Stereotyp der »wissenschaftlichen Methode« beeindruckt, solche kontingenten Erklärungen weniger interessant oder weniger »wissenschaftlich«, selbst wenn eingeräumt werden muß, daß sie angemessen oder im wesentlichen korrekt sind. Die Südstaaten haben den amerikanischen Bürgerkrieg mit einer Art erbarmungsloser Unausweichlichkeit verloren, nachdem einmal Hunderte von Einzelereignissen, wie bekannt, abgelaufen waren: Picketts Bombe ging nicht hoch, Lincoln gewann die Wahlen von 1864, usw. usw. Wenn man aber einmal das Band der amerikanischen Geschichte zurückspult bis zum Louisiana Purchase 1803, als Napoleon das westliche Mississippibecken an die USA verkaufte, bis zur Dred Scott-Entscheidung oder auch nur bis Fort Sumter [1861, als die Konföderierten mit der Einnahme dieses Forts den Bürgerkrieg eröffneten] und dann mit nur geringen und wohlüberlegten Veränderungen (und der Kaskade der daraus folgenden Weiterungen) nochmals ablaufen lassen, hätte sich nach einem bestimmten Punkt mit gleicher Erbarmungslosigkeit ein anderes Ergebnis einstellen können, auch die entgegengesetzte Lösung. Früher glaubte ich, die Überlegenheit des Nordens aufgrund der Bevölkerungszahl und Industrie habe das Ergebnis praktisch schon von vornherein gesichert. Neuere Untersuchungen haben mich jedoch davon überzeugt, daß entschlossene Minderheiten Kriege gewinnen können, wenn es dabei nicht um Eroberung, sondern um Anerkennung geht. Der Süden wollte den Norden ja nicht überrennen, sondern nur seine eigenen erklärten Grenzen sichern und Anerkennung als unabhängiger Staat erringen. Man kann Mehrheiten, selbst wenn sie das Gebiet besetzt halten, durch nicht endenden Aufruhr, besonders in Form der Guerilla, hinreichend kriegsmüde und rückzugsbereit machen.

Nehmen wir also an, wir hätten eine Reihe von historischen Erklärungen, die ebenso gut dokumentiert sind wie in der konventionellen Wissenschaft. Man kann sie nicht aus irgendeinem Naturgesetz herleiten; sie lassen sich nicht einmal aus einer allgemeinen oder abstrakten Eigenschaft des größeren Systems (wie Überlegenheit durch Bevölkerungszahl oder Industrie) vorhersagen. Solche Erklärungen sind nicht minder interessant und wichtig als konventionellere wissenschaftliche Schlußfolgerungen. Nach meiner Überzeugung müssen wir ihnen aus drei Gründen den gleichen Status einräumen:

1. *Eine Frage der Verläßlichkeit.* Die Tatsachen können genauso zuverlässig dokumentiert, die Wahrscheinlichkeit der Wahrheit kann durch Widerlegung von Alternativen genauso schlüssig gezeigt werden wie bei irgendeiner traditionellen naturwissenschaftlichen Erklärung.

2. *Eine Sache von Bedeutung.* Daß historisch kontingente Erklärungen von nicht geringerer Wirkung sind, läßt sich kaum leugnen. Der Bürgerkrieg ist das zentrale Thema und der Wendepunkt der amerikanischen Geschichte. So wichtige Faktoren wie Rasse, Regionalismus und Wirtschaftskraft verdanken ihre gegenwärtige Prägung diesem großen Ereignis, das nicht hätte sein müssen. Wenn es stimmt, daß die gegenwärtige taxonomische Ordnung und die relative Vielfalt des Lebens eher aus der »bloßen Geschichte« folgen als aus allgemeinen Prinzipien der Evolution, dann bestimmt Kontingenz das Grundmuster der Natur.

3. *Ein psychologischer Punkt.* Meine Haltung war bis jetzt zu sehr von Rechtfertigungsversuchen bestimmt. Ich habe mir sogar die Ausdrucksweise der Inferiorität zu eigen gemacht, indem ich zum einen von der Prämisse ausging, daß historische Erklärungen vielleicht weniger interessant seien, und zum anderen hartnäckig um Gleichberechtigung kämpfte. Zu solchen Rechtfertigungen besteht überhaupt kein Anlaß. Historische Erklärungen sind an sich schon unendlich faszinierend und in mancher Hinsicht für die menschliche Psyche fesselnder als die unausweichlichen Folgen der Naturgesetze. Besonders tief bewegen uns die Ereignisse, die nicht hätten sein müssen, die aber dennoch geschehen sind, und zwar aus erkennbaren Gründen, über die man endlos grübeln und streiten kann. Umgekehrt haben das Unvermeidliche und der reine Zufall – die beiden Pole der gängigen Dichotomie –, meistens eine geringere emotionelle Wirkung auf uns, weil sich beides nicht von historischen Faktoren und Personen beeinflussen läßt und deshalb entweder kanalisiert oder bekämpft wird, ohne große Aussicht auf Erfolg. Im Falle der Kontingenz dagegen werden wir hineingezogen, in die Geschichte verwickelt, durchleiden auch wir Sieg oder Niederlage. Wenn uns klar wird, daß das

tatsächliche Ergebnis nicht zwingend war, daß eine geringfügige Änderung auf irgendeiner Stufe des Weges eine Kaskade ausgelöst hätte, die in einen anderen Kanal gemündet wäre, dann begreifen wir das ursächliche Gewicht einzelner Ereignisse. Wir können über jedes Detail streiten, es beklagen oder bejubeln, weil in jedem die Möglichkeit zur Transformation steckt. Kontingenz bedeutet, daß das Schicksal von den unmittelbaren Ereignissen bestimmt wird, daß ein Königreich verloren gehen kann, weil es an einem Hufnagel gefehlt hat. Der amerikanische Bürgerkrieg ist eine besonders packende Tragödie, weil ein erneutes Abspielen des Bandes möglicherweise eine halbe Million Menschenleben aus Tausenden von verschiedenen Gründen hätte retten können – und wir würden nicht auf jedem Dorfplatz und vor jedem Kreisverwaltungsgebäude im alten Amerika ein Soldatendenkmal finden, auf dessen Sockel die Namen der Toten eingraviert sind. Unsere eigene Evolution ist ein Grund zur Freude und zum Staunen, weil es wohl nie wieder zu einer so merkwürdigen Verkettung von Ereignissen kommen wird, die uns, nachdem sie eingetreten ist, jedoch ungeheuer einleuchtet. Kontingenz ist gleichbedeutend mit der Erlaubnis, an der Geschichte teilzunehmen, und unsere Psyche reagiert darauf.

Der Gedanke der Kontingenz, den die Wissenschaft bislang nur so unzulänglich verstanden und erkundet hat, ist seit langem ein Hauptthema der Literatur. Wir haben hier eine Situation vor uns, die uns vielleicht helfen könnte, die falschen Grenzen zwischen Kunst und Natur zu durchbrechen, die es vielleicht sogar der Literatur ermöglicht, die Wissenschaft aufzuklären. Kontingenz ist das Grundmotiv in allen großen Romanen Tolstojs. Kontingenz ist die Quelle der Spannung in so manchem hervorragenden Werk der unterhaltenden Literatur, ganz besonders in einem jüngst erschienenen Meisterwerk von Ruth Rendell, das sie unter dem Pseudonym Barbara Vine herausgebracht hat: *A Fatal Inversion* (1987; deutsch: *Es scheint die Sonne noch so schön*, 1989). Dieses Buch, das einem Schauder über den Rücken jagt, schildert eine Tragödie, in der das Leben und die Zukunft einer kleinen Gemeinde von einer Serie eskalierender winziger Ereignisse verschlungen wird, die jeweils für sich seltsam und unwahrscheinlich (aber vollkommen plausibel) sind und ihrerseits zu einem Rattenschwanz von noch merkwürdigeren Konsequenzen führen. Die Handlung des Romans ist auf diese Weise so kunstvoll verwickelt, daß ich in dem ausgezeichneten Werk der Rendell ein ganz bewußt verfaßtes Lehrbeispiel für das Wesen der Geschichte sehen muß.

Zwei populäre Romane aus den letzten fünf Jahren haben sich die Darwinsche Theorie zum Hauptthema erwählt. Beide – und das ist für mich besonders spannend und erfreulich – sehen in der Kontingenz die wichtigste Folgerung, die sich aus dieser Theorie für unser Leben ergibt, und untersuchen sie. Mit dieser richtigen Entscheidung sind Stephen King und Kurt Vonnegut im Verständnis der tieferen Bedeutung der Evolution vielen Wissenschaftlern voraus.

Kings Roman *The Tommyknockers* (1987; deutsch: *Das Monstrum*, 1988) bricht insofern mit einer Tradition der Science-fiction, als er außerirdische »höhere Intelligenzen« nicht als insgesamt überlegen, klüger oder mächtiger darstellt, sondern nur als Wesen, die in dem großen darwinistischen Spiel der Anpassung durch unterschiedlichen Fortpflanzungserfolg in bestimmten Umwelten besonders beharrlich sind. (King bezeichnet diese Ausdauer als »dumme Evolution«, ich nenne sie einfache Darwinismus.)[6] Dieser zweifelhafte Erfolg durch endlose unmittelbare Anpassung erzeugt Kontingenz, die dann zum beherrschenden Thema von *The Tommyknockers* wird, denn die Besucher aus dem Weltraum scheitern mit ihren Plänen für die Erde, was besonders dem gerissenen Handeln eines ansonsten untüchtigen, zynischen und periodisch der Trunksucht verfallenen Englischprofessors zu verdanken ist. King macht sich Gedanken über das Wesen jener Ereignisse, die in kontingenten Sequenzen ausschlaggebend sind, sowie über die Bedeutung, die ihnen, je nach Standort des Betrachters, zugeschrieben werden kann:

Ich muß nicht derjenige sein, der Ihnen erzählt, daß es überall im Universum ganze Planeten gibt, die nichts weiter sind als große Schlackehaufen, welche im Weltraum schweben, weil ein Krieg darüber, wer in der lokalen Wäscherei zu viele Trockner benutzte, zum Jüngsten Tag eskalierte. Niemand kann je wissen, wo etwas endet – oder *ob* es je endet...
Selbstverständlich ist es durchaus möglich, daß wir unsere Welt eines Tages auch ohne fremdes Zutun in die Luft jagen, und zwar aus Gründen, die unter dem Blickwinkel von Lichtjahren gesehen ebenso trivial erscheinen mögen; von dem Punkt aus gesehen, an dem wir weit draußen in einem Arm der Milchstraße in der Kleinen Magellanschen Wolke rotieren, mag eine russische Invasion der iranischen Ölfelder, der Beschluß der NATO, amerikanische Marschflugkörper in Westdeutschland zu stationieren, ebenso wichtig sein wie die Frage, wer an der Reihe ist, ein Tablett mit fünf Tassen Kaffee zu holen.

Kurt Vonneguts *Galápagos* (1985; deutsch ebenso, 1988) ist ein noch bewußterer und direkterer Kommentar zur Bedeutung der Evolution aus der Sicht eines Schriftstellers. Es erfüllt mich mit besonderer Genugtuung, daß eine Kreuzfahrt zu den Galapagos-Inseln, die sehr zu dem Entschluß beitrug, das Buch zu schreiben, Vonnegut auf die Idee gebracht hat, daß Kontingenz das eigentliche Thema sei, das Darwins geographisches Heiligtum lehrte. Die Wege der Geschichte mögen in Vonneguts Roman im großen und ganzen durch solche allgemeinen Gesetze wie die natürliche Auslese begrenzt sein, doch innerhalb dieser Grenzen hat die Kontingenz so viel Spielraum, daß jedes einzelne Ergebnis weniger von einengenden Naturgesetzen als vielmehr von einer eigenwilligen Serie vorhergegangener Ereignisse abhängt. Eigentlich ist *Galápagos* ein Roman über das Wesen der Geschichte in Darwins Welt. In naturwissenschaftlichen Kursen würde ich ihn den Studenten empfehlen (und das tue ich auch), damit sie den Sinn von Kontingenz verstehen lernen.

In *Galápagos* naht die vollständige Entvölkerung der Erde auf relativ milde Weise in Gestalt eines Bakteriums, das menschliche Eizellen zerstört. Einen ersten Brückenkopf findet diese Plage bei den Frauen, die alljährlich die Internationale Frankfurter Buchmesse besuchen, doch breitet sie sich rasch über die ganze Welt aus und macht bis auf einen versprengten Rest von *Homo sapiens* alle unfruchtbar. Das Überleben der Menschheit liegt jetzt bei einer winzigen, bunt zusammengewürfelten Gruppe, die ein Schiff aus der Reichweite des Bakteriums herausführt zu den entlegenen Galapagos-Inseln. Diese Gruppe besteht aus den letzten Kanka-bono-Indianern und ein oder zwei Touristen und Abenteurern. Das Überleben und die eigentümliche Fortpflanzung dieses winzigen Überrestes der Menschheit hängt von einer Serie verrückter Zufälle ab, und doch ruht auf dieser Gruppe jetzt die ganze künftige Geschichte der Menschheit:

Er konnte wohl wirklich nicht ahnen, daß in weniger als einem Jahrhundert in den Adern der gesamten Menschheit vorwiegend Kanka-bono-Blut fließen sollte, mit ein paar Spritzern von Kleist und Hiroguchi als Zugabe. Diese erstaunliche Wendung der Dinge sollte übrigens im wesentlichen von einer der beiden absoluten Unpersonen auf die inoffiziellen, unveröffentlichten Passagierliste der *Nature Cruise of the Century* herbeigeführt werden. Das war Mary Hephurn. Die andere Unperson war ihr Mann, der seinen entscheidenden Beitrag zum Schicksal der Menschheit dadurch erbracht hatte, daß er angesichts seines eigenen Aussterbens eine billige kleine Doppelkabine unter der Wasserlinie buchte.

Kontingenz ist auch ein wichtiges Thema sowohl in neueren wie in klassischen Filmen. In *Back to the Future* (1985; deutsch: *Zurück in die Zukunft*) wird Marty McFly (Michael J. Fox), ein Teenager, in die Zeit zurückversetzt, in der seine Eltern auf der High School waren. Mit der Rekonstruktion der wirklichen Vergangenheit hat er Probleme, da der ursprüngliche Ablauf des Bandes sich durch sein plötzliches Auftauchen zu verändern droht (weil seine Mutter – eine interessante Variation des Ödipus-Motivs – sich in ihn verknallt). Die Vorfälle, die McFly zurechtrücken muß, scheinen winzige, absolut bedeutungslose Ereignisse zu sein, und dabei weiß er doch, daß es nichts Wichtigeres gibt, denn ein Scheitern würde zu der äußersten Konsequenz führen, daß er ausgelöscht wird, weil seine Eltern sich nie kennenlernen würden.

Der großartigste Ausdruck von Kontingenz – mein Kandidat für den Holotypus[7] des Genres – erscheint gegen Ende von Frank Capras Meisterwerk *It's a Wonderful Life* (1946; deutsch: *Ist das Leben nicht schön?*). George Bailey (Jimmy Stewart) hat sich sein Leben lang selbst verleugnet und seine persönlichen Träume zurückgestellt, weil er als grundanständiger Mensch zuerst an die Familie und die Stadt dachte. Seine in finanziellen Nöten schwebende Bausparkasse wurde durch die Intrigen von Mr. Potter (Lionel Barrymore), einem skrupellosen Kapitalisten und Geizhals, in den Bankrott getrieben und des Betruges bezichtigt. George ist verzweifelt und will sich ertränken, doch Clarence Odbody, sein Schutzengel, schreitet ein und springt als erster ins Wasser, wohl wissend, daß George so anständig ist und erst einmal einen anderen retten wird, ehe er sich selbst umbringt. Anschließend gibt Clarence sich ehrlich Mühe, George aufzumuntern: »Du weißt einfach nicht, was du schon alles geleistet hast«. Aber George erwidert: »Wenn ich nicht gewesen wäre, ginge es allen sehr viel besser... Es wäre wohl besser gewesen, ich wäre nie geboren worden.«

Clarence ist so geistesgegenwärtig, George seinen Wunsch zu erfüllen, und zeigt ihm, wie das Leben in seiner Stadt Bedford Falls ohne ihn abgelaufen wäre. Diese herrliche Zehn-Minuten-Szene ist ein Höhepunkt der Filmgeschichte und zugleich für mich die schönste Illustration zum Grundprinzip der Kontingenz – ein nochmaliges Abspielen des Bandes, das zu einem völlig anderen, aber genauso verständlichen Ergebnis führt. Kleine, scheinbar unbedeutende Veränderungen, darunter auch die Abwesenheit von George, führen kaskadenartig zu immer weiteren Unterschieden.

In dem zweiten Ablauf ohne George ist alles vollkommen stimmig, was die Personen und die wirtschaftlichen Kräfte betrifft, aber diese alternative Welt ist trostlos und zynisch, ja, sogar grausam, während die Welt, in der George sein vermeintlich bedeutungsloses Leben geführt hatte, von seiner Freundlichkeit geprägt war und entsprechend florierte. Bedford Falls, seine amerikanische Kleinstadtidylle, ist jetzt voller Bars, Billardsäle und Spielhöllen; es ist umbenannt in Pottersville, weil die Bailey Building and Loan in Georges Abwesenheit bankrott gegangen ist und sein skrupelloser Rivale den Besitz übernommen und den Namen der Stadt geändert hat. Dort, wo einst die kleinen Häuschen standen, die George zu einem niedrigen Zinssatz und bei endlos verlängerten Rückzahlungsfristen finanziert hatte, liegt jetzt ein Friedhof. Der Onkel von George, über den Bankrott völlig verzweifelt, befindet sich in einem Irrenhaus; seine Mutter, hart und kalt, betreibt eine elende Pension; seine Frau gleicht einer alternden Jungfer und arbeitet in der Stadtbücherei; hundert Männer sind auf einem gesunkenen Frachter umgekommen, weil sein Bruder ohne George, der ihn hätte retten können, ertrunken ist und nicht die Gelegenheit bekam, als Erwachsener das Schiff zu retten und die Tapferkeitsmedaille zu gewinnen.

Als der schlaue Engel schließlich das Urteil über seinen Fall spricht, verkündet er die Lehre der Kontingenz: »Merkwürdig, nicht wahr? Jeder Mensch kommt mit so vielen anderen in Berührung, und wenn er nicht da ist, hinterläßt er eine schreckliche Lücke, oder nicht?... Du siehst, George, in Wahrheit hattest du ein wundervolles Leben.«

Kontingenz ist sowohl das Losungswort als auch die Lehre aus der Neuinterpretation des Burgess Shale. Von der phantastischen Explosion früher Formenvielfalt und der anschließenden, möglicherweise weitgehend zufallsbedingten Dezimierung geht eine Botschaft aus, deren Faszination darin liegt, daß sie bestätigt: Die Richtungen, die das Leben einschlägt, werden im Grunde von der Geschichte bestimmt.

Walcott hatte zuvor die diametral entgegengesetzte Ansicht vertreten und das Bild der Geschichte des Lebens eindeutig in dem anderen, konventionelleren Stil wissenschaftlicher Erklärung gezeichnet, bei direkter Vorhersagbarkeit und Subsumtion unter invariante Naturgesetze. Im übrigen würde man Walcotts Auffassung von invarianten Gesetzen heute eher als Ausdruck kultureller Tradition und persönlicher Vorliebe auffassen und nicht als einen zutreffenden Ausdruck von Naturtatsachen. Walcott deutete ja, wie wir gesehen haben, die Geschichte des Lebens als Erfüllung eines göttlichen Plans, der nach einer langen Geschichte des graduellen, allmählichen Fortschritts schließlich das menschliche Bewußtsein hervorbringen mußte. Die Burgess-Organismen mußten demnach primitive Versionen späterer Verbesserungen sein, und dieser begrenzte, einfache Anfang war der Ausgangspunkt, von dem aus das Leben sich vorwärts bewegte.

Die neue Sicht stützt sich demgegenüber auf die Kontingenz. Bei so vielen Burgess-Möglichkeiten scheinbar gleichwertiger anatomischer Verheißungen – über zwanzig Arthropoden-Entwürfe, die später auf vier überlebende dezimiert wurden, vielleicht fünfzehn oder mehr einzigartige Anatomien, die als Hauptäste oder Stämme am Baum des Lebens in Frage kamen – ist das moderne Bild der anatomischen Verschiedenartigkeit ganz von der Kontingenz abhängig. Die moderne Ordnung entstand nicht zwangsläufig durch elementare Gesetze (natürliche Auslese, mechanische Überlegenheit des Körperbaus) oder durch ökologische, beziehungsweise evolutionstheoretische Prinzipien auf einer tieferen Ebene. Die moderne Lebensordnung ist weitgehend ein Produkt der Kontingenz. Das Leben hatte – wie Bedford Falls mit George Bailey – eine vernünftige und erklärbare Geschichte, die uns im großen und ganzen gefällt, weil wir es geschafft haben, vor einer geologischen Minute als Art zu entstehen. Das nochmalige, in einer scheinbar unbedeutenden Einzelheit veränderte Abspielen des Bandes hätte, ähnlich wie Pottersville ohne George Bailey, ein genauso vernünftiges und erklärbares Ergebnis ganz anderer Art hervorgebracht. Dieses aber hätte, weil es kein Leben mit Selbstbewußtsein gäbe, unsere Eitelkeit zutiefst verletzt. (Allerdings wäre unsere nicht existierende Eitelkeit in einer solchen alternativen Welt wohl kaum ein Problem.) Gleich zu Beginn stellt der Burgess Shale ein Maximum an anatomisch leistungsfähigen Möglichkeiten bereit und wird damit zum zentralen Beweisstück für die Macht der Kontingenz bei der Bestimmung der Geschichte und gegenwärtigen Zusammensetzung des Lebens.

Wenn Sie sich schließlich meinem Argument anschließen wollen, daß die Kontingenz nicht nur erklärbar und wichtig, sondern auch auf eine ganz besondere Art faszinierend ist, dann stellt der Burgess nicht nur unsere allgemeinen Vorstellungen von der Entstehung der Lebensordnung auf den Kopf – er erfüllt uns auch mit neuem Staunen (und zugleich mit Schrecken angesichts der Unwahrscheinlichkeit des Ereignisses) über die Tatsache, daß Menschen sich überhaupt je entwickelt haben. Tausende und Abertausende von Malen waren wir *so nahe* daran (führen Sie Daumen und Zeigefinger bis auf einen Millimeter zusammen), ausgelöscht zu werden dadurch, weil die Geschichte einen anderen vernünftigen Weg hätte einschlagen können. Selbst wenn Sie das Band millionenmal von einem Burgess-Anfang aus ablaufen lassen, bezweifle ich, daß sich nochmals so etwas wie ein *Homo sapiens* entwickeln würde. Es ist wahrhaftig ein wundervolles Leben.

Eine letzte Bemerkung zu dem Problem Vorhersagbarkeit oder Kontingenz: Behaupte ich wirklich, daß die Geschichte des Lebens in keinem Punkt vorhersagbar war oder direkt aus allgemeinen Naturgesetzen abgeleitet werden konnte? Nein, natürlich nicht. Die Frage, um die es hier geht, ist eine des Maßstabs oder der Feineinstellung. Tatsächlich weist das Leben eine Struktur auf, die physikalischen Gesetzen gehorcht. Wir leben nicht in einem Chaos historischer Umstände, die in keiner Weise beeinflußt sind durch Dinge, welche der »wissenschaftlichen Methode« im traditionellen Sinne zugänglich sind.

In Anbetracht der chemischen Zusammensetzung der Ozeane und der Atmosphäre der Frühzeit und angesichts der physikalischen Prinzipien sich selbst organisierender Systeme vermute ich, daß die Entstehung des Lebens auf der Erde praktisch unausweichlich war. Sicherlich war die Grundform vielzelliger Organismen durch die Regeln der Konstruktion und des zweckmäßigen Entwurfs weitgehend eingeengt. Die erstmals von Galilei erkannten Zusammenhänge zwischen Oberflächen und Volumina verlangen, daß große Organismen andere Formen entwickeln als kleinere Verwandte, um die relative Oberfläche möglichst konstant zu halten. Bei mobilen Organismen, die durch Zellteilung entstehen, ist ferner mit dem Auftreten von bilateraler Symmetrie zu rechnen. (Die »irren Wundertiere« des Burgess sind bilateral symmetrisch.)

Diese Phänomene sind jedoch, so reichhaltig und ausgedehnt sie auch sind, viel zu weit von den Einzelheiten entfernt, die uns an der Geschichte des Lebens interessieren. Invariante Naturgesetze beeinflussen die allgemeinen Formen und Funktionen der Organismen; sie bestimmen die Kanäle, innerhalb derer der Bauplan von Organismen sich entwickeln muß. Gemessen an den Details, die uns faszinieren, sind die Kanäle aber ziemlich breit. Die physikalischen Kanäle definieren keine Arthropoden, Anneliden, Mollusken und Wirbeltiere, sondern allenfalls bilateral-symmetrische Organismen mit sich wiederholenden Teilen. Die Grenzen der Kanäle treten noch weiter zurück, wenn wir die wesentlichen Fragen nach unserem eigenen Ursprung stellen: Warum sind aus den Wirbeltieren Säugetiere hervorgegangen? Warum sind die Primaten auf Bäume gestiegen? Warum ist der winzige Zweig, der den *Homo sapiens* hervorbrachte, in Afrika entstanden und hat dort überlebt? Wenn wir den Brennpunkt auf die Detailgenauigkeit einstellen, die für die häufigsten Fragen im Hinblick auf die Geschichte des Lebens maßgebend ist, überwiegt die Kontingenz, und die Vorhersagbarkeit der allgemeinen Formen tritt in einen unbestimmten Hintergrund zurück.

Charles Darwin hat diese zentrale Unterscheidung zwischen *Gesetzen im Hintergrund* und *Kontingenz in den Details* in einem berühmten Briefwechsel mit dem frommen christlichen Evolutionstheoretiker Asa Gray anerkannt. Der Harvard-Botaniker Gray war durchaus geneigt, nicht nur Darwins Beweis der Evolution, sondern auch sein Prinzip der natürlichen Auslese als deren Mechanismus zu befürworten. Er machte sich jedoch Sorgen über die Folgen für den christlichen Glauben und die Bedeutung des Lebens. Besonders beunruhigte ihn, daß Darwins Auffassung keinen Raum für die Herrschaft des Gesetzes ließ und die Natur als ganz und gar vom blinden Zufall geformt darstellte.

In seiner scharfsinnigen Erwiderung erkannte Darwin die Existenz allgemeiner Gesetze an, die das Leben in einem umfassenden Sinne regulieren. Diese Gesetze, meinte er im Hinblick auf Grays Hauptsorge, könnten sogar (trotz allem, was wir wissen) Ausdruck eines höheren Zweckes im Universum sein. Die natürliche Welt sei aber voller Einzelheiten, und diese seien der Hauptgegenstand der Biologie. Viele dieser Einzelheiten seien »grausam«, wenn man sie, zu Unrecht, an den moralischen Maßstäben der Menschen messe. Er schrieb an Gray: »Ich kann mir nicht einreden, daß ein gütiger und allmächtiger Gott die Schlupfwespen in der ausdrücklichen Absicht geschaffen haben sollte, daß sie lebende Raupen von innen her auffressen, oder daß Katzen mit Mäusen spielen.« Wie ließ sich nun das Unmoralische der Einzelheiten vereinbaren mit einem Universum, in dessen allgemeinen Gesetzen möglicherweise ein höherer Zweck zum Ausdruck kam? Die Details, meinte Darwin, lägen in einem Bereich der Kontingenz, der nicht von den Gesetzen, welche die Kanäle festlegen, bestimmt werde. Das Universum, so Darwins Antwort an Gray, richte sich nach Gesetzen, »wobei die Details, gute wie schlechte, dem Wirken dessen überlassen sind, was wir Zufall nennen können«.

Letzten Endes läuft die Frage aller Fragen darauf hinaus, wo man die Grenze zwischen der Vorhersagbarkeit unter invarianten Gesetzen einerseits und den vielfältigen Möglichkeiten der historischen Kontingenz andererseits zieht. Traditionalisten wie Walcott würden die Grenze so tief ansetzen, daß alle größeren Formen in der Geschichte des Lebens oberhalb der Linie lägen und zum Bereich des Vorhersagbaren (für ihn auch der direkten Manifestation göttlicher Absichten) gehörten. Ich stelle mir indessen eine Grenze vor, die so hoch liegt, daß praktisch jedes interessante Ereignis der Geschichte des Lebens in den Bereich der Kontingenz fällt. Die Neuinterpretation des Burgess Shale ist für mich das schönste Argument der Natur für eine solche Höhe der Grenze.

Das bedeutet – und dieser Implikation müssen wir uns ehrlich stellen –, daß die Entstehung des *Homo sapiens* als winziger Zweig an einem unwahrscheinlichen Ast eines kontingenten Teils eines zufallsbedingten Baumes weit unterhalb der Grenze liegt. In Darwins Vorstellung sind wir ein Detail, nicht ein Zweck oder eine Verkörperung des Ganzen – »wobei die Details, gute wie schlechte, dem Wirken dessen überlassen sind, was wir Zufall nennen können«. Ob der evolutionäre Ursprung selbstbewußter Vernunft in irgendeiner Form oberhalb oder unterhalb der Grenze liegt – ich weiß es einfach nicht. Alles, was wir sagen können, ist, daß unser Planet dies kein zweites Mal erlebt hat.

Für alle, die sich durch die Aussicht, lediglich ein Detail im Bereich der Kontingenz zu sein, kosmisch entmutigt fühlen, zitiere ich zum Trost ein wunderbares Gesicht von Robert Frost, das den Titel »Design« trägt und sich damit ausdrücklich diesem Anliegen, der Frage nach dem Plan, widmet. Bei einem Morgenspaziergang erlebt Frost das merkwürdige Zusammentreffen von drei weißen Objekten mit unterschiedlicher Geometrie. Diese merkwürdige, aber passende Kombination müsse, so meint er, Ausdruck einer Absicht sein; sie könne nicht zufällig sein. Wenn sich hier aber wirklich eine Absicht offenbart, dann erhebt sich die Frage, wie wir unser Universum verstehen sollen, denn die Szene, die hier beschrieben wird, ist nach allen Maßstäben menschlicher Moral böse. Wir müssen uns hier zu Darwins Lösung entschließen. Was wir beobachten, ist ein kontingentes Detail, und wir dürfen doch hoffen, daß das Universum insgesamt einen Zweck hat oder zumindest neutral ist.

I found a dimpled spider, fat and white,
On a white heal-all, holding up a moth
Like a white piece of rigid satin cloth-
Assorted characters of death and blight
Mixed ready to begin the morning right,
Like the ingredients of a witches' broth-
A snow-drop spider, a flower like a froth,
And dead wings carried like a paper kite.

What had that flower to do with being white,
The wayside blue and innocent heal-all?
What brought the kindred spider to that height,
Then steered the white moth thither in the night?
What but design of darkness to appall?-
If design govern in a thing so small.

Der *Homo sapiens* ist, fürchte ich, ein »so kleines Ding« in einem riesigen Universum, ein vollkommen unwahrscheinliches evolutionäres Ereignis, das ganz innerhalb des Bereichs der Kontingenz liegt. Es ist Ihnen überlassen, was Sie mit dieser Schlußfolgerung anfangen. Manche finden diese Aussicht bedrückend; ich habe sie immer als anregend empfunden, als eine Quelle der Freiheit und der damit verbundenen moralischen Verantwortung.

5. KAPITEL

Mögliche Welten: Was »bloße Geschichte« vermag

Eine Geschichte der Alternativen

Im letzten Kapitel bin ich allgemein und theoretisch für die Kontingenz eingetreten. Aber das Plädoyer für »bloße Geschichte« kann sich nicht auf seine Plausibilität oder die Stärke des Arguments stützen. Ich muß Sie durch ein echtes Beispiel davon überzeugen können, daß ehrenwerte, vernünftige und faszinierend andere Alternativen zu einer völlig andersartigen, nicht von menschlicher Intelligenz gekrönten Geschichte des Lebens hätten führen können.

Das Problem bei der Beschreibung von Alternativen ist natürlich, daß es sie nicht gegeben hat und daß wir die Details ihres uns plausibel erscheinenden Vorkommens nicht kennen können. Ich bin zum Beispiel sicher, daß kein Burgess-Paläontologe angesichts der fünfundzwanzig Möglichkeiten des Arthropoden-Entwurfs imstande gewesen wäre, die verbreitetste (und anatomisch eleganteste) *Marrella* abzulehnen oder die herrliche komplexe *Leanchoilia* oder die robuste, alltägliche *Sidneyia* zurückzuweisen, um die ökologisch spezialisierte *Aysheaia* und die seltenen *Sanctacaris* in die Gesellschaft der Auserwählten aufzunehmen. Aber selbst wenn wir uns eine moderne Arthropoden-Welt vorstellen könnten, die aus Nachfahren von *Marrella, Leanchoilia* und *Sidneyia* bestände – wie sollen wir dann die Formen beschreiben, die deren Nachkommen annehmen würden? Wir können ja selbst dann, wenn wir die Abstammungslinie kennen, keine Vorhersagen machen: Wir können in *Aysheaia* nicht die Eintagsfliege oder in *Sanctacaris* die Spinnenart Schwarze Witwe erkennen. Wie sollen wir die Welt charakterisieren, die bei anders verlaufener Dezimierung entstanden wäre?

Ich glaube, daß wir diesem Dilemma am besten begegnen, wenn wir einen bescheideneren Ansatz wählen. Statt uns um die Darstellung von unbekannten Nachfahren von Gruppen zu bemühen, die tatsächlich nicht überlebten, sollten wir eine plausible alternative Welt erwägen, die nur hinsichtlich der

Vielfalt zweier Gruppen, die schon den Burgess krönten und bis heute überlebt haben, eine andere ist. In diesem Fall brauchen wir nur über die Gründe ihrer relativen Häufigkeit Mutmaßungen anzustellen. Nehmen wir also zwei Gruppen der modernen Ozeane, von denen die eine vor Vielfalt platzt, während die andere fast ausgestorben ist. Hätten wir im Burgess, wo der Anfang beider liegt, gewußt, welche für eine dominierende Stellung und welche für eine Randexistenz in den Winkeln und Ritzen einer erbarmungslosen Welt ausersehen war? Können wir plausible Gründe dafür angeben, daß bei nochmaligem Ablauf das entgegengesetzte Ergebnis entstünde? (Auch dieses Beispiel verdanke ich, wie so vieles in diesem Buch, der Anregung und vorherigen Erprobung durch Simon Conway Morris.)

Betrachten wir die gegenwärtige Verbreitung zweier Stämme, welche das bekannteste Element eines Wirbellosen-Bauplans – die flexible, gestreckte bilaterale Symmetrie von »Würmern« – gemeinsam haben. Da sind auf der einen Seite die Polychaeten, die hauptsächlich im Meer lebenden Vertreter des Stammes Anneliden (inklusive die Regenwürmer auf dem Festland), die eine der großen Erfolgsstories des Lebens darstellen. Die beste moderne Zusammenfassung, Sybil P. Parkers *McGraw-Hill Synopsis and Classification of Living Organisms* (1982), gibt auf 40 Seiten eine atemberaubende Übersicht über ihre 87 Familien, 1000 Gattungen und rund 8000 Arten. Die Länge von Polychaeten reicht von kaum einem Millimeter bis zu über drei Metern. Sie leben fast überall, zumeist auf dem Meeresboden, teils aber auch in Brack- und Süßwasser und einige wenige in feuchter Erde. Auch ihre Lebensweise umfaßt alle denkbaren Möglichkeiten: Die meisten sind frei lebende Karnivoren und Aasfresser, während andere kommensal mit Schwämmen, Weichtieren oder Echinodermen zusammenleben; einige sind Parasiten.

Da sind auf der anderen Seite die Priapuliden, wühlende Würmer mit einem grob in drei Teile gegliederten Körper, bestehend aus einem Hinterende mit ein oder zwei Anhängen, einem Rumpf in der Mitte und einem einziehbaren Vorderende oder Rüssel. Sowohl die Form des Rüssels als auch seine Fähigkeit, sich aus dem Rumpf hervorzustrecken und aufzurichten, erinnerten die ersten männlichen Zoologen an etwas anderes, an dem sie ohne Zweifel besonders stark und liebevoll hingen – deshalb sind diese Geschöpfe mit der Bezeichnung *Priapulus* behaftet, was »kleiner Penis« bedeutet.

Die Bewehrung des Priapulidenrüssels könnte Anlaß zur Aufregung über eine ungerechtfertigte Analogie geben. Bei den meisten Arten weist der untere Teil 25 Reihen kleiner Zähne, sogenannter Skalide, auf, die überragt werden von einem Kragen oder Schlundring. In das obere Ende sind mehrere fünfeckige Zähne eingelassen, die den Mund umgeben. Die meisten Priapuliden sind aktive Karnivoren, die ihre Beute fangen und als ganze verschlingen, doch gibt es auch eine Art, die sich möglicherweise von Detritus ernährt.

Wenn wir uns nun aber Parkers Kompendium über die lebenden Organismen zuwenden, so finden wir nur drei Seiten über die Priapuliden, und dabei erfährt jede Familie noch eine ausgiebige Beschreibung. Die Priapuliden tragen einfach nicht viel zur organischen Vielfalt bei; die Zoologen haben nur etwa 15 Arten gefunden. Aus irgendeinem Grund zählen die Priapuliden nicht zu den Erfolgsstories der modernen Biologie.

Wenn wir uns anschauen, wo die Priapuliden leben, haben wir einen Anhaltspunkt für ihren relativen Mißerfolg. Sie halten sich sämtlich in ungewöhnlichen, rauhen oder marginalen Umgebungen auf, so als könnten sie in den leicht zugänglichen, offenen Lebensbereichen der meisten »normalen« marinen Organismen nicht konkurrieren und nur an solchen Orten überdauern, um die sich normale Geschöpfe nicht kümmern. Zwei Priapulidenfamilien umfassen Würmer, die so klein sind, daß sie zwischen den Sandkörnern in der reichhaltigen und faszinierenden (aber deutlich »unnormalen«) Welt der sogenannten Interstitialfauna leben. Die meisten Priapuliden gehören zur Familie der Priapulidae; das sind größere Würmer (bis zu 20 Zentimetern) des Meeresbodens. In den reichsten Umgebungen, dem tropischen Flachwasser, finden sie sich allerdings nicht. Sie leben in den kühlsten Bereichen, sei es in großen Tiefen in tropischen Regionen, sei es im Flachwasser der kälteren Klimate höherer Breitengrade. Sie ertragen außerdem verschiedene ungewöhnliche Lebensbedingungen: niedrigen Sauerstoffgehalt, Schwefelwasserstoff, geringen oder stark schwankenden Salzgehalt und ein geringes Nahrungsangebot, das sie über lange Zeiten zum Hungern zwingt. Man darf wohl ohne Übertreibung sagen, daß die Priapuliden es geschafft haben, sich in einer rauhen Welt zu behaupten, indem sie sich für schwierige Orte entschieden haben, wo sie keiner scharfen Konkurrenz ausgesetzt sind.

Man könnte nun annehmen, daß diese auffälligen Unterschiede zwischen den modernen Polychaeten und Priapuliden auf eine grundverschiedene Vitalität dieser beiden Gruppen hinweisen, so daß ihre Geschichte auch über geologische Zeiträume hinweg ununterbrochen von Erfolg (für die Polychaeten) beziehungsweise von Daseinskampf (für die Priapuliden) geprägt sein müßte. Wer so denkt, dem steht eine weitere Überraschung aus der respekteinflößenden Burgess-Fauna bevor. Der hier erstmals belegte Anfang moderner Weichkörper-Lebensformen umfaßt sechs Gattungen von Polychaeten und sechs oder sieben Gattungen von Priapuliden (siehe Conway Morris' Monographien über Priapuliden, 1977d, und über Polychaeten, 1979).

Darüber hinaus sind die Burgess-Priapuliden ein zahlenmäßig bedeutendes Element der Fauna und zusammen mit den Anomalocariden und einigen Arthropoden die ersten wichtigen Weichkörper-Karnivoren der Erde. *Ottoia prolifica* (Abb. 5.1), der häufigste Burgess-Priapulide, verschlang seine Beute unzerteilt. Hyolithiden (konische Schalengebilde von unbestimmter Zugehörigkeit) wurden als Nahrung bevorzugt. In den Därmen von *Ottoia* wurden 31 Exemplare gefunden, die überwiegend die gleiche Orientierung zeigten (ein ziemlich sicherer Hinweis darauf, daß sie auf eine bestimmte Weise gejagt und verschlungen wurden). Bei einer *Ottoia* fanden sich sechs Hyolithiden im Darm, und ein anderes Exemplar hatte etwas von seiner eigenen Art verzehrt, das früheste Beispiel für Kannibalismus in der Fossildokumentation.

Demgegenüber sind die Polychaeten (Abb. 5.2), obwohl den Priapuliden an taxonomischer Vielfalt ebenbürtig, zahlenmäßig sehr viel seltener. Conway Morris bemerkt dazu: »Anders als in vielen modernen marinen Um-

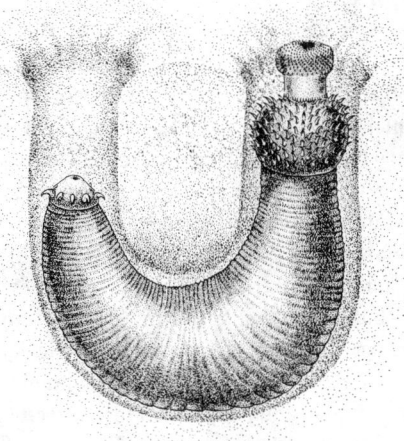

5.1 Der Burgess-Priapulide *Ottoia* in seiner Höhle, mit halb ausgestülptem Rüssel. Zeichnung von Marianne Collins.

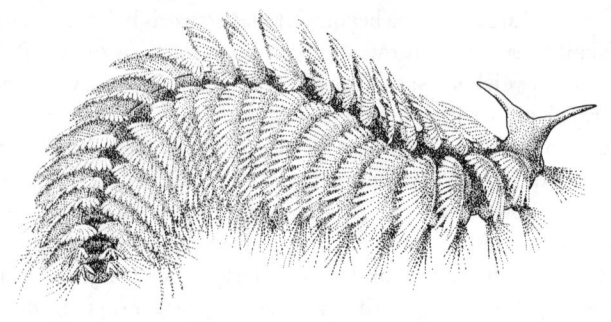

5.2 Der Burgess-Polychaete *Canadia*. Zeichnung von Marianne Collins.

welten spielten die Polychaeten in Burgess Shale eine relativ unbedeutende Rolle.«

Offenkundig ist den Priapuliden seit dem Burgess etwas Dramatisches (und Verheerendes) zugestoßen. Einst konnte sich keine der Weichkörper-Formen an Vielfalt mit ihnen messen, und sie übertrafen sogar die stolzen, heute tonangebenden Polychaeten. Jetzt sind sie auf wenige zusammengeschrumpft und leben als Bewohner der geographischen und ökologischen Randbereiche der Meere. In der ganzen modernen Welt gibt es kaum mehr Priapuliden-Gattungen als in der einen Burgess-Grabungsstätte in Britisch-Kolumbien – aber die Burgess-Priapuliden standen im Vordergrund und waren nicht Bewohner heruntergekommener Provinzen. Was ist geschehen?

Wir wissen es nicht. Man ist versucht anzunehmen, daß die Polychaeten von Anfang an einen biologischen Vorteil besaßen und für eine dominierende Stellung ausersehen waren, so bescheiden ihre Anfänge auch waren. Aber wir haben keine Ahnung, worin ein solcher Vorteil bestanden haben könnte. Conway Morris macht auf die interessante Tatsache aufmerksam, daß Burgess-Polychaeten keine Kauwerkzeuge hatten und diese Organe erfolgreicher polychaeter Räuber sich erst später im Ordovizium entwickelten. War es vielleicht die Entwicklung von Kauwerkzeugen, die den Polychaeten ihren Vorteil gegenüber den zuvor zahlreicheren Priapuliden verschaffte?

Diese Vermutung ist plausibel, und sie könnte zutreffen, nur wissen wir es nicht; eine Korrelation (Kauwerkzeuge und Beginn der Dominanz) braucht außerdem nicht mit einer Ursache identisch zu sein. Auf jeden Fall hätte unser hypothetischer Burgess-Geologe nicht erkannt, daß die bescheidenen Polychaeten 50 Millionen Jahre später Kauwerkzeuge entwickeln würden.

Die geographische Verbreitung moderner Priapuliden und ihre geringe Zahl – gemessen an der Burgess-Fülle – weisen in der Tat auf ein grundlegendes Versagen hin. Aber wer vermag die Gründe zu rekonstruieren? Und wer könnte sagen, daß ein nochmaliges Abspielen des Lebensbandes nicht eine moderne Welt ergäbe, in der die Priapuliden dominieren würden, während einige wenige kieferlose Polychaeten in einem schmalen Randbereich um ihr Überleben kämpfen müßten? Das, was tatsächlich geschehen ist, erscheint folgerichtig; unsere Welt ist nicht launenhaft. Dennoch gibt es viele andere plausible Szenarien, die einen modernen Anhänger des Fortschritts und der Vernunft befriedigt hätten. Eine Dominanz der Priapuliden ist eine dieser durchaus plausiblen Möglichkeiten.

Sind die ausgefallenen Burgess-Phänomene etwas, was es in der Geschichte des Lebens immer wieder gibt, oder sind sie ein Spezifikum der ungefestigten Anfänge und werden später von der unausweichlichen Gesetzmäßigkeit verdrängt? Sehen wir uns noch eine Möglichkeit an: Als die Dinosaurier in der Katastrophe der Kreidezeit ausstarben, hinterließen sie in der Welt der großen Karnivoren eine Lücke. War nun der Aufstieg der heute dominierenden Katzen und Hunde eine vorhersagbare Notwendigkeit oder ein Zufallstreffer? Hätte ein Paläontologe des Eozäns bei der Betrachtung der Wirbeltier-Welt vor 50 Millionen Jahren die Vorläufer von Leo, dem König der Tiere, als Erfolgskandidaten herausgefunden?

Ich bezweifle es. Die Tierwelt des Eozäns präsentierte zahlreiche Linien von karnivoren Säugetieren, von denen nur eine als Vorläuferin moderner Formen gelten kann, und dazu noch eine, die damals nicht besonders hervorstach. Dafür wies das Eozän einen besonderen Augenblick in der Geschichte der Karnivoren auf, einen Kreuzweg, an dem von zwei Möglichkeiten die eine realisiert und die andere vergessen wurde. Chancen hatten nicht allein die Säugetiere. Die amerikanischen Paläontologen W. D. Matthew und W. Granger beschrieben 1917 das »hervorragende und ganz unerwartete« Skelett eines riesigen Raubvogels aus dem Eozän von Wyoming, *Diatryma gigantea*:

Diatryma war ein riesiger Vogel, ein Bodenbewohner mit rudimentären Schwingen. An Masse des Rumpfes und der Gliedmaßen kam er dem größten Moa gleich, und er übertraf alle lebenden Vögel ... Die Höhe des rekonstruierten Skeletts mißt rund zwei Meter. Hals und Kopf waren völlig anders gestaltet als bei allen lebenden Vögeln, der Hals kurz und sehr massiv, der Kopf von enormem Umfang mit einem mächtigen, gedrungenen Schnabel (1917).

Der riesige Kopf und der kurze, kräftige Hals kennzeichnen *Diatryma* als einen furchterregenden Fleischfresser: ein deutlicher Gegensatz zu dem kleinen Kopf und dem langen, schlanken Hals der friedlicheren Straußenvögel (Strauße, Nandus und Artverwandte). Ähnlich wie *Tyranosaurus* mit seinen verkürzten Vordergliedmaßen, aber einem massiven Kopf und starken Hintergliedmaßen, muß *Diatryma* seine Beute durch Tritte, Klauenhiebe und Bisse gefügig gemacht haben.

Diatrymiden, möglicherweise ferne Verwandte der Kraniche, nicht aber der Strauße mit ihrem Anhang, herrschten mehrere Millionen Jahre lang über Europa und Nordamerika. Die Siegespalme des dominierenden Fleischfressers hätte den Vögeln zufallen können, aber am Ende setzten sich die Säugetiere durch, und wir wissen nicht warum. Wir können uns nun Geschichten ausdenken, denen zufolge zwei Beine, Vogelgehirne und fehlende Zähne zwangsläufig vier Beinen und scharfen Eckzähnen unterlegen sind. Aber im Innersten unseres Herzens wissen wir, daß wir, wenn die Vögel gewonnen hätten, genausogut eine Geschichte über ihren unausweichlichen Erfolg erzählen könnten. A. S. Romer, der führende Wirbeltier-Paläontologe der gerade zu Ende gegangenen Generation, schrieb in seinem Lehrbuch, der Bibel unseres Faches:

Das Vorkommen dieses großen Vogels zu einer Zeit, als die Säugetiere überwiegend von sehr kleiner Statur waren (das damalige Pferd hatte die Größe eines Foxterriers), läßt an einige interessante Möglichkeiten denken, die nie eingetreten sind. Die großen Reptilien waren ausgestorben, und die Erde stand dem Eroberer offen. Als Nachfolger kamen die Säugetiere und die Vögel in Frage. Die ersteren setzten sich schließlich durch, aber das Vorkommen einer solchen Form wie *Diatryma* zeigt, daß die Vögel anfangs Rivalen der Säugetiere waren (1966, S. 171).

Bei all diesen Spekulationen über ein nochmaliges Abspielen des Lebensbandes beklagen wir, daß es in dieser Hinsicht kein kontrolliertes Experiment gibt. Wir sind außerstande, einen nochmaligen Ablauf anzuregen, und unser Planet hat nur einen einzigen Durchlauf erlebt. Allerdings gibt es für die entscheidende Weichenstellung zwischen Vögeln und Säugetieren im Eozän weitergehende, andersartige Beweise. Ausnahmsweise einmal hat unser widerstrebender und komplizierter Planet tatsächlich ein regelrechtes Experiment für uns veranstaltet. Dieses spezielle Band lief nochmals ab, nämlich in Südamerika – und diesmal gewannen die Vögel, zumindest erzielten sie gegenüber den Säugern ein respektables Unentschieden!

Südamerika war ein Inselkontinent, eine Art Super-Australien, bis sich vor einigen Jahrmillionen die Landenge von Panama bildete. Die meisten Tiere,

5.3 Ein phororhacider Vogel Südamerikas erhebt sich in dieser Darstellung von Charles R. Knight triumphierend über ein geschlagenes Säugetier.

die man gewöhnlich für typisch südamerikanisch hält – Jaguare, Lamas und Tapire zum Beispiel – sind nordamerikanische Zuwanderer, die nach der Bildung der Landenge eingetroffen sind. Die große einheimische Fauna Südamerikas ist zum großen Teil untergegangen (oder hat als ein kläglicher, wenn auch faszinierender Restbestand von Gürteltieren, Faultieren und, unter anderen, dem »Virginia«-Opossum überlebt). Es gab auf dieser riesigen Arche keine plazentalen Fleischfresser. In den meisten populärwissenschaftlichen Büchern heißt es, die einheimischen Fleischfresser Südamerikas seien sämtlich Beuteltiere gewesen, sogenannte Borhyaeniden. Vielfach versäumen sie mitzuteilen, daß es einer anderen bedeutenden Gruppe, den Phororhaciden, riesigen flugunfähigen Vögeln, genauso gut, wenn nicht besser ging. Die Phororhaciden haben ebenfalls große Köpfe und kurze, kräftige Hälse, waren aber keine nahen Verwandten von *Diatryma*. In Südamerika hatten die Vögel einen zweiten, gesonderten Versuch als dominierende Karnivoren, und diesmal gewannen sie, wie es Charles R. Knight in seiner berühmten Rekonstruktion eines Phororhaciden andeutet, der sich siegreich über einem geschlagenen Säugetier erhebt (Abb. 5.3).

Wir mögen in unserer selbstgefälligen Borniertheit als Plazentatiere sagen, die Vögel hätten in Südamerika nur deshalb siegen können, weil Beuteltiere

Plazentatieren unterlegen sind und nicht die Art von Gefahr darstellen, der die räuberischen flugunfähigen Vögel in Europa und Nordamerika zum Opfer fielen. Aber können wir dessen so sicher sein? Die Borhyaeniden konnten ebenfalls groß und furchterregend sein; sie erreichten die Größe von Bären, und zu ihnen gehörten so schreckliche Geschöpfe wie *Thylacosmilus*, der Beutel-Säbelzahntiger. Wir könnten auch höhnisch darauf hinweisen, daß die Phororhaciden (ebenso wie die Borhyaeniden) auf jeden Fall rasch abkratzten, sobald überlegene Plazentatiere über die entstehende Landenge hereinströmten. Aber auch diese verbreitete Fortschrittslegende ist nicht stichhaltig. G. G. Simpson, unser größter Experte zum Thema Evolution südamerikanischer Säugetiere, schrieb in einem seiner letzten Bücher:

Es ist gelegentlich gesagt worden, diese und andere flugunfähige Vögel Südamerikas... hätten überlebt, weil es auf jenem Kontinent lange keine plazentalen Karnivoren gab. Diese Spekulation ist alles andere als überzeugend... Die meisten Phororhaciden waren, von ein oder zwei Nachzüglern abgesehen, schon ausgestorben, als plazentale Karnivoren in Südamerika eintrafen. Viele der Borhyaeniden, die unter diesen Vögeln lebten, waren äußerst räuberisch... Für die Phororhaciden... war die Wahrscheinlichkeit, ein Säugetier zu töten, größer als die, von einem getötet zu werden (Simpson, 1980, S. 147-150).

Wir kommen wohl nicht an der Feststellung vorbei, daß Südamerika in der Tat ein legitimer Wiederholungslauf war – und daß die zweite Runde an die Vögel ging.

Allgemeine Strukturen als Veranschaulichung der Kontingenz

Die Geschichte von Würmern und Vögeln – die ersteren mit einer historischen Reichweite von den Burgess-Zeiten bis heute, die letzteren mit dem Vorzug der Wiederholung in einem natürlichen Experiment – holt die Kontingenz aus der Allgemeinheit einer Aussage über Geschichte herunter in den Bereich des konkret Greifbaren. Nun kann eine einzelne Erzählung zwar anhand eines Beispiels Plausibilität begründen, aber damit ist noch kein vollständiger Beweis erbracht. Die These dieses Buches bedarf zweier definitiver Bestätigungen: erstens einer Aussage über allgemeine Merkmale der Geschichte des Lebens, die die behaupteten Eigenschaften der Kontingenz bekräftigen, und zweitens einer Chronologie von Beispielsfällen, welche die Macht der Kontingenz nicht nur in ausgewählten Einzelfällen, sondern ganz allgemein für die Wege und Wahrscheinlichkeiten des Lebens auf unserem

Planeten veranschaulicht. In diesem und dem folgenden Abschnitt werden die ausstehenden Bestätigungen meiner These geliefert; ein Epilog über eine verblüffende Tatsache wird dann das Buch beschließen.

Hätte der geologische Zeitablauf genau so gewirkt, wie Darwin es sich vorstellte, dann würde noch immer Kontingenz herrschen, möglicherweise mit der Einschränkung, daß noch ein Stück mehr vom Gesamtmuster des Lebens in den Bereich der Vorhersagbarkeit nach allgemeinen Prinzipien fiele. Sie erinnern sich, daß Darwin die Geschichte des Lebens anhand der bestimmenden Metaphern der Konkurrenz und des Keils begriff (siehe S. 252): Die Welt wimmelt von Arten, Keilen, die einen Baumstamm bevölkern. Neue Formen können nur in ökologische Gemeinschaften eintreten, wenn sie andere verdrängen (die Keile heraustreiben). Die Verdrängung erfolgt durch Konkurrenz, der natürlichen Auslese gemäß; die besser angepaßten Arten gewinnen. Darwin war überzeugt, daß man diesen Prozeß, der im Mikromoment des Hier und Jetzt wirksam ist, auf die unzähligen Jahrtausende der geologischen Zeit übertragen könne und auf diese Weise das Gesamtmuster der Geschichte des Lebens erhalte. So bemühte sich Darwin im 10. Kapitel der *Entstehung der Arten* sehr (wenn es sich auch im Rückblick als falsch herausstellte), den Nachweis zu führen, daß sich das Aussterben nicht in einem raschen Prozeß vollzogen habe, der gleichzeitig sehr unterschiedliche Formen und Umwelten erfaßte, sondern daß die einzelnen Hauptgruppen allmählich erloschen seien und ihr Niedergang mit dem Aufstieg eines überlegenen Konkurrenten verbunden gewesen sei.[1] Doch mit »besser angepaßt« meinte Darwin lediglich »besser für wechselnde lokale Umwelten geeignet« und nicht eine allgemeine anatomische Überlegenheit. Die Entwicklung zur lokalen Anpassung kann die langfristigen Erfolgsaussichten ebensogut behindern wie fördern (Vereinfachung bei Parasiten, übertriebene Kompliziertheit bei Pfauen). Im übrigen ist nichts so launenhaft und unvorhersagbar – in Metaphern und in der Realität – wie klimatische und geographische Entwicklungen. Kontinente zerbrechen und treiben auseinander: Meeresströmungen wechseln ihre Richtungen ebenso wie Flüsse ihren Verlauf; Gebirge entstehen; und Flußniederungen trocknen aus. Wenn das Leben tatsächlich eher darin besteht, sich auf die jeweilige Umwelt einzustellen, als eine Leiter des Fortschritts zu erklimmen, dann müßte Kontingenz herrschen.

Ich behaupte nun, daß die Kontingenz in Darwins System nicht als logische Folge seiner Theorie, sondern als explizites, für sein Leben und Werk zentrales Thema eine bedeutsame Rolle spielt. Darwin hat die Kontingenz in faszinierender Weise als Hauptbeweis für die Tatsache der Evolution angeführt. Er hat seine Verteidigung in ein Paradox gekleidet: Man könnte annehmen, der beste Beweis für die Evolution seien jene glänzenden Beispiele einer optimalen Anpassung, die vermutlich von der natürlichen Auslese bewirkt wurden: die aerodynamische Vollkommenheit einer Feder oder die makellose Mimikry von Insekten, die wie Blätter oder Stöcke aussehen. Solche Phänomene liefern die gängigen Lehrbuchbeispiele für die Macht der evolutionären Modifikation – die Mühlen der natürlichen Auslese mögen langsam mahlen, aber sie mahlen gründlich. Nun erkannte Darwin aber, daß Vollkommenheit kein Beweis für die Evolution sein kann, weil das Optimale die Spuren der Geschichte verdeckt.

Vollkommene Federn können ja ebensogut von einem allmächtigen Gott aus dem Nichts geschaffen worden sein, sie können sich aber auch in einem natürlichen Prozeß aus einer vorhergegangenen Anatomie entwickelt haben. Darwin erkannte, daß der primäre Beweis für die Evolution in Kapriolen, Merkwürdigkeiten und Unvollkommenheiten, die die Pfade der Geschichte enthüllten, gesucht werden müsse. Wale sind mit ihren rudimentären Hüftknochen wahrscheinlich Abkömmlinge von terrestrischen Vorfahren mit funktionierenden Beinen. Um Bambus fressen zu können, müssen Pandas aus dem Knubbel eines Handgelenkknochens einen unvollständigen »Daumen« ausbilden, weil fleischfressende Vorfahren die entsprechende Mobilität des ersten Fingers eingebüßt haben. Viele Tiere auf den Galapagos-Inseln unterscheiden sich nur geringfügig von ihren Nachbarn in Ekuador, obwohl auf diesen relativ kühlen Vulkaninseln ein ganz anderes Klima herrscht als auf dem benachbarten südamerikanischen Festland. Wenn die Wale von ihrem terrestrischen Erbe keine Spur bewahrt hätten, wenn Pandas vollkommene Daumen besäßen und das Leben auf den Galapagos-Inseln in vollkommener Weise den eigentümlichen lokalen Umweltbedingungen entspräche, dann würde den Hervorbringungen der Natur nichts Geschichtliches anhaften. Unsere Welt ist jedoch von den Kontingenzen »bloßer Geschichte« geprägt, und in der Vielfalt der Strukturen, für die es keine andere Erklärung gibt als den Schatten ihrer Vergangenheit, liegt die Evolution offen zutage.

Kontingenz herrscht also auch dort, wo Darwin aus der organischen Konkurrenz in lokalen Gemeinschaften, die bis zum Bersten mit Arten gefüllt sind, weiterreichende Folgen ableitet. Nun sind wir aber dank einer spannenden geistigen Bewegung im letzten Vierteljahrhundert zu der Erkenntnis gelangt, daß die Natur nicht so glatt und durchgehend geordnet ist; das Große geht nicht durch bloßen Zeitablauf aus dem Kleinen hervor. Basierend auf der Natur der Makroevolution und der Geschichte der jeweiligen Umwelt, drücken verschiedene Großstrukturen den Entwicklungen der Natur ihren Stempel auf. Außerdem wird durch sie alles, was auch immer sich durch die unmittelbar im Hier und Jetzt ablaufenden Prozesse mit der Zeit ansammelt, aufgebrochen, in einen früheren Zustand zurückversetzt oder auch in andere Bahnen gelenkt. Die meisten dieser Muster bestätigen das Motiv der Kontingenz nachdrücklich (siehe Gould, 1985a). Wir wollen hier nur zwei davon betrachten.

Das Burgess-Muster der maximalen anfänglichen Vielfalt

Die Kontingenz des Naturgeschehens, die zentrale These dieses Buches, erfährt eine enorme Bestätigung durch die Haupterkenntnis, die wir dem Burgess Shale verdanken: daß nämlich die heutigen Strukturen nicht durch allmähliche Ausbreitung und Weiterentwicklung entstanden sind, sondern (nach einer raschen anfänglichen Diversifikation der Baupläne) von einer deutlichen Dezimierung bestimmt wurden, bei der der Zufall eine starke, wenn nicht ausschlaggebende Komponente war.

Nun müssen wir aber wissen, ob der Burgess einen Sonderfall oder einen allgemeinen Sachverhalt in der Geschichte des Lebens darstellt, denn wenn die meisten Evolutionsbüsche Weihnachtsbäumen ähneln und unten die größte Breite aufweisen, erfährt die Kontingenz die denkbar größte Bestätigung als vorherrschende Kraft in der Geschichte der organischen Vielfalt. Weil ich diese Frage für bedeutsam halte, habe ich einen Großteil meiner wissenschaftlichen Forschung in den letzten fünfzehn Jahren der »Schwanzlastigkeit« von Stammbäumen gewidmet (Raup *et al.*, 1973; Raup und Gould, 1974; Gould *et al.*, 1977; Gould, Gilinsky und German, 1987).

Paläontologen haben das Burgess-Muster maximaler anfänglicher Vielfalt seit langem auch bei konventionellen Fossiliengrupen mit Hartteilen erkannt. Das Paradebeispiel liefern die Echinodermen. Alle modernen Vertreter dieses ausschließlich marinen Stammes fallen unter folgende fünf Hauptgruppen: Seesterne (Asteroidea), Schlangensterne (Ophiuroidea), Seeigel und Sanddollars (Echinoidea), Seelilien (Crinoidea) und Seegurken (Holothuroidea). Das allen gemeinsame Grundmuster ist die fünfstrahlige radiäre Symmetrie. In Gesteinen aus dem unteren Paläozoikum, der Entstehungszeit des Stammes, finden sich jedoch zwanzig bis dreißig verschiedene Gruppen von Echinodermen, darunter solche, die weit außerhalb der anatomischen Grenzen des modernen Stammes liegen. Die Edrioasteroidea bauten ihr kugelförmiges Skelett nach einer dreistrahligen Symmetrie auf. Die bilaterale Symmetrie einiger »Carpoidea« ist so ausgeprägt, daß einige Paläontologen in ihnen mögliche Vorläufer der Fische und damit auch des Menschen sehen (Jefferies, 1986). Die bizarren Helicoplacoidea bildeten nur eine einzige Nahrungsrinne aus (nicht fünf), die sich in einer schraubenartigen Spirale um das Skelett windet. Keine dieser Gruppen hat das Paläozoikum überstanden, und alle modernen Echinodermen befinden sich in dem begrenzten Rahmen der fünfstrahligen Symmetrie. Dabei zeigt keine dieser altertümlichen Gruppen irgendein Anzeichen anatomischer Unzulänglichkeit, und nichts deutet darauf hin, daß sie durch die Konkurrenz von überlebenden Bauplänen verdrängt worden sein könnten. Ähnliche Verhältnisse trifft man in der Geschichte der Mollusken und der Wirbeltiere an (wo die frühen kieferlosen und die mit einem primitiven Kiefer ausgestatteten »Fische« eine größere Variation in der Anzahl und Anordnung der Knochen aufweisen als alle späteren Vögel, Reptilien und Säugetiere; äußere Vielfalt, basierend auf einem stereotypen Grundbauplan, ist zum Kennzeichen der Wirbeltiere geworden).[2]

In meinen letzten Untersuchungen kam ich zu dem Schluß, daß das Muster maximaler anfänglicher Breite ein allgemeines Merkmal von Abstammungslinien ist – ungeachtet der verschiedenen Ordnungsprinzipien und Zeiten – und nicht nur von Hauptgruppen in der kambrischen Explosion. Wir haben sogar vorgeschlagen, daß diese »schwanzlastige« Asymmetrie zu den wenigen Naturphänomenen gehören könnte, die der Zeit eine Richtung aufprägen und somit als ein seltenes Beispiel für den »Zeitpfeil« dienen (Gould, Gilinsky und German, 1987; Morris, 1984). Wir haben in unserer Untersuchung die Evolutionslinien und taxonomischen Gruppen als herkömmliche »Spindeldiagramme« der Paläontologie abgebildet, wobei die senkrechte Dimension die Zeit darstellt, während die Breite der Anzahl der jeweils lebenden Vertreter dieser Gruppe proportional ist (Abb. 5.4). Diese Diagramme können schwanzlastig, kopflastig oder symmetrisch sein (bei maximaler Vertreterzahl in der Mitte der geologischen Spannweite). Wenn schwanzlastige Linien für die Geschichte des Lebens charakteristisch sind, dann hat das Burgess-Muster allgemeine Geltung quer durch alle Ordnungssysteme (denn die meisten unserer Spindeldiagramme zeigen Gruppen von geringem taxonomischen Rang, gewöhnlich Gattungen innerhalb von Familien). Wenn symmetrische Linien überwiegen, verleiht die Form der Diversifikation der Zeit keine Richtung.

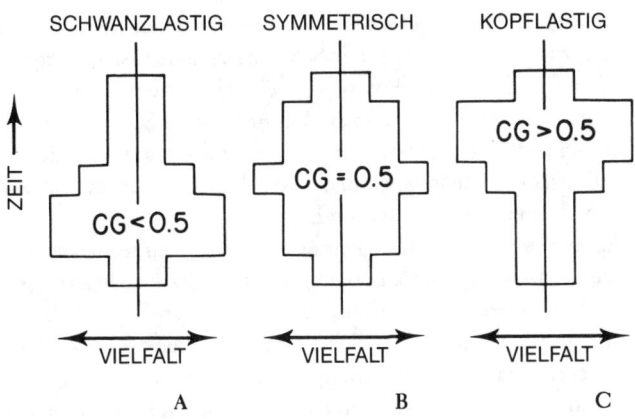

5.4 Schwerpunkte in paläontologischen Spindeldiagrammen. (A) Ein schwanzlastiges Diagramm, dessen Schwerpunkt bei unter 0,5 liegt. (B) Ein symmetrisches Diagramm, dessen Schwerpunkt bei 0,5 liegt. (C) Ein kopflastiges Diagramm, dessen Schwerpunkt höher als 0,5 liegt.

Das Ausmaß der Asymmetrie bemißt sich nach der relativen Stellung des Diagrammschwerpunkts. Es ist mir bewußt, daß dies großspurig klingt, aber wir haben ein intuitives und leicht zu erfassendes Maß gesucht. Linien, deren Schwerpunkt bei unter 0,5 liegt (schwanzlastig, wie wir sagen), erreichen ihre größte Vielfalt, bevor sie die halbe Strecke durchlaufen haben, sie entsprechen also dem Burgess-Muster. Linien, deren Schwerpunkt oberhalb von 0,5 liegt, erreichen ihre größte Verbreitung, nachdem sie die Hälfte ihrer geologischen Lebensdauer durchmessen haben (siehe Abb. 5.4).

Auf diese Weise haben wir die ganze Geschichte des marinen wirbellosen Lebens durchgemustert und 708 Spindeldiagramme auf der Ebene von Gattungen innerhalb der Familien angefertigt. Nur einmal fanden wir eine statistisch signifikante Abweichung von der Symmetrie. Bei Linien, die in der Frühgeschichte des vielzelligen Lebens entstanden sind, also im Kambrium oder Ordovizium, liegt der Schwerpunkt im Mittel tiefer als 0,5. Später entstandene Linien sind in ihren Mittelwerten nicht von 0,5 zu unterscheiden. Das Burgess-Muster wird somit von allen Gruppen der herkömmlichen Fossildokumentation für marine Wirbellose mit harten Teilen bestätigt. Die Frühgeschichte des vielzelligen Lebens ist, was die einzelnen Abstammungslinien angeht, von Schwanzlastigkeit gekennzeichnet, während in späteren Linien Symmetrie herrscht.

In der Regel fanden wir dieses Bild auch bei Gruppen, die sich in einer frühen Expansionsphase befinden. Die Schwanzlastigkeit ist kein Sondermerkmal der kambrischen Wirbellosen, sondern ein genereller Sachverhalt der evolutionären Diversifikation. So sind zum Beispiel Säugetierlinien, die im Paläozän, der Zeit der explosionsartigen Diversifikation nach dem Aussterben der Dinosaurier, entstanden, in der Regel schwanzlastig, während später entstandene Linien symmetrisch sind.

Man kann diese Schwanzlastigkeit unterschiedlich interpretieren. Ich lege sie gern als »frühes Experimentieren und spätere Standardisierung« aus. Für das frühe Experimentieren spricht, daß Großgruppen anscheinend in der Lage sind, zu Beginn ihrer Geschichte eine bemerkenswerte Vielfalt an Bauplänen zu erzeugen. Von diesen Bauplänen bleiben nach einer ersten Dezimierung nur wenige übrig, und nur in den anatomischen Grenzen dieser Überlebenden geht die Diversifikation weiter; das ist dann die spätere Standardisierung. Die Artenzahl mag weiterhin zunehmen und zu einem späten Zeitpunkt in der Geschichte der Linien maximale Werte erreichen, dennoch sind es nur begrenzte Baupläne, in deren Rahmen diese tiefgreifende Diversifikation erfolgt. Man hat fast eine Million moderne Insektenarten beschrieben, die aber allesamt auf nur drei Arthropoden-Grundbauplänen – verglichen mit über zwanzig im Burgess – beruhen.

Wie wir diese Schwanzlastigkeit auch immer auslegen, sie unterstützt die Argumente für die Kontingenz und unterstreicht den Leitgedanken dieses Buches. Zum einen widerlegt das Grundmuster unsere übliche, tröstliche Ikonographie, den Kegel wachsender Vielfalt. Die Anmut dieser Ikonographie und die ihr zugrunde liegende Konzeption hinderten Walcott daran, das wahre Ausmaß der Burgess-Vielfalt zu erkennen; und sie trägt weiterhin dazu bei, daß die Evolution in einer Weise dargestellt wird, die ihrem tatsächlichen Verlauf entgegengesetzt ist. Zum anderen geben maximale anfängliche Vielfalt und anschließende Dezimierung der Kontingenz den denkbar breitesten Spielraum, denn wenn in der gegenwärtigen taxonomischen Struktur des Lebens die wenigen glücklichen Überlebenden im Lotteriespiel der Dezimierung festgehalten sind – und nicht das Endergebnis einer fortschreitenden Diversifikation durch adaptive Verbesserung –, dann werden bei einem erneuten Abspielen der Lebensspule ganz andere Anatomien übrigbleiben, und es wird eine Geschichte herauskommen, die in sich vollkommen stimmig ist, aber deutlich verschieden von denjenigen, die wir kennen.

Massenaussterben

Könnten wir bei der Erschließung der Ursachen der Evolution kontinuierlich vom Kleinen zum Großen übergehen, dann bräuchte man nur die Topologie Darwinscher Prozesse des Hier und Jetzt auf Stammbäume zu übertragen. Darwin selbst hat diese Extrapolation vom Kleinen aufs Große als eine, wenn auch wechselvolle und mehrdeutige, Botschaft des Fortschritts gedeutet. Würde dieses akkumulative Modell also durch geologische Tatsachen zu Fall gebracht, so wäre das beste Argument für einen vorhersagbaren Fortschritt in der Geschichte des Lebens entkräftet.

Fälle von massenhaftem Aussterben kennt man seit den Anfängen der Paläontologie. Sie markieren die Grenzen zwischen den großen geologischen Zeitaltern. Dennoch haben zwei Aspekte der Darwinschen Tradition die Paläontologen bis ins letzte Jahrzehnt hinein dazu verleitet, das massenhafte Aussterben in das akkumulative Modell einzubeziehen. Man konnte erstens, wie Darwin selbst, versuchen, das massenhafte Aussterben im Sinne der »Artefakten«-Theorie als Ergebnis einer lückenhaften Fossildokumentation hinzustellen. Möglicherweise hat es in solchen Zeiten wirklich hohe Sterberaten gegeben, aber vermutlich erstreckte sich das Aussterben gleichmäßig über mehrere Millionen Jahre. Der Anschein der geologischen Gleichzeitigkeit entsteht nur, weil die meisten Perioden durch kein Sediment vertreten sind und die sich lang hinziehende Zeit des Aussterbens zu einer einzigen Einbettungsebene zusammengepreßt sein könnte. Zweitens konnte man zwar einräumen, daß solche Vorgänge sehr rasch abliefen, aber behaupten, durch den vermehrten Streß werde »nur der Gewinn vergrößert«, der bei den ohnehin auf Fortschritt abgestellten Darwinschen Prozessen anfallen mußte. Wenn die Konkurrenz in normalen Zeiten nach und nach die Besten herausstellte, so war das Ergebnis der ungleich härteren Kämpfe in einer unendlich viel rauheren Welt unvorstellbar. Das Massenaussterben konnte den Prozeß des vorhersagbaren Fortschritts nur beschleunigen.

Das Thema des Massenaussterbens hat in den letzten zehn Jahren durch Anregungen, neue Ideen und harte Daten einen neuen Aufschwung bekommen. Der erste Auslöser war natürlich Alvarez' Theorie eines durch den Einschlag von Himmelskörpern ausgelösten Aussterbens, doch hat sich die Diskussion inzwischen weit von vereinzelten Asteroiden gelöst und sich Kometenschauern, mutmaßlichen Zyklen von 26 Millionen Jahren und mathematischen Modellen für eine echte Katastrophe zugewandt. Um das alles angemessen darzustellen, brauchte man ein eigenes Buch; doch läßt sich ein Grundgedanke ausmachen, der in einer Aussage mit weitreichenden Implikationen zusammengefaßt werden kann: Das Massenaussterben ist *häufiger, verläuft rascher, ist in seiner Größenordnung verheerender* und *weicht in seinen Auswirkungen deutlich* von unseren bisherigen Vorstellungen ab. Fälle massenhaften Aussterbens scheinen, anders gesagt, echte Störungen im geologischen Fluß und nicht bloße Höhepunkte einer Kontinuität zu sein. Sie können das Ergebnis von ökologischen Veränderungen sein, die so schnell verlaufen und solche drastischen Folgen haben, daß es den Organismen nicht gelingt, sich mit den gewohnten Kräften der natürlichen Auslese anzupassen. Ein Massenaussterben kann also alles, was sich in den »normalen« Zwischenzeiten ansammeln mag, zum Scheitern bringen, rückgängig machen und in neue Bahnen lenken.

Die eigentliche Frage, die das Massenaussterben aufwirft, ist seit jeher: Gibt es irgendeine Regel, die bestimmt, wer durchkommt und wer nicht, und wenn ja, worauf beruht sie? Neuen Erkenntnissen über das Massenaussterben zufolge, besteht die spannende Möglichkeit, daß die Gründe eines unterschiedlichen Überlebens sich qualitativ von den Gründen des Erfolgs in normalen Zeiten unterscheiden. Damit würde der Vielfalt und Verschiedenartigkeit eine prägende, vielleicht sogar maßgebende Rolle in der Geschichte des Lebens übertragen. Das alte akkumulative Modell, die letzte noch verbliebene Hoffnung für die Fortschrittsdoktrin, wäre durch eine solche, eindeutig geologische und in großem Maßstab wirkende Kraft widerlegt. Die Paläontologen haben gerade erst begonnen, die Ursachen des unterschiedlichen Überlebens zu erforschen, und bis zu einem abschließenden Urteil wird man noch einige Zeit warten müssen. Inzwischen gibt es aber schon deutliche Anzeichen dafür, daß zwei Modelle der Strukturbildung durch massenhaftes Aussterben – ich nenne sie das Zufalls-Modell und das Modell der anderen Regeln – sich nicht nur als maßgebend erweisen werden, sondern auch die Bedeutung der Kontingenz unterstreichen.

1. *Das Zufalls-Modell*. Wenn ein Massenaussterben wie eine echte Lotterie funktioniert, bei der jede Gruppe ein Los besitzt, das mit ihren anatomischen Vorzügen nichts zu tun hat, liegt es wohl auf der Hand, daß die Kontingenz und ein Höchstmaß an Möglichkeiten beim erneuten Abspielen des Lebensbandes erwiesen sind. Es gibt gewisse Anzeichen dafür, daß echter Zufall eine Rolle spielen könnte. Einige der Vorgänge sind so tiefgreifend, und der Kreis der Überlebenden ist so begrenzt, daß Zufallsschwankungen in kleinen Stichproben ins Spiel kommen könnten. David M. Raup hat zum Bei-

spiel den Artenverlust beim permisch-triassischen Aussterben, dem Großvater aller späteren Katastrophen, auf 96 Prozent geschätzt. Wenn die Vielfalt auf vier Prozent ihres früheren Wertes sinkt, müssen wir damit rechnen, daß einige Gruppen durch so etwas wie Pech verlieren werden.

Jablonski (1986) hat näher untersucht, welche Rolle beim Massenaussterben Faktoren spielen, von denen man weiß, daß sie in normalen Zeiten entweder das Überleben oder die Speziation von marinen Mollusken fördern. Jablonski stellte fest, daß keiner dieser Faktoren dem Überleben unter den veränderten Bedingungen eines Massenaussterbens förderlich oder abträglich war. Man kann zumindest im Hinblick auf diese in normalen Zeiten wirksamen Kausalfaktoren feststellen, daß Arten von einem Massenaussterben zufällig verschont oder vernichtet werden. Der einzige Faktor, den Jablonski mit der Überlebenswahrscheinlichkeit korrelieren konnte, war die geographische Verbreitung: Je größer das von einer Gruppe besiedelte Gebiet, desto größer ihre Chance durchzukommen. Vielleicht sind die Zeiten in diesen Augenblicken so hart, daß die Chance, ein Versteck zu finden, um so größer ist, je mehr Raum man normalerweise einnimmt.[3]

2. *Das Modell der anderen Regeln.* Ich persönlich glaube nicht, daß der echte Zufall bei Fällen von Massenaussterben vorherrscht (wenngleich er vermutlich eine Rolle spielt, besonders bei den tiefgreifendsten Ereignissen dieser Art). Ich denke, daß die meisten Überlebenden aus ganz bestimmten Gründen, oft aus einem ganzen Komplex von Ursachen, durchkommen. Zugleich habe ich aber die starke Vermutung, daß jene Merkmale, die im Falle eines Massensterbens das Überleben fördern, in dieser Funktion meistens nichts mit der Ursache zu tun haben, um deretwillen sie sich zunächst entwickelt haben.

Diese Behauptung ist das zentrale Element des Modells der anderen Regeln. Tiere entwickeln ihre Größe, Gestalt und Physiologie in normalen Zeiten gemäß der natürlichen Auslese und aus definierbaren Gründen (zu denen gewöhnlich der Anpassungsvorteil gehört). Nun kommt ein Massenaussterben, bei dem »andere Regeln« für das Überleben gelten. Der größte Vorzug, dem man zuvor seine Blüte verdankte, kann sich jetzt als tödlich erweisen. Das Überleben hängt jetzt vielleicht von einem vormals bedeutungslosen Merkmal ab, das den Entwicklungsgang nur als Nebeneffekt einer anderen Anpassung begleitet hatte. Zwischen den Gründen für die Entwicklung eines Merkmals und seiner Rolle beim Überleben unter den neuen Regeln kann grundsätzlich kein ursächlicher Zusammenhang bestehen. (Um dieses Modell zu testen, muß daher vor allem geklärt werden, daß tatsächlich neue Regeln gelten.) Schließlich kann eine Art ihre Strukturen nicht im Hinblick darauf entwickeln, daß sie Millionen Jahre später möglicherweise von Nutzen sein könnten – es sei denn, wir würden uns von der Kausalität so verquere Vorstellungen machen, daß die Zukunft Einfluß auf die Gegenwart hat.

Vermutlich verdanken wir unsere Existenz einem solchen glücklichen Zufall. Aus Gründen, die wir nicht richtig verstehen, scheinen kleine Tiere in den meisten Fällen eines Massenaussterbens einen Vorteil zu besitzen. Das triff besonders für das Ereignis in der Kreidezeit zu, das die noch verbliebenen Dinosaurier auslöschte. Säugetiere könnten dieses große Sterben also vor allem deshalb überlebt haben, weil sie klein waren, und nicht etwa, weil sie gegenüber den Dinosauriern, die jetzt durch ihre Größe zum Untergang verurteilt waren, anatomische Vorzüge aufgewiesen hätten. Und sicher waren die Säugetiere nicht deshalb klein, weil sie darin einen künftigen Vorteil gewittert hätten. Wahrscheinlich waren sie klein geblieben aus einem Grund, der in normalen Zeiten als negativ bewertet worden wäre – weil nämlich die Dinosaurier die für große Landwirbeltiere geeigneten ökologischen Nischen besetzt hielten und Amtsinhaber in der Natur ebenso wie in der Politik Vorteile haben.

Kitchell, Clark und Gombos (1986) haben anhand von Kieselalgen (Diatomeen), einzelligen Pflanzen des ozeanischen Planktons, ein interessantes Beispiel entwickelt. Die Paläontologen haben sich lange darüber gewundert, warum die Diatomeen das kreidezeitliche Sterben relativ unbeschadet überstanden, während die meisten übrigen Teile des Planktons zugrunde gingen. Wachstum und Vermehrung der Kieselalgen sind von der jahreszeitlichen Verfügbarkeit von Nährstoffen abhängig, die in Auftriebszonen aus tieferen Gewässerschichten an die Oberfläche steigen. (Bei diesem Gewässeraustausch kommt es zu der sogenannten »Diatomeenblüte«.) Sind diese Nährstoffe erschöpft, dann können die Kieselalgen sich in eine »Ruhespore« verwandeln, ihren Stoffwechsel praktisch einstellen und in tiefere Schichten absinken. Wenn wieder Nährstoffe verfügbar sind, dann hört dieser Ruhezustand auf. Den Erfolg der Diatomeen im Massensterben der Kreidezeit führen Kitchell und ihre Kollegen auf eine Nebenwirkung des Ruhezustands zurück. Es ist offenkundig, daß die Ruhesporen sich im Sinne einer Strategie entwickelten, um mit vorhersagbaren und jahreszeitlichen Nährstoffschwankungen fertigzuwerden, und nicht, um für Umweltkatastrophen gerüstet zu sein. Die Fähigkeit, sich in einen Schlafzustand zu versetzen, könnte aber die Kieselalgen unter den anderen Regeln des Massenaussterbens gerettet haben, besonders wenn sich herausstellen sollte, daß für den Vorgang in der Kreidezeit das Modell des »nuklearen Winters« zutrifft; denn Dunkelheit würde die Photosynthese unterbinden und in der ganzen Nahrungskette, die letztlich auf der Primärproduktion beruht, den Tod nach sich ziehen. Die Kieselalgen könnten dagegen das dunkle Gewitter als Ruhesporen unterhalb der Photozone überstehen.

Das Modell der anderen Regeln zerbricht also den Kausalzusammenhang – den Darwin sich vorgestellt hatte – zwischen Gründen des Erfolgs in lokalen Populationen und den Ursachen des Überlebens und der Fortpflanzung über lange geologische Zeiträume hinweg. Dieses Modell unterstreicht daher nachdrücklich die Rolle der vor allem als Unvorhersagbarkeit verstandenen Kontingenz in der Evolution. Wenn nun der langfristige Erfolg von nebensächlichen Merkmalsaspekten abhängt, die sich aus anderen Gründen entwickelt haben, wie könnten wir dann, wenn wir das Band des Lebens bis zu einem weit zurückliegenden Zeitpunkt zurückspulen würden, überhaupt erkennen, welche Gruppen zum Erfolg bestimmt waren? Ihre Leistung und ihre Evolution während der Zeit unserer Beobachtung wären nicht von Belang. Wir könnten einige Vermutungen anstellen bezüglich nebensächlicher Merkmale, die bei einem Massenaussterben in der Regel für das Überleben sorgen, aber Gewißheit könnten wir dabei nicht haben. In einem bestimmten Sinne sind diese entscheidenden Merkmale nicht einmal vorhanden, bevor nicht die anderen Regeln des Massenaussterbens deren Nebenwirkungen plötzlich wichtig werden lassen. Es kann nämlich sein, daß diese Merkmale nur durch extremen Streß »angeregt« werden und die Tiere solche Bedingungen in normalen Zeiten nie erleben. Und wie können wir in unserer reichen und vielfältigen Welt wissen, was das nächste Massensterben irgendwann in ferner Zukunft erfordert? Unvorhersagbarkeit muß herrschen, wenn geologische Langlebigkeit angewiesen ist auf zufällige vorteilhafte Nebenwirkungen von Eigenschaften, die aus anderen Gründen entwickelt wurden.

Dieser Beweis, daß mehrere allgemeine Prinzipien der Makroevolution die Bedeutung der Kontingenz unterstreichen, ist mir sehr willkommen. Die Verallgemeinerungen – über die Schwanzlastigkeit von Abstammungslinien und die Eigenschaften von Massenaussterben – sind Sache der traditionellen unhistorischen Wissenschaft, jenes Stils, der ein historisches Prinzip wie die Kontingenz gewöhnlich bekämpft oder mindestens herabsetzt. Diese Bestätigung ist für den wissenschaftlichen Pluralismus ein glücklicher Umstand. Ich finde keinen Gefallen an der Vorstellung, die historische Wissenschaft mit dem Bau eines Bunkers und in einem Kampf um Ansehen und Selbstbestimmung zu verteidigen. Es ist besser, gemeinschaftlich vorwärts zu gehen. Die allgemeinen Muster der Evolution implizieren, daß bestimmte Ergebnisse nicht vorhergesagt werden können.

Sieben mögliche Welten

Das Scheitern des Kegels und der Leiter öffnet die Schleusen für alternative Welten, die es nicht gegeben hat, die aber bei geringfügigen, vernünftigen Abwandlungen einiger früher Ereignisse hätten entstehen können. Diese nicht verwirklichten Welten wären genauso geordnet und erklärbar wie die uns bekannte Welt, wenn sie auch noch so von ihr abwiche, in einer Weise, die wir nicht beschreiben können. Die Auflistung unrealisierter Welten ist ein Gesellschaftsspiel ohne Ende, denn wer kann schon die Möglichkeiten aufzählen? Das Universum ist nicht so engmaschig geknüpft, daß das Herabfallen eines Blütenblattes einen fernen Stern zerreißt, was immer auch unsere Dichter singen mögen. Ganz verrückte Veränderungen der Topographie oder der Umwelt und in der Regel auch das Auftreten oder Verschwinden von Gruppen (wenn nicht sogar einzelner Arten) können jedoch unwiderruflich die weitere Entwicklung des Lebens verändern. Der Tummelplatz der Kontingenz ist unermeßlich. Lassen Sie uns sieben Szenarien betrachten, die chronologisch so geordnet sind, daß wir bei jenem biologischen Objekt landen, das unsere kleinliche Phantasie am stärksten erregt, beim *Homo sapiens*.

Die Evolution der eukaryontischen Zelle

Leben entstand vor mindestens 3,5 Milliarden Jahren, als die Erde sich gerade genügend abgekühlt hatte, damit die wichtigsten chemischen Bausteine stabil blieben. Die Entstehung von Leben überhaupt sehe ich übrigens nicht als unsicheres oder unvorhersagbares Ereignis an. Bei der Zusammensetzung der Atmosphäre und der Meere der Urzeit war die Entstehung von Leben eine chemische Notwendigkeit. Kontingenz entsteht erst im weiteren Verlauf der Evolution mit dem Auftreten historischer Komplexität.

Aus der Sicht des alten Glaubens an einen stetigen Fortschritt konnte es nichts Befremdlicheres geben als das Frühstadium der Evolution des Lebens, denn eine Ewigkeit lang passierte kaum etwas. Die ältesten Fossilien sind prokaryontische Zellen, die etwa 3,5 Milliarden Jahre alt sind (siehe S. 58). Die Fossildokumentation dieser Zeit umfaßt auch die höchste Form makroskopischer Komplexität, die von diesen Prokaryonten entwickelt wurde: Stromatolithen. Es handelt sich dabei um Lagen von Sediment, das durch prokaryontische Zellen eingefangen und gebunden wurde. Diese Schichten können sich übereinander stapeln und von den Gezeiten überflutet und umgeformt werden; dabei kann das ganze Gebilde im Querschnitt (und auch in der Größe) Ähnlichkeit mit einem Kohlkopf bekommen.

Mehr als zwei Milliarden Jahre lang beherrschen Stromatolithen und ihre prokaryontischen Erbauer weltweit die Fossildokumentation. Die ersten eukaryontischen Zellen (die komplexe Sorte, wie sie im Lehrbuch beschrieben wird, mit einem Kern und mit allen Strukturen des Zytoplasmas) erschienen vor rund 1,4 Milliarden Jahren. Nach traditioneller Auffassung sind eukaryontische Zellen eine Vorbedingung für vielzellige Komplexität, und sei es nur, weil sexuelle Fortpflanzung paarige Chromosomen erfordert und nur die Sexualität für die Variation sorgen kann, welche die natürliche Auslese als Rohstoff für weitere Komplexität braucht.

Von der Entstehung eukaryontischer Zellen bis zum Auftreten vielzelliger Tiere verging jedoch eine lange Zeit, denn diese erscheinen erstmals unmittelbar vor der kambrischen Explosion, die rund 570 Millionen Jahre zurückliegt. Weit mehr als die Hälfte der Geschichte des Lebens gehört also allein den prokaryontischen Zellen, und erst im letzten Sechstel der Zeit, in der Leben auf der Erde existiert, gibt es vielzellige Tiere.

Solche Verzögerungen und langen Vorlaufzeiten sind ein deutlicher Hinweis auf Kontingenz und auf einen riesigen Bereich unrealisierter Möglichkeiten. Wenn Prokaryonten sich zu eukaryontischer Komplexität fortentwickeln mußten, dann hat das sicher seine Zeit gedauert. Im übrigen geraten wir bei der bevorzugten Hypothese über die Entstehung der eukaryontischen Zelle in den Bereich der kuriosen, zufälligen Nebenwirkungen, die als Quellen des Wandels nicht vorhersagbar sind. Nach der derzeit besten Theorie sind zumindest einige Organellen – die Mitochondrien und Chloroplasten fast mit Sicherheit, andere nicht ganz so sicher – Abkömmlinge von ganzen prokaryontischen Zellen, die es im Laufe der Evolution gelernt haben, symbiotisch in anderen Zellen zu leben (Margulis, 1981). Die eukaryontische Zelle ist aus dieser Sicht ihrer Herkunft nach eine Kolonie, die später eine festere Integration erreichte. Das erste Mitochondrium, das in eine andere Zelle eindrang, dachte sicherlich nicht an die künftigen Vorteile der Kooperation und Integration, sondern versuchte nur, in einer rauhen darwinistischen Welt zurechtzukommen. Dieser grundlegende Schritt in der Evolution des vielzelligen Lebens erfolgte also aus einem unmittelbaren Anlaß, der mit seiner letztendlichen Auswirkung auf die organische Komplexität nichts zu tun hatte. Dieses Szenario scheint nicht so sehr vorhersagbare Ursachen und Wirkungen abzubilden als vielmehr eine Kontingenz mit positivem Ausgang. Wer dennoch darauf besteht, daß die Entstehung von Organellen und der Übergang von der Symbiose zur Integration einer vorhersagbaren Gesetzmäßigkeit entsprechen, der erkläre mir, warum von der Geschichte des Lebens mehr als die Hälfte verstreichen mußte, ehe dieser Prozeß in Gang kam.

Ein letzter Punkt, den ich im Hinblick auf die Möglichkeit einer Evolution zum Menschen in einer alternativen Welt höchst beunruhigend finde: Bis zu dem erwähnten ersten Schritt ist zwar mehr als die Hälfte der uns bekannten Geschichte des Lebens vergangen, doch wäre ich bereit, als wahrscheinlich anzunehmen, daß letzten Endes eine höhere Intelligenz entsteht, wenn feststünde, daß die Erde noch Hunderte von Jahrmilliarden bestehen wird, so daß der erste Schritt nur einen Bruchteil der potentiell verfügbaren Zeit in Anspruch nähme. Astrophysiker erklären uns aber, daß die Sonne etwa die Hälfte ihrer Existenzdauer im gegenwärtigen Zustand erreicht hat und in rund fünf Milliarden Jahren explodieren wird. Dabei wird sie einen Umfang erreichen, der noch über die Bahn des Jupiter hinausreicht, und die Erde verschlingen. Das Leben wird enden, wenn es ihm nicht gelingt, anderswohin umzuziehen; mit dem Leben auf der Erde wird auf jeden Fall Schluß sein.

Da menschliche Intelligenz erst vor einer geologischen Sekunde entstand, stehen wir vor der verblüffenden Tatsache, daß die Evolution von Selbstbewußtsein rund die Hälfte der potentiellen Bestandsdauer der Erde in Anspruch genommen hat. In Anbetracht der Fehler und Unsicherheiten, der veränderten Geschwindigkeiten und Entwicklungswege bei anderen Durchläufen des Evolutionsbandes erhebt sich die Frage, wie hoch die Wahrscheinlichkeit ist, daß die uns auszeichnenden geistigen Fähigkeiten schließlich irgendwann entstanden wären. Wenn man das Band noch einmal ablaufen läßt, könnte es – selbst unter der Voraussetzung, daß im großen und ganzen dieselben Entwicklungswege eingeschlagen werden – 20 Milliarden Jahre dauern, bis Selbstbewußtsein entsteht, nur daß die Erde dann schon Milliarden Jahre vorher eingeäschert wäre. Man lasse es nochmals ablaufen, und der erste Schritt von der prokaryontischen zur eukaryontischen Zelle würde vielleicht nicht zwei, sondern zwölf Milliarden Jahre dauern – und die Stromatolithen, denen die Zeit zur Fortentwicklung nicht vergönnt war, könnten die höchstentwickelten stummen Zeugen des Weltuntergangs sein.

Die erste Fauna aus vielzelligen Tieren

Vielleicht akzeptieren Sie dieses ernüchternde Szenario, aber behaupten dennoch: Zugegeben, es war nicht vorhersagbar, daß es jemals über die prokaryontischen Zellen hinausgehen würde, aber sobald vielzellige Tiere da sind, ist die Entwicklung in ihren Grundzügen festgelegt, und es muß einen weiteren Aufstieg in Richtung Bewußtsein geben. Lassen Sie uns diese Frage ein wenig näher untersuchen.

Die ersten vielzelligen Tiere sind, wie im 2. Kapitel erwähnt, Mitglieder einer weltweiten Fauna, die benannt ist nach dem berühmtesten Vorkommen bei Ediacara in Australien. Der Paläontologe Martin Glaessner, der an der Beschreibung der Ediacara-Tiere den größten Anteil hat, deutete sie, der traditionellen Vorstellung vom Kegel gemäß, stets als primitive Vertreter moderner Gruppen, vorwiegend von Mitgliedern des Stammes Hohltiere (weiche Korallen und Medusoiden), aber auch von Anneliden und Arthropoden (Glaessner, 1984). Glaessners traditionelle Deutung hat kaum Widerspruch hervorgerufen (siehe aber Pflug, 1972 und 1974). Die Ediacara-Fauna nistete sich denn auch in den Lehrbüchern als passende Vorfahren moderner Gruppen ein, entsprach doch die Verbindung maximalen Alters mit minimaler Komplexität genau den Erwartungen.

Die Ediacara-Fauna ist von besonderer Bedeutung als der einzige Beleg für vielzelliges Leben vor der großen Scheidelinie zwischen Präkambrium und Kambrium, jener Grenze, die markiert ist von der berühmten kambrischen Explosion, der plötzlichen Ausbreitung moderner Gruppen mit harten Teilen. Gewiß, man kann die Ediacara-Geschöpfe nur mit Ach und Krach dem Präkambrium zurechnen; die Schichten, in denen sie vorkommen, datieren aus einer unmittelbar dem Kambrium vorausgehenden Zeit und reichen wahrscheinlich nur 100 Millionen Jahre in das oberste Präkambrium hinein. Im Einklang mit ihrer Position unmittelbar unterhalb der Grenze haben die Ediacara-Tiere keine harten Teile. Wenn die taxonomische Identität erhalten bliebe, auch über diesen größten aller geologischen Übergänge hinweg und ohne einen größeren Bruch im Grundbauplan während der Evolution harter Teile, so wäre die ununterbrochene Kontinuität des Kegels bestätigt. Freilich klingt diese Version verdächtig nach Walcotts Schubladendenken.

In den frühen achtziger Jahren hat mein Freund Adolf Seilacher, Professor der Paläontologie in Tübingen und nach meiner Meinung der hervorragendste paläontologische Beobachter der Gegenwart, eine völlig andere Interpretation der Ediacara-Fauna vorgeschlagen (Seilacher, 1984). Seine doppelte Begründung stützt sich auf ein negatives und ein positives Argument. Was die negative Behauptung angeht, leitet er aus funktionalen Überlegungen ab, daß die Ediacara-Geschöpfe nicht so funktioniert haben können wie ihre vermeintlichen modernen Pendants, und folglich dürften sie auch nicht mit irgendeiner lebenden Gruppe in Verbindung gebracht werden, auch wenn in der äußeren Form eine gewisse oberflächliche Ähnlichkeit bestehe. Die meisten Ediacara-Tiere wurden beispielsweise in die Nähe von Weich-Korallen gestellt, einer Gruppe, zu der auch die modernen Seefedern gehören. Korallenskelette stellen Kolonien dar, die Tausende von winzigen Individuen umfassen. Bei Seefedern sitzen die einzelnen Polypen auf den Ästen einer baum- oder netzartigen Struktur. Zwischen den Ästen muß ein Abstand sein, damit das Wasser Nahrungspartikel zu den Polypen bringen und Ausscheidungen forttragen kann. Bei den Ediacara-Formen liegen die scheinbaren Äste aber aneinander und bilden eine flache, steppdeckenartige Matte ohne Zwischenräume zwischen den Abteilungen.

Was die positive Behauptung angeht, so argumentiert Seilacher, die meisten Ediacara-Tiere könnten taxonomisch zusammengefaßt werden als Variationen eines einzigen anatomischen Bauplans – eine abgeflachte Form, die sich in Abteilungen gliedert, welche miteinander verfilzt oder versteppt sind und möglicherweise ein hydraulisches Skelett bilden, ähnlich wie eine Luftmatratze (Abb. 5.5). Aus der Tatsache, daß es zu diesem Bauplan kein modernes Gegenstück gibt, folgert Seilacher, daß die Ediacara-Geschöpfe ein ganz eigenständiges Experiment des vielzelligen Lebens darstellen, das in einem zuvor unerkannten Massensterben des spätesten Präkambriums unterging; denn von der Ediacara-Fauna hat nichts bis ins Kambrium überlebt.

Was die Burgess-Fauna betrifft, so ist wohl mit der in der Wissenschaft größtmöglichen Zuverlässigkeit das Walcottsche Schubladendenken widerlegt worden. In bezug auf die Ediacara-Fauna ist Seilachers Hypothese eine plausible und aufregende, bisher aber unbewiesene Alternative zu der traditionellen Deutung, die man eines Tages, je nach Lage der Dinge, als Glaessners Schublade oder als Glaessners Erkenntnis bezeichnen wird.

Bedenken wir aber, was es für die Unvorhersagbarkeit bedeutet, wenn Seilacher auch nur teilweise recht haben sollte. Bei Glaessners Einordnung in

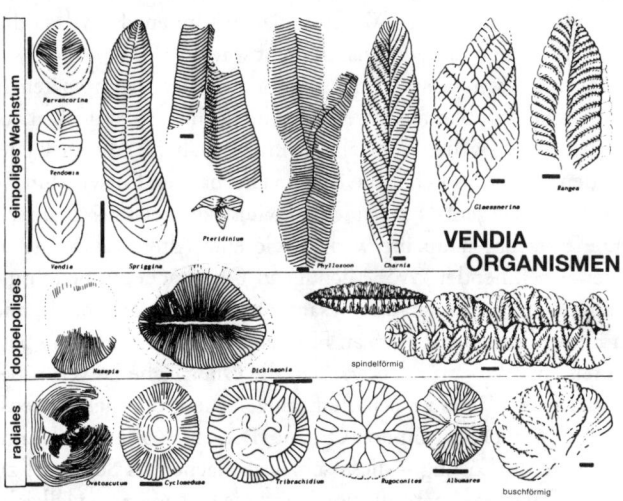

5.5 Seilachers Klassifikation der Ediacara-Organismen gemäß ihrer Variationen über einen flächenhaften, steppdeckenartigen Bauplan. Diese Organismen werden üblicherweise in mehrere verschiedene moderne Stämme eingeordnet.

moderne Gruppen besitzen die ersten Tiere die anatomischen Grundzüge späterer Organismen, nur in einfacherer Form, und die Evolution muß – dem traditionellen Kegel wachsender Vielfalt entsprechend – nach oben und außen verlaufen. Wenn Sie das Band, beginnend mit einfachen Hohltieren, Würmern und Arthropoden, hundertmal ablaufen lassen, werden Sie vermutlich in den meisten Fällen dasselbe herausbekommen, nur vermehrt und verbessert.

Hat jedoch Seilacher recht, so hat es einst andere Möglichkeiten und andere Entwicklungsrichtungen gegeben. Seilacher glaubt nicht, daß sämtliche Tiere des späten Präkambriums in die taxonomische Kategorie dieses alternativen, eigenständigen Experiments des vielzelligen Lebens gehören. Er ist nach der Untersuchung der zahlreichen und vielfältigen Spurenfossilien (Spuren, Fährten, Höhlen) in denselben Schichten überzeugt, daß vielzellige Tiere mit modernem Bauplan – vermutlich echte Würmer in der einen oder anderen Form – gleichzeitig mit der Ediacara-Fauna die Erde bewohnten. Es gab also – wie im Burgess – gleich zu Beginn mehrere voneinander verschiedene anatomische Möglichkeiten. Das Leben hätte entweder den

Ediacara- oder den modernen Weg einschlagen können, doch das Ediacara ist völlig verschwunden, und wir wissen nicht warum.

Angenommen, wir könnten das Band des Lebens vom späten Präkambrium an nochmals ablaufen lassen und die flachen Steppdecken von Ediacara würden beim zweiten Versuch gewinnen, während die Vielzeller eliminiert würden. Wäre das Leben auf diesem alternativen Entwicklungsweg der Ediacara-Anatomie jemals zu einem Bewußtsein gelangt? Wahrscheinlich nicht. Die Ediacara-Baupläne wirken wie eine Alternativlösung des Problems, bei zunehmender Größe genügend Oberfläche zu bekommen. Flächen (Länge^2) wachsen weitaus langsamer als Volumina (Länge^3), und da die meisten Funktionen von Tieren an Flächen gebunden sind, muß bei großen Geschöpfen ein Weg gefunden werden, die Oberfläche zu vergrößern. Um die erforderliche Fläche zu schaffen, gingen die modernen Lebensformen den Weg der Entwicklung innerer Organe (Lungen, Zotten des Dünndarms). Bei einer anderen Lösung – diese schlägt Seilacher als Schlüssel zum Verständnis der Ediacara-Anatomie vor – sind die Organismen vielleicht außerstande, innere Komplexität zu entwickeln, und statt dessen darauf angewiesen, ihre Gesamtform zu ändern. Wenn sie die Gestalt von Fäden, Bändern, Blättern oder Pfannkuchen annähmen, sei kein Innenraum weit von der Oberfläche entfernt. Das komplizierte Steppmuster von Ediacara-Tieren könnte dann als ein Mittel aufgefaßt werden, diese zerbrechliche Form zu verstärken. Ein Blatt, das einen Fuß lang und einen Bruchteil von einem Zoll dick ist, braucht in einer Welt der Bedrängnis, der Gezeiten und Stürme eine zusätzliche Stütze.

Wenn Ediacara diese andere Lösung darstellte und bei einem nochmaligen Durchlauf gewonnen hätte, würde das tierische Leben wohl nie sehr viel Komplexität erreicht oder auch nie etwas Ähnliches wie Selbstbewußtsein erlangt haben. Das Entwicklungsprogramm der Ediacara-Geschöpfe könnte die Evolution innerer Organe ausgeschlossen haben. Das tierische Leben hätte dann für immer im alten Trott der Blätter und Pfannkuchen verharrt – einer Form, die für selbstbewußte Komplexität, wie wir sie kennen, äußerst ungünstig ist. Wären die Ediacara-Überlebenden andererseits imstande gewesen, später innere Komplexität zu entwickeln, so hätte die Entwicklung von diesem völlig anderen Ausgangspunkt aus eine Welt hervorgebracht, die allenfalls der Science-fiction würdig wäre.

Die erste Fauna der kambrischen Explosion

Bei diesen ersten Beispielen aus fernster Vorzeit wäre unser hypothetischer Verfechter des Kegels und der Leiter vielleicht zu einem Rückzieher bereit; dann aber könnte er versucht sein, sich hinter der kambrischen Grenze zu verschanzen. Wenn erst einmal die große Explosion stattgefunden hat und traditionelle Fossilien mit harten Teilen auftreten, dann muß doch sicher die weitere Entwicklung in großen Zügen feststehen, und das Leben kann sich nur noch auf vorhersagbaren Wegen nach oben und nach außen entfalten.

So ist es aber nicht. Die frühe Schalenfauna, die zu Ehren eines berühmten russischen Fundortes Tommotian genannt wird, enthält, wie im 2. Kapitel vermerkt wurde, weit mehr Rätsel als Vorläufer. Einige moderne Gruppen treten ohne Zweifel im Tommotian erstmals in Erscheinung, doch eine Mehrheit dieser Fossilien könnte eine Anatomie besitzen, die den gegenwärtigen Rahmen sprengt. Allmählich wird uns die Geschichte vertraut: Anfangs ein Maximum an potentiellen Entwicklungswegen, dann eine Dezimierung, die das moderne Bild bestimmt.

Die charakteristischsten und häufigsten Tommotian-Geschöpfe, die Archaeocaythiden (Abb. 5.6), haben lange Zeit Schwierigkeiten bei der systematischen Zuordnung gemacht. Wieder erklingt die vertraute Litanei. Diese ersten riffbildenden Geschöpfe der Fossildokumentation sind von ein-

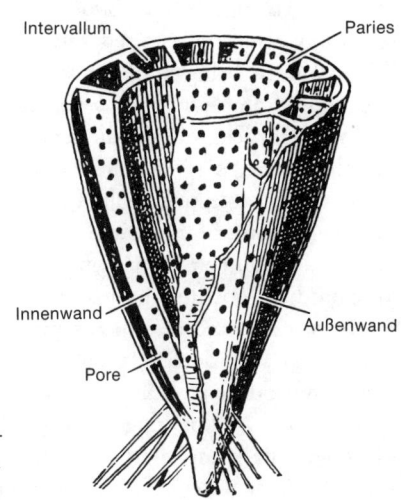

5.6 Ein Archaeocyathide, der das grundlegende Prinzip des Kelches im Kelch offenbart.

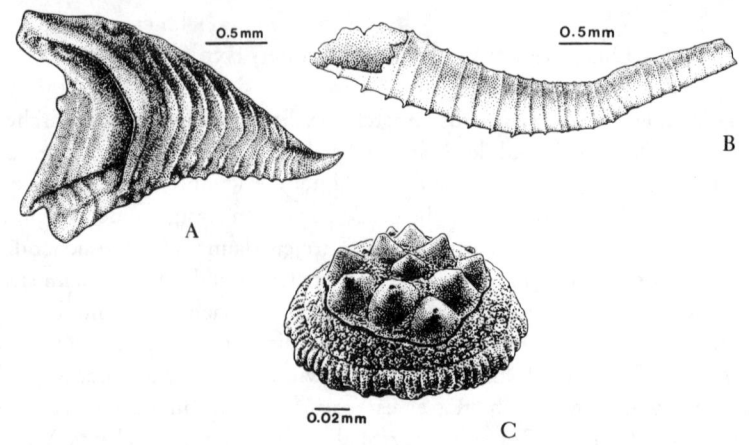

5.7 Repräsentative Organismen unbekannter biologischer Zugehörigkeit aus der kambrischen »kleinwüchsigen Muscheltier-Fauna« (Rosanow, 1986). (A) *Tommotia*. (B) *Hyolithellus*. (C) *Lenargyrion*.

facher Form, zumeist kegelförmig, und haben zwei Wände – ein Kelch im Kelch. Die paläontologische Spekulation hat sie seit über hundert Jahren im Geiste des herkömmlichen Schubladendenkens von der einen modernen Gruppe in die andere verschoben. Meistens hat man sie den Korallen und den Schwämmen zugeschlagen. Doch je mehr wir über die Archeaocythiden in Erfahrung bringen, desto seltsamer kommen sie einem vor, und die meisten Paläontologen bringen sie jetzt in einem eigenen Stamm unter, der vor Ablauf des Kambriums verschwinden sollte.

Noch eindrucksvoller ist die gerade jetzt bekannt werdende weitreichende Verschiedenartigkeit zwischen Organismen der »kleinen Schalenfauna«. Tommotian-Gesteine enthalten eine enorme Vielfalt an winzigen Fossilien (meist ein bis fünf Millimeter lang), die keiner modernen Gruppe zugerechnet werden können (Bengtson, 1977; Bengtson und Fletcher, 1983). Wir können diese Fossilien nach ihrem äußeren Erscheinungsbild als Röhren, Stacheln, Kegel und Platten zusammenfassen (Abb. 5.7 zeigt eine repräsentative Auswahl), doch ihre biologische Zugehörigkeit ist uns unbekannt. Vielleicht sind sie bloß Bruchstücke aus einer Zeit der frühen, noch unvollkommenen Skelettbildung; vielleicht bedeckten sie vertraute Organismen, die später die komplizierteren Schalen entwickelten, die uns im Fossilbestand häufiger begegnen. Vielleicht aber – und diese Interpretation findet neuerdings bei den Fans der kleinen Schalenfauna zunehmend Anklang – stellen die meisten Tommotian-Sonderlinge einzigartige Anatomien dar, die früh entstanden und rasch wieder verschwunden sind. Rosanow zum Beispiel, der führende russische Experte für diese Fauna, zieht aus seinem jüngsten Artikel den Schluß:

Frühkambrische Gesteine enthalten zahlreiche Überreste von sehr sonderbaren Organismen, Tieren wie Pflanzen; die meisten davon sind nach dem Kambrium unbekannt. Ich neige zu der Auffassung, daß zahlreiche hochrangige Taxa sich im frühen Kambrium entwickelten und rasch ausstarben (1986, S. 95).

Wieder einmal haben wir es eher mit einem Weihnachtsbaum als mit einem Kegel zu tun. Wieder einmal behauptet sich die Unvorhersehbarkeit der Entwicklungswege gegen unsere Hoffnung, das Bewußtsein möge sich als unausweichliche Notwendigkeit erweisen. Das Tommotian enthielt viele moderne Gruppen, aber zugleich ein breites Spektrum alternativer Möglichkeiten. Spulen wir das Band bis zum frühen Kambrium zurück; vielleicht werden unsere modernen Riffe diesmal nicht von Korallen gebildet, sondern von Archaeocyathiden. Vielleicht gibt es kein Bikini, kein Waikiki; vielleicht auch keine Menschen, die an Rumcocktails nippen und in großartigen unterseeischen Gärten herumschnorcheln.

Die nachfolgende kambrische Entstehung der modernen Fauna

Unser Traditionalist beginnt jetzt unruhig zu werden, aber er wird diesen einen letzten Punkt zugestehen, *pour mieux sauter*. Na gut, die allerfrüheste kambrische Fauna umfaßte eine Fülle von alternativen Möglichkeiten, die alle gleichermaßen sinnvoll waren und allesamt nicht zu uns führten. Nachdem dann aber in der nächsten Phase des Kambriums, in dem nach einem anderen russischen Fundort benannten Atdabanian, die moderne Fauna entstanden war, standen die Grenzen und Wege schließlich definitiv fest. Bestimmt bedeutete das Auftreten der Trilobiten, dieser vertrauten Symbole des Kambriums, das Ende der Verrücktheit und den Beginn der Vorhersagbarkeit. Endlich beginnen die guten Zeiten.

Dieses Buch ist schon ziemlich lang geworden, und Sie möchten dasselbe nicht noch einmal hören. Ich will nur sagen, daß der Burgess Shale den frühen, maximalen Umfang der Atdabanian-Radiation besitzt. Die Geschichte des Burgess Shale ist die Geschichte des Lebens selbst – und nicht eine einmalige, merkwürdige Episode von verrückten Möglichkeiten.

Die Entstehung von Landwirbeltieren

Unser Traditionalist gerät nun ins Wanken. Er ist bereit, praktisch das gesamte Leben der Kontingenz zu überlassen, aber bei den Wirbeltieren will er sich doch noch einmal ins Zeug legen. Schließlich geht es um das menschliche Bewußtsein, das entweder das unvorhersagbare Produkt eines nebensächlichen Zweiges oder der Gipfelpunkt einer unausweichlichen oder doch zumindest wahrscheinlichen Entwicklung ist. Zum Teufel mit dem übrigen Leben; es gehört ja ohnehin nicht zu der Linie, die zum Bewußtsein führt. Wenn die Wirbeltiere erst entstanden sind, so unwahrscheinlich ihre Entstehung auch war, können wir ganz bestimmt aus den Tümpeln aufs trockene Land klettern, uns auf den Hinterbeinen aufrichten und große Gehirne entwickeln.

Ich wäre vielleicht bereit, dem entscheidenden Wechsel der Lebenswelt vom Wasser auf das Festland eine gewisse Wahrscheinlichkeit zuzubilligen, enthielte die typische Anatomie der Fische – und sei es zufällig – die Möglichkeit einer leichten Umwandlung von Flossen in kräftige Glieder, die als Stützen im Schwerefeld der Erde erforderlich sind. Doch die Flossen der meisten Fische sind für eine solche Umwandlung völlig ungeeignet. Längs der Körperachse zieht sich ein kräftiger basaler Strang, und senkrecht zu ihm verlaufen parallele Flossenstrahlen. Diese dünnen, unverbundenen Strahlen könnten das Gewicht des Körpers an Land nicht tragen. Die wenigen modernen Fische, die über sumpfige Flächen hinweghuschen, darunter auch *Periophthalmus*, der »laufende Fisch«, schleppen sich dahin, aber sie schreiten nicht auf ihren Flossen.

Landwirbeltiere konnten deshalb entstehen, weil eine relativ kleine Gruppe von Fischen, die mit der »Normalausgabe« nur entfernt verwandt sind, aus Gründen, die unmittelbar sie selbst betraf, eine ganz andere Art von Extremitätenskelett entwickelte, mit einer starken, senkrecht zum Körper verlaufenden Zentralachse, von der zahlreiche seitliche Zweige ausstrahlten. Eine so geformte Struktur konnte sich zu einer belastbaren Land-Gliedmaße entwickeln, bei der die Zentralachse sich in den Hauptknochen unserer Arme und Beine verwandelte, während aus den Seitenzweigen die Finger und Zehen wurden. Dieser Flossenaufbau entwickelte sich nicht im Hinblick auf seine künftige Wandelbarkeit, die später die Entstehung von Säugetieren ermöglichte; diese Extremität könnte wegen ihrer leichteren Drehbarkeit vorteilhaft gewesen sein für bodenlebende Fische, die sich zur Fortbewegung des Substrats bedienten. Doch worin auch immer ihre unbekannten Vorzüge bestanden haben mögen, diese notwendige Vorbedingung terrestrischen Lebens entwickelte sich bei einer kleinen Gruppe von Fischen abseits der Hauptlinie, dem Lungenfisch-Coelocantha-Rhipidistia-Komplex. Spulen Sie das Band des Lebens zurück zum Devon, dem sogenannten Zeitalter der Fische! Würde ein Beobachter in diesen ungewöhnlichen und untypischen Fischen die Vorläufer eines so deutlichen Erfolges in einer so andersartigen Umwelt erkennen? Lassen Sie das Band ablaufen, löschen Sie durch Aussterben die Rhipidistia, und unsere Kontinente werden zum unangefochtenen Reich der Insekten und der Blumen.

Die Fackel wird an die Säugetiere weitergegeben

Können wir dem Traditionalisten nicht einen kleinen Trost gönnen? Lassen wir die Kontingenz bis zur Entstehung der Säugetiere herrschen. Können wir die Welt nicht als Säugetiere betrachten, die in das Reich der Dinosaurier hineingeraten sind, und erkennen, daß den Sanften und Behaarten bald die Erde gehören wird? Wie konnten sich große, schwerfällige, dumme, kaltblütige Ungetüme gegen Grips, Gewandtheit, Lebendgeburt und konstante Körpertemperatur zur Wehr setzen? Wissen wir nicht alle, daß Säugetiere gegen Ende der Ära der Dinosaurier entstanden; und haben sie dann nicht den unausweichlichen Wechsel dadurch beschleunigt, daß sie die Eier ihrer Rivalen fraßen?

Dieses bekannte Szenario ist eine Fiktion, die ihre Ursache in den traditionellen Hoffnungen auf Fortschritt und Vorhersagbarkeit hat. Die Säugetiere entwickelten sich am Ende der Trias, zur gleichen Zeit wie die Dinosaurier oder etwas später. Die Säugetiere verbrachten ihre ersten 100 Millionen Jahre – zwei Drittel ihrer gesamten Geschichte – als kleine Geschöpfe in den Winkeln und Ritzen einer Dinosaurier-Welt. Die 60 Millionen Jahre ihres Erfolges nach dem Abtreten der Dinosaurier waren so etwas wie ein Nachtrag.

Wir haben keinen Anhaltspunkt für die Herausbildung einer Säugetier-Hegemonie während dieser ersten 100 Millionen Jahre. Ganz im Gegenteil: Die Dinosaurier behaupteten unangefochten alle Lebenswelten für große terrestrische Geschöpfe. Die Säugetiere taten keine größeren Schritte in Richtung auf Herrschaft, größere Gehirne oder auch nur größeren Körperumfang.

Wären die Säugetiere spät entstanden und hätten sie dazu beigetragen, die Dinosaurier in den Untergang zu treiben, dann könnten wir legitimerweise ein Szenario des erwarteten Fortschritts entwerfen. Doch die Dinosaurier blieben dominierend und starben vermutlich nur infolge eines gänzlich unvorhersehbaren Ereignisses aus: eines Massensterbens, das durch den Einschlag von Himmelskörpern ausgelöst wurde. Wären die Dinosaurier nicht bei diesem Ereignis umgekommen, dann würden sie wohl noch immer den Bereich der großen Wirbeltiere beherrschen, wie sie es so lange mit so augenfälligem Erfolg getan hatten, und die Säugetiere wären noch immer die kleinen Geschöpfe in den Lücken ihrer (der Saurier) Welt. 100 Millionen Jahre war es so gewesen; warum sollte es nicht weitere 60 Millionen Jahre so sein? Da sich die Dinosaurier keineswegs auf deutlich größere Gehirne zubewegten und eine solche Möglichkeit die Fähigkeiten des Reptilien-Bauplans übersteigen mag (Jerison, 1973; Hopson, 1977), müssen wir annehmen, daß sich auf unserem Planeten kein Bewußtsein entwickelt hätte, wären die Dinosaurier nicht einer kosmischen Katastrophe zum Opfer gefallen. Wir verdanken unsere Existenz als große denkende Säugetiere, im wahrsten Sinne des Wortes, unseren glücklichen Sternen.

Die Entstehung des *Homo sapiens*

Ich will dieses Argument nicht bis zur Lächerlichkeit überziehen. Ich will sogar einräumen, daß irgendwann in der Geschichte der Evolution zum Menschen die Umstände insgesamt für geistige Kapazität unseres modernen Niveaus günstig waren. Die Erlangung des aufrechten Ganges, so das landläufige Szenario, befreite die Hände zum Gebrauch von Werkzeugen und Waffen, und die Rückkoppelung von den so gewonnenen Verhaltensmöglichkeiten regte die Evolution eines größeren Gehirns an.

Aber ich bin davon überzeugt, daß die meisten von uns einem falschen Eindruck erliegen, was die Evolution zum Menschen angeht. Wir sehen unseren Aufstieg als einen globalen Prozeß, der alle Mitglieder der menschlichen Abstammungslinie, wo immer sie gelebt haben mögen, umfaßte. Wir erkennen zwar an, daß der *Homo erectus*, unser unmittelbarer Ahne, die erste Art war, die von Afrika aus Europa und Asien besiedelte (der »Javamensch« und der »Pekingmensch« unserer Lehrbücher). Doch dann kehren wir wieder zu unserer globalen Hypothese zurück und meinen, *Homo erectus*-Populationen auf allen drei Kontinenten seien, unter der Voraussetzung des adaptiven Wertes der Intelligenz, auf einer Welle vorhersehbaren und gesetzmäßigen Fortschrittes gemeinsam die Leiter der geistigen Fähigkeiten emporgestiegen. Dieses Szenario nenne ich die »Tendenz-Theorie« der Evolution des Menschen. Der *Homo sapiens* wird zum vorweggenommenen Resultat einer alle menschlichen Populationen erfassenden Evolutionstendenz.

Nach einer anderen Auffassung, die jetzt durch Rekonstruktionen unseres Stammbaums aufgrund genetischer Unterschiede zwischen modernen Gruppen mächtigen Auftrieb erhalten hat (Cann, Stoneking und Wilson, 1987; Gould, 1987b), entstand der *Homo sapiens* als abgegrenztes Objekt der Evolution, als bestimmte Entität, als kleine, geschlossene Population, die sich von einer Linie von Vorfahren in Afrika abspaltete. Diese Auffassung nenne ich die »Entitätstheorie« der Evolution des Menschen. Sie enthält eine Fülle von verblüffenden Implikationen: Der asiatische *Homo erectus* starb ohne Nachkommen und gehört nicht zu unseren unmittelbaren Ahnen (denn wir entwickelten uns aus afrikanischen Populationen). Die Neandertaler waren eine verwandte Seitenlinie, die möglicherweise schon in Europa lebte, als wir in Afrika entstanden, und ebenfalls nichts zu unserem genetischen Erbe beisteuerte. Wir sind, anders gesagt, eine unwahrscheinliche und gefährdete Entität, die nach unsicheren Anfängen als kleine Population in Afrika zum Glück Erfolg hatte, und nicht das vorhersagbare Endresultat einer weltumspannenden Tendenz. Wir sind ein Objekt, ein Detail der Geschichte, nicht eine Verkörperung allgemeiner Prinzipien.

Diese Behauptung hätte nichts Erschreckendes, wenn wir etwas Wiederholbares wären, wenn, falls *Homo sapiens* einem frühen Aussterben zum Opfer gefallen wäre wie die meisten Arten, eine andere Population mit höherer Intelligenz in der gleichen Form hätte entstehen müssen. Hätten nicht die Neandertaler die Fackel weitergetragen, wenn wir gescheitert wären, oder wäre nicht alsbald eine andere Verkörperung geistiger Kapazität unseres Niveaus entstanden? Ich wüßte nicht, warum. Unsere nächsten Vorfahren und engsten Verwandten – der *Homo erectus*, die Neandertaler und andere – besaßen, wie ihre Werkzeuge und sonstigen Artefakte belegen, hochgradige geistige Fähigkeiten. Aber nur der *Homo sapiens* beweist unmittelbar jenes abstrakte Denken, einschließlich numerischer und ästhetischer Formen, das wir als spezifisch menschlich ansehen. Alle Hinweise auf eiszeitliche Formen des Rechnens, Kalenderstöcke und Zählbehälter, gehören zum *Homo sapiens*. Die ganze Eiszeit-Kunst – die Höhlenmalereien, die Venusstatuen, die Pferdekopfschnitzereien, die Rentier-Flachreliefs – war ein Werk unserer Art. Nach den jetzt vorliegenden Beweisen kannte der Neandertaler keine darstellende Kunst.

Lassen wir das Band nochmals ablaufen, und lassen wir den winzigen Zweig des *Homo sapiens* in Afrika erlöschen. Andere Hominiden haben vielleicht an der Schwelle dessen gestanden, was wir unter menschlichen Möglichkeiten verstehen, aber viele schlüssige Szenarien werden niemals geistige Fähigkeiten unseres Niveaus ergeben. Lassen wir das Band nochmals ablaufen, und diesmal kommen der Neandertaler in Europa und der *Homo erectus* in Asien um (wie es ja auch in Wirklichkeit der Fall war). Der einzige überlebende Menschenschlag, der *Homo erectus* in Afrika, macht eine Zeitlang tastend weiter und hat sogar Erfolg; aber er erfährt keine Aufspaltung in Arten und bleibt somit stabil. Dann löscht ein mutierter Virus den *Homo erectus* aus, oder eine Klimaänderung verwandelt Afrika wieder in einen unwirtlichen Urwald. Ein winziger Zweig am Ast der Säugetiere, eine Linie mit interessanten Möglichkeiten, die nie realisiert wurden, kommt zu der großen Mehrheit der ausgestorbenen Arten hinzu. Na und? Die meisten Möglichkeiten werden nie realisiert, und wer kann schon sagen, was dadurch verloren ging?

Argumente dieser Art veranlassen mich zu der Feststellung, daß die profundeste Einsicht der Biologie in das Wesen, die Stellung und die Möglichkeiten des Menschen in dem schlichten Satz steckt, der die Verkörperung der Kontingenz ist: Der *Homo sapiens* ist eine Entität, keine Tendenz.

Diese Argumentationsform auf alle zeitlichen und räumlichen Verhältnisse und schließlich auch auf unsere eigene Evolution anwendend, hoffe ich, Sie davon überzeugt zu haben, daß die Kontingenz dort, wo es am meisten darauf ankommt, von Bedeutung ist. Sie könnten sonst meinen, dieses Gedankenexperiment mit dem nochmaligen Abspielen des Lebensbandes sei nur ein Spiel, das fremdartigen Wesen gilt. Sie könnten fragen, ob meine ganzen Träumereien wirklich von Belang sind. Wen interessiert das schon, in dem alten pragmatischen Geiste Amerikas? Es macht Spaß, sich vorzustellen, man sei so etwas wie ein göttlicher Diskjockey, der mit einer Bibliothek von Kassetten über »Priapuliden«, »Polychaeten« und »Primaten« vor der Bandmaschine der Zeit sitzt. Aber würde es wirklich einen Unterschied machen, wenn alle Wiederholungsläufe des Burgess Shale zu den unrealisierten gegensätzlichen Resultaten führen würden? Wenn wir in einer Welt der

Wiwaxiiden lebten, auf einem Meeresboden, der von Peniswürmern übersät wäre, in Wäldern, in denen es von Phororhaciden wimmelte? Wir würden vielleicht bei unseren Strandpicknicks Sklerite abziehen, statt Muschelschalen zu öffnen. Unsere Trophäensammlungen würden vielleicht um den längsten *Diatryma*-Schnabel und nicht um die längste Löwenmähne wetteifern. Aber was wäre grundlegend anders?

Alles, denke ich. Der göttliche Bandabspieler besitzt viele Millionen Szenarien, und jedes ist vollkommen schlüssig. Kleine Verrücktheiten zu Beginn, ohne besonderen Grund, lösen Kaskaden von Folgen aus, die eine bestimmte Zukunft im Rückblick als unausweichlich erscheinen lassen. Doch es genügt ein ganz leichter Stupser zu Anfang, und eine andere Rinne wird berührt, die Geschichte schlägt einen anderen plausiblen Weg ein, der stetig vom ursprünglichen Verlauf wegführt. Die Endresultate sind so verschieden, die anfängliche Störung ist scheinbar so unbedeutend. Würden kleine Peniswürmer das Meer beherrschen, so hätte ich Zweifel, ob *Australopithecus* jemals aufrecht über die afrikanische Savanne geschritten wäre. Und so können wir, was uns betrifft, wohl nur ausrufen: O schöne – und unwahrscheinliche – neue Welt, die solche Menschen hat!

Ein Epilog über *Pikaia*

Ich muß am Ende dieses Buches ein Geständnis ablegen. Ich habe einen kleinen und, so hoffe ich, harmlosen pädagogischen Trick angewandt. Bei der ausführlichen Erörterung der Burgess Shale-Organismen habe ich bewußt ein Geschöpf ausgelassen. Ich könnte die fadenscheinige Entschuldigung vorbringen, Conway Morris habe seine Monographie über diese Gattung noch nicht veröffentlicht, weil er das Beste bis zuletzt aufgespart habe. Aber diese Behauptung wäre unehrlich. Ich habe mich zurückgehalten, weil auch ich das Beste bis zuletzt aufheben wollte.

In seiner 1911 erschienenen Abhandlung über vermeintliche Burgess-Anneliden beschrieb Walcott eine attraktive Art, ein seitlich zusammengedrücktes bandförmiges und rund fünf Zentimeter langes Geschöpf (Abb. 5.8). Er nannte es *Pikaia gracilens*, um den benachbarten Mount Pika zu ehren und eine gewisse Eleganz der Form anzudeuten. Walcott rechnete *Pikaia* ohne Bedenken zu den polychaeten Würmern. Er stützte diese Klassifikation auf die sichtbare, regelmäßige Segmentierung des Körpers.

Simon Conway Morris übernahm von ihm *Pikaia* sowie seine allgemeine

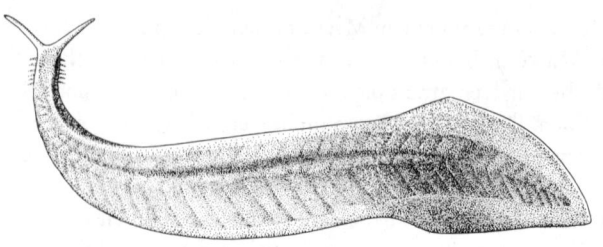

5.8 *Pikaia*, das erste bekannte Chordatier der Welt, aus dem Burgess Shale. Man beachte die Merkmale unseres Stammes: die Rückensaite, den versteiften Strang am Rücken, aus dem sich unsere Wirbelsäule entwickelte, und die Zickzackstreifen der Muskelbänder. Zeichnung von Marianne Collins.

thesenhafte Zuordnung der Burgess-»Würmer«. Nachdem er die rund drei-ßig damals bekannten Exemplare von *Pikaia* studiert hatte, gelangte er zu dem eindeutigen Schluß, den andere vermutet hatten, und der seit einiger Zeit gerüchteweise unter den Paläontologen kursierte: *Pikaia* ist kein Ringel-wurm, es ist ein Chordatier, ein Mitglied unseres eigenen Stammes, ja, sogar das erste dokumentierte Mitglied unserer direkten Ahnenreihe. Weil ihm die Bedeutung dieser Erkenntnis klar war, sparte Simon sich *Pikaia* klugerweise für die letzte seiner Burgess-Studien auf. Wenn man etwas Seltenes und Wich-tiges hat, muß man geduldig warten, bis die Gedanken sich geklärt haben und die Verfahren verfeinert und vervollkommnet sind; dieses eine muß man schließlich richtig hinkriegen.

Die Strukturen, die Walcott als Annelidensegmente identifiziert hatte, wie-sen das typische Zickzackmuster der Myotome, d.h. Muskelbänder von Chordaten, auf. Außerdem hat *Pikaia* einen Notochord, jene versteifte Rük-kensaite, die unserem Stamm, den Chordaten, seinen Namen gibt. In man-cher Hinsicht ähnelt *Pikaia*, zumindest im Gesamtaufbau, dem lebenden *Amphioxus*, der in Labors und Hörsälen lange als Modell für die »primitive« Organisation von prävertebraten Chordaten diente. Conway Morris und Whittington erklären:

Die Folgerung, daß es sich hier [bei *Pikaia*] nicht um einen Wurm, sondern um einen Chor-daten handelt, erscheint unausweichlich. Die hervorragende Erhaltung dieses mittelkam-brischen Organismus macht ihn zu einem Markstein in der Geschichte des Stammes, dem alle Wirbeltiere einschließlich des Menschen angehören. (1979, S. 131).

Fossilien echter Wirbeltiere, ursprünglich vertreten durch Agnathi, d.h. kie-ferlose Fische, treten erstmals im Mittel-Ordovizium auf, mit fragmentarischem Material von ungewisser Zugehörigkeit im Unter-Ordovizium und sogar im Ober-Kambrium – alles erheblich viel später als die Burgess-*Pikaia* (siehe Gagnier, Blieck und Rodrigo, 1986).

Natürlich behaupte ich nicht, daß *Pikaia* selbst der wirkliche Ahne von Wirbeltieren ist. Ich bin auch nicht so töricht, zu erklären, daß alle Chancen für eine Chordatenzukunft auf *Pikaia* im Mittel-Kambrium ruhten; es müssen auch noch andere Chordaten, die man noch nicht entdeckt hat, die kambrischen Meere bewohnt haben. Ich vermute aber aufgrund der Seltenheit von *Pikaia* im Burgess Shale und des Fehlens von Chordaten in anderen unterpaläozoischen Lagerstätten, daß unser Stamm nicht zu den großen kambrischen Erfolgsstories gehörte und daß den Chordaten in Burgess-Zeiten nur eine armselige Zukunft bevorstand.

Pikaia ist das letzte fehlende Glied in unserer Geschichte der Kontingenz, die direkte Verbindung zwischen der Burgess-Dezimierung und der schließlichen Evolution zum Menschen. Wir brauchen nicht mehr von Dingen zu reden, die am Rande unserer näheren Interessen liegen, also von Dingen wie alternative Welten, die von kleinen Peniswürmern wimmeln, marrelliforme Arthropoden und furchterregende Anomalocariden, die Fische verschlingen. Spulen wir das Band des Lebens bis zur Burgess-Zeit zurück und lassen wir es noch einmal ablaufen. Wenn *Pikaia* im zweiten Durchlauf nicht überlebt, sind wir aus der künftigen Geschichte getilgt, und zwar wir alle, vom Hai über das Rotkehlchen bis zum Orang-Utan. Und ich glaube nicht, daß ein Kampfrichter angesichts des heute bekannten Burgess-Materials dem Überleben von *Pikaia* große Chancen eingeräumt hätte.

Wenn Sie also die ewige Frage stellen möchten, warum der Mensch existiert, dann muß die Antwort, zumindest hinsichtlich jener Aspekte, die überhaupt von der Wissenschaft behandelt werden können, so lauten: weil *Pikaia* die Burgess-Dezimierung überlebte. Darin wird nicht ein einziges Naturgesetz bemüht, keine Aussage über vorhersagbare Wege der Evolution gemacht, keine Berechnung von Wahrscheinlichkeiten anhand allgemeiner Regeln der Anatomie oder der Ökologie angestellt. Das Überleben von *Pikaia* war eine Kontingenz »bloßer Geschichte«. Eine »höhere« Antwort kann, denke ich, nicht gegeben werden, und ich kann mir auch keine Lösung vorstellen, die faszinierender wäre. Wir sind das Ergebnis von Geschichte, und wir müssen selbst unsere Wege festlegen in diesem vielfältigsten und interessantesten aller denkbaren Universen, einem Universum, das gleichgültig ist gegen unser Leiden und uns daher die größte Freiheit gewährt, zu gedeihen oder zu scheitern auf die Weise, die wir gewählt haben.

Anmerkungen

1. Kapitel: Die Ikonographie einer Erwartung

1 Die Firma Granada führt noch einen anderen Aspekt dieses Bildes ins Feld, nämlich die Gleichsetzung von »alt« und »ausgestorben« mit »unzulänglich«, wenn sie uns ermahnt, lieber einen Fernseher zu mieten als zu kaufen, denn »die neuesten Modelle von heute könnten veraltet sein, bevor Sie Brontosaurus sagen können«.

2 Darin steckt eine hübsche Ironie, denn die Anzeige zeigte eigentlich eine Reihe von immer wirksameren Filtern. Für Fachleute bedeutet Evolution Anpassung an Veränderungen der Umwelt und nicht Fortschritt. Da die Firma mit den verbesserten Filtern auf neue Bedingungen reagierte, nämlich auf die in der Öffentlichkeit wachsende Erkenntnis der gesundheitlichen Gefahren, war es in diesem Fall richtig, daß Doral von »Evolution« sprach. Sicherlich meinte die Firma damit aber »absolut besser« und nicht »wir versuchen alles, um unseren Profit zu halten« – angesichts von mehreren Millionen Todesfällen, die man dem Zigarettenrauchen zuschreiben muß, ein ziemlich gräßlicher Anspruch.

3 Eine entsprechend definierte Gruppe bezeichnet man als monophyletisch, wenn sie von einem einzigen gemeinsamen Vorfahren abstammt. Für eine strenge Klassifikation setzen die Taxonomen Monophylie voraus. Es gibt jedoch etliche umgangssprachliche Bezeichnungen, die den wohlbegründeten Evolutionsgruppen nicht entsprechen, weil darin Lebewesen unterschiedlicher Abstammung zusammengefaßt sind; die Fachleute sprechen hier von »polyphyletischen« Gruppen. Volkstümliche Klassifikationen zum Beispiel, die Fledermäuse zu den Vögeln und Wale zu den Fischen zählen, sind polyphyletisch. Vermutlich bezeichnet schon der umgangssprachliche Ausdruck »Tier« eine polyphyletische Gruppe, weil die Schwämme (fast sicher) und vermutlich auch die Korallen und ihre Verwandten je für sich aus einzelligen Vorformen hervorgegangen sind, während alle übrigen Lebewesen, die wir üblicherweise als Tiere bezeichnen, einer eigenen dritten Gruppe angehören. Im Burgess Shale finden sich zahlreiche Schwämme und wohl auch einige Mitglieder des Stammes der Korallen, aber in diesem Buch geht es ausschließlich um die dritte Gruppe, die Coelomata, also um Tiere mit einer Leibeshöhle. Die Coelomata umfassen alle Wirbeltiere und alle Wirbellosen mit Ausnahme der Schwämme, Korallen und ihrer Verwandten. Da die Coelomata eindeutig monophyletisch sind (Hanson, 1977), bilden die Tiere, um die es in diesem Buch geht, eine eigene Evolutionsgruppe.

4 Das Grundprinzip gilt zwar für die komplexen vielzelligen Tiere, die in diesem Buch behandelt werden, nicht aber für sämtliches Leben schlechthin. Bei Pflanzen kommt es häufig zur Kreuzung zwischen entfernten Abstammungslinien, und so entsteht ein »Stammbaum des Lebens«, der oft mehr einem Netz als einem gewöhnlichen Busch ähnelt. (Ich finde es witzig, daß die klassische Metapher des Stammbaums, die seit Darwin als Bild für die Evolution benutzt wird und auf Tiere so hervorragend zutrifft, unter

Umständen nicht auf Pflanzen anwendbar ist, von denen sich das Bild ja herleitet.) Außerdem wissen wir inzwischen, daß Gene – gewöhnlich durch Viren – auch über Artgrenzen hinweg transferiert werden können. In der Evolution einiger einzelliger Lebewesen könnte dieser Vorgang bedeutsam gewesen sein; doch spielt er in der stammesgeschichtlichen Entwicklung komplexer Tiere vermutlich nur eine geringe Rolle, und sei es auch nur, weil zwei Embryonalsysteme, die eine ganz unterschiedliche Entwicklung hinter sich haben, sich nicht miteinander vertragen, auch wenn es Filme gibt, in denen Fliegen und Menschen sich kreuzen.

5 Eine weitere Ironie steckt darin, daß die Schwertschwänze gewöhnlich als »lebende Fossilien« bezeichnet werden, während *Limulus polyphemus* (jene Spezies, die bei uns an der amerikanischen Ostküste vorkommt) überhaupt nicht als Fossilie dokumentiert ist. Die Gattung *Limulus* gibt es nicht schon seit 200 Millionen, sondern erst seit 20 Millionen Jahren. Es ist falsch, in den Schwertschwänzen »lebende Fossilien« zu sehen, nur weil die Gruppe weniger Arten hervorgebracht hat und daher nur ein geringes Evolutionspotential für die Diversifizierung besaß. Dies ist der Grund, warum die modernen Arten morphologisch den frühen Formen so ähnlich sind. Die Arten als solche sind jedoch nicht sonderlich alt.

6 Was das Alter der Erde betrifft, so stützte sich Twain auf die damals gebräuchliche Schätzung Lord Kelvins. Zwar nimmt man inzwischen ein erheblich höheres Alter an, aber trotzdem stimmen die von Twain angenommenen Proportionen ziemlich genau. Er schätzte die Dauer der menschlichen Existenz auf 1/30000 des Alters der Erde. Setzt man, wie derzeit üblich, die Entstehung unserer Spezies *Homo sapiens* vor 250000 Jahren an, so wäre die Erde, wenn wir 1/30000 der Gesamtzeit einnehmen, 7,5 Milliarden Jahre alt. Nach den besten gegenwärtigen Schätzungen ist die Erde 4,5 Milliarden Jahre alt.

7 Ich habe lange über einen passenden Namen nachgedacht für dieses Phänomen der massenhaften Ausmerzung aus einer anfänglichen Formenvielfalt, wodurch sich die ganze spätere Geschichte auf einige wenige überlebende Abstammungsreihen konzentriert. Jahrelang dachte ich bei diesem Vorgang an ein »winnowing« [sieben, scheiden, trennen], aber diese Metapher muß ich jetzt verwerfen, weil sich alle Bedeutungen dieses englischen Wortes auf eine Trennung des Guten vom Schlechten beziehen (ursprünglich auf die Scheidung von Spreu und Weizen). Ich bin dagegen überzeugt, daß die Erhaltung von nur wenigen Burgess-Möglichkeiten eher im Sinne einer Lotterie funktionierte.

Letztlich habe ich mich dazu entschlossen, diesen Vorgang als »Dezimierung« zu bezeichnen, weil ich den wörtlichen und den landläufigen Sinn dieses Wortes miteinander verknüpfen kann, um auf die beiden Hauptaspekte, die in diesem Buch durchgängig betont werden, hinzuweisen: die weitgehend zufälligen Ursachen von Überleben oder Tod und die hohe Gesamtwahrscheinlichkeit des Aussterbens.

Zufälligkeit. »Dezimieren« stammt vom lateinischen *decimare*, »jeden zehnten nehmen«. Das Wort bezieht sich auf eine gängige Strafmaßnahme im römischen Heer, die auf Gruppen von Soldaten angewandt wurde, welche sich der Meuterei, der Feigheit oder eines anderen Verbrechens schuldig gemacht hatten. Durch Los wurde jeder zehnte Soldat ausgewählt und getötet. Für das Aussterben durch einen lotterieartigen Zufall hätte ich keine bessere Metapher finden können.

Größenordnung. Die wörtliche Bedeutung könnte jedoch den falschen Schluß nahelegen, daß die Wahrscheinlichkeit des Aussterbens zwar für alle gleichermaßen besteht, aber doch ziemlich niedrig, nämlich nur bei zehn Prozent liegt. Das Burgess-Muster zeigt das genaue Gegenteil. Die meisten kommen um, und nur wenige werden auserwählt. Für die wichtigsten Burgess-Abstammungslinien dürfte eine neunzigprozentige Todeswahrscheinlichkeit eine gute Schätzung sein. In der modernen Umgangssprache hat der Begriff »dezimieren« inzwischen die Bedeutung: »eine überwältigende Mehrheit vernichten«; er bezieht sich also nicht mehr, wie bei den alten Römern, auf den kleinen Prozentsatz. Diesem veränderten Sprachgebrauch liegt laut *Oxford English Dictionary* kein Fehler und kein Bedeutungswandel zugrunde, sondern er hat seine eigene Wurzel, denn auch, wenn neun von zehn genommen wurden, sprach man von »Dezimierung«.

Ich möchte jedenfalls beide Bedeutungen miteinander verknüpfen: die Zufälligkeit, die explizit in der ursprünglichen römischen Definition enthalten ist, und die moderne Bedeutung, daß die meisten sterben und nur wenige überleben. In dieser doppelten Bedeutung ist Dezimierung die richtige Metapher für das Schicksal der Burgess-Shale-Fauna: zufällige Ausmerzung der meisten Abstammungslinien.

2. Kapitel: Was man über den Burgess Shale wissen sollte

1 Diese Merksprüche lassen sich natürlich nicht übersetzen. Gould führt noch zwei weitere Beispiele an, die einen erotischen Beigeschmack haben und dem Leser nicht vorenthalten werden sollen. Das erste hat die Form einer gereimten Rezension eines Pornofilms mit dem Titel *Cheap Meat*:

Cheap Meat performs passably,
Quenching the celibate's jejune thirst,
Portraiture, presented massably,
Drowning sorrow, oneness cursed.

Der Gewinner hat noch einen Epilog hinzugefügt, als Merkspruch für das Känozoikum:
Rare pornography, purchased meekly
O Erogeny, Paleobscene.

2 Die »untersten Silurschichten« beziehen sich auf Gesteine, die heute zum Kambrium gerechnet werden, das 1859 noch nicht kodifiziert und allgemein anerkannt war. Darwin diskutiert hier die kambrische Explosion.

3 Das Verhältnis zwischen ^{12}C und ^{13}C in den Isua-Gesteinen deutet zwar auf organische Fraktionierung hin, der Überschuß an ^{12}C ist aber nicht so hoch wie in späteren Sedimenten. Schidlowski behauptet, die anschließende Metamorphisierung der Isua-Gesteine habe das Verhältnis verringert (dabei blieb es aber im Bereich organischer Werte), ursprünglich habe es dem der späteren Sedimente entsprochen.

4 Burgess war im 19. Jahrhundert ein Generalgouverneur von Kanada; Walcott benannte die Formation nicht nach ihm, sondern nach dem Burgess-Paß, der von der Stadt Field aus den Zugang zu der Fundstätte ermöglichte.

5 In diesem Abschnitt habe ich mich stark auf meinen früheren Essay über Walcotts Entdeckung gestützt (Gould, 1988).

3. Kapitel: Rekonstruktion des Burgess Shale: Auf dem Weg zu einer neuen Sicht des Lebens

1 Dies weiß ich sehr gut aus eigener Erfahrung. Ständig werde ich gefragt, was ich mir ursprünglich gedacht habe, als Niles Eldredge und ich in den frühen siebziger Jahren die Theorie vom unterbrochenen Gleichgewicht entwickelten. Ich sage den Leuten dann, sie sollen den Originalaufsatz lesen, weil ich mich nicht mehr erinnere (oder zumindest diese Erinnerungen unter dem Wust meiner späteren Erlebnisse nicht mehr wiederfinde).

2 Diese äußeren Hüllen waren natürlich härter als die weichen Organe darunter. Die Schilde oder Panzer der meisten Burgess-Organismen wurden jedoch nicht mineralisiert und bildeten daher keine konventionellen »harten Teile«, die leicht fossilieren. Diese Panzer entsprachen eher den Außenskeletten moderner Insekten, die versteift, aber nicht mineralisiert sind. Die Bezeichnung »leicht sklerotisiert« würde vielleicht besser passen als »Weichkörper –«, doch in beiden Fällen ist die Möglichkeit der üblichen Fossilierung praktisch gleich Null.

3 Ich fragte Whittington, warum vor seinen Neubeschreibungen so wenig getan worden sei, denn schließlich hätten Walcotts Fundstücke im Smithsonian stets zur Verfügung gestanden. Er zählte einige Gründe auf, die zweifellos alle etwas dazu beigetragen hatten, aber insgesamt diese merkwürdige Tatsache nicht erklären konnten. Zum einen war Walcotts Frau sehr besitzergreifend und abschreckend, obwohl sie an den Fundstücken kein Eigentumsrecht hatte. Sie haßte Percy Raymond, weil er so kurz nach dem Tod ihres Mannes (1927) wieder im Burgess gesammelt hatte. Raymond wiederum war kein Fan von Walcott gewesen und hatte ihn spöttisch als »den großen Büro-Paläontologen« bezeichnet, weil er es zuließ, daß die Verwaltungstätigkeit seine ganze Zeit in Anspruch nahm, so daß er die Burgess-Fossilien nicht richtig untersuchen konnte. (Dies war für Raymond, der sonst der sanftmütigste Mann war, eine ungewöhnlich scharfe Bemerkung. Al Romer, der ihn gut kannte, hat mir einmal erzählt, Raymond habe in der häuslichen Hackordnung ganz unten gestanden, unter seiner Frau, den Kindern und dem Hund. Sein liebstes Hobby, das Sammeln von Zinngeschirr, hat bestimmt zu seinem Image als Anti-Macho beigetragen.) Zu Walcotts Lebzeiten wollte sonst niemand an den Fundstücken arbeiten, weil er selber vorhatte, die Sache richtig zu untersuchen, und keiner sich getraute, dem mächtigsten Mann in der amerikanischen Wissenschaft die Schau zu stehlen. (Solche Besitzansprüche werden in der Paläontologie seit jeher respektiert, selbst bei Wissenschaftlern, die am Totempfahl weit unten stehen. Die Entdeckung schließt das Recht der Beschreibung ein, und die daraus folgende Beschränkung für die anderen wird oft als lebenslänglich verstanden.) Walcotts Frau und die Erinnerung an seine Macht bewirkten selbst über seinen Tod hinaus eine allgemeine Abneigung gegen die Arbeit am Burgess-Material. Außerdem waren, wie Whittington angibt, die »typischen« Exemplare (die wenigen, die zur Beschreibung der Arten gedient hatten) zwar zugänglich, doch das meiste Material lag in Schubladen, die sich hoch in Sammelschränken türmten: es stand also für ein zwangloses Durchmustern nicht zur Verfügung – genau die Art von paläontologischer Untersuchung, die schon zu vielen guten Einfällen geführt hat. Sie befanden sich obendrein in einem Gebäude ohne Klimaanlage (inzwischen behoben). Die meisten Paläontologen arbeiten an Universitäten und haben nur im Sommer etwas mehr freie Zeit.

Denen, die das Vergnügen hatten, die Hauptstadt unseres Landes im Juli und August zu erleben, brauche ich wohl nicht mehr zu sagen.

4 Selbstverständlich war dieses auffällige Organ der Aufmerksamkeit Walcotts nicht entgangen, und seine Einzigartigkeit stellte durchaus ein Problem dar für seine Feststellung, *Yohoia* sei ein Branchiopode. Walcott entzog sich diesem Dilemma durch die Behauptung, die große Gliedmaße sei eine »Haltezange«, mit der die Weibchen bei der Begattung festgehalten würden (und die bei vielen Branchiopoden vorkomme). Whittington stellte jedoch fest, daß alle Exemplare große Gliedmaßen hatten, so daß Walcott widerlegt war.

5 Walcott hatte der Gattung *Yohoia* zwei Arten zugerechnet: *Y. tenuis* und *Y. plena*. Whittington erkannte, daß die beiden Tiere sich stark voneinander unterscheiden und verschiedenen Gattungen angehören. *Y. plena* ist mit ihren Antennen ein Phyllocaride, einer der Arthropoden mit zweiklappiger Schale, die Derek Briggs bald untersuchen will. Whittington nahm diese Art aus der Gattung *Yohoia* heraus und stellte eine neue Gattung auf: *Plenocaris. Yohoia tenuis* ist der Sonderling und Gegenstand der Monographie von 1974.

6 Dies kommt der Gesamtdarstellung, die dieses Buch bieten will, entscheidend zugute, denn man kann sicher sein, daß Whittington zu seiner Neuinterpretation des Burgess gelangte, weil das Gewicht der Tatsachen immer stärker wurde, und nicht etwa, weil er von vornherein als radikaler Reformer in die Geschichte eingehen wollte.

7 Das ist der führende britische Berufsverband der Paläontologen.

8 A. M. Simonetta, ein italienischer Paläontologe, verdient weit mehr Dank, als hier aus Platzgründen ausgedrückt werden kann. Er allein hat nach Walcott und Whittington ein umfassendes Revisionsprogramm für die Burgess-Arthropoden in Angriff genommen. Er arbeitete wie Walcott und mit dessen Exemplaren, wobei er die Fossilien im wesentlichen wie flache Filme auf der Gesteinsoberfläche behandelte, ohne sie zu präparieren. Deshalb hat er in einer langen Serie von Aufsätzen in den sechziger und siebziger Jahren viele Fehler gemacht. Er erreichte aber auch im Vergleich zu mehreren älteren Studien erhebliche Verbesserungen, und mit all seinen Bemühungen erinnerte er die Paläontologen an den Reichtum des Burgess Shale. Wissenschaft ist ja ein Prozeß der Korrektur, und so haben Simonettas Irrtümer Whittington und Kollegen auch einen wichtigen Impuls gegeben.

9 Zu dem letzten Punkt meiner Aufzählung könnten meine katholischen Freunde Pius IX. und den 2. Dezember 1854 anführen, doch *Ineffabilis Deus* war eine offizielle Resolution nach den Regeln der Institution, und es dürfte kaum möglich sein, in einer tausendjährigen Debatte einen bestimmten Augenblick als besonders wichtig herauszupicken. Über Darwins lange und schwierige Bemühungen um die Entwicklung der Theorie der natürlichen Auslese siehe Howard Gruber, *Darwin on Man* (New York, 1974).

10 Da Simon und Derek ihre Zusammenarbeit mit Harry Whittington 1972 begonnen hatten, in dem Jahr des berüchtigten Gelächters über *Opabinia* auf der Oxforder Veranstaltung, hatte ich angenommen, sie müßten Harry dazu angespornt haben, den drastischen Schritt zu wagen und *Opabinia* zu einer einzigartigen Anatomie vom Rang eines eigenen Stammes zu erklären. So sieht es das Drehbuch vor: Die Jungtürken zerren die alten Armleuchter ins Licht der erregenden Modernität. Schreckliches Theater, nicht die geringste Ähnlichkeit mit dem wirklichen Leben. Simon mag ideologisch radikal gewesen

sein, aber er ist ein verdammt guter deskriptiver Anatom – und wer so töricht ist, Harry aufgrund von Äußerlichkeiten für einen alten Armleuchter zu halten, versteht nichts von der Vielseitigkeit des Genialen. Jedenfalls versichern mir alle drei Protagonisten, daß Harry die Interpretation von *Opabinia* entwickelte, ohne von Radikalen am Spielfeldrand gepiesackt oder ermuntert worden zu sein. Im Gegensatz zum Drehbuch gilt auch das Umgekehrte. Als Simon seine fünf Abhandlungen schrieb, wurde er von Harry weder entmutigt noch durch häufige Beratung unterstützt. Harry spielte bei Simons ersten Erkundungen praktisch keine Rolle. Er kann sich nur an eine Intervention erinnern: die Forderung, Simon möge mit Hilfe seiner Schnittechniken die Stacheln von *Hallucigenia* bis zum Punkt ihrer Verbindung mit dem Körper freilegen. Ein verdammt guter Rat, aber nicht gerade das, was man unter allgemeiner Anleitung versteht.

11 Ich sage dies nicht, um zu tadeln, zu entlarven oder einen Skandal aufzudecken. Journalistische Gepflogenheiten mögen an geeigneter Stelle ihre Funktion erfüllen. Ich weise nur darauf hin, daß unterschiedliche Ansätze jeweils nur begrenzte Teile einer Totalität wahrnehmen – wie in dem überstrapazierten Gleichnis von den Blinden und dem Elefanten – und daß man die Dinge völlig falsch versteht, wenn man einen kleinen, tendenziösen Ausschnitt für das Ganze nimmt.

12 Die Mundwerkzeuge von Arthropoden sind genauso benannt wie die funktionalen Entsprechungen bei den Wirbeltieren: Maxille, Mandibel usw. Auch die Teile der Insektenbeine tragen dieselben Namen wie die Pendants bei den Wirbeltieren. Diese Nomenklatur ist ziemlich verwirrend, denn bei aller funktionalen Ähnlichkeit besteht kein stammesgeschichtlicher Zusammenhang: Insekten-Mundwerkzeuge sind aus Beinen hervorgegangen, Wirbeltierkiefer aus Kiemenbögen.

13 Als einen Hinweis darauf, wieviel Kampf und Mühe hinter den Feststellungen stecken können, die hier so knapp wiedergegeben sind, möge man die folgenden interessanten Bemerkungen von Derek Briggs nehmen, die er mir schickte, nachdem er diese Stelle im Manuskript gelesen hatte: »Die Arbeit über *Canadaspis* wurde zur Jagd nach der ersten Krustazee... Inzwischen schätzte ich die Wahrscheinlichkeit, daß einer der Arthropoden zu einer lebenden Gruppe gehören könnte, sehr gering ein. Das Problem bestand bei *Canadaspis* darin, den entscheidenden Beweis für die hinteren Kopfanhänge zu finden. USNM 189017 [Katalognummer eines entscheidend wichtigen Exemplars im United States National Museum] ist das beste von nur rund 3 (aus Tausenden von) Exemplaren, die diese Anhänge in Seitenansicht zeigen (sie sind fast ausnahmslos durch die Schale u. dgl. verdeckt), und wie Sie auf Tafel 5 (Briggs, 1978) sehen können, war es eine gewaltige Arbeit, das Exemplar so zu präparieren, daß sie zu sehen sind. Nach meiner Meinung stellen die Abb.en 66–69 auf dieser Tafel das Höchstmaß dessen dar, was man erreichen kann, wenn man Fossil und Abdruck (Druck und Gegendruck) zusammen präpariert. Danach kostete es mich etliche Mühe, Sidnie Manton (Harrys Arthropoden-Guru) zu überzeugen, daß ich tatsächlich den entscheidenden Beweis in der Hand hatte – damals sah ich darin eine riesige Errungenschaft! [Manton war die weltweit führende Expertin für die höhere Taxa der Arthropoden – und eine schwierige Dame.] Es ging nicht allein um das Material der Exemplare; man mußte zeigen können, daß die beiden ersten aus einer Serie von 10 Paaren gleichartiger zweiästiger Anhänge zum Kopf gehörten – obwohl sie noch immer primitiv sind, da sie sich von den folgenden nicht nennenswert unterscheiden.«

14 Ich engagiere mich wie jedermann für die »Ökologie« oder den »Umweltschutz« (in der umgangssprachlichen und politischen Bedeutung, die Natur in Ruhe zu lassen), und ich bin der festen Überzeugung, daß die Integrität der Nationalparks fast wie ein Heiligtum respektiert werden muß. Aber ein Fossil auf der Erde ist absolut nichts wert. Es ist kein Gegenstand von bloß elementarer Schönheit und auch kein dauerhaftes Element in einem natürlichen Zusammenhang (wie vor allem Fossilien, die in Wänden von Steinbrüchen in Erscheinung treten). Liegt es ungeschützt am Boden, wird es vermutlich bis zur nächsten Sammelkampagne vom Frost gehoben und gesprengt, so daß nichts mehr davon übrigbleibt. Kontrolliertes Sammeln und wissenschaftliche Erforschung, das ist es, was den Burgess-Fossilien, intellektuell und ethisch, gemäß ist.

15 Die Stellung der Onychophoren, denen man *Aysheaia* wohl taxonomisch zuordnen muß, ist weiterhin umstritten. Manche Fachleute sehen in den Onychophoren einen eigenen Stamm, der mit den Uniramia nicht enger verwandt ist als mit irgendeiner anderen Arthropodengruppe. Wenn diese Lösung richtig ist, dann ist mein Argument hier falsch. Die beiden anderen Lösungen stützen dagegen mein Argument: erstens, daß die Onychophoren innerhalb der Arthropoden der Gruppe der Uniramia zuzurechnen sind: zweitens (und das ist wahrscheinlich der vorherrschende Aspekt), daß die Onychophoren eine eigene Stellung verdienen, aber enger als irgendeine andere Arthropoden-Gruppe mit den Uniramia verwandt sind. (Dieses letztere Argument unterstellt für mehrere, vielleicht sogar für alle vier Hauptgruppen der Arthropoden eine getrennte stammesgeschichtliche Entstehung, wobei die Uniramia in die Nähe der Onychophoren rücken).

16 Eine kleine und wenig bekannte Molluskengruppe, die Aplacophora, scheint tatsächlich eine größere Ähnlichkeit aufzuweisen mit ihrem länglichen wurmähnlichen Körper, der manchmal mit Platten oder Stacheln bedeckt ist, doch Conway Morris zählt in seiner Monographie eine beeindruckende Liste von detaillierten Unterschieden auf.

17 Wenn ich den Advocatus diaboli gegen meine eigenen Annahmen spielen wollte, würde ich behaupten, das Kriterium, nach dem wir von zwanzig Verlierern und nur vier Gewinnern sprechen, werde zu Unrecht rückwirkend angewandt. Nach dem Muster der Tagmatisierung zu urteilen, sind die modernen Arthropoden sicherlich weniger verschieden als ihre Burgess-Vorfahren. Aber warum sollen die Muster der Tagmatisierung als Kriterium für die Klassifikation der Arthropoden auf höherer Ebene dienen? Ein fast mikroskopischer Ostrakode, ein terrestrischer Isopode, ein planktonischer Kopepode, ein Hummer aus Maine und eine japanische Teufelskrabbe repräsentieren eine größere Spannweite an Körpergröße und ökologischer Spezialisierung als alle Burgess-Arthropoden zusammen, obwohl all diese Geschöpfe zu den Krustazeen gehören und das typische Tagmatisierungsbild dieser Klasse zeigen. Ein in der Burgess-Zeit lebender Paläontologe könnte zu dem Schluß kommen, die Arthropoden seien nicht so vielfältig, denn er hätte keinen Grund, in den Tagmatisierungsmustern ein besonders wichtiges Merkmal zu sehen (denn erst später, nachdem die meisten Alternativen dezimiert waren und unter den wenigen überlebenden und hochgradig verschiedenen Linien Stereotypie einsetzte, erwies sich die Tagmatisierung als nützliches Unterscheidungsmerkmal zwischen den stammesgeschichtlichen Großgruppen).

Ich halte dieses Argument für dürftig. Wenn man die Tagmatisierung als zu rückwärtsgewandt ablehnt, kann man mir dann ein anderes Kriterium nennen, bei dem die Verschiedenartigkeit im Burgess geringer ist? Unser Kriterium für die Zuordnung zu höheren taxonomischen Einheiten ist nicht die ökologische Diversifizierung, sondern grundlegende anatomische Merkmale (Fledermäuse und Wale sind beide Säugetiere). Fast jede Burgess-Gattung repräsentiert nach irgendeinem anatomischen Kriterium einen eigenen Bauplan. Die Tagmatisierung stabilisiert sich in Nach-Burgess-Zeiten, ebenso wie Anordnung und Form der Anhänge, während es kein größeres Merkmal des Arthropoden-Bauplans gibt, nach dem im Burgess große und stabile Gruppen unterschieden werden können.

18 Viele der gröberen Fehler Walcotts – die Verwechslung der Sklerite von *Wiwaxia* mit den Borsten von Polychaeten und der seitlichen Lappen von *Opabinia* mit Arthropoden-Segmenten – stellten dagegen ein eher elementares Unvermögen dar, Analogie von Homologie zu unterscheiden.

19 Wir können also etwas tun, um die Genealogie von Burgess-Organismen zu klären. Wir können gewisse Ähnlichkeiten, die auf Analogie beruhen, ausschließen – so z. B. die zwischen Borsten von Polychaeten und Skleriten von *Wiwaxia*. Wir können ferner einige gemeinsame, aber primitive Merkmale ausschließen, die keine Abstammungsgruppen definieren: die zweiklappigen Schalen und die »merostomoide« Körperform. Doch die Identifikation von gemeinsamen und abgeleiteten Merkmalen ist bislang überwiegend erfolglos geblieben. Homologie von gemeinsamen und abgeleiteten Vordergliedmaßen könnte *Leanchoilia* mit *Actaeus* verbinden (und vielleicht auch mit *Alalcomenaeus*). Die seitlichen Lappen mit Kiemen oben könnten bei *Opabinia* und *Anomalocaris* gemeinsame und abgeleitete Merkmale sein und so die einzige Verwandtschaftsbeziehung zwischen zwei »irren Wundertieren« herstellen.

20 Technische Anmerkung: Mehrfach wurde versucht, ein Kladogramm der Burgess-Arthropoden zu erstellen (Briggs, 1983 und im Druck), bislang mit deutlichem Mißerfolg, denn zwischen den verschiedenen Möglichkeiten gibt es keine befriedigende Konvergenz. Wenn das Grabbelsack-Modell zutrifft und jedes Hauptmerkmal in jeder neuen Linie eigenständig aus einer Folge von latenten, allen gemeinsamen Möglichkeiten entsteht, dann ist der stammesgeschichtliche Zusammenhang der Phänotypen durchbrochen, und das Problem ist mit normalen kladistischen Methoden nicht zu lösen. Natürlich wird es bei einigen, wirklich tief verankerten Merkmalsgruppen eine gewisse Kontinuität geben, doch wird es schwierig sein, die entsprechenden Merkmale zu identifizieren.

21 Ich übertreibe, um etwas deutlich zu machen. In der ganzen Natur herrschen die Regeln der Konstruktion und der Ordnung. Nicht alle denkbaren Kombinationen können funktionieren, noch können im Rahmen der Entwicklungszwänge der Metazoen-Embryologie alle Verbindungen hergestellt werden. Ich verwende diese Metapher nur, um die enorme Breite der Burgess-Möglichkeiten zu zeigen.

22 Die Variation wird in vielen Biologie-Lehrbüchern als »zufällig« bezeichnet. Das stimmt nicht ganz. Variationen sind nicht in dem buchstäblichen Sinne zufällig, daß sie nach allen Richtungen hin gleich wahrscheinlich sind; Elefanten haben keine genetische Variation für Flügel. Es kommt darauf an, was »zufällig« bedeuten soll: Organismen sind durch nichts prädisponiert, in adaptiven Richtungen zu variieren. Wenn eine Umweltveränderung kleinere Tiefe begünstigt, beginnt die genetische Mutation nicht, entsprechende Variationen in Richtung geringerer Größe zu produzieren. Die Variation enthält, anders gesagt, keine Richtungskomponente. Ursache des evolutionären Wandels ist die natürliche Auslese; die organische Variation liefert nur den Rohstoff.

23 Ich übersetze dies zurück ins Englische und hoffe, damit nicht eine der größten Absurditäten zu wiederholen, die mir je begegnet sind: Miltons *Paradise Lost* wurde als Teil des Librettos von Haydns *Schöpfung* ins Deutsche übersetzt, um dann als Knittelvers rückübersetzt zu werden für eine englische Aufführung, bei der es nicht möglich war, Miltons ursprünglichen Wortlaut zu verwenden und gleichzeitig die Notenwerte von Haydn beizubehalten.

4. Kapitel: Walcotts Vision und das Wesen der Geschichte

1 Das vielleicht bewegendste Dokument in den Walcott-Archiven in der Smithsonian Institution ist das ganz persönlich gehaltene Kondolenzschreiben, das Roosevelt an Walcott richtete, nachdem dessen zweite Frau durch einen Unfall umgekommen war.

2 Richtig, es handelt sich um William Howard Taft, seinerzeit Expräsident und amtierender oberster Richter der Vereinigten Staaten, der diese Gedenkfeier für Walcott eröffnete.

3 Ich diskutiere intellektuelle Fragen nicht gern als abstrakte Gemeinplätze. Ich glaube, daß Konzeptionen am besten dann verstanden und gewürdigt werden, wenn sie durch die Vorstellung eines individuellen Menschen oder an einem Naturobjekt veranschaulicht werden. Darin liegt die große Faszination, die Walcott auf mich ausübt. Selten bin ich einem Mann »begegnet«, der eine so völlig andere Lebensauffassung vertritt als ich; und doch habe ich das Gefühl, ihn nach einem so langen vertrauten Umgang mit dem Archivmaterial zu kennen. Dabei bekam ich großen Respekt vor Walcotts Integrität und seiner wilden Energie in Forschung und Administration. Ich mag ihn nicht besonders (als ob meine Meinung zählte), aber ich freue mich sehr, daß er eine Zierde meines Faches war.

4 Walcott wird auf diesem Manuskript als jemand »vom Geological Survey und als Kurator der paläozoischen Fossilien im National Museum« bezeichnet. Das Ehrenamt des Kurators hatte er von 1892 bis 1907 inne, bevor er Sekretär des Smithsonian wurde. Ich vermute, daß er noch nicht zum Direktor des Survey ernannt war, denn das wäre vermerkt worden. Da er 1894 Direktor wurde, muß das Datum des Vortrags zwischen 1892 und 1894 liegen.

5 Ein nebensächlicher Punkt noch, bevor ich dieses seltene Beispiel einer öffentlichen Rede eines so verschlossenen und herrischen Menschen verlasse. Walcott schrieb klar, aber ohne Feuer. Viele Fachleute nehmen fälschlicherweise an, populärwissenschaftliche Vorträge, besonders solche über die Natur, müßten auf Klarheit zugunsten einer überschwenglichen, entzückten Schilderung verzichten. Ein Wordsworth oder ein Thoreau schaffte das; die meisten Naturforscher, so sehr sie auch die freie Natur lieben mögen, können es nicht – und sollten es auch nicht probieren, wenn sie sich nicht unfreiwillig zum Gespött machen wollen. Außerdem braucht das Publikum eine solche Krücke nicht. »Intelligente Laien« gibt es genug, und man braucht sie nicht zu verhätscheln. Die Natur muß nicht angepriesen werden. Dennoch lasse ich hier, nicht ohne eine gewisse Verlegenheit, Charles Doolittle Walcott zum Thema »Grand Canyon bei Sonnenuntergang« zu Wort kommen:

»Der ganze westliche Himmel steht in Flammen. Die vereinzelten Wolkenbänke und die gewellten Cirruswolken haben die wilde Pracht eingefangen und leuchten orange-

und karmesinrot. Breit fallen schräge Balken gelben Lichts durch die Wolkenklüfte auf Türmchen und Turm, auf zinnenbewehrte Gipfel und wellenförmige Gesimse und verströmen einen nicht ganz so übermäßigen, aber an den Brand der westlichen Wolken gemahnenden Glanz. Der Gipfelstreifen ist hellgelb, der darunter blaßrosa. Die sich dazwischen aufspannende Weite ist von einem tiefen, leuchtenden, prächtigen Rot. Jetzt ist der Höhepunkt da; der blendende Schein der Sonne, der sich über eine unabsehbare Fläche von glühendem Rot ergießt, wird in den Abgrund zurückgeworfen, vermischt sich mit dem blauen Dunst und verwandelt ihn in ein purpurnes Meer von prächtigstem Glanz. Wie ungeheuer auch die Weiten, wie majestätisch die Formen und wie prunkvoll der Schmuck sein mögen, erst in diesen königlichen Farben offenbart sich die größte Herrlichkeit des Grand Canyon.«

6 Daß wir uns über das Thema, wenn schon nicht über die Terminologie, einigen konnten, läßt mich hoffen, daß selbst die krassesten Unterschiede in Stil und Gesinnung auf diesem wichtigsten aller intellektuellen Turfs ein gewisses Maß an Gemeinsamkeit finden werden – Steve ist nämlich der fanatischste Anhänger der Red Sox in Neuengland, während mein Herz nach wie vor den Yankees gehört.

7 »Holotypus« nennen die Taxonomen jenes Exemplar, nach dem eine ganze Art benannt wird. Man legt Holotypen fest, weil sich die Vorstellungen über die Art später ändern können, und die Biologen brauchen ein Kriterium für die ursprüngliche Zuteilung des Namens. (Wenn später z. B. die Taxonomen feststellen, daß in der ersten Beschreibung zwei Arten vermengt wurden, geht der Name an jene Gruppe, zu der der Holotypus gehört.)

5. Kapitel: Mögliche Welten: Was »bloße Geschichte« vermag

1 Fälle von Massenaussterben negieren das Prinzip der natürlichen Auslese nicht, denn es kann vorkommen, daß die Umwelt sich zu rasch und zu tiefgreifend ändert, als daß die Organismen reagieren könnten; ein gesetzmäßiges Sterben widersprach jedoch Darwins Neigung, das Große im Kleinen zu sehen und den organischen Wettbewerb innerhalb der jeweiligen Gruppen als Hauptquelle für die Gesamtstruktur des Lebens aufzufassen.

2 Daß das Burgess-Muster von konventionellen Gruppen mit harten Teilen wiederholt wird, ist ein glücklicher Umstand, der es erleichtert, die eigentliche Frage, die das Phänomen der Dezimierung aufwirft, zu überprüfen: Verschwinden Verlierer aufgrund ihrer Unterlegenheit im Wettbewerb, oder ist das Zufall? Leider gibt uns der Burgess Shale selbst wenig Aufschluß darüber, denn diese Weichkörper-Fauna ist zeitlich nur ein Punkt, und über das Muster der späteren Dezimierung wissen wir nichts. (Ein devonischer Arthropode, *Mimetaster* aus dem Hunsrückschiefer, ist vermutlich ein überlebender Verwandter von *Marrella*; die meisten sonstigen Burgess-Anatomien verschwinden ohne Nachkommen, und wir wissen nichts über das Wie und Wann.) Bei Gruppen mit harten Teilen läßt sich jedoch das Muster des Aussterbens aufspüren. Paradoxerweise besteht also das beste und praktikabelste Verfahren, Ursachen der Dezimierung im Burgess zu erforschen, darin, die gleichzeitige und überschaubare Situation bei den Echinodermen zu untersuchen. Meine erste Frage: Neigen »Nieten« unter den Echinodermen dazu, mit allen Individuen auf einmal unterzugehen, oder sterben sie allmählich aus? Das erstere

wäre ein deutlicher Beweis für eine starke Zufallskomponente. Die Antwort wissen wir nicht, aber die Lösung ist prinzipiell erreichbar.

3 Die geographische Verbreitung ist eine Eigenschaft von Populationen, nicht von einzelnen Muscheln oder Schnecken. Selbst wenn also das Überleben mit der geographischen Verbreitung zusammenhängt, kann das Schicksal einer Art im Hinblick auf die anatomischen Vorzüge ihrer Individuen Zufall sein.

Bibliographie

Aitken, J.D., and I.A. McIlreath. 1984. The Cathedral Reef escarpment, a Cambrian great wall with humble origins. *Geos: Energy Mines and Resources, Canada* 13 (1): 17–19.

Allison, P.A. 1988. The role of anoxia in the decay and mineralization of proteinaceous macro-fossils. *Paleobiology* 14: 139–54.

Anonym. 1987. Yoho's fossils have world significance. *Yoho National Park Highline*.

Bengtson, S. 1977. Early Cambrian button-shaped phosphatic microfossils from the Siberian platform. *Palaeontology* 20: 751–62.

Bengtson, S., and T.P. Fletcher. 1983. The oldest sequence of skeletal fossils in the Lower Cambrian of southwestern Newfoundland. *Canadian Journal of Earth Sciences* 20: 525–36.

Bethell, T. 1976. Darwin's mistake. *Harper's*, February.

Briggs, D.E.G. 1976. The arthropod *Branchiocaris* n. gen., Middle Cambrian, Burgess Shale, British Columbia. *Geological Survey of Canada Bulletin* 264: 1–29.

Briggs, D.E.G. 1977. Bivalved arthropods from the Cambrian Burgess Shale of British Columbia. *Palaeontology* 20: 595–621.

Briggs, D.E.G. 1978. The morphology, mode of life, and affinities of *Canadaspis perfecta* (Crustacea: Phyllocarida), Middle Cambrian, Burgess Shale, British Columbia. *Philosophical Transactions of the Royal Society, London* B 281: 439–87.

Briggs, D.E.G. 1979. *Anomalocaris*, the largest known Cambrian arthropod. *Palaeontology* 22: 631–64.

Briggs, D.E.G. 1981a. The arthropod *Odaraia alata* Walcott, Middle Cambrian, Burgess Shale, British Columbia. *Philosophical Transactions of the Royal Society, London* B 291: 541–85.

Briggs, D.E.G. 1981b. Relationships of arthropods from the Burgess Shale and other Cambrian sequences. Open File Report 81–743, U.S. Geological Survey, pp. 38–41.

Briggs, D.E.G. 1983. Affinities and early evolution of the Crustacea: The evidence of the Cambrian fossils. In F.R. Schram (ed.), *Crustacean Phylogeny*, pp. 1–22. Rotterdam.

Briggs, D.E.G. 1985. Les Premiers arthropodes. *La Recherche* 16: 340–49.

Briggs, D.E.G., E.N.K. Clarkson, and R.J. Aldridge. 1983. The conodont animal. *Lethaia* 16: 1–14.

Briggs, D.E.G., and D. Collins. 1988. A Middle Cambrian chelicerate from Mount Stephen, British Columbia. *Palaeontology* 31: 779–98.

Briggs, D.E.G., and S. Conway Morris. 1986. Problematica from the Middle Cambrian Burgess Shale of British Columbia. In A. Hoffman and M.H. Nitecki (eds.), *Problematic fossil taxa*, pp. 167–83. New York.

Briggs, D. E. G., and R. A. Robison. 1984. Exceptionally preserved nontrilobite arthropods and *Anomalocaris* from the Middle Cambrian of Utah. *University of Kansas Paleontological Contributions*, Paper 111.

Briggs, D. E. G., and H. B. Whittington. 1985. Modes of life of arthropods from the Burgess Shale, British Columbia. *Transactions of the Royal Society of Edinburgh* 76: 149–60.

Bruton, D. L. 1981. The arthropod *Sidneyia inexpectans*, Middle Cambrian, Burgess Shale, British Columbia. *Philosophical Transactions of the Royal Society, London* B 295: 619–56.

Bruton, D. L., and H. B. Whittington. 1983. *Emeraldella* and *Leanchoilia*, two arthropods from the Burgess Shale, British Columbia. *Philosophical Transactions of the Royal Society, London* B 300: 553–85.

Cann, R. L., M. Stoneking, and A. C. Wilson. 1987. Mitochondrial DNA and human evolution. *Nature* 325: 31–36.

Collins, D. H. 1985. A new Burgess Shale type fauna in the Middle Cambrian Stephen Formation on Mount Stephen, British Columbia. In *Annual Meeting, Geological Society of America*, p. 550.

Collins, D. H., D. E. G. Briggs, and S. Conway Morris. 1983. New Burgess Shale fossil sites reveal Middle Cambrian faunal complex. *Science* 222: 163–67.

Conway Morris, S. 1976a. *Nectocaris pteryx*, a new organism from the Middle Cambrian Burgess Shale of British Columbia. *Neues Jahrbuch für Geologie und Paläontologie*, 12: 705–13.

Conway Morris, S. 1976b. A new Cambrian lophophorate from the Burgess Shale of British Columbia. *Palaeontology* 19: 199–222.

Conway Morris, S. 1977a. A new entoproct-like organism from the Burgess Shale of British Columbia. *Palaeontology* 20: 833–45.

Conway Morris, S. 1977b. A redescription of the Middle Cambrian worm *Amiskwia sagitti-formis* Walcott from the Burgess Shale of British Columbia. *Paläontologische Zeitschrift* 51: 271–87.

Conway Morris, S. 1977c. A new metazoan from the Cambrian Burgess Shale, British Columbia. *Palaeontology* 20: 623–40.

Conway Morris, S. 1977d. Fossil priapulid worms. In *Special papers in Palaeontology*, vol. 20. London.

Conway Morris, S. 1978. *Laggania cambria* Walcott: A composite fossil. *Journal of Paleontology* 52: 126–31.

Conway Morris, S. 1979. Middle Cambrian polychaetes from the Burgess Shale of British Columbia. *Philosophical Transactions of the Royal Society, London* B 285: 227–74.

Conway Morris, S. 1985. The Middle Cambrian metazoan *Wiwaxia corrugata* (Matthew) from the Burgess Shale and *Ogygopsis* Shale, British Columbia, Canada. *Philosophical Transactions of the Royal Society, London* B 307: 507–82.

Conway Morris, S. 1986. The community structure of the Middle Cambrian phyllopod bed (Burgess Shale). *Palaeontology* 29: 423–67.

Conway Morris, S., J. S. Peel, A. K. Higgins, N. J. Soper, and N. C. Davis. 1987. A Burgess Shale-like fauna from the Lower Cambrian of north Greenland. *Nature* 326: 181–83.

Conway Morris, S., and R. A. Robison. 1982. The enigmatic medusoid *Peytoia* and a comparison of some Cambrian biotas. *Journal of Paleontology* 56: 116–22.

Conway Morris, S., and R. A. Robison. 1986. Middle Cambrian priapulids and other soft-bodied fossils from Utah and Spain. *University of Kansas Paleontological Contributions*, Paper 117.

Conway Morris, S., and H. B. Whittington. 1979. The animals of the Burgess Shale. *Scientific American* 240 (January): 122–33.

Conway Morris, S., and H. B. Whittington. 1985. Fossils of the Burgess Shale. A national treasure in Yoho National Park, British Columbia. *Geological Survey of Canada, Miscellaneous Reports* 43: 1–31.

Darwin, C. 1859. *On the origin of species.* London. [hier zitiert nach: *Die Entstehung der Arten*, Stuttgart 1963]

Darwin, C. 1868. *The variation of animals and plants under demestication.* 2 vols. London.

Durham, J. W. 1974. Systematic position of *Eldonia ludwigi* Walcott. *Journal of Paleontology* 48: 750–55.

Dzik, J., and K. Lendzion. 1988. The oldest arthropods of the East European platform. *Lethaia* 21: 29–38.

Erwin, D. H., J. W. Valentine, and J. J. Sepkoski. 1987. A comparative study of diversification events: The early Paleozoic versus the Mesozoic. *Evolution* 141: 1177–86.

Gagnier, P.-Y., A. R. M. Blieck, and G. Rodrigo. 1986. First Ordovician vertebrate from South America. *Geobios* 19: 629–34.

Glaessner, M. F. 1984. *The dawn of animal life.* Cambridge.

Gould, S. J. 1977. *Ever since Darwin.* New York.

Gould, S. J. 1981. *The mismeasure of man.* New York.

Gould, S. J. 1985a. The paradox of the first tier: An agenda for paleobiology. *Paleobiology* 11: 2–12.

Gould, S. J. 1985b. Treasures in a taxonomic wastebasket. *Natural History Magazine* 94 (December): 22–33.

Gould, S. J. 1986. Evolution and the triumph of homology, or why history matters. *American Scientist*, January – February, pp. 60–69.

Gould, S. J. 1987a. Life's little joke. *Natural History Magazine* 96 (April): 16–25.

Gould, S. J. 1987b. Bushes all the way down. *Natural History Magazine* 96 (June): 12–19.

Gould, S. J. 1987c. William Jennings Bryan's last campaign. *Natural History Magazine* 96 (November): 16–26.

Gould, S. J. 1988. A web of tales. *Natural History Magazine* 97 (October): 16–23.

Gould, S. J., N. L. Gilinsky, and R. Z. German. 1987. Asymmetry of lineages and the direction of evolutionary time. *Science* 236: 1437–41.

Gould, S. J., D. M. Raup, J. J. Sepkoski, T. J. M. Schopf, and D. S. Simberloff. 1977. The shape of evolution: A comparison of real and random clades. *Paleobiology* 3: 23–40.

Haeckel, E. 1866. *Generelle Morphologie der Organismen.* 2 Bde. Berlin.

Hanson, E. D. 1977. *The origin and early evolution of animals.* Middletown, Conn.

Hopson, J. A. 1977. Relative brain size and behavior in archosaurian reptiles. *Annual Review of Ecology and Systematics* 8: 429–48.

Hou Xian-guang. 1987a. Two new arthropods from Lower Cambrian, Chengjiang, Eastern Yunnan [in Chinese]. *Acta Palaeontologica Sinica* 26: 236–56.

Hou Xian-guang. 1987b. Three new large arthropods from Lower Cambrian, Chengjiang, Eastern Yunnan [in Chinese]. *Acta Palaeontologica Sinica* 26: 272–85.

Hou Xian-guang. 1987c. Early Cambrian large bivalved arthropods from Chengjiang, Eastern Yunnan [in Chinese]. *Acta Palaeontologica Sinica* 26: 286–98.

Hou Xian-guang and Sun Wei-guo. 1988. Discovery of Chengjiang fauna at Meishucun, Jinning, Yunnan [in Chinese]. *Acta Palaeontologica Sinica* 27: 1–12.

Hughes, C. P. 1975. Redescription of *Burgessia bella* from the Middle Cambrian Burgess Shale, British Columbia. *Fossils and Strata* (Oslo) 4: 415–35.

Hutchinson, G. E. 1931. Restudy of some Burgess Shale fossils. *Proceedings of the United States National Museum* 78 (11): 1–24.

Jaanusson, V. 1981. Functional thresholds in evolutionary progress. *Lethaia* 14: 251–60.

Jablonski, D. 1986. Larval ecology and macroevolution in marine invertebrates. *Bulletin of Marine Science* 39: 565–87.

Jefferies, R. P. S. 1986. *The ancestry of the vertebrates.* London.

Jerison, H. J. 1973. *The evolution of the brain and intelligence.* New York.

King, Stephen. 1987. *The tommyknockers.* New York. [deutsch: *Das Monstrum*, München 1988]

Kitchell, J. A., D. L. Clark, and A. M. Gombos, Jr. 1986. Biological selectivity of extinction: A link between background and mass extinction. *Palaios* 1: 504–11.

Knoll, A. H., and E. S. Barghoorn. 1977. Archean microfossils showing cell division from the Swaziland System of South Africa. *Science* 198: 396–98.

Lovejoy, A. O. 1936. *The great chain of being.* Cambridge, Mass. [deutsch: *Die große Kette der Wesen*, Frankfurt/M. 1963]

Ludvigsen, R. 1986. Trilobite biostratigraphic models and the paleoenvironment of the Burgess Shale (Middle Cambrian), Yoho National Park, British Columbia. *Canadian Paleontology and Biostratigraphy Seminars.*

Margulis, L. 1981. *Symbiosis in cell evolution.* San Francisco.

Margulis, L., and K. V. Schwartz. 1982. *Five Kingdoms.* San Francisco.

Massa, W. R., Jr. 1984. *Guide to the Charles D. Walcott Collection, 1851–1940.* Guides to Collections, Archives and Special Collections of the Smithsonian Institution.

Matthew, W. D., and W. Granger. 1917. The skeleton of *Diatryma*, a gigantic bird from the Lower Eocene of Wyoming. *Bulletin of the American Museum of Natural History* 37: 307–26.

Mikulic, D. G., D. E. G. Briggs, and J. Kluessendorf. 1985a. A Silurian soft-bodied fauna. *Science* 228: 715–17.

Mikulic, D. G., D. E. G. Briggs, and J. Kluessendorf. 1985b. A new exceptionally preserved biota from the Lower Silurian of Wisconsin, USA. *Philosophical Transactions of the Royal Society, London* B 311: 75–85.

Morris, R. 1984. *Time's arrows.* New York.

Müller, K. J. 1983. Crustacea with preserved soft parts from the Upper Cambrian of Sweden. *Lethaia* 16: 93–109.

Müller, K. J., and D. Walossek. 1984. Skaracaridae, a new order of Crustacea from the Upper Cambrian of Västergötland, Sweden. *Fossils and Strata* (Oslo) 17: 1–65.

Müller, K.J., and D. Walossek. 1984. Skaracaridae, a new order of Crustacea from the Upper Cambrian of Västergötland, Sweden. *Fossils and Strata* (Oslo) 17: 1–65.

Murchison, R.I. 1854. *Siluria: The history of the oldest known rocks containing organic remains.* London.

Parker, S.P. (ed.). 1982. *McGraw-Hill synopsis and classification of living organisms.* 2 vols. New York.

Pflug, H.D. 1972. Systematik der jung-präkambrischen Petalonamae. *Paläontologische Zeitschrift* 46: 56–67.

Pflug, H.D. 1974. Feinstruktur und Ontogenie der jungpräkambrischen Petalo-Organismen. *Paläontologische Zeitschrift* 48: 77–109.

Raup, D.M., and S.J. Gould. 1974. Stochastic simulation and evolution of morphology – towards a nomothetic paleontology. *Systematic Zoology* 23(3): 305–22.

Raup, D.M., S.J. Gould, T.J.M. Schopf, and D.S. Simberloff. 1973. Stochastic models of phylogeny and the evolution of diversity. *Journal of Geology* 81(5): 525–42.

Rigby, J.K. 1986. Sponges of the Burgess Shale (Middle Cambrian) British Columbia. *Palaeontographica Canada*, no. 2.

Robison, R.A. 1985. Affinities of *Aysheaia* (Onychophora) with description of a new Cambrian species. *Journal of Paleontology* 59: 226–35.

Romer, A.S. 1966. *Vertebrate paleontology.* 3d ed. Chicago.

Rozanov, A. Yu. 1986. Problematica of the Early Cambrian. In A. Hoffman and M.H. Nitecki (eds.), *Problematic fossil taxa*, pp. 87–96. New York.

Runnegar, B. 1987. Rates and modes of evolution in the Mollusca. In K.S.W. Campbell and M.F. Day, *Rates of evolution*, pp. 39–60. London.

Schidlowski, M. 1988. A 3,800-million-year isotopic record of life from carbon in sedimentary rocks. *Nature* 333: 313–18.

Schopf, T.J.M. 1978. Fossilization potential of an intertidal fauna: Friday Harbor, Washington. *Paleobiology* 4: 261–70.

Schuchert, C. 1928. Charles Doolittle Walcott (1850–1927). *Proceedings of the American Academy of Arts and Sciences* 62: 276–85.

Seilacher, A. 1984. Late Precambrian Metazoa: Preservational or real extinctions? In H.D. Holland and A.F. Trendall (eds.), *Patterns of change in earth evolution*, pp. 159–68. Berlin.

Sepkoski, J.J., R.K. Bambach, D.M. Raup, and J.W. Valentine. 1981. Phanerozoic marine diversity and the fossil record. *Nature* 293: 435.

Simonetta, A.M. 1970. Studies of non-trilobite arthropods of the Burgess Shale (Middle Cambrian). *Palaeontographica Italica* 66 (n.s. 36): 35–45.

Simpson, G.G. 1980. *Splendid isolation: The curious history of South American mammals.* New Haven.

Størmer, L. 1959. Trilobitoidea. In R.C. Moore (ed.), *Treatise on invertebrate paleontology*, Part O. Arthropoda I, pp. 23–37.

Stürmer, W., and J. Bergström. 1976. The arthropods *Mimetaster* and *Vachonisia* from the Devonian Hunsrück Shale. *Paläontologische Zeitschrift* 50: 78–111.

Stürmer, W., and J. Bergström. 1978. The arthropod *Cheloniellon* from the Devonian Hunsrück Shale. *Paläontologische Zeitschrift* 52: 57–81.

Sun Wei-guo and Hou Xian-guang. 1987a. Early Cambrian medusae from Chengjiang. Yunnan, China [in Chinese]. *Acta Palaeontologica Sinica* 26: 257–70.

Sun Wei-guo and Hou Xian-guang. 1987b. Early Cambrian worms from Chengjiang, Yunnan, China: *Maotianshania* Gen. Nov. [in Chinese]. *Acta Palaeontologica Sinica* 26: 299–305.

Taft, W. H., *et al.* 1928. Charles Doolittle Walcott: Memorial meeting, January 24, 1928. *Smithsonian Miscellaneous Collections* 80: 1–37.

Valentine, James W. 1977. General patterns in Metazoan evolution. In A. Hallam (ed.), *Patterns of evolution.* New York.

Vine, Barbara [Ruth Rendell]. 1987. *A fatal inversion.* New York. [deutsch: *Es scheint die Sonne noch so schön*, Zürich 1989]

Vonnegut, Kurt. 1985. *Galápagos.* New York. [deutsch: *Galapagos*, München 1988]

Walcott, C. D. 1891. The North American continent during Cambrian time. In *Twelfth Annual Report, U. S. Geological Survey*, pp. 523–68.

Walcott, C. D. 1908. Mount Stephen rocks and fossils. *Canadian Alpine Journal* 1(2): 232–48.

Walcott, C. D. 1910. Abrupt appearance of the Cambrian fauna on the North American continent. Cambrian Geology and Paleontology, II. *Smithsonian Miscellaneous Collections* 57: 1–16.

Walcott, C. D. 1911a. Middle Cambrian Merostomata. Cambrian Geology and Paleontology, II. *Smithsonian Miscellaneous Collections* 57: 17–40.

Walcott, C. D. 1911b. Middle Cambrian holothurians and medusae. Cambrian Geology and Paleontology, II. *Smithsonian Miscellaneous Collections* 57: 41–68.

Walcott, C. D. 1911c. Middle Cambrian annelids. Cambrian Geology and Paleontology, II. *Smithsonian Miscellaneous Collections* 57: 109–44.

Walcott, C. D. 1912. Middle Cambrian Branchiopoda, Malacostraca, Trilobita and Merostomata. Cambrian Geology and Paleontology, II. *Smithsonian Miscellaneous Collections* 57: 145–228.

Walcott, C. D. 1916. Evidence of primitive life. *Annual Report of the Smithsonian Institution for 1915* [published in 1916], pp. 235–55.

Walcott, C. D. 1918. Appendages of trilobites. Cambrian Geology and Paleontology, IV. *Smithsonian Miscellaneous Collections* 67: 115–216.

Walcott, C. D. 1919. Middle Cambrian Algae. Cambrian Geology and Paleontology, IV. *Smithsonian Miscellaneous Collections* 67: 217–60.

Walcott, C. D. 1920. Middle Cambrian Spongiae. Cambrian Geology and Paleontology, IV. *Smithsonian Miscellaneous Collections* 67: 261–364.

Walcott, C. D. 1931. Addenda to description of Burgess Shale fossils, [with explanatory notes by Charles E. Resser]. *Smithsonian Miscellaneous Collections* 85: 1–46.

Walcott, S. S. 1971. How I found my own fossil. *Smithsonian* 1(12): 28–29.

Walter, M. R. 1983. Archean stromatolites: evidence of the earth's earliest benthos. In J. W. Schopf (ed.), *Earth's earliest biosphere: Its origin and evolution*, pp. 187–213. Princeton.

White, C. 1799. *An account of the regular gradation in man, and in different animals and vegetables.* London.

Whittington, H. B. 1971. Redescription of *Marrella splendens* (Trilobitoidea) from the Burgess Shale, Middle Cambrian, British Columbia. *Geological Survey of Canada Bulletin* 209: 1–24.

Whittington, H. B. 1972. What is a trilobitoid? In *Palaeontological Association Circular, Abstracts for Annual Meeting*, p. 8. Oxford.

Whittington, H. B. 1974. *Yohoia* Walcott and *Plenocaris* n. gen., arthropods from the Burgess Shale, Middle Cambrian, British Columbia. *Geological Survey of Canada Bulletin* 231: 1–21.

Whittington, H. B. 1975a. The enigmatic animal *Opabinia regalis*, Middle Cambrian, Burgess Shale, British Columbia. *Philosophical Transactions of the Royal Society, London* B 271: 1–43.

Whittington, H. B. 1975b. Trilobites with appendages from the Middle Cambrian, Burgess Shale, British Columbia. *Fossils and Strata* (Oslo) 4: 97–136.

Whittington, H. B. 1977. The Middle Cambrian trilobite *Naraoia*, Burgess Shale, British Columbia. *Philosophical Transactions of the Royal Society, London* B 280: 409–43.

Whittington, H. B. 1978. The lobopod animal *Aysheaia pedunculata* Walcott, Middle Cambrian, Burgess Shale, British Columbia. *Philosophical Transactions of the Royal Society, London* B 284: 165–97.

Whittington, H. B. 1980. The significance of the fauna of the Burgess Shale, Middle Cambrian, British Columbia. *Proceedings of the Geologists' Association* 91: 127–48.

Whittington, H. B. 1981a. Rare arthropods from the Burgess Shale, Middle Cambrian, British Columbia. *Philosophical Transactions of the Royal Society, London* B 292: 329–57.

Whittington, H. B. 1981b. Cambrian animals: Their ancestors and descendants. *Proceedings of the Linnean Society* (New South Wales) 105: 79–87.

Whittington, H. B. 1985a. *Tegopelte gigas*, a second soft-bodied trilobite from the Burgess Shale, Middle Cambrian, British Columbia. *Journal of Paleontology* 59: 1251–74.

Whittington, H. B. 1985b. *The Burgess Shale.* New Haven.

Whittington, H. B., and D. E. G. Briggs. 1985. The largest Cambrian animal, *Anomalocaris*, Burgess Shale, British Columbia. *Philosophical Transactions of the Royal Society, London* B 309: 569–609.

Whittington, H. B., and S. Conway Morris. 1985. *Extraordinary fossil biotas: Their ecological and evolutionary significance.* London. Published originally in *Philosophical Transactions of the Royal Society, London* B 311: 1–192.

Whittington, H. B. and W. R. Evitt II. 1953. *Silicified Middle Ordovician trilobites.* Geological Society of America Memoir 59.

Zhang Wen-tang and Hou Xian-guang. 1985. Preliminary notes on the occurrence of the unusual trilobite *Naraoia* in Asia [in Chinese]. *Acta Palaeontologica Sinica* 24: 591–95.

Bildnachweise

1.1 Copyright 1940 Charles R. Knight. Mit freundlicher Genehmigung von Rhoda Knight Kalt.

1.2 Copyright © Janice Lilien. Zuerst veröffentlicht in *Natural History* magazine, Dezember 1985.

1.3 Nach: Charles White, *An Account of the Regular Gradation in Man...*, 1799. Neg. Nr. 331249. Mit freundlicher Genehmigung des Department of Library Services, American Museum of Natural History.

1.4 Mit freundlicher Genehmigung von Charles Scribner's Sons, Macmillan Publishing Company-Impressum, nach: Henry Fairfield Osborn, *Men of the Old Stone Age*. Copyright 1915 Charles Scribner's Sons, erneuert 1943 durch A. Perry Osborn.

1.7 Mit freundlicher Genehmigung des *Boston Globe*.

1.8 Mit freundlicher Genehmigung des *Boston Globe*.

1.9 Mit freundlicher Genehmigung von Bill Day, *Detroit Free Press*.

1.10 Mit freundlicher Genehmigung von UFS, Inc.

1.11 Mit freundlicher Genehmigung von Guinness Brewing Worldwide.

1.12 Mit freundlicher Genehmigung der Granada Group PLC.

1.13 Mit freundlicher Genehmigung von M.G.N. 1989, Syndication International/ North America Syndicate, Ind.

1.15 Nach: James Valentine, »General Patterns in Metazoan Evolution«, in *Patterns of Evolution*, ed. A. Hallam. Elsevier Science Publishers (New York). Copyright © 1977.

1.16(A) Nach: David M. Raup und Steven M. Stanley, *Principles of Paleontology*, 2. Aufl. Copyright © 1971, 1978 W.H. Freeman and Company. Abdruck mit freundlicher Erlaubnis.

1.16(B) Figure 4.6 in: Harold Levin, *The Earth Through Time*. Copyright © 1978 Saunders College Publishing, Teil der Holt, Rinehart und Winston, Inc. Abdruck mit freundlicher Genehmigung des Verlags.

1.16(C) Nach: J. Marvin Weller, *The Course of Evolution*. McGraw-Hill Book Co., Inc. Copyright © 1969.

1.16(E) Nach: Robert R. Shrock und William H. Twenhofel, *Principles of Invertebrate Paleontology*. McGraw-Hill Book Co., Inc. Copyright © 1953.

1.16(F) Nach: Steven M. Stanley, *Earth and Life Through Time*, 2. Aufl. Copyright © 1986, 1989 W.H. Freeman and Company. Abdruck mit freundlicher Genehmigung.

2.4, 2.5, 2.6 Smithsonian Institution Archives, Charles D. Walcott, Dokumente 1851–1940 und undatierte. Sign. SA-692, 89–6273 und 85–1592.

3.1 Mit freundlicher Genehmigung der Smithsonian Institution Press, nach: *Smithsonian Miscellaneous Collections*, Bd. 57, Nr. 6. Smithsonian Institution, Washington, D.C.

3.3, 3.4, 3.5, 3.6, 3.7 Nach: D.L. Bruton, 1981. The arthropod *Sidneyia inexpectans*, Middle Cambrian, Burgess Shale, British Columbia. *Philosophical Transactions of the Royal Society, London* B 295: 619–56.

3.8 Nach: H.B. Whittington, 1978. The lobopod animal *Aysheaia pedunculata* Walcott, Middle Cambrian, Burgess Shale, British Columbia. *Philosophical Transactions of the Royal Society, London* B 284: 165–97.

3.9, 3.10, 3.11 Nach: D.L. Bruton, 1981. The arthropod *Sidneyia inexpectans*, Middle Cambrian, Burgess Shale, British Columbia. *Philosophical Transactions of the Royal Society, London* B 295: 619–56.

3.13, 3.14, 3.15, 3.16 Nach: H.B. Whittington, 1971. Redescription of *Marrella splendens* (Trilobitoidea) from the Burgess Shale, Middle Cambrian, British Columbia. *Geological Survey of Canada Bulletin* 209: 1–24.

3.17, 3.19 Nach: H.B. Whittington, 1974. *Yohoia* Walcott and *Plenocaris* n. gen., arthropods from the Burgess Shale, Middle Cambrian, British Columbia. *Geological Survey of Canada Bulletin* 231: 1–21.

3.20 Nach: H.B. Whittington, 1975. The enigmatic animal *Opabinia regalis*, Middle Cambrian, Burgess Shale, British Columbia. *Philosophical Transactions of the Royal Society, London* B 271: 1–43.

3.22 Nach: Hutchinson, 1931. Abdruck mit freundlicher Genehmigung der Cambridge University Press.

3.23 Nach: A.M. Simonetta, 1970. Studies of non-trilobite arthropods of the Burgess Shale (Middle Cambrian). *Palaeontographica Italica* 66 (n.s. 36): 35–45.

3.24, 3.25, 3.26 Nach: H.B. Whittington, 1975. The enigmatic animal *Opabinia regalis*, Middle Cambrian, Burgess Shale, British Columbia. *Philosophical Transactions of the Royal Society, London* B 271: 1–43.

3.27 Nach: C.P. Hughes, 1975. Redescription of *Burgessia bella* from the Middle Cambrian Burgess Shale, British Columbia. *Fossils and Strata* (Oslo) 4: 415–35. Abdruck mit freundlicher Genehmigung.

3.30 Nach: S. Conway Morris, 1977. A new entoproct-like organism from the Burgess Shale of British Columbia. *Palaeontology* 20: 833–45.

3.33 Nach: S. Conway Morris, 1977. A redescription of the Middle Cambrian worm *Amiskwia sagittiformis* Walcott from the Burgess Shale of British Columbia. *Paläontologische Zeitschrift* 51: 271–87.

3.35 Nach: S. Conway Morris, 1977. A new metazoan from the Cambrian Burgess Shale, British Columbia. *Palaeontology* 20: 623–40.

3.36 Nach: D.E.G. Briggs, 1976. The arthropod *Branchiocaris* n. gen., Middle Cambrian, Burgess Shale, British Columbia. *Geological Survey of Canada Bulletin* 264: 1–29.

3.37 Nach: D.E.G. Briggs, 1978. The morphology, mode of life, and affinities of *Canadaspis perfecta* (Crustacea: Phyllocarida), Middle Cambrian, Burgess Shale, British Columbia. *Philosophical Transactions of the Royal Society, London* B 281: 439–87.

3.39, 3.40(A–C) Nach: H.B. Whittington, 1977. The Middle Cambrian trilobite *Naraoia*, Burgess Shale, British Columbia. *Philosophical Transactions of the Royal Society, London* B 280: 409–43.

3.42, 3.43 Nach: H.B. Whittington, 1978, The lobopod animal *Aysheaia pedunculata*

Walcott, Middle Cambrian, Burgess Shale, British Columbia. *Philosophical Transactions of the Royal Society, London* B 284: 165–97.

3.44 Nach: D. E. G. Briggs, 1981. The arthropod *Odaraia alata* Walcott, Middle Cambrian, Burgess Shale, British Columbia. *Philosophical Transactions of the Royal Society, London* B 291: 541–85.

3.47, 3.50 Nach: H. B. Whittington, 1981. Rare arthropods from the Burgess Shale, Middle Cambrian, British Columbia. *Philosophical Transactions of the Royal Society, London* B 292: 329–57.

3.51, 3.52, 3.53 Nach: D. L. Bruton und H. B. Whittington, 1983. *Emeraldella* and *Leanchoilia*, two arthropods from the Burgess Shale, British Columbia. *Philosophical Transactions of the Royal Society, London* B 300: 553–85.

3.55 Nach: D. E. G. Briggs und D. Collins, 1988. A Middle Cambrian chelicerate from Mount Stephen, British Columbia. *Palaeontology* 31: 779–98.

3.56, 3.57, 3.59 Nach: S. Conway Morris, 1985. The Middle Cambrian metazoan *Wiwaxia corrugata* (Matthew) from the Burgess Shale and *Ogygopsis* Shale, British Columbia, Cananda. *Philosophical Transactions of the Royal Society, London* B 307: 507–82.

3.60, 3.61 Nach: D. E. G. Briggs, 1979. *Anomalocaris,* the largest known Cambrian arthropod. *Palaeontology* 22: 631–64.

3.62 Nach: S. Conway Morris und H. B. Whittington, 1979. The Animals of the Burgess Shale. Copyright © 1979 Scientific American, Inc.

3.63, 3.64 Nach: H. B. Whittington und D. E. G. Briggs, 1985. The largest Cambrian animal, *Anomalocaris,* Burgess Shale, British Columbia. *Philosophical Transactions of the Royal Society, London* B 309: 569–609.

3.65 Nach: S. Conway Morris und H. B. Whittington, 1985. Fossils of the Burgess Shale. A national treasure in Yoho National Park, British Columbia. *Geological Survey of Canada, Miscellaneous Reports* 43: 1–31.

3.67, 3.68, 3.69 (A–B), 3.70 Nach: H. B. Whittington und D. E. G. Briggs, 1985. The largest Cambrian animal, *Anomalocaris,* Burgess Shale, British Columbia. *Philosophical Transactions of the Royal Society, London* B 309: 569–609.

3.73, 3.74 Nach: D. E. G. Briggs und H. B. Whittington, 1985. Modes of life of arthropods from the Burgess Shale, British Columbia. *Transactions of the Royal Society of Edinburgh* 76: 149–60.

4.1, 4.2, 4.3 Smithsonian Institution Archives, Charles D. Walcott Dokumente, 1851–1940 und undatierte, Sign. 82–3144, 82–3140 und 83–14157.

4.4, 4.5, 4.6, 4.7 Nach: Ernst Haeckel, *Generelle Morphologie der Organismen,* 2 Bde, Berlin 1866.

4.8, 4.9, 4.10 Nach: C. D. Walcott, 1912. Middle Cambrian Branchiopoda, Malacostraca, Trilobita and Merostomata. Cambrian Geology and Paleontology, II. *Smithsonian Miscellaneous Collections* 57: 145–228.

5.3 Zeichnung von Charles R. Knight: Neg. Nr. 39443, mit freundlicher Genehmigung des Department of Library Services, American Museum of Natural History.

5.5 Mit freundlicher Erlaubnis von A. Seilacher.

5.6 Nach: R. C. Moore, C. G. Lalicker und A. G. Fischer. *Invertebrate Fossils.* McGraw-Hill Book Co., Inc. Copyright 1952.

Register